普通高等教育茶学专业教材

茶业生态环境学

李远华 主编

中国轻工业出版社

图书在版编目（CIP）数据

茶业生态环境学／李远华主编．—北京：中国轻工业
出版社，2021.11

ISBN 978-7-5184-3687-3

Ⅰ.①茶…　Ⅱ.①李…　Ⅲ.①茶业—环境生态学—高
等学校—教材　Ⅳ.①TS272

中国版本图书馆 CIP 数据核字（2021）第 201080 号

责任编辑：贾　磊　　　责任终审：李建华　　　封面设计：锋尚设计
版式设计：砚祥志远　　　责任校对：吴大朋　　　责任监印：张　可

出版发行：中国轻工业出版社（北京东长安街 6 号，邮编：100740）
印　　刷：三河市万龙印装有限公司
经　　销：各地新华书店
版　　次：2021 年 11 月第 1 版第 1 次印刷
开　　本：787×1092　1/16　印张：19.5
字　　数：460 千字
书　　号：ISBN 978-7-5184-3687-3　定价：58.00 元
邮购电话：010-65241695
发行电话：010-85119835　传真：85113293
网　　址：http：//www.chlip.com.cn
Email：club@ chlip.com.cn
如发现图书残缺请与我社邮购联系调换
200083J1X101ZBW

本书编写人员

主 编

      李远华（武夷学院）

副主编

      李家华（云南农业大学）

      胡建辉（青岛农业大学）

      石玉涛（武夷学院）

参 编（按姓氏笔画排序）

      王　丽（武夷学院）

      田　娜（湖南农业大学）

      邹　瑶（四川农业大学）

      张群峰（中国农业科学院茶叶研究所）

      陈志丹（福建农林大学）

      陈应娟（西南大学）

      胡贤春（长江大学）

      黄莹捷（江西农业大学）

前 言

生态环境问题是当今全球性的重要问题，生态文明建设是关系中华民族永续发展的根本大计。2019年12月19日，第74届联合国大会宣布将每年5月21日定为"国际茶日"。目前全世界有60多个国家和地区产茶，全球有三分之一的人饮茶。我国是世界第一大产茶国，茶叶生产对生态环境有一定的影响，而生态环境对茶叶生产的可持续发展也有重大影响。良好的生态环境是生产优质茶叶的基础，是茶与人类、自然和谐共生的迫切需要，同时还可满足人民日益增长的美好生活需要。2021年9月7日，农业农村部、国家市场监督管理总局、中华全国供销合作总社联合发布的《关于促进茶产业健康发展的指导意见》指出，要建设绿色生态茶园。

茶业生态环境学是茶学与生态环境学融合发展的新课程，是伴随人类生命质量提升问题和生态环境保护问题的产生和发展，依据生态环境学的理论和方法研究茶业问题而诞生的。茶业生态环境学旨在研究茶业与其所在生态环境之间的相互关系，包括茶树个体在不同生态环境中的适应过程和生态环境对茶业的影响，还包括茶树群体在不同生态环境中的形成过程及其对生态环境的改造作用。茶业生态环境学涉及茶学、生态学和环境科学，主要解决茶业生态破坏、茶业环境污染问题，目的是使茶业发展与生态环境建设实现良性循环，促进茶业发展的经济效益、生态效益、社会效益和谐统一。

本教材分10章，每章均附有思考题，由武夷学院李远华任主编并负责统稿。主要内容与编写分工：第一章绪论由武夷学院李远华、王丽编写；第二章大气、光与茶园生态环境由武夷学院石玉涛、李远华编写；第三章水与茶园生态环境由江西农业大学黄莹捷编写；第四章土壤与茶园生态环境由中国农业科学院茶叶研究所张群峰编写；第五章施肥与茶园生态环境由青岛农业大学胡建辉编写；第六章防治与茶园生态环境由西南大学陈应娟编写；第七章生态茶园建设第一节至第三节由云南农业大学李家华编写，第四节由四川农业大学邹瑶编写；第八章茶叶加工与清洁化生产由福建农林大学陈志丹编写；第九章茶叶包装贮运与生态环境由长江大学胡贤春编写；第十章茶叶生产与可持续发展由湖南农业大学田娜编写。

本教材是第一部正式出版的茶业生态环境学方面的教材，将思想政治元素有机融入专业知识体系，填补了茶学学科专业教材的空白，相信可对我国高等院校茶学专业的发展建设产生积极影响。本教材编写团队由高等院校茶学专业的骨干教师和中国农业科学院茶叶研究所的研究人员组成，他们为此书的问世付出了辛勤和努力，在此深表谢意。

由于编者水平有限，书中难免有错漏之处，敬请专家指正，以便再版时修正和完善。

李远华于武夷山

2021年9月

目 录

第一章 绪 论

　　生态文明建设是关系中华民族永续发展的根本大计。生态文明建设是改变传统、探索全新的发展模式，使经济进入一个以追求人民福祉、满足人民日益增长的美好生活需要为目的的发展轨道。人民不仅对物质文化生活提出了更高要求，在民主、法治、生态环境等方面的要求也日益增长。而经济与社会发展不平衡、生态破坏、环境污染等问题却严重影响了人民的幸福感，也制约了人民对美好生活的期待和追求。因此，2018年3月13日，国务院组建了生态环境部，负责自然生态保护、水生态环境保护、海洋生态环境保护、土壤生态环境保护、大气环境保护、应对气候变化、固体废物与化学品管理、核与辐射安全监管等。

　　中国是茶的故乡，也是世界上茶叶种植面积最大、茶叶产量最多的国家。据中国茶叶流通协会数据，2019年中国茶园面积4597.9万亩（1亩≈667m²）、茶叶总产量279万t，茶叶是我国重要的经济作物。作为世界三大无酒精饮料之一，茶不仅能满足人们对于饮品的物质需要，也是人们借以抒发情感的精神寄托，成为人们日常生活中必不可少的重要组成部分。人类在追求茶叶品质的同时，也在过度消费着茶业生态，盲目追求茶叶产量、不合理的耕作模式、过度进行生态旅游等因素，逐渐导致茶山茶园生态环境恶化。良好的生态环境，是生产优质茶叶的基础。而人们往往关注的是选用优良品种，加强栽培管理、改进茶叶采摘技术、提高制茶工艺水平以及加强茶叶的储存与流通管理等方面，生态环境因素容易被忽视。为应对茶叶出口绿色壁垒而全面整治茶区生态环境，大力开发无公害茶、绿色食品茶和有机茶等安全茶叶产品，生态茶业与优质高效茶业有机结合而逐步形成的高效生态茶业已显示出强大的生命力。在世界产业经济日趋生态化和生态区域建设不断拓展的今天，推进高效生态茶业建设是我国茶业现代化进程中的必然选择。

　　本章重点介绍茶业生态环境学的概念、研究对象及其产生与发展的原因和学科任务，指出人类是影响茶业环境的重要的生物力量，只有在坚持人与自然和谐共生、践行"绿水青山就是金山银山"的理念，才能实现"共谋全球生态文明建设"的目标，提供全球可持续发展的重要解决方案。

第一节 茶业生态环境学的概念研究对象与方法

生态茶业属于生态农业的范畴，源于我国的生态农业是继传统农业、石油农业之后的一种人与自然协调发展的新型农业模式，是运用生态学、生态经济学的原理和系统科学的方法，按照"整体、协调、循环、再生"的原则，将现代科学技术成就与传统农业技术的精华有机结合，使农业生产与农村经济发展、生态环境治理与保护、资源培育与高效利用融为一体的，经济、生态和社会三大效益协同提高的综合农业体系。生态学和环境科学为茶业生态环境学奠定了理论基础。它兼具基础科学与应用科学的双重属性，阐明的是茶业与受人类活动干扰的环境之间相互作用的关系与规律和解决茶业环境问题的生态途径，旨在寻求茶叶资源永续利用，茶叶经济、环境和人类社会和谐发展的可持续发展道路。

一、茶业生态环境学的概念

根据生态学原理，茶园生态系统定义："在茶叶生产中因地制宜地运用生态农业和有机农业生产方式，模拟自然生态系统实施茶园立体复合栽培，综合开发与合理利用茶区自然资源，使茶业与相关产业协调发展，茶业经济发展与生态环境保护良性循环，茶叶优质高产高效与安全卫生相统一的可持续发展的新型茶业。"简单来说就是由以茶树为优势种群的生物群落和物理环境组成的生态系统。茶园生态系统建设的目标：在保护和改善茶区生态环境的基础上，采取人工措施，开发生产优质高效的生态茶叶产品，丰富和培育茶园生态系统中的生物群落（包括茶园及周围环境的各类生物，如林木、茶园杂草、土壤微生物、茶园病虫及天敌等），因地制宜改善茶园物理环境，建设多功能的人工复合生态茶园和经济结构合理的生态茶区，采取清洁的生产技术，促进系统内部以及系统与系统外部之间能量的流动和物质的循环，使茶园生态系统具有较强的自然调节生态平衡的能力，保持相对平衡，将茶树危险性病虫控制在经济允许阈值以内，并使茶园生态系统成为茶区乃至更大范围内的复杂生态系统的有效组成部分，以满足广大消费者对安全健康茶叶饮品的需求，增强我国茶叶在国际市场上的竞争力，促进茶业经济效益、生态效益和社会效益的和谐统一，实现茶业和茶区的可持续发展。

茶业生态环境学研究茶叶与其所在生态环境之间的相互关系，包括茶树个体在不同生态环境中的适应过程和生态环境对茶业的影响作用，还包括茶树群体在不同生态环境中的形成过程及其对生态环境的改造作用。茶业生态环境学是一门新兴的、综合性很强的课程，是依据生态学理论和方法研究茶业环境问题所产生和发展的新的分支，是伴随全球性环境问题的产生而出现并发展起来的，是生态学与茶学的交叉，属于应用生态学的分支之一。它以生态学的基本原理为理论基础，结合系统生物科学、物理学、化学、仪器分析和环境科学等学科的研究成果，研究茶业与人为干预的环境之间的相互作用规律和机理，以获得最高生物产量和最佳经济效益，且能在一定程度上维持茶业再生资源持续利用的一门生态与经济相结合的综合性学科方向。因此，茶业生态环境学是研究人为干预条件下茶业生态系统内在的变化机制和规律及其对人类的反效应，寻求受人类活动影响而受损的茶业生态系统恢复、重建和保护对策的一门课程，是生态学与环境科学这两个庞大学科体系的交叉学科方向，但又不同于生态学和环境科学。它主要解决茶业环境污染和茶业生态破坏这两类问题。与茶业生态环境学相关的学科数目众多，涉及茶叶自然科学、茶叶社会科学、茶叶经济学等领域，在诸多的相关学科中，茶业生态环境学与茶业生态学的联系最为紧密，同时也是茶业环境科学的分支学科之一。

二、茶业生态环境学的研究对象

近年来，生态环境的突出问题，反映了当前人与自然之间的发展不平衡的现状。生态问题加剧已经直接影响了我国经济的发展，尤其是在政治、经济、社会以及科学技术方面取得巨大的进步，但随着生产力的发展，出现了一系列由于资源过分利用或者不合理开采资源所引起的生态问题。原国家环境保护局自然保护司在《中国生态问题报告》中明确地指出："从总体上看，生态破坏的范围在扩大，程度在加剧，危害在加重。"当前我国生态问题不容乐观，整体生态环境发展需要重视，虽然部分生态问题得到了改善，但是生态环境破坏速度大于生态环境治理速度，生态破坏范围不断扩大，渗透我国农业的方方面面，直接影响了我国经济发展和社会进步，因此，生态文明建设在我国现代化建设和发展中显得尤为重要。我们要建设的现代化是人与自然和谐共生的现代化，既要创造更多物质财富和精神财富以满足人民日益增长的美好生活需要，也要提供更多优质生态产品以满足人民日益增长的优美生态环境需要。生态文明是人民群众共同参与、共同建设、共同享有的事业，每个人都是生态环境的保护者、建设者、受益者。生态文明制度体系建设应当充分依靠人民，保证人民以个体或组织的形式有序地参与生态治理，使人民的智慧和力量得到充分发挥。保护环境、发展生态文明建设，不仅需要进一步发展生产力，提高科学技术水平，同时需要重视、发展和培养科学的、正确的生态意识。生态意识是生态文明建设的基石，是生态行为的源头。生态意识决定生态行为，而生态行为进一步指导生态文明建设，只有从根源上改正生态意识上存在的问题，培养正确的生态意识，才能保证生态文明建设有序进行，更好地改善生态行为，从而缓解当前人与自然的矛盾，解决人与自然之间的问题，合理进行生态文明建设，实现生态文明发展，达到生态文明最优化。

（一）茶业发展的生态积淀

优越的生态环境是茶叶产业良好品质的根基。生态兴则文明兴，生态衰则文明衰。茶山茶园的生态环境，既是茶区人民赖以生存的基础，也是茶文化得以千古流传的保障。只有保障茶区的青山绿水，才能保障茶叶品质长久持续，才能将大自然赋予茶区人民的生态资源转化为茶区人民致富增收的来源。茶叶鲜叶品质受茶树生长环境影响很大，一般来说，茶树的适生条件是长期对环境适应的结果，适生条件主要是指阳光、温度、水分、空气和土壤等条件的综合。海拔高一些往往可以生产高品质的茶青，俗话说"高山云雾出好茶"，以我国南部为例，海拔 800～1200m 是最适宜制成高品质茶叶的环境，高度太高则气温太低，反倒不利于茶叶鲜叶的品质形成。开发茶园，应注意环境保护与水土保持等问题。开辟茶园时，要保护自然环境，在茶园周围种植防护林，道路两旁种植行道树，在热带或南亚热带地区的茶园，可以种植遮阳树或推广胶茶间作、果茶间作。对于树势过分衰老，茶园坡度太大，水土流失严重的茶园，要退茶还林。

1. 茶叶历史悠久

茶树原产于我国云贵高原及其邻近的川、桂、湘等地区，云南原始的野生茶树往往分布在江河流域两岸，并通过河流向外传播。向西南方向传播到缅甸、越南、老挝等东南亚国家，并由缅甸流传到印度北部。随着生产力的进一步发展，茶树的种植范围逐渐扩大，人为的因素加速了茶树的对外传播，茶树的繁殖区域更加广阔。

据《华阳国志·巴志》载，西周时期，四川地区已开始人工栽培茶树。西周时期，陕西已是华夏的政治、文化和经济中心，但陕西不及巴蜀富饶，所以当时开辟了川陕交通要道，把南方的物产运往陕西，茶树因此而传入陕南，陕南成了中国最古老的茶区之一。东周时期，河南开始茶树的种植，此后沿汉水流域扩展到湖北及中原各地，尔后传入长江中下游地区，因该地区土壤、气候条件很适宜茶树生长，茶树的种植面积便迅速扩大了。

由于南北不同地区的气候差异，茶树生长发育的生态条件改变，茶树从原产地传入后为了适应环境，在外部形态和内部新陈代谢上都发生了一系列的变化。由于北方气候寒冷，年平均气温较低，雨量相对较少，茶树的年生育周期变短，茶树向北、东北、西北地区迁移后，叶片变小，树干变矮，小乔木型茶树演变成灌木型茶树，演变出武夷变种；而南方气候炎热，年平均气温较高，雨量充沛，植物生长期长，茶树传播到缅甸、印度等地后，演变成更高大的乔木，从而形成了掸部变种和阿萨姆变种。经过几千年的变异，自然选择和人工选择的结果，形成了许多不同的茶树品种。

2. 自然条件优越

阳光是茶树进行光合作用制造有机物的能量来源，茶树光合作用强度取决于光照强度与光质，二氧化碳与温度满足需求时，光照强度对光合作用的影响较光照时间更大，其影响周围环境的温度和空气湿度。太阳辐射强度决定光照强度，光照强度受太阳辐射的影响具有明显的变化规律。茶树是 C_3 植物，光照达到饱和点前，茶树光合强度与光照成正比，超过光照饱和点，净光合速率下降。茶叶中碳素与氮素合成受阻，不利于茶树生长。不同茶园模式下光照强度不同，5 月份，光照强度为纯茶园>松茶间作模式茶园>塑料大棚模式茶园。8 月份，光照强度为纯茶园>塑料大棚模式茶园>松茶间作模式茶园。地球主要能量源于太阳辐射，大气吸收地面长波辐射增温，不同土地覆被类型下空气温度产生日变化。不同模式的茶园对太阳辐射有不同的影响。空气温度垂直变化中，纯茶园模式气温日变化较大。

温度是茶树生命活动的基本条件，空气温度制约茶树生长发育速度，与茶叶采摘期及成茶品质有密切关系。8 月份茶园日均气温与最值气温高于 5 月份与 10 月份，气温最高值差异表现明显，纯茶园日均气温较高。各模式茶园相对湿度日变化与空气温度日变化相反，中午前后相对湿度较小，林篱模式茶园变化差异最明显。遮阳乔木与设施大棚对茶园空气有明显的增湿作用。各模式茶园相对湿度在 5 月份与 10 月份，林篱模式茶园>松茶间作模式茶园>塑料大棚模式茶园。8 月份为林篱模式茶园>塑料大棚模式茶园>松茶间作模式茶园。

我国土地资源适宜，土壤发育剖面好、土层深厚、水热资源丰富等均有利于茶树生产。良好的土壤理化性状能提供植物根系所需养分，在地上部分的生长发育物质代谢过程中反映出土壤理化特性。茶园土壤理化状况直接影响茶树根系生长发育，良好的土壤物理性状能稳定土壤水、气关系，有利于促进茶树生长。水是茶树的最大组成部分，是光合作用的反应物，氢离子与氧气是茶树有机物的重要组分，茶树的无机物与有机物运输必须通过水分运转，根系对矿物质营养的吸收在水溶液中进行。水分直接影响茶树的生长和茶叶品质，土壤含水量高于茶树，茶叶产量必定提高。林篱模式茶园与塑料大棚模式茶园土壤含水量基本一致，塑料大棚茶园与林篱模式茶园有较强的持水能力。土壤容重指单位体积内原状土壤干土质量，容重数值可作为土壤的肥力指标，土壤的容重小，有利于土壤的气体交换与渗透性的提高，说明土壤结构孔隙多。纯茶园模式土壤容重值最高，纯茶园上层土壤受农事操作活动耕作影响，下层土壤受耕畜与犁压力影响，土层坚实。塑料大棚模式茶园土壤容重值较小。林茶复合模式茶园因有植被枯枝落叶及根系对土壤的影响，减小了土壤上、下层差异。茶树的生态环境，影响茶树正常生育和芽叶的自然品质。我国不少名茶产地，山峦重叠，云雾弥漫，茶树饱受雾露滋润而蕴养丰富，芽叶肥壮，制茶品质好。因此，新茶园要尽可能选择在气候、土壤、高度、坡度、坡向适宜种茶的山区。

3. 品种资源丰富

中国是茶树的原产地，利用、栽培茶树最早，长期的自然选择和人工选择形成了丰富的种质资源，国家茶树圃在浙江杭州和云南勐海县 2 个地区收集了 3550 份样品资源。我国现有茶树栽培品种 600 多个，共有经国家审（认）定的品种 134 个，省级审（认）定的品种超过 200 个。我国茶树品种多，适制性强，有的品种适制一种茶类，有的品种适制两三种甚至更多种的茶类。茶树品种的质量不同，茶叶的品质也不同；品种多，茶类也多。

4. 茶类产品齐全

我国茶树品种十分丰富，为适应各地生长和适制各大茶类提供了丰富的种质资源。茶区特殊的地理气候条件和茶区人民的创造性造就了茶树品种和茶类生产的多样性，有绿茶、青茶（乌龙茶）、红茶、白茶、黑茶、黄茶六大茶类，以及再加工茶（如花茶和蒸压茶等），外形和内质都有一定差异。每一茶类的制法在同一工序中又有不同的变化，茶的色香味也各有差异，进而分为数种以至数十种。中国现有茶叶种类繁多，名称不一，为世界上茶类最多的国家。根据茶树对生态条件的要求，我国秦岭和淮河以南的丘陵地或山地是茶树栽培的适宜区域。应在茶树的适生区域，根据茶区的生态条件和茶树品种的分布、产销历史以及国内外市场需要，调整茶类结构，茶类产品宜绿（茶）则绿、宜红（茶）则红。

（二）茶业生态环境学的研究内容

茶是绿色健康饮料，茶业是中国传统的特色优势产业。茶产业涉及种植、加工、贮运、贸易等多个领域，与各种资源、环境状况关系十分密切。其可持续发展，需倚重茶业的生态建设。茶业生态环境学是运用生态学基本原理和系统分析方法，研究茶业与环境之间的相互作用规律和机制，以获得最高产量和最佳经济效益，且能在一定程度上维持茶业再生资源持续利用的一门生态与经济相结合的综合性课程。

我国茶业生态方面的研究，主要是根据生态学的原理并结合茶园的生态环境，研究在保护生态环境的同时生产出优质、高产、高效益的茶叶产品。20 世纪 80 年代初期开始，茶业界在海南省海南农场建立的"茶—胶—林"立体茶园即是我国茶业生态化建设的具体实践。茶业的生态化建设首先应该从建设生态茶园着手，作为产业生态化发展的重要组成部分的生态茶园建设的优点和作用已被实践所证明。建设生态茶园的优点：改善茶园的光照强度，提高光能利用率；改善土壤物理性状，利于土壤保水保肥；提高土壤肥力，加快系统的养分循环；改善茶园气候因子，稳定土壤的水、气、热；利于茶园有益生物的生长发育和保护。建设生态茶园的作用：减少水土流失，为茶区的可持续发展奠定基础；实现茶树对光、温、水、肥、能源的高效利用，为茶叶的优质、高产、稳产、高效益打好基础；生态茶园建设是多物种、多样性的全面组合，茶园有害昆虫、微生物和其他生物数量得到有效控制，可实现茶叶的洁净化生产。茶业生态环境学内容和体系尚在不断发展之中，其研究内容主要包括以下几个方面。

1. 茶树资源的合理利用与保护

茶树属山茶科，多伴生于我国亚热带常绿阔叶雨林中，处于森林冠层的下层。茶树逐渐形成了喜温、喜湿、喜漫射光、喜酸嫌碱等生态特性。研究表明，茶树品种的新梢在 10℃ 以上开始萌发，高于 30℃，生长缓慢，适宜生长的温度是 20~30℃，多数品种能耐 -8~12℃ 的低温。在其他条件保证的情况下，生长期内积温越多，茶叶采摘批次越多，产量越高。茶树生长的土壤要求 pH4.5~5.5，土层深厚，通透性好，有机质丰富。年降雨量 1000mm 以上，空气相对湿度 80% 左右。在新梢生长期间，雨量充沛、空气湿度大、多云雾，对提高茶叶品质有利。

随着我国茶叶需求量增加，茶园栽培模式逐渐朝向规模化发展，使茶叶生产进入专业化运作模式。我国植茶地区茶园多建于丘陵，以茶园栽培模式为主。分析名茶的生态环境发现，除土壤深厚、肥沃，自然植被保护良好以外，主要有良好的气候环境。我国很多名茶产于一定海拔的山区或水体周围，在山区，随着海拔升高、温度降低，一般生长期缩短，冻害加重，但在一定海拔以下，雨量、空气湿度、云雾均随海拔增高而增加，因此在适宜的海拔植茶，产品品质优良。森林对调节茶园小气候起重要作用，其小气候优越，抗御自然灾害能力强，茶树在这种生态环境下生长，芽叶肥壮、持嫩性好、利于含氮化合物的合成和积累，茶多酚合成稍有抑制，这给制造优质绿茶创造了优越的物质基础。从生态化茶园种植和管理模式的推进方面来说，要结合茶树的生长特性，积极营造适宜生长的生态环境，配合做好综合管理，逐步实现提质增效的目标，增强茶叶的市场竞争力，推动茶产业的持续化发展。

2. 做好茶园基本建设，提高茶树抗御自然灾害能力

我国茶叶主产区属于亚热带季风气候。季风气候的最大优点是雨热同步，全年降水量的 80% 集中在茶树生长期的 3~10 月份，有利于茶树生育。但是，不利的一面是季风的不稳定性。由于夏季风各年间的进退时间、影响范围和强度都不相同，因而降水

量年度变化很大，年内季节分配也很不均匀；冬季风也十分强大，一直影响到华南各地。由于上述原因，干旱、暴雨、低温、霜冻、台风等灾害都有可能发生。因此，在发展新茶园时，一定要坚持高标准、高质量。对低产茶园，必须采取增施有机肥料、茶园铺草等综合性措施，彻底改变管理粗放、广种薄收的状况。

3. 多产优质春茶，改进夏、秋茶质量

我国大部分茶区春茶采摘期间（3~5月份），雨量充沛，阴雨天多，空气湿度大，以散射光为主，利于新梢生育。茶树经过冬季营养物质积累，叶内蕴蓄着丰富的养分，因而春茶品质好；而夏秋茶采摘期间，容易遇到高温、干旱危害，且由于茶树生物学特性的原因，夏秋茶不但外形、叶底较差，而且香气低、味较粗涩。生化分析结果表明：氨基酸含量春茶高于夏秋茶，秋茶高于夏茶；茶多酚和儿茶素的含量，均是秋茶比夏茶高，夏茶比春茶高；咖啡因含量是夏秋茶比春茶高。因此，合理调整春茶、夏茶、秋茶比例，设法提高夏、秋茶品质，对提高全年茶叶总体品质十分必要。影响夏、秋茶品质的生态因素主要是高温干旱、直射光强。在平地茶园安装喷雾机（要求喷量小、雾化大），盛夏干旱季节白昼连续喷雾，模拟高山云雾茶的气候生态，降低最高气温，提高空气湿度，使直射光变为散射光，满足茶树喜温、喜湿、喜散射光的特性，能提高茶叶品质。生产实践和试验已经证明，旱季喷灌能够提高夏、秋茶的产量和品质。以生态文明建设为根本内容的生态经济建设，使生态茶产业的优先发展成生态时代的大趋势。

4. 建立茶园环境的监测与评价，改善茶园生态环境质量

生物监测技术是环境监测评价方法中不可或缺的部分，生物多样性指数是评价环境质量优劣的常用方法。主要运用环境监测技术和有关学科的原理和方法，保护和合理利用茶园环境资源，防止生态退化和环境污染，可以改善茶园生态环境质量。随着生态时代的到来，必须做好防治污染、保护环境、改善生态、建设自然工作，推动现代文明由工业文明向生态文明过渡。生态经济建设是现代经济社会发展不可逾越的历史阶段。生态经济建设是以生态文明建设为中心展开的，它调整了现代文明的战略重点，即把缓解人、社会与自然之间的尖锐矛盾，实现生态与经济的可持续协调发展作为现代生产力发展的根本方向。茶业生态化是现代茶业的发展方向，是实现保持茶业生态系统良性循环的发展战略，体现了生态经济建设在现代农业发展中的优先地位。生态建设顺应从有害生态环境生产技术向无害生态环境的生产技术转变的大潮流，使得现代科技的基本职能和价值目标由单纯开发利用自然向开发利用自然的同时有效保护和大力建设自然转变，是实现保持现代生态经济良性循环发展战略的必然选择，体现了现代科技围绕保护与改善生态环境而发展理念。

综上所述，维护茶园生物圈的正常功能、改善茶园生态环境，使两者之间协调发展，是茶业环境生态学研究的根本目的。运用生态学理论，保护和合理利用自然资源，治理污染和被破坏的茶园生态环境，恢复和重建受损的茶园生态系统，实现保护茶叶生态环境与茶业经济发展的协调，以满足人类对茶叶生产发展的需要，是茶业生态环境学研究内容的核心。

（三）茶园生态环境面临的主要问题

影响茶叶品质的因素很多，如采制工艺必须要熟练精湛、必须熟悉各个环节的加工技术、茶树的种植品种必须要经过严格选择等。与当前的自然生态环境紧密结合，生长在完全适合的自然环境中，茶树的产茶量和自身的抗病虫能力才能得到显著增强。由传统茶业阶段进入集约化茶业阶段后，由于单位茶园面积上投入了更多的生产资料和劳动，精耕细作，最大限度追求产量和经济效益，从而出现了一系列典型的阶段特征，其中有一些给茶园本身及茶区生态环境带来了不良的后果，如单位茶园面积的种植密度迅速扩大，茶树个体长势趋向衰弱；茶园种植面积迅速扩大，茶区生态系统趋向简单化；无性繁殖技术大范围、大面积推广，茶树品种趋同，传统茶树品种多样化优势严重弱化；化肥、农药用量上升，茶园土壤活性降低，且大部分进入环境中，引起环境严重污染等。

1. 水土流失问题

水土流失对我国的农业生产产生了巨大的负面影响。我国存在水土流失问题的土地面积已经达到 336 万 km^2，占我国国土面积的 37%。我国产茶区水土流失也在所难免。受地理地形等因素限制，我国产茶区多在山区和半山区，土层较薄，水土流失必然会造成产茶区土层结构的进一步恶化，从而导致茶树根系外露，对茶树的水肥吸收也会产生负面影响，从而在源头上导致茶叶质量的下滑。不仅如此，有的茶山茶园，因为水土流失日益加剧，已经对茶树的正常生长造成了威胁。少生杂草，提高土壤肥力，如幼龄茶园间作绿肥或豆科作物，可减轻水土流失。间作绿肥或豆科作物的作用如下：首先，间作绿肥可以增加茶园行间的绿色覆盖度，有效控制杂草生长，减少土壤裸露程度，减少地表径流，增加雨水向土壤深处的渗透，从而减少水土流失；其次，绿肥根系发达，尤其是豆科绿肥作物有共生的固氮菌，可以固氮，绿肥在行间生长不仅促使深处土壤疏松，而且增加土壤有机质，提高氮素含量，加速土壤熟化，从而提高土壤肥力；再次，间作绿肥可以改善茶园生态条件，冬季绿肥能提高地温，减少茶树受冻程度，夏季绿肥可以起到遮阳、降温的效果；最后，间作绿肥可以增加茶叶产量，改善茶叶品质。

2. 水土污染问题

降雨和径流是土壤养分流失的原因，降雨季节特征、降雨量、降雨强度和降雨方式对土壤养分的流失量和流失形态均产生影响。丘陵坡地开荒茶园，植被遭受破坏，耕作方式不当，土壤理化性质不良，抗冲蚀力弱，地势呈现由高到低的走向，降雨易使得污染物随着地表径流、地下渗漏对水质造成影响。好的茶叶必然与良好的自然环境息息相关。没有好的生态环境，很难产出质量上乘的茶叶。近年来，我国工业经济得到快速发展，工业废水的排放导致很多地表水和地下水的水质受到了不同程度的污染，不仅给人畜饮水安全带来了隐患，也会对周边的农业生产造成影响。茶叶作为一种古老饮品，任何口感上的差异，都会影响茶叶的整体品质。产茶区的水土污染，必然会影响茶区的整个生态环境和茶叶质量。不仅如此，茶农为了追求茶叶外形肥厚、整齐，实现产量上的最大化，过量施用化肥和非有机农药对茶园的土壤生态环境造成了严重的破坏。据统计，我国的化肥消费量位居世界第一，大量施用无机化肥，而有机化肥用量却不多。施肥不当会造成土壤酸化、营养元素贫瘠化、重金属污染等。施肥不科学、水土保持措施不到位等是造成茶园氮、磷流失的主要因素，从流失总量来说，肥料施用越多，流失越严重，施肥量与氮、磷流失量呈极显著正相关。因此茶园施肥应以有机肥为主，逐步做到不施无机肥。茶园施用的有机肥要进行无害化处理，防止有害微生物、有害虫卵等污染茶园。按照茶园的特点，科学合理地施肥，提高土壤的肥力；以综合治理为出发点，采取有效的综合预防和治理措施，建立良好的生态茶园循环系统。

除此之外，全球气候变暖导致茶园病虫灾害越来越严重，茶农为了确保产量不会降低，增加经济效益，大量使用农药。随着农药使用量逐年提高，茶树病虫抗药性明显增强，天敌数量锐减，致使虫害危害越来越严重，并在害虫种间竞争中占据优势，生物多样性进一步下降，以致生态平衡被破坏。

3. 种植结构固化单一

保持土地的活力，采取用地养地相结合的换茬种植是最有效的手段。换茬，指的是在同一块土地上，有顺序地在不同季节种植不同的植物，通过不同植物特性和对水肥需求的不同，达到改善土壤结构、调整土地养分、改变土地微生物成分的效果。而对于茶园来说，茶树是一种多年生的植物。短时间内实现换茬地，显然不大可能。固化单一的种植结构，注定了茶园微生物结构的不合理存在。提倡不同产量、品质、抗性的品种适度区间作种植，茶园内间作的林木和作物也应避免大面积单一栽培。茶树以单行种植为宜，以利茶树个体发育和茶园通风。适度中耕，有利于促进茶树根系的生长，有利于土壤的通风和微生物的活动，有利于破坏土层中害虫的栖息场所，便于害虫天敌觅食。茶园除草，要除养结合。对于恶性杂草，要及时耕除，不用除草剂，对于一般杂草，适量保留，有利于害虫天敌的栖息和改善茶园生态小气候。

4. 茶旅游开发的科学规划问题

对茶园不科学的利用和旅游开发，会给茶园的生态环境带来破坏和影响。随着人们的生活水平越来越高，对茶旅游休闲的要求和诉求也发生了改变。尤其是一些城市人群，旅游的目的更加倾向于休闲和度假，而不是到一些热门景区去。在这种情况下，风景秀美、文化底蕴深厚、历史遗存丰富的茶山茶园，成为都市人群的旅游青睐地。很多产茶区，也正是发现了这样的商机，依托茶山茶园大搞旅游开发。尽管在短时期内，客流的涌入带动了经济的发展。但过度、不合理、不科学地开发，诸如大搞土木建设，兴建配套设施，都会对茶山茶园的生态环境造成不可逆转的破坏，对茶山茶园的可持续发展带来潜在的威胁。

(四) 茶园生态环境保护原则

我国对生态环境的保护力度加大，在大气治理、环境治理、污水治理等方面，无论是投入的力度和取得的效果，都与前些年有了明显的改观。但环境治理是一个漫长的系统性工程，从好变坏易，从坏变好难。具体来说，茶园生态环境保护问题，应当和我国的生态环境治理原则相辅相成，要遵循以下几个基本原则。

1. 坚持人与自然和谐共生原则

人与自然是人类社会最基本的社会关系，人类是从同自然的互动活动中得以繁衍生息和长久发展的。人也属于自然的一分子，属于自然的重要组成部分，生态环境是人类赖以生存的基础，尊重自然，敬畏自然，同样是对人类文明的保护。生态环境的好坏，同样会对人类文明的兴衰起到至关重要的作用。茶山茶园是茶区人民赖以生存的基础，因此在生态环境保护上，必须要处理好经济发展和大自然的关系，坚守人与自然和谐共生原则。

2. 坚持绿水青山就是金山银山原则

针对生态环境的保护问题，早在对希腊、米索不达米亚等地的变迁时期，就有人提过警告："我们不要过分陶醉于我们人类对自然界的胜利。对于每一次这样的胜利，自然界都对我们进行报复。"这与现在提倡的"绿水青山就是金山银山"的理念异曲同工。生态兴则文明兴，生态衰则文明衰。茶山茶园的生态环境，既是茶区人民赖以生存的基本，也是茶文化得以千古流传的保障。只有保障茶区的青山绿水，才能保障茶叶质量长久坚持，才能将大自然赋予茶区人民的生态资源转化为茶区人民致富增收的源泉。

3. 坚持生命共同体原则

人与自然是生命共同体，人类必须尊重自然、顺应自然、保护自然，这与我国传统文化中"天人合一"的哲学思想体系一脉相承。我国产茶地域广泛，幅员辽阔，随着多元经济的发展，茶区人民的收入结构，已经慢慢发生变化，茶已经不再是产茶区单一的经济收入来源，与此同时，一个新的问题摆在了茶区人民面前，那就是如何平衡其他业态发展和茶生产、茶经济之间的相互矛盾。在这种情况下，对茶区的生态环境保护，坚持生命共同体原则十分必要。既要鼓励拓展茶区人民的增收渠道，又要保持茶区生态环境不被破坏。否则所引发的后果必然是一荣俱荣、一损俱损。

4. 坚持严厉法治原则

严厉的生态环境保护法律法规，是生态环境得以保护的重要保障之一，也能给那些破坏生态环境的人，形成最硬性的刚性约束。回顾我国近些年来生态环境遭受破坏的典型案例不难看出，相对于追求到的最大利益，破坏环境所需要承担的违约成本可以忽略不计。正因意识到存在这样的问题，国家目前无论是从顶层设计，还是到地方规划，都将最严厉的制度列入对生态环境的治理当中。作为茶山茶园来说，有很多的生产历史可以追溯到唐宋时期，生态环境一旦遭受破坏，传承数千年的文明也会停滞。因此必须要加快制度创新，加大制度建设，靠制度和法律的威慑力，将破坏茶山茶园生态环境的念头和做法消灭在萌芽中。

(五) 茶业开展生态环境研究的意义

茶园生态保护问题是一个庞大而又系统的专业性问题，茶叶种植内容多、环节复杂，无论是哪个环节出现问题，都会影响茶叶的总产量和品质。为了生产更高质量的茶叶，也为了满足人民群众不断增多的茶叶需求，各地大力推动了标准化生态茶园建设，不仅增加了茶叶产量，而且增加了经济产值，整体带动示范效应明显。

1. 顺应 21 世纪世界产业经济发展变革的生态化趋势

生态建设是产业可持续发展的必由之路，是 21 世纪现代经济发展的两大趋势之一。在世界产业经济结构调整转换与优化升级的过程中，生态化与知识化相互协调、融合发展已成为不可逆转的时代潮流。产业结构生态化又称绿化，是指在社会生产与再生产过程中投入资源能源少，各种资源利用率高，产出的产品或服务多，废物最少、污染最低，甚至无污染与生态破坏，使产业经济建立在生态环境良性循环的基础上。产业结构生态化涉及整个国民经济和社会生产、分配、流通、消费与再生产的各个环节，它包括两个方面：一是完全基于生态生产与再生产所形成的生态产业，如生态建设产业与环境保护产业，这是当今世界经济发展的基础产业和21世纪最典型的新兴产业；二是传统的第一、第二、第三产业和现代知识产业的生态化趋势日益加强，即用生态化改造全部产业经济，对产品从摇篮到坟墓实行全程绿色控制，发展符合环境保护的绿色产品。目前世界各国生产厂家为满足公众的绿色消费需求，纷纷推出形形色色的绿色产品，未来市场绿色产品将完全取代非绿色产品，以生产无公害及绿色食品茶、有机茶为主要目标的高效生态茶业，成为21世纪世界茶业发展的方向。

2. 确保茶叶产品安全，应对茶叶出口的绿色壁垒

茶业本身是绿色产业，茶树既是经济作物，也是常绿的灌木、小乔木，荒山荒坡栽种茶树，具有保持水土、调节气候、美化环境等生态功能。茶叶是传统的、也是当代流行的健康饮料，具有多种营养性与药效性功能。随着茶叶保健功效研究和茶文化推广的深入，饮茶的人群越来越多，遍及全球。然而，随着工业三废对环境造成的污染日趋向茶区扩散，尤其是化肥、农药、除草剂等农业化工产品长期施用，在给茶叶带来高产的同时，也导致了茶叶品质的下降和茶叶农残的增加。饮茶的安全性引起了消费者的高度关注，诸多进口茶叶的国家为此不断提高茶叶农残、重金属与有害微生物的检测标准，取代贸易壁垒的绿色壁垒已成为我国茶叶出口的最大障碍。提升茶叶在国内外市场的竞争力，首先要解决的是茶叶的安全性这一市场准入问题；而安全茶叶包括无公害茶、绿色食品茶和有机茶，是高效生态茶业的产物。加快作为开发生产安全茶叶产品基础的高效生态茶业建设，使茶区远离污染、恢复青山绿水的自然本色，确保茶叶产品从生产加工到销售的安全卫生是打破绿色壁垒、保持我国茶叶生产与出口大国地位的一项重要战略举措。

3. 优化茶区生态经济结构，实现茶业可持续发展

茶业是我国不少山区农业的支柱产业之一和县乡财政及农民收入的重要来源。然而，在茶叶市场供大于销、茶价低迷与成本上升的总趋势下，尽管各地致力于茶树无性系良种推广、名优茶和茶叶新产品开发，但茶业经济效益增长缓慢，再生产资金投入严重不足，导致茶业基础设施薄弱，茶园生态环境污染得不到有效治理，茶叶产品开发停留在初级产品阶段，茶区资源也得不到合理开发与利用，严重制约了茶业由低投入、低产出的弱质产业向优质高效现代茶业的转化和农民收入的增加。问题的症结是如何优化茶区的生态经济结构，提高资源利用率和整体经济效益。既注重生产方式与生态环境协调，又注重产品安全性与高附加值的高效生态茶业建设，在改善茶园生态环境、增加单位面积产出的同时，按照"整体、协调、循环、再生"的原则，合理开发与利用茶区资源，促进茶业与相关产业协调发展，经济发展与环境保护良性循环，是实现农业增效、农民增收和茶业可持续发展的有效途径。

总之，当今世界经济发展的生态化趋势，是现代生产技术体系和现代国民经济体

系变革的实质与方向。因此，依靠市场大力发展生态茶产业是现代茶业经济与生态经济协调发展的必由之路。实施可持续发展战略迫使茶产业生态化发展。目前，经济呈现高速增长转向高质量发展，但面临着社会信息化和经济生态化的严峻挑战。无论在工业还是在农业发展中都存在发展与资源、发展与环境不协调的问题。事实表明，传统的粗放增长经济模式已使我国经济、人口与资源、环境之间处于一种紧张、冲突状态。因此，必须抓住世界经济发展战略发生转变这一历史机遇及时转变以往的粗放型增长模式，从以往的"黄色道路"和"黑色道路"转向可持续发展的"绿色道路"。《中国21世纪议程》的推出以及正在实施的一系列旨在推进可持续发展的优先项目，是开始确立可持续发展道路的重要标志。可持续发展的观点正在为经济界、科技界和教育界所接受，主要研究的问题是如何实施可持续发展战略。实现茶产业生态化对于推进农业可持续发展战略具有重要意义。

三、茶业生态环境学的研究方法

我国茶业由传统向现代转变以及欧盟等地区提高进口茶叶农残检测标准的严峻事实再次给我们敲响了警钟，茶叶生产现代化不能再沿袭西方石油农业的模式，而必须依据生态学和农业生态学的基本原理，在深入研究茶树生态、模建人工复合生态茶园的基础上，积极探索和建设生态茶业，开发生产无公害的生态茶叶产品，这是实现我国茶业现代化和可持续发展的必由之路。

茶业生态环境学的研究方法主要包括以下三种。

(一) 现场调查和现场实验

现场调查和现场实验是对人为干预的环境引起的各种生物效应进行现场直接调查和现场实验，通过指示生物、群落变化和各种生物指数的分析，从宏观上研究环境中各种人为干扰因素对环境和其他生物或生态系统产生影响的基本规律。原始茶业和传统茶业阶段，我国茶树种植以小规模、零星分散的丛栽为主，茶园单位面积生产资料投入少、产出低，茶园开垦对茶区自然环境的生态平衡基本上不构成侵害和威胁。现有茶园进行生态环境改造和建设采取的技术措施要适当，要充分考虑地域性和生态环境多样性，最大限度地发挥各地的资源优势，扬长避短。保护和利用天敌资源，对茶园病虫开展生物防治。天敌是茶园病虫生态控制的强力手段。在进行茶园或茶园周边环境内人工作业时，要给天敌营造一个良好的生态环境，它包括加强对群众进行环保教育和宣传，不破坏植被，不捕杀野生动物，减少对环境的污染，保护好空气和水源，注意节约资源，少用化学合成药剂，尽量回收利用废物等。严禁滥用化学农药、除草剂，严格按国家和行业的有关规定控制茶园用药的种类、时机、间隔期和用量，科学评价防治病虫效果，不要片面追求较高的防治率，逐步做到少用和不用农药等化学合成药剂。治理茶园的土壤污染坚持以生态茶园建设为基础，以生物防治为核心，辅以人工、物理技术，综合全面地进行茶园土壤环境的治理。

(二) 室内实验

室内实验是通过各种实验手段，如生物测试、毒性实验和回避实验等，从微观上研究污染物质和人为干扰的环境对生物产生的毒害作用及其机理。以保持茶园和茶区生态平衡为目标，应用综合协调多种可持续的技术措施将有害生物控制在经济阈值以下，这是实现高效生态茶业建设目标的根本保证。在实施中，首先是要保护茶园生物群落结构，保持茶树树冠的密集度和茶园周围的林木，为有益生物种群的建立和繁衍创造有利的生态位和提供大量的天敌资源，发挥茶园自然调控能力，抑制有害生物种群。其次是优先应用农业防治和物理防治技术，如推广抗病虫害性强的无性系良种，注意品种间的搭配，加强土壤管理，减少氮肥用量，及时采摘及利用灯光诱蛾等，控制和减轻病虫害发生。再次是进一步推广病虫害生物防治，如茶卷叶蛾类的性信息激素防治、颗粒病毒应用、茶树害螨的捕食性螨应用等，提高各种生物农药的应用效果。最后是合理进行化学防治，除有机茶及 AA 级绿色食品茶基地外，高效生态茶业并不排除使用化学农药，但为保护生态环境不受污染，实现无公害生产，应选择高效低毒易于降解和对人畜、天敌生物安全的农药，并与生物防治相协调，防止天敌被杀伤和靶标生物产生抗药性。

(三) 生态模拟

生态模拟是利用数学模型、小宇宙模拟生态系统的行为和特点，预测人类活动对生态系统可能造成的影响或危害。比如，为了开发生产无公害茶、绿色食品茶和有机茶等生态茶叶产品，在治理和改善茶区生态环境方面，一要注重保护天然林，荒山荒坡造林种草，陡坡退耕退茶还林，缓坡修建梯田或梯形茶园，以增加茶区林地面积，减轻水土流失；二要避免在茶园或茶厂附近建工厂和居民区，防止工业三废和生活垃圾入侵茶园，污染茶叶；三要大力推广茶园有害生物综合治理技术，使用无污染的生物农药，尽量以有机肥和绿肥替代化肥，通过综合治理措施的应用，保持茶区"蓝天、青山、碧水"的自然本色，实现绿色茶区、绿色技术、绿色产品的目标。

合理开发茶区自然资源，建设生态经济结构优化、生物链和产业链稳定的生态茶区。对茶区传统的以种植业为主的茶林或茶粮简单结构加环接链，合理设计食物链和食物网，形成农林牧结合及种养、加工配套的生产体系，开发适合当地生态经济条件，并与茶叶互补性强的产业，使自然资源和生产过程中产生的有机物质得到再次或多次利用，发挥减污补肥增效的作用，实现茶区经济全面发展和茶农稳定增收的目标。

第二节　茶业生态环境学的产生与发展

我国茶区地域广阔、地形复杂，生产模式有许多种，只有那些生态效益、经济效益和社会效益协调发展的模式才可持续性发展，成功的生态农业模式或多或少运用生态学上的一些基本原理，一般是集多原理于一身，而不是某一模式只运用某一原理。茶林、茶果、茶粮等各种复合系统的探索趋势是，从简单复合到复杂复合，从平面单层结构转向立体多层利用，从传统耕作方式转向现代科学技术，从眼前利益转向长期综合效益。这样的发展趋势，将会带来一个新的茶叶生产局面。

距今 1 万年左右的旧石器晚期，在漫长的社会历史中，人类获取食物及其他生活资料的最初方式是采集和渔猎，它受限于天然产物，生活很不稳定，到了距今 4000～8000 年的新石器时代以后，出现了以农业为主的综合经济。这一时期，人类能够从单纯依赖自然界的恩赐，发展到自觉和主动地去创造物质财富。

生态学一词由希腊文"oikos"衍生而来，"oikos"的意思是"住所"或"生活所在地"。环境的含义是以人类社会为主体的外部世界的总和，这个外部世界主要指人类已经认识到的、直接和间接影响人类生存与社会发展的周围事物。农业环境是指农业生物（如作物、森林、畜禽、鱼类及其他经济水生生物等）赖以生存的土壤、大气、水源、光和热等自然环境，以及农业生产者劳动与生活的自然环境，包括广大农村、农区、牧区和林区等。

一、产业生态化发展的提出及其理论溯源

产业的生态化发展思想最早出现于 20 世纪 70 年代。当前，产业生态学在国外的研究迅速发展。一大批学者围绕产业生态化发展发表和出版了许多卓有成效的论著，而我国生态学研究先驱马世骏先生早在 20 世纪 80 年代初也提出了应用生态系统中物种共生与物质循环再生的原理，结合系统工程的最优化方法，设计分层多级利用物质的生产工艺系统的生态工程思想。除此之外，国内其他学者也积极投入到产业生态系统和生态产业的研究中。如王如松从"社会—经济—自然复合生态系统"理论出发，提出对产业生态学的认识与生态产业的特征分析；卢兵友、赵景柱从可持续发展角度论证了生态产业园建设；张柏江、朱正国、宋瑞祥、刘中键等对生态产业进行了各种角度的探讨。

2005 年联合国《千年生态系统评估报告》的发表，地球的生态环境问题得到前所未有的关注。我国政府也于"十一五"规划纲要中提出要构建资源节约与环境友好型社会。当前普遍的共识是认为产业的生态化发展是使得产业系统、经济系统及自然系统和谐发展的可持续道路。因此，探寻具有生态系统原理、特点的产业体系的重新构建成为经济发展的前沿领域之一。

二、建立农业示范点

进入 20 世纪 80 年代，我国十分重视农业生态环境建设和农业的可持续发展，并建立了许多生态农业示范点。

关于茶业生态化方面的研究，主要是根据生态学的原理，结合茶园的生态环境研究在保护生态环境的同时，生产出优质高产的茶叶产品。国内早在 20 世纪 80 年代初期就已经对生态茶业展开了实践摸索，如海南省海南农场建立的"茶-胶-林"立体茶园。

理论方面，陈杖洲在 1991 年就曾经对中国茶产业的生态建设进行了初步探索，此后国内在茶业生态化发展方面的研究主要有以下几个侧重点：一是如李沈阳、黄任辉、陈杭芳等把茶业和生态旅游相结合，以生态经济学为指导，探寻对茶叶资源进行深层次、多方面的开发，规划和发展各种类型的观光茶园，从而有效地将传统农业与现代休闲旅游结合起来，延伸茶业产业链，提高茶叶的附加值；二是如施顺昌、林建良、陈易飞等研究茶业中具体的生态要素，如通过茶园养鸡、鹭鸟改变茶园土壤环境等方式改善茶园生态环境；三是考虑通过人工的茶树栽培管理技术，调控茶园微观环境，如徐赛禄、金向祥等对茶叶无公害栽培与管理技术及病虫害防治开展了相关研究。

三、当前茶业生态环境方面研究进展

茶园生态化建设模式，涉及茶树品种、栽培、土壤、生物、植保、肥料等。2018年，福建省安溪县进行了生态茶园管理模式的探索与实践，采取了茶树疏植留高、茶草共生、套种绿肥、轮采轮休、茶林混合等措施。武夷山生态茶园建设，开展在茶园套种油菜、绿肥、行间铺草和适时耕作，施用经过无害化处理的厩肥、油饼或有机肥，采用生物防治、物理机械防治。绿肥有爬地兰、圆叶决明、白三叶、印度豇豆、三叶猪屎豆、木豆、多花木兰、罗顿豆和马唐等，对茶园土壤物理性状、土壤营养状况及微生物都有影响。不同绿肥组合可以增加茶园生物多样性和物种丰富度，如间作组合"铺地木蓝+罗顿豆""铺地木蓝+猪屎豆""圆叶决明+白三叶草""白花三叶草+平托花生"。病虫防控措施有天敌友好型杀虫灯灯光诱杀+灰茶尺蠖性诱剂诱杀或性诱剂监测茶毛虫、灰茶尺蠖+负压式吸虫机。

中国农业科学院茶叶研究所陈宗懋、阮建云等研究团队开展了"茶叶中蒽醌污染物来源评价及残留控制技术研究""茶叶绿色发展技术集成模式研究与示范""浙江茶园化肥农药减施增效技术集成与示范""二氧化碳浓度升高环境下茶树类黄酮代谢调控"等项目研究。利用气体交换、叶绿素荧光成像、氧电极以及分子生物学等技术，系统研究了二氧化碳浓度升高环境下茶树的光合作用、呼吸作用、碳氮代谢以及次生代谢的响应规律，研究结果表明，在二氧化碳浓度升高环境下，茶树的光合速率和呼吸速率均会显著增强，随着二氧化碳浓度的升高，茶树叶片中的茶多酚、总儿茶素、游离氨基酸和茶氨酸的含量均表现出不同程度的增加，咖啡因含量则显著降低，通过进一步的分子生物学分析表明，叶片中儿茶素和茶氨酸的合成代谢途径中相关基因表达上调，而咖啡因合成相关基因表达均显著下调。在森林改植为茶园和不同种植年限茶园的土壤呼吸对土壤有机碳库储量的影响研究方面取得重要进展，研究表明茶园种植影响土壤有机碳储量；研究发现全国茶园土壤平均 pH 为 4.68，其中，江西省茶园土壤平均 pH 最低，为 3.96，陕西省茶园土壤平均 pH 最高，为 5.48；云南、湖南、江苏、山东、浙江、河南和陕西省茶园土壤平均 pH 分别为 4.50、4.64、4.67、4.74、4.85、4.99 和 5.48，处于 4.5~5.5 之间，适宜茶树生长。但是江西、福建、重庆、广西、贵州、四川、湖北和广东省茶园土壤平均 pH 分别为 3.96、4.04、4.11、4.12、4.23、4.28、4.36 和 4.37，小于 4.5，属于严重酸化土壤。

安徽农业大学茶树生物学与资源利用国家重点实验室开展了"安徽茶园土壤氟在茶树体内的富集与转运特征"项目研究，研究了安徽宣城、六安和合肥茶区不同茶园土壤氟含量及在茶树体内的富集与转运特征，探讨了茶树根际和非根际土壤氟的有效性特征及其在茶树体内的累积规律，研究结果可为土壤氟在茶树体内的富集及其对茶叶质量安全的影响评价提供了依据。该重点实验室宋传奎等在（Z）-3-己烯醇糖基化介导茶树种间相互作用方面取得新突破，其在介导害虫以及害虫天敌行为、触发受害植株与未受害植株间信息交流等方面具有关键作用。该重点实验室李叶云等研究"间作鼠茅对茶园杂草抑制效果和茶叶品质与产量指标的影响"，研究结果显示茶园间作鼠茅可以显著地降低杂草的发生，与清耕相比，土壤肥力（有机质、碱解氮、速效磷含量）明显提高，也提高了茶叶的氨基酸、茶多酚、咖啡因和水浸出物含量，提高了茶树的发芽密度和百芽重。2020 年，青岛农业大学丁兆堂课题组，在北方茶园施用牛粪进行有效调控土壤细菌群落，大幅度改良土壤的理化性状和土壤生态；调整肥料结构，加大茶树专用生物有机肥、缓控释肥、腐殖酸类肥料、氨基酸类肥料、水溶性肥料等的应用；通过麦秸覆盖，提质增效，生态环保；对聚乙烯薄膜和花生壳覆盖模式下茶园土壤细菌和真菌群落多样性、组成结构以及生态系统功能进行了研究并取得进展，揭示了生物质覆盖可有效调控茶园土壤微生物多样性和生态系统功能。

此外，近年来随着我国茶产业生态化发展实践的累积，南京农业大学、云南农业大学、武夷学院、福建省农业科学院茶叶研究所、江西省蚕桑茶叶研究所、重庆市农业科学院茶叶研究所、广东省农业科学院茶叶研究所等对中国茶业生态环境科学发展开展了研究，也提出了一些新观点和构想，有力地促进了茶业生态环境学的发展。

第三节　茶业生态环境学与相关学科的关系

传统农业生产在发展问题上考虑的往往是如何增加生产、发展经济。各类建设和科技成果的应用，以是否能促进经济的发展为衡量标准，至于它对生态环境和社会发展其他方面产生的影响，往往得不到重视。表面上看，可持续发展的障碍是资源和环境，实质却是非科学的决策和违背自然规律的社会行为。纠正这些观念和认识上的偏差，需要一种规范、完善的生态文化，改变人们对待自然环境的态度，影响和制约人们的生产和生活中的行为。茶业生态环境规划的指导思想是：解决人类的生存与可持续发展问题，以求实现茶业经济与生态环境、生活与生产的协调同步发展，实现经济效益、社会效益和环境效益的统一。茶业生态环境规划的原则包括：生态学原理；生态系统的客观规律；从实际出发，符合国情、省情、市情、县情，做到切实可行。茶园生态系统是在人们的生产活动中发展起来的人工系统，它与自然生态系统相比有明显不同，受人为影响大。

一、与生态学的关系

生态学是研究生物与周围环境之间相互关系的科学。这里生物包括动物、植物、微生物以及人类本身，即包括从生物分子、基因、细胞、个体、种群、群落、生态系统、景观直至生物圈的不同的生物系统。环境是指生物周围包括岩石圈、大气圈、水圈在内的无机环境以及生物环境、人类社会以及因人类活动所导致的环境问题在内的各部分所共同构成的环境系统。

茶业生态学与生态学的差异主要是：

（1）茶园生态系统是人类强烈干预下的开放系统　自然生态系统中，生产者生产的有机物质全部留在系统内，许多化学元素在系统内循环平衡，是一个自给自足的系统。而茶园生态系统是由人类参与获取内循环的系统，为了维持系统内的养分平衡、提高系统的生产力，就必须从系统外投入化肥、农药、机械、水分排灌、人畜力等辅助。

（2）茶园生态系统中，具有较高的生产力和较低的抗逆力　茶园生态系统，改变了原始状的林、茶、草、虫、鸟的多生物自然结构，系统中生物物种单一、结构简化、系统稳定性差，容易遭受自然灾害，需要通过一系列农业管理技术调控来维持和加强其稳定性。

（3）茶园生态系统受自然生态规律和社会经济规律的双重制约　一方面，茶树个体生长，受自然环境影响，有着规律的发生、发展过程；另一方面，人们通过社会、经济、技术力量干预生产过程，包括茶产品的输出和物质、能量、技术输入，而物质、能量、技术的输入又受劳动力资源经济条件、市场、科技水平的影响。

（4）茶园生态系统具有明显的区域性　各地的气候条件、消费习惯、市场需求等，都表现出区域性的特征。因此茶叶生产应因地制宜，做好生态系统的区划。

二、与环境科学的关系

环境科学是在 20 世纪 50 年代后，由于环境问题的出现而诞生和发展的新兴学科，它研究人类周围的空气、土地、水、能源、矿物质、生物和辐射等各种环境因素与人类之间的关系，以及人类活动对这些环境要素的影响，其核心是研究人类活动所引起的环境质量的变化以及保护和改进环境质量的科学。

茶业生态学与环境科学的差异在于：

（1）环境科学是研究人类活动引起的环境变化以及对整个生命活动影响的科学，而茶业生态学研究的是人为干扰下的茶园环境对生态系统的影响。茶叶作为特种经济植物，它不仅在自然属性上满足了人们生活上的需求，产生出比一般农作物较高的经济效益，还有着比其他农作物作用更大的社会属性。被人类利用的物质已无可计数，但并非均能介入精神领域而称之为文化。古代，上至帝王将相、文人墨客，儒、道、释各家，下至挑夫贩夫，平民百姓，无不好茶。开门七件事"柴米油盐酱醋茶"，茶已深入各阶层人民的生活。茶之用，可为饮、为药、为菜肴；茶之礼，从国际交流到各级地方的宴会、民间婚俗、节俗，无处不在。茶从中国漂洋过海，走向世界。在中国这个古老的文明国家，许多平常的物质生活都常注入精深的文化内容，茶文化便是最典型的代表之一。茶生于名山秀水之间，对意智滑神、升清降浊、疏通经络有特殊作用。文人用以激发文思，道家用以修身养性，佛家用以解睡助禅。人们从饮茶中与山水自然结为一体，接受天地雨露的恩惠，调和人间的纷争，求得明心见性，回归自然的特殊情趣，茶的自然属性与中国古老文化的精华自然地融入茶叶内，茶与中国的人文精神结合，它的功用便远远超出其自然使用价值。

（2）虽然环境科学和茶业生态学对环境污染的综合治理都包括环境工程技术生物措施和污染源的控制，但前者以环境工程技术为主，而后者以生物措施为主。茶叶的自然、社会属性，都需要有很好的生态环境建设。从茶叶的自然属性上看，在以往的茶园建设与生产活动过程中，为了求得茶园集中成片、面积规模大，将一些不适宜茶树生长的陡坡地、自然形成的水沟进行平整植茶，投入大量的化肥，短期内获得了相对较多的茶叶产量。然而，这些地块经常遭受雨水冲刷，造成水土流失，土层变薄，土壤板结，环境恶化，茶叶品质受到影响，茶树不能正常生长，茶叶产量也不高，生态价值不能实现，经济价值得不到体现，土地资源利用效率低。

（3）环境科学的研究对象是人类与环境系统的关系，其核心问题是人与环境质量，而茶业生态学研究的是人为干扰对茶业以及整个生态系统（以生物为主）的影响。

三、与其他学科的关系

生态学学科发展十分迅速，已形成了庞大的分支体系。与环境生态学密切联系的包括恢复生态学、人类生态学、环境经济学、污染生态学、社会生态学、生态经济学等。其中，恢复生态学是与环境生态学联系最为密切的一个分支。恢复生态学是研究生态系统退化的原因、退化生态系统的恢复与重建技术和方法、退化生态系统的变化过程与机制的科学，它侧重于研究生态系统恢复与重建的技术，属于技术科学的范畴。环境生态学和恢复生态学在研究内容上有很多交叉，但它更侧重于生态系统的恢复机制和理论以及生态监测与评价等方面。

人类生态学、环境经济学和污染生态学的研究范畴，在很大程度上和环境生态学有相同之处。人类生态学着重研究人与生物圈、人与环境和自然的协调关系，着眼于人类生态系统；环境经济学着重研究环境与经济的关系、环境资源价值的评估和环境管理的经济手段以及环境保护和可持续发展等问题；污染生态学则主要研究污染物在生态系统的行为规律和危害问题。茶业生态环境系统是指在一定的时空范围内，由生物因素与环境因素相互作用、相互影响所构成的综合体，是生命系统与环境系统在茶园空间的组合。茶园生态系统的结构主要指构成生态系统的诸要素及其在时间、空间上的分布，生态系统内物质和能量流动的途径等，主要结构有物种结构、时空结构和营养结构三种类型。调整茶园生态结构使各层次、各组分协调发展，产生一种"整体效应"，实现生态学上"整体功能大于个体相加之和"的原理而释放总体生产潜力，并使茶园生态系统中多种组分之间的不平衡状态，通过生产结构调整提高资源利用率，通过无废弃物生产工艺的创新，提高资源之间的耦合度，将各种资源剩余转化为社会所需的产品，又消除污染。因此，茶园生态结构调整与修复在生态农业建设中居十分重要的位置，它是在农业生态系统组分基本不变的情况下，按照生态经济学原理，运用系统工程方法进行茶园生产结构的调整。

其他学科和茶业环境生态学之间是相辅相成、相互促进的关系，它们可以为茶业环境生态学所研究的"人为干扰问题"、受损生态系统的判断和生态恢复以及污染生态系统变化过程与机制的分析提供科学依据。社会生态学主要研究社会生态系统结构、功能、演变机制以及人的个体和组织与周围自然、社会环境相互作用规律。生态经济学则是以生态资源的评价、生态系统各种服务功能的维护和管理为主要研究内容的。由于茶业环境生态学也充分认识到了人文精神，特别是人的科学素养、道德伦理观在生态环境保护中的重要作用，也特别着重探索人类的经济行为的生态后果，社会生态学、生态经济学也是与茶业环境生态学相互渗透、紧密联系的学科。

四、茶业生态环境学的学科任务和发展趋势

茶业生态环境学通过研究以人为主体的各种环境系统在人类活动的干扰下，生态

系统演变过程、生态环境变化的效应以及相互作用的规律和机制，来寻求受损生态环境恢复和重建的各种措施，为人类合理利用自然资源、保护和改善人类的生存环境提供理论基础，指导人类有效地促进环境与生物朝着有利于人类的方向发展。进入 21 世纪后，世界环境问题既有历史的延续，也有新的变化和发展。因此，茶业生态环境学的研究内容和学科任务也在不断丰富。今后，茶业生态环境学应在以下几方面努力，进而取得突破性的成果。

（一）人为干扰的方式及强度

当前，人类的干扰已经改变了大陆生态系统，但人类社会的生存与发展必然还要继续不断地对生态系统施加各种干扰。茶业环境生态学所研究的干扰主要是社会性压力，即人为干扰。现在，人类活动对生态系统的干扰，被认为是驱动种群、群落和生态系统退化的主要动因。近几十年来，人类越来越关注人为干扰的方式及强度对生态系统产生的效应和表现形式。但人为干扰有破坏和增益的双重性，对人为干扰的研究涉及干扰的类型、损害强度、作用范围和持续时间，以及发生频率、潜在突变诱因波动等方面。茶园生态系统是人类强烈干预下的开放系统。随着人为干扰空间的扩大和强度的加剧，茶业环境生态学在栽培上可采用一系列的技术措施，调节茶树在不同年份或一年中各个季节产量和质量的矛盾，使量、质平衡发展，尤其是采摘对量、质的影响。正确掌握采摘时机是协调量质平衡发展的中心环节。我国大部分茶区尤其是中西部地区，春茶品质都较优越，要扩大春茶比重，采取加强秋冬季和早春的茶园管理，重施基肥，做好防冻工作，及时追施催芽肥，秋季轻剪或早春修平，或春茶结束后轻剪，改春茶留叶采为夏、秋季留叶采等技术措施，多采春茶。广东、广西、滇南等红茶产区，夏茶浓强度高、品质好，则可采取春修剪，春季留叶采，提高夏秋茶的施肥水平，加强夏秋病虫防治等，提高夏秋茶的产量和品质。江南与江北茶区夏秋常有干旱，茶叶产量品质都较低，为提高夏秋茶的经济效益，则可采用根外追肥，灌溉，地面覆盖或遮阳栽培，适当提高采摘嫩度，以及相应缩短采摘间隔天数，控制生殖生长等手段，提高夏秋茶的产量和品质。

（二）退化生态系统的特征判定

人们对一个生态系统是否受到人为干扰的损害及其受损害的程度、受损生态系统的结构和功能变化有何共同特征仍有不同的看法，现今还没有一个得到公认的受损生态系统的判断和评价指标体系。如何对受害生态系统的特征进行判定或进行生态学诊断的标准、方法问题仍将是今后研究的重点之一。茶树原是典型的亚热带植物，具有喜温、喜湿、耐荫的生态特性，在自然生态系统中，由于各种植物的聚居，充分利用了阳光、空气、水分和养分，相互间创造了有利的生活环境，在这统一体中，所有植物各得其所，而今单一化的大面积茶园使茶树生境恶化。部分茶园受水土冲刷严重，茶叶生产对一些适宜种茶的山区来说是一项经济收益较高的农业生产，但有些地方盲目追求眼前利益，大面积开发集中成片茶园，使得一些森林被毁，特别是一些坡度陡的幼龄茶园，土地裸露面积大，受雨水冲刷严重。有些山地土地贫瘠，加之不合理的种植方式，即使种上 8 年、10 年，也不能使茶园封行，结果是林、茶两空。

（三）人为干扰下的生态演替规律

受损生态系统恢复与重建的最重要理论基础之一是生态演替理论。自然干扰作用总使生态系统返还到生态演替的早期状态，但人为干扰是否仅仅将生态系统位移到一个早期或更为初级演替阶段？各种人为干扰的演替能否预测？在什么条件下，人为干扰后的生态演替会出现加速、延缓、改变方向甚至相反方向进行？斑块的大小及形状对生态演替会有何种影响？生态异质性与干扰过程中生态演替的关系如何？这些重要的理论问题也将是未来生态环境学的主要研究任务。

（四）受损生态系统恢复和重建技术

传统的茶园栽培模式生态系统较简单，近年来，由于受自然环境破坏、水土流失而生态环境恶化的影响，茶园受冷热环境及病虫害等影响，加上种植方式粗犷单一、旅游开发利用过度，制约了茶树的生长与茶叶品质的提升。

由于茶区森林遭到破坏，造成茶园水土流失，茶园建设没有坚持高标准；在建立茶场时又过分强调连片集中，削平山头，大搞人造"小平原"因而使大量表土填在坑洼坎壁，心土裸露，土壤有机质减少，茶园内不得不大量施用无机肥料及农药，这种恶性循环，严重影响茶叶的自然品质。

产区分散、管理粗放和布局不合理，是茶叶生产当前存在的主要问题之一。由于茶区分散，产量不集中，就不利于生产的组织领导和部门之间的密切配合，不利于经营管理和组织社会生产，也不利于技术指导和改善生产设备，因而严重影响茶叶产量和品质提高。茶园管理粗放，广种薄收，单产低。茶树盲目北引、西迁，不适当地扩大种植区域，如在山东、河南、陕西、甘肃等一些不适宜茶树栽培的地区大量种植茶树，耗费人力物力财力。

恢复与重建受损生态系统，使其能尽快根据人类的需要或愿望得以恢复、改建或重建，既是一个理论问题，也是一个实践问题。虽然目前包括森林、草地、农田、湿地及水域等各类受损生态系统，都有实际研究的成功事例，关于受损生态系统恢复与重建的具体原理和方法已有了大量的实践，但这个领域的研究仍不能满足实践的需要。一些恢复技术还不能实现生态、社会和经济效益的统一，个别技术还缺乏整体考虑。实际上，成功的生态恢复应包括生态保护、生态支持和生态安全三个方面的含义。茶园生态结构调整与修复在生态农业建设中居十分重要的位置，它是在农业生态系统的组分基本不变的情况下，按照生态经济学原理，运用系统工程方法进行茶园生产结构的调整。所以，生态恢复和重建技术的研究仍然是茶业生态环境学中最有作为的领域。

（五）生态系统服务的功能评价

生态系统服务功能研究是 20 世纪 90 年代末兴起的新领域。以美国学者 Daliy 主编的《生态系统服务：人类社会对自然生态系统的依赖性》为标志，开始了生态系统服务功能研究的热潮。生态系统服务是指生态系统与生态过程所形成及所维持的人类生存环境的各种功能与效用。它是生态系统存在价值的全面体现，也是人类对生态系统整体功能认识的深化。通常，某一种生态系统服务，可以是两种或多种生态系统功能共同产生的。在许多情况下，一种生态功能也可提供两种或多种服务。地球上大大小小的生态系统都是生命支持系统，为人类的生存与发展提供各种形式的服务。但是，由于生态系统的复杂性和不确定性，人们对生态系统服务功能的估价，方法上不成熟，标准也很不一致。有的学者试图用经济价值的方法估算生态系统服务功能。Costanz 等（1997）提出了生态系统综合性研究的新成果，是对生态系统服务全面估价的有益尝试。生态系统服务功能的正确评价，应能较好地反映生态系统和自然资本的价值，应能为一个国家、地区的决策者、计划部门和管理者提供背景资料，也有利于建立环境与经济综合核算新体系和制定合理的自然资源价格体系。因此，生态系统服务功能的评价研究，是生态环境学研究的基础，是生态系统受损程度判断和选择恢复措施和途径的依据。

（六）生态系统管理

生态系统管理的概念是在生态环境学的发展过程中逐渐形成和发展的。生态系统管理的首要目标是生态系统的可持续性，也就是要合理利用和保护资源、寻找实现可持续发展的有效途径。实现人类社会的可持续发展，重要的措施就是加强对生物圈各类生态系统的管理。然而，生态系统的复杂性和管理难度远远超出了人们的想象。在实践中，由于对生态系统功能及其动态变化规律还缺乏全面认识，往往注重的是短期产出和直接经济效益，而对于生态系统的许多公益性价值，如净化空气、蓄水保土、减灾防灾、植物授粉和种子传播、气候调节等功能，以及维护生态系统长期可持续性的研究还重视不够，对于恢复和重建生态系统的科学管理更缺乏经验。因此，加强生态系统管理的研究，也是生态环境学未来的重要任务。

（七）生态规划的生态效应预测

生态规划一般是指按照生态学的原理，对某地区的社会、经济、技术和生态环境进行全面综合规划，以便充分有效和科学地利用各种资源，促进生态系统的良性循环，使社会经济持续稳定发展。生态规划是人类解决环境问题的有效途径，它所要解决的核心问题，就是人类社会生存和持续发展的问题。目前，我国茶业可持续发展所面临的生态环境状况仍十分严峻。具体表现：农业生产要素污染严重；茶园生态系统被破坏；茶资源利用率低；茶树品种趋于单一化，遗传基础越来越窄；科技贡献率偏低。但是，要真正做到科学地进行生态规划，必须进行高度综合、从定性描述向定量的综合分析方法过渡，由"软科学"向"软、硬"结合方向发展，这样才有可能解决涉及众多领域且极其复杂的社会可持续发展的规划问题。现在，全球的生态环境现状是生物圈经历的一系列发展变化的新的发展阶段，但同时也是进行未来演替的起点，研究生物圈的各类生态系统，受人类活动影响而产生的物理、化学、生物的相互作用过程及其生态效应，提高人类对全球环境和生态过程产生重大变化的预测能力，将是生态环境学今后一段时期内需要努力探索的重要课题。

思考题

1. 茶业生态环境学的定义是什么？
2. 简述茶业生态环境学的研究对象与方法。
3. 开展茶叶生态环境研究的意义是什么？

4. 生态环境对茶业发展的影响是什么？

5. 简述茶业生态环境学的学科任务和发展趋势。

参考文献

[1]胡志东，任继文．环境生态学［M］．沈阳：白山出版社，2003.

[2]谢作明．环境生态学［M］．武汉：中国地质大学出版社，2015.

[3]薛建辉．森林生态学［M］．北京：中国林业出版社，2006.

[4]李元．农业环境学［M］．北京：中国农业出版社，2008.

[5]王镇恒．茶树生态学［M］．北京：中国农业出版社，1995.

[6]杨江帆，谢向英，徐清，等．福建茶叶生态建设与产业发展研究［J］．武夷学院学报，2008(6)：3-11.

[7]刘波．茶树栽培与茶园管理技术发展探究［J］．现代园艺，2019(6)：18-19.

[8]陈口丹．茶园生态环境保护研究［J］．福建茶叶，2019(12)：161-162.

[9]林志坤．茶园绿肥套种效应研究进展［J］．中国茶叶，2020(10)：18-23.

[10]中国茶叶学会．第九届茶学青年科学家论坛论文摘要集［C］．深圳：中国茶叶学会，2019.

[11]中国茶叶学会．2016—2017茶学学科发展报告［C］．勐海：中国茶叶学会，2019.

[12]张永志，王淼，李叶云．间作鼠茅对茶园杂草抑制效果和茶叶品质与产量指标的影响［J］．安徽农业大学学报，2020，47(3)：340-344.

[13]ZHANG S, WANG Y, DING Z. Organic mulching positively regulates the soil microbial communities and ecosystem functions in tea plantation［J］. BMC Microbiology, 2020(20)：103.

第二章 大气、光与茶园生态环境

在自然界，植物对环境的适应及其生态分化无时无刻不在发生，这种适应和分化表现在个体的形态、生理、生活史等诸多方面。分化的方向和途径主要由种群及个体所面临的环境条件而定。在环境条件的综合影响中，植物生活所必需的条件——光照、温度、水分、土壤等，总是会成为影响植物生态适应的主导因子，对植物产生深刻的影响。茶树的高产优质必须在良好的茶园生态环境条件下才能实现。研究茶园生态环境各因子与茶树生育的关系，掌握其对茶树的生态作用，是科学开展茶园管理和茶叶产品生产的基础。本章围绕大气和光两种环境因子，介绍大气成分、风和光对茶树的生态作用，分析大气环境污染对茶树的影响，并简要介绍茶叶质量安全标准中对茶园大气的相关要求。

第 一 节 大气成分及其对茶树的生态作用

一、大气圈结构

在自然地理学上，把随地球引力而旋转的大气称为大气圈。大气圈由围绕地球的气体和悬浮物质组成的复杂流体系统所组成，其高度达10000km，接近地球本身的直径。大气质量的99%在离地表29km之内，向外越来越稀薄。大气是由地球本身产生的化学和生物化学过程经过长期演化而成，其发展和演变受到地球其他圈层发育演变的影响。地球上的大气是维持一切生命活动所必需的。根据大气圈中大气组成状况及大气在垂直高度上的温度变化情况，大气圈可划分为对流层、平流层、中间层、热层和散逸层（图2-1）。

对流层是大气层中最低的一层，其平均厚度约为12km。对流程与地面接触并从地面上获得能量，因而气温随着高度的升高而下降。对流层大气对人类活动的影响最大，人类活动排放的污染物主要在对流层聚集，通常所说的大气污染就是发生在这一层。对流层直接与水圈和岩石圈靠近，故该层具有非常强的对流作用。岩石圈和水圈的表面被太阳晒热，而热辐射将下层空气烤热，冷、热空气发生垂直的对流现象。另外，地面上有纬度高低之差、海陆之分和昼夜之别，因而不同地面的温度不同，从而形成空气在水平方向的对流。垂直和水平对流形成风力的搅拌，空气被混合均匀，使得近

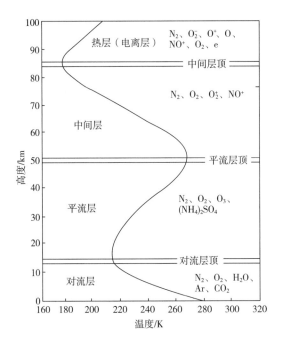

图2-1　大气圈的构造

地层的化学成分大致相同。岩石圈和水圈中的水蒸气、尘埃和微生物等物质进入空气层，成为扬尘、飞沙的来源，水汽形成雨、雪、雹、霜、露、云、雾等一系列气象现象。

平流层是在对流层之上非常平稳的一层，其厚度约为38km。平流层的下部有一很明显的稳定层，温度不随高度变化或变化很小，近似等温，然后随高度升高而温度上升，其原因是在该层中有一臭氧层，能吸收太阳紫外线而放热。平流层的特点是以平流运动为主，垂直方向流动很小，空气干燥，对流层中的云和气流通常不易穿入，也无对流层中的那种云、雨等现象，尘埃少，透明度高。

中间层是从平流层上升到85km处，其厚度约为35km。该层温度随着高度的升高而下降，最低可达-83℃。该层几乎没有水蒸气和尘埃，气流平稳，大气透明度好，极少狂风暴雨现象。

中间层之上为热层，上界达800km，其厚度约为630km。由于原子氧吸收太阳紫外光的能量，该层温度随高度升高而迅速升高。由于太阳和其他星球射来各种射线，该层大部分空气分子发生电离而产生较高密度的带电粒子，故也称为电离层。电离层能将电磁波反射回地球，对全球的无线电通信具有重要意义。

逸散层是大气圈的最外层，高度达800km以上，其厚度为1500~2400km。由于向上大气越来越稀薄，地心引力减弱，以致一个气体质点被碰撞出去，就很难再有机会被上层的气体质点碰撞回来而进入宇宙空间去了，故被称为散逸层。该层气温也是随高度上升而升高。

二、大气的组成

大气的主要成分是氮、氧、氩和二氧化碳，这四种气体占大气圈总体积的99.99%。此外，还有微量氖、氦、一氧化碳、臭氧、水汽、气溶胶等（表2-1）。大气中的氮、氧、氩、氖、氦、氪、氙等都是稳定的组分，这些组分的比例，从地球表面至90km的高度范围内是稳定的。而二氧化碳、二氧化硫、硫化氢、臭氧、水汽等是不稳定组分。此外，大气中还有一些固体和液体杂质，主要来源于火山爆发、地震、岩石风化和人类活动产生的煤烟、尘、硫氧化物和氮氧化物等。

表 2-1　　　　　　　　　　　　　　　　　大气的组成

成分	体积分数	寿命
氮（N_2）	0.78083	$\approx 10^6 a$
氧（O_2）	0.20947	$\approx 5 \times 10^3 a$
氩（Ar）	0.00934	$\approx 10^7 a$
二氧化碳（CO_2）	0.00035	$5 \sim 6 a$
氖（Ne）	1.82×10^{-6}	$\approx 10^7 a$
氦（He）	5.2×10^{-6}	$\approx 10^7 a$
氪（Kr）	1.1×10^{-6}	$\approx 10^7 a$
氙（Xe）	0.1×10^{-6}	$\approx 10^7 a$
氢（H_2）	0.5×10^{-6}	$6 \sim 8 a$
甲烷（CH_4）	1.7×10^{-6}	$\approx 10 a$
一氧化二氮（N_2O）	0.3×10^{-6}	$\approx 25 a$
一氧化氮（NO）	0.1×10^{-6}	$0.2 \sim 0.5 a$
臭氧（O_3）	$10 \times 10^{-9} \sim 50 \times 10^{-9}$	$\approx 2 a$
水汽（H_2O）	$2 \times 10^{-6} \sim 1000 \times 10^{-6}$	$\approx 10 d$
二氧化硫（SO_2）	$0.03 \times 10^{-9} \sim 30 \times 10^{-9}$	$\approx 2 d$
硫化氢（H_2S）	$0.006 \times 10^{-9} \sim 0.6 \times 10^{-9}$	$\approx 0.5 d$
氨（NH_3）	$0.1 \times 10^{-9} \sim 10 \times 10^{-9}$	$\approx 5 d$
气溶胶	$1 \times 10^{-9} \sim 1000 \times 10^{-9}$	$\approx 10 d$

地球的生物圈各组分与大气圈进行着活跃的物质和能量交换，它们从大气中摄取某些必需的成分，经过光合作用、呼吸作用、固氮作用及生物残体的好气或厌气分解作用，又把一些气体释放到大气中，使大气各组分之间保持着极其精细的平衡。大气圈各组分之间的精细平衡是地质历史过程的结果，破坏这种平衡也就是破坏了人类和各种生物赖以生存的基础。然而，在工业革命后，随着全球人口增加和工业快速发展，人类利用和改造自然的活动日益加剧，对这种平衡的破坏作用也越来越大，大气中一些微量组分浓度已经发生了实质性的变化，尤其是以 CO_2 和 O_3 等气体浓度的变化最为

明显。据估算，生物圈每年由大气吸收的 CO_2 约为 4.80×10^{11}t，而向大气排放的 CO_2 也差不多是这个数值。工业革命以来，随着植被的破坏和大量化石燃料及植物残体的燃烧使生物圈的大气排放的 CO_2 量超过了它从大气中吸收的 CO_2 量，使大气 CO_2 浓度逐年上升。政府间气候变化专门委员会（IPCC）第四次评估报告指出，目前大气中的 CO_2 含量已经由工业化革命前的 $260\sim280\mu mol/mol$ 上升到 2011 年的 $393\mu mol/mol$，而且还在以每年 $1.5\sim2.0\mu mol/mol$ 的速度上升。根据专家推测，到 21 世纪中期，大气中 CO_2 含量将会升高到 $550\mu mol/mol$ 左右，到 21 世纪末期将上升到 $700\sim1260\mu mol/mol$。由于 CO_2 具有吸收长波辐射的特性，而使地球表面温度升高，并因此导致一系列连锁反应，产生"温室效应"。大气中的 CO_2 浓度升高已成为全球范围内最重要的生态变化之一。

三、二氧化碳浓度升高对茶树的生态作用

茶树是多年生的常绿叶用植物，其生长周期一般可达数十年，在其生长过程中，必然会经历大气 CO_2 浓度持续升高的过程。研究表明，当气候发生变化或出现明显波动时，茶叶中功能性成分的含量也会发生明显的变化，这将影响茶叶的口感及保健效果，进而影响茶农的收入。CO_2 浓度升高对茶树生理代谢和茶产业的可持续发展具有重要影响，气候变化背景下茶叶生产应对技术研究也已成为茶树栽培领域的热点之一。

(一) 二氧化碳浓度升高对茶树生长指标的影响

CO_2 浓度升高对植物的生长发育有着极为重要的影响。研究表明，CO_2 浓度升高会促进植物的光合作用，有利于光合产物的积累。同时，CO_2 浓度升高还会降低气孔导度，减小蒸腾速率，提高植物水分利用率，也有利于干物质的积累。因此，CO_2 浓度升高会显著促进植物生物量和作物的产量增加，但增加的程度有所不同，会受植物种类、作物品种、生长发育阶段和其他环境因子等因素的影响。研究发现，茶树经 $800\mu mol/mol$ CO_2 处理 24d 后，其生长受到了显著的促进作用。与正常 CO_2 浓度培养的茶树相比，茶树植株的高度增加了 13.46%，地上部分和根的鲜重也显著增加，其增幅分别为 24.68% 和 67.80%。同时，在 CO_2 浓度升高条件下，茶树的根冠比也提高了 27.66%。另一项研究也发现，在 CO_2 浓度升高环境下培养 60d 的茶树的叶片、根系和植株的干物质重量比对照植株分别增加了 15.04%、22.00% 和 16.26%。前人研究认为，CO_2 浓度升高后植物的根冠比上升主要是由于 CO_2 浓度升高后，同化物向根系分配，植物根部生物量增加。也有研究认为植物在水分、营养充足时，大气 CO_2 浓度升高将不会对植物的根冠比造成影响，只有在其他条件受到限制时，植物的根冠比才会表现为增加。

(二) 二氧化碳浓度升高对茶树初级代谢的影响

1. CO_2 浓度升高对茶树光合代谢的影响

茶树作为 C_3 植物，短时间 CO_2 浓度升高处理会显著提高其净光合速率，这是因为目前大气中的 CO_2 浓度远远低于茶树的 CO_2 饱和点，其光合作用受到限制，因此 CO_2 浓度升高会直接促进茶树叶片的光合作用，进而促进其生长。然而研究表明，CO_2 浓度升高长期处理会使得茶树的光合作用不再上升，甚至可能会慢慢低于对照。这种由于在 CO_2 浓度升高环境下长期培养而导致的植物光合能力下降的现象被称为"光合适应现象"。目前关于光合适应现象发生的机理，学者们还没有达成共识。有学者认为长期高

浓度的 CO_2 处理会使植物的气孔导度下降。也有学者将其归因于 CO_2 浓度升高长期处理将导致植物叶片中 Rubisco 酶含量和活性显著降低。还有研究认为，碳水化合物的过度积累产生反馈效应导致的叶绿体损伤以及植物自身调节的源库平衡，也是光合适应现象发生的重要原因。CO_2 浓度与温度升高对茶树光合系统及品质成分影响的研究发现，CO_2 浓度升高、温度升高、CO_2 浓度和温度共同升高，茶树叶片光合参数、叶绿素荧光参数发生显著变化。CO_2 浓度和温度共同升高能显著增加茶树叶片叶绿素 a、叶绿素 b 含量。CO_2 浓度升高、温度升高、CO_2 浓度和温度共同升高均显著降低了茶树叶片中游离氨基酸和咖啡因含量，而使茶多酚含量显著增加，酚氨比显著升高。CO_2 浓度升高、温度升高、CO_2 浓度和温度共同升高都能通过改善茶树叶片光系统结构促进光合作用，进而影响茶叶品质成分。在对茶树光合系统和品质成分的影响中，CO_2 浓度升高和温度升高表现出协同作用。

2. CO_2 浓度升高对茶树呼吸代谢的影响

植物的呼吸代谢被普遍认为是维持植物生长和全球碳循环的关键因素。呼吸代谢除了为植物提供能量 ATP 外，三羧酸循环及电子传递过程中产生的有机酸和氨基酸等物质也是植物生理代谢中所不可或缺的中间物质。目前关于 CO_2 浓度升高环境下植物呼吸代谢响应的研究中，由于作物种类、CO_2 浓度控制方式、环境因子的差异，研究者得出了从 30% 增加至 60% 抑制呼吸作用，或者 CO_2 浓度升高对呼吸作用无影响等的不同结果。研究表明，CO_2 浓度升高环境下，茶树的呼吸代谢受到明显的促进作用，其中细胞色素呼吸途径、抗氰呼吸途径和总呼吸速率均显著增强。

3. CO_2 浓度升高对茶树碳氮代谢的影响

CO_2 浓度升高的环境下植物光合作用显著提高，将促进植物的碳同化，导致茶树叶片中葡萄糖、果糖和淀粉等碳水化合物明显增加。研究发现，大气 CO_2 浓度升高环境下，茶树新梢内的氮元素的含量呈降低的趋势，降低幅度为 9.1%～14.4%。进一步研究证实，CO_2 浓度升高环境下，春茶、夏茶和秋茶中的游离氨基酸含量均有所下降，其中谷氨酸和天冬酰胺的含量分别下降了 46.10% 和 75.04%。茶氨酸是茶叶中特有的氨基酸，在茶叶游离氨基酸组分中占有较大比例，茶叶的鲜爽味主要由茶氨酸产生。早期研究认为，高浓度 CO_2 处理后，叶片中茶氨酸的含量将会降低。而最新研究发现，CO_2 浓度升高环境下茶叶中茶氨酸的含量将会有不同程度的提高。综合以上研究，CO_2 浓度升高能够改变茶树的碳氮代谢，高浓度 CO_2 促进了茶树的碳同化，而叶片中氮素含量则会显著降低，进而导致茶树植株内碳氮比升高。

(三) 二氧化碳浓度升高对茶树次级代谢的影响

1. CO_2 浓度升高对茶树中多酚类物质代谢的影响

茶多酚是茶树碳代谢产物，CO_2 浓度升高将促进茶树叶片中碳水化合物的合成，导致茶多酚含量的增加。在 CO_2 浓度升高环境下，春茶、夏茶和秋茶均表现出茶多酚含量升高趋势。其中，春茶中茶多酚含量的增幅最大，说明茶多酚含量对 CO_2 浓度升高的反应以春季最为明显。在 CO_2 浓度升高处理条件下，茶树叶片中的儿茶素总量也显著增加。其中，表没食子儿茶素（EGC）、表没食子儿茶素没食子酸酯（EGCG）和表儿茶素没食子酸酯（ECG）含量均显著提高。研究证实，CO_2 浓度升高处理诱导了水杨酸和一氧化氮信号途径，促进了多酚类物质代谢相关基因的表达，从而导致茶多酚含量的显著提高。

2. CO_2 浓度升高对茶树咖啡因代谢的影响

咖啡因是茶叶中的重要组分，对于茶叶滋味和香气的形成都具有重要作用。目前的研究普遍认为，CO_2 浓度升高处理会使得茶树叶片中的咖啡因含量显著降低，其降低的幅度为 3.38%~23.64%，咖啡因合成代谢途径相关的基因也显著下调。另一项研究发现，因 CO_2 浓度升高引起的茶树叶片中咖啡因含量降低会导致茶树对炭疽病抗性的下降。

四、二氧化碳浓度升高背景下茶叶生产应对技术

(一) 树体管理技术

茶树的形态特征和生理特性均受到 CO_2 浓度升高的影响，茶树的生长将受到显著的促进作用，根冠比也可能会明显提高。然而，还有研究发现，长期高浓度 CO_2 处理有可能会促进植株叶片衰老，加速树势衰弱。因此，在 CO_2 浓度升高背景下，应建立更加科学的茶树树体管理技术，从而更有效地控制产量，改善茶叶品质。

(二) 养分管理技术

CO_2 浓度升高环境下，茶树叶片中的碳氮平衡发生了显著变化。研究表明，氮供给是 CO_2 浓度升高条件下影响茶叶品质的重要限制因子。此外，高浓度 CO_2 处理将导致茶叶中钾、钙、磷、钠的含量呈降低趋势。因此，在 CO_2 浓度升高背景下，应加强茶园土壤中的养分动态监测和管理，适当增施氮肥，为茶树植株中碳氮平衡提供必要条件。要重视施用有机肥，以有机肥为主，无机肥为辅，以解决茶树需肥多样性的问题。同时，积极探索茶园中肥料的缓释与控释技术，减少施肥用工和茶园养分流失，提高茶园肥料的有效性。

(三) 病虫害防控技术

CO_2 浓度升高环境下茶树对炭疽病抗性显著下降。针对 CO_2 浓度升高环境下茶树虫害的研究发现，CO_2 浓度升高环境下茶树叶片中可溶性糖和蛋白质含量的变化将会影响茶蚜的种群丰度。利用 CO_2 浓度升高环境下茶树叶片饲喂茶蚜 30d 后，与对照相比，茶蚜种群丰度显著提高 4.24%~41.17%。这表明在未来全球 CO_2 浓度不断升高的气候变化背景下，茶园病虫害的发生频率和为害程度可能会有所加重。因此，应运用更加科学的茶园病虫害防控技术，优先采用生态调控、物理防治和生物防治等绿色防控技术，科学、安全、合理地使用高效、低毒、低残留的化学农药，从而保障茶叶质量安全和茶园生态环境安全。

(四) 低碳茶园生产技术

利用可持续的低碳农业技术措施发展低碳农业，是解决气候变化与经济发展矛盾的有效途径之一。当前，应积极加强对低碳茶园生产技术研究，提高政府政策导向支持等促进低碳茶叶生产，提高茶农对低碳茶业的认识，建立低碳茶园生产示范基地，大力发展有机茶园等。同时，应积极挖掘茶园生态系统的碳汇能力，为减少茶园中温室气体排放做出积极努力和贡献。

第二节 风对茶树的生态作用

风是一个重要的生态因子，对陆地植物的发育、生长和繁殖具有影响，长期生活在风环境中的植物会形成减缓和防止风危害的特殊机制，植物与风相互关系的研究是与植物进化有关的生态学问题。大风会对农作物和森林造成危害，随着全球变暖，未来大风发生的频率将增大，风对农林业的危害也将更加严重。风对植物的作用包括直接的机械刺激及风引起叶环境（尤其是气温和气体交换特性）的变化而产生的间接作用，即风的作用具有机械作用和干旱作用，植物的适应策略因植物种、大小、构型甚至同一植物的不同部位及其所处的地理环境的不同而不同。

一、风对植物生长发育的影响

(一) 风对植物表型结构的影响

一般来说，风作用下植物普遍矮化，冠幅减小，从而减小了弯曲力矩。另外，植株向背风面弯曲，整个植冠呈不对称的流线型，形成所谓的"旗形树"，有助于减小风对树冠的拖拽作用。风还会影响树木的发育，使植冠构型更紧凑，侧枝与主干的夹角减小，这样既不影响对光的捕获，又增加了对风的抵抗能力，如欧洲赤松、黑松和温带干旱区的灌木木本猪毛菜等。风还会影响植物的内部结构，继而影响其水分调节和光合生理。叶表面的蜡层具有防止水分蒸发、保护叶片免受机械刺激、紫外辐射以及昆虫和病原体侵害的功能，一定强度的风会造成叶片相互摩擦，损伤蜡层，如草莓、桐叶槭等。

(二) 风对植物根系的影响

植物根系的构型决定了植物的固着能力。研究表明，根系的固着力是由迎风面与背风面根系的综合作用产生的，迎风面根系为植株提供拉力，背风面根系为植株提供支持力。因此，要形成强大的固着力，根必须扎入土中，根-土界面的结合力越大，根表面积越大，限制根向上拉伸的力就越大。植物的能量分配必须在生长和固着之间进行权衡。

风胁迫下，侧根的数量和长度均增加，但迎风面与背风面增加的幅度不同。欧洲落叶松迎风面和背风面的侧根数分别增加了 57% 和 49%，北美云杉迎风面的侧根长度约为背风面的 2 倍。风还会影响根系的分支数。夏橡在风胁迫下迎风面分支增多，海岸松浅层根系的水平分支增多。

(三) 风对植物生理代谢的影响

在风胁迫下，植物蒸腾速率会发生变化，且因风强度、持续时间和植物种类的不同而不同。一般风会提高植物的蒸腾速率，但大风则会降低蒸腾速率。风也会影响植物周围的相对湿度和温度，并通过叶片遮挡影响太阳辐射，从而影响光合生理和水分生理。风可以通过减小叶缘层的厚度来增强水分胁迫，从而严重影响植物的发育，风也因加速蒸腾而相应地降低植物的温度。有关农作物的遮风实验表明，遮风后作物的温度可提高 1~2℃，温度的提高会影响细胞分裂的速度、叶片的发育以及气孔下腔的水分蒸腾压力，继而影响植物的生长发育和水分利用效率。温度的小幅度升高会加快植物的发育，提高作物产量，但当温度超过植物的耐受阈值，温度的升高则会损害植物。一般来说，微风会增加叶片气孔内的气体交换速率，增加叶子的光合作用，而大风则会降低叶子的光合作用。对欧洲赤松的研究表明，风引起树冠旗形，光合面积减小，但是风会引起枝叶稀疏以及气体交换的增加，从而使光合作用速率增加。

二、植物对风的综合适应策略

植物对风的适应可分为两种类型（图2-2）：一类表现为回避性策略，将能量更多地分配到横向生长而非纵向生长，或易于弯曲和重组，以减小风的拉拽作用，在表型结构上矮化、旗形，叶小而少，茎细，叶柄细但更柔韧；另一类植物则表现为抵抗策略，即茎更粗更强壮，组织更密。植物采取哪种适应策略因植物大小和种类的不同而不同。植物对风胁迫的适应策略是多个方面的，包括表型特征和生长、内部解剖结构及生理调节等。对机械作用的适应可能是通过对力的抵抗策略或回避策略来实现，而风引起的干旱作用有时也会抵消风的机械作用。

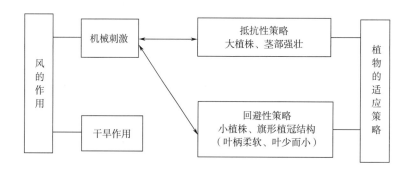

图 2-2　风对植物的作用及植物适应策略

植物可通过调整叶性特点来减弱风的阻力，如黑沙蒿、白芥等植物表现为叶的数量减少、叶面积减少。向日葵的叶面积可减小60%。另外，风胁迫下有些植物的叶柄更细、更短、柔韧性更好，如白橡树。受风胁迫的植物也可通过改变解剖结构来弥补减弱了的同化作用，如大车前在短期风的作用下，栅栏组织即增厚，叶脉起着支持和输导的作用，大的中脉可提高叶片的强度，从而避免叶片因大风而变形。植物在短期风作用下，叶片通过调节气孔的开合来调节蒸腾作用，在中期风作用下植物通过调整细胞渗透压来维持膨压，在长期风作用下植物通过调整总叶面积和叶片结构来适应环境。

三、风对茶树生长发育的影响

(一) 风与茶树的生长发育

风对茶树生育的影响，主要指大风、干风和台风，由于大部分茶园都未设置防护林带，也不种植遮阳树，因此刮大风时，对茶园大气影响较大，尤其是来自西北的干风会使茶园空气相对湿度下降，加速叶面蒸腾和土壤水分蒸发，对茶树生育十分不利。我国江南沿海茶园，在茶叶生长季节，有时会遭受台风的侵袭，台风会使茶树枝叶尤其是嫩梢遭到机械损伤。夏秋干旱时，如台风风力不大，不对茶园带来破坏，可解除或减轻茶园的旱情。至于来自东南的季风往往是湿润而暖和的，它能加强茶树叶片的蒸腾，调节水分平衡，有利于光合作用的进行，对茶树生育是较为理想的。

茶树是一种喜温暖气候条件的叶用植物，只有在一定的温度条件下，茶树才能正常地进行一切生理生化活动。一般认为，茶树的生物学最低温度为10℃，如果在生长初期气温降至10℃以下，茶芽会停止生长或生长缓慢，如果气温突然降至0℃左右，就会使已经萌动的茶芽产生冻害。我国大陆性气候强，冬季多大风降温，常常对茶树的安全越冬构成很大威胁，由于气温较低，树上部枝叶细胞间水分冻结，干燥和强风降低了空气的相对湿度，提高了叶片的蒸发量，使茶树不能保持体内水分平衡，因失水过多而凋萎，造成茶树冻伤、死亡。地理纬度较高的江北茶区冻害尤其严重，如山东、河南、安徽等地茶园常有不同程度的冻害出现，2008年年初的冰雪灾害则造成从西南地区到东南地区大范围茶树严重冻害，春茶开园期推迟，名优茶大幅减产，经济价值下降，茶农减收，故民间有"茶树不怕冻就怕风"的说法。

(二) 茶园风障防风寒冻害

尽管低温是造成茶树冻害的根本原因，但在无风条件下，低温的危害作用可大大减轻，而中国冬季的低温是由于大风天气造成的。因此茶树冬季的防冻抗寒必须同步考虑降低大风的危害作用。人工搭设防风设置是常用的临时防风措施。

为解决冬季茶园风寒冻害问题，杨书运等在茶园建立塑料薄膜风障，测定风障对茶园的减风增温作用及其对茶树冠层叶片含水率的影响。风障的高度为2.0m，以5×7网格点测定2.8m、2.0m风障高和1.2m茶树冠层高度3个层次的风速，以4×4网格点测定地表温度、茶树冠层叶片含水率。结果表明，2.8m高度，风障上方的风速比环境风速增加30%左右，下风方向的减风作用随风速增大而减小，距离风障7m区域是风速减弱最强的区域，环境风速2.6m/s时中轴线风速减小13.5%，环境风速1.0m/s时的减小幅度达40.0%，在15m位置基本恢复环境风速。风障高度（2.0m）最大减风距离介于距离风障7~10m的位置。由于薄膜风障不透风，在冠层高度（1.2m）形成约2倍风障高度宽的准静风区。风障的有效减风作用区域大约相当于风障高度的7.5倍。风障的保温作用与日照条件关系密切，日照较强则可提高保护区的温度，夜间与阴天保温作用较不明显。大风作用下，茶树叶片含水率呈一定程度下降，下降幅度与风速正相关，风速大区域含水率下降幅度也大。在风障有效保护区域，大风结束后叶片含水率可较迅速地恢复，风障有效保护区域外的叶片含水率降幅较小，但恢复较慢。综合减风、增温及叶片含水率恢复情况，薄膜风障对于减轻冬季大风降温的危害具有较好的作用。

(三) 茶园气流扰动防霜

早春气温回暖茶芽萌动后，茶叶原生质黏度已显著降低，茶树抗寒能力减弱，茶树常因气候"返寒"或晚霜，发生茶芽冻害。近年来，早春"倒春寒"天气频繁发生，导致茶树遭受不同程度的霜冻害侵袭，使茶叶品质和产量大幅降低，经济损失严重。晚霜冻害已成为我国茶叶生产中的瓶颈问题之一。"倒春寒"是在特定的天气条件下形成的，往往伴随逆温现象的出现。

1. 逆温现象的发生及危害

一般情况下，对流层温度上冷下热，因为对流层大气的热量主要直接来自地面的长波辐射，因而离地面越远，气温越低，即气温随高度增加而递减，高度每增加1000m，气温下降6℃，即气温垂直递减率为6℃/1000m；但在一定条件下，对流层的某一个高度范围内会出现气温随高度增加而上升，即上热下冷现象，这种气温逆转的现象我们称之为"逆温"。根据逆温产生原因的不同，可将逆温分为以下几种类型。

（1）辐射逆温　辐射逆温是夜间因地面、雪面或冰面、云层顶部等的强烈辐射冷却，使紧贴其上的气层比上层空气有较大的降温而形成的。通常在晴朗无云、静风或微风状态下空气湿度较低的夜晚容易出现辐射逆温现象，因为此时地面向空气辐射热量高于空气向地面辐射的热量。

（2）平流逆温　由于暖空气流到冷的地面上而形成的逆温称为平流逆温。当暖空气流到冷的地面上时，暖空气与冷地面之间不断进行热量交换。暖空气下层受冷地面影响最大，气温降低最强烈，上层降温缓慢，从而形成逆温。平流逆温的强度，主要决定于暖空气与冷地面之间的温差。温差越大，逆温越强。

（3）下沉逆温　因整层空气下沉而形成的逆温称为下沉逆温。当某气层产生下沉运动时，因气压逐渐增大，以及由于气层向水平方向扩散，使气层厚度减小。当气层下沉到某一高度时，气层顶部的气温高于底部，而形成逆温。

（4）地形逆温　地形逆温主要是由地形造成的，一般发生在盆地和谷地中，由于山坡散热快，冷空气沿山坡下沉到谷底，谷底原来的暖空气被冷空气抬挤上升，从而出现温度的倒置现象。

逆温现象通常出现在早春季节，一般农作物经过冬季的"生养休息"，为翌年的生长储备了充足的养料，一旦大地气温回升，农作物生理机能异常活跃，细胞组织原生质浓度降低，水分增加，糖分减少，这时若出现逆温现象，气温大幅下降，农作物必然受到严重冻害。另外逆温层的存在，会造成局部大气下冷上热，使空气的对流受到抑制，妨碍了烟尘、污染物、水汽凝结物的扩散，因而近地面的空气污染加重。因此夜晚出现逆温时，近地污染物不易扩散，必将集中在近地面层对植物造成危害，侵害细胞组织，抑制光合作用，使生长受阻、产量降低、品质变劣。

2. 茶园风扇防霜技术

在逆温条件下，气温发生逆转，近地气温随高度升高而上升。根据逆温原理进行风扇防霜，一方面可以提高农作物的温度，另一方面还可以扰动空气使之流通，驱散近地面的污染物，改善农作物的品质。

茶园高架风扇防霜技术正是根据这一特殊现象，在茶园架设大功率风扇扰动空气，将上方暖空气送到茶树采摘面以提高其温度，从而达到防除霜冻这一目的。茶园风扇防霜原理（图2-3）就是利用空气在对流层上暖下冷的逆流原理，对逆温带空气进行扰动，从而将上层的暖空气吹下与下层的冷空气进行混合，提高下层空气温度。基于气流扰动防霜作用原理，高架风扇、塔式防霜机等各种防霜装备在日本和我国茶叶生产在实践中得到应用（图2-4、图2-5）。

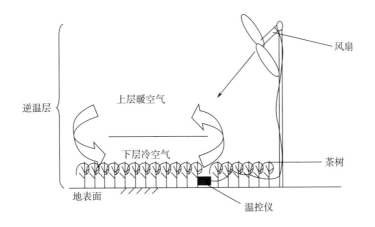

图2-3　茶园风扇防霜的工作原理

图2-4　日本茶园防霜风扇

图2-5　塔式茶园防霜机

第 三 节　光与茶树生长发育

光是植物生长发育和功能性化学物质积累的能量与信号来源，对植物的生长、分化和代谢以及茶树生长发育及茶叶品质起到举足轻重的作用。光质、光强、光照时间及光照特点作为环境信号调节着植物的生命活动，是植物完成生命周期的必备条件。随着高科技成果在茶产业中应用加速，茶树栽培过程的光作用机理和光调控技术逐渐成为茶业界研究的热点问题。

茶树与其他作物一样，利用光能合成自身生长所需的碳水化合物，其生物产量的90%～95%是光合作用产物。它喜光耐阴，忌强光直射。在其生育过程中，茶树对光谱成分（光质）、光照强度、光照时间等有着与其他作物不完全一致的要求与变化。光影响茶树代谢状况，也影响大气和土壤的温、湿度变化，进而影响到茶叶的产量和品质。

一、光谱成分（光质）与茶树生育

太阳光中的可见光（$\lambda = 380 \sim 780nm$）部分是对茶树生育影响最大的光源，可见光由红、橙、黄、绿、蓝、靛、紫七色光组成。叶绿素（包括叶绿素 a 和叶绿素 b）是茶树叶片中最主要的光合色素，对红光、橙光和蓝光、紫光吸收能力强，而对绿光、黄光、红外光吸收能力弱。成熟茶树叶片中叶绿素 b 含量高，而叶绿素 b 对较短的光谱有较强的吸收能力，故茶树适合在漫射光中生长。红外线几乎全部不能被茶树吸收利用，但能使土壤、水、空气和叶片本身吸热增温，为茶树的生长发育提供热量条件，促进茶树生长。红光、橙光照射下，茶树能迅速生长发育，对碳代谢、碳水化合物的形成具有积极的作用。蓝光为短波光，在生理上对氮代谢、蛋白质形成有重要影响。紫光比蓝光波长更短，不仅对氮代谢、蛋白质的形成有较大影响，而且与茶叶中含氮的品质成分如氨基酸、香气物质和维生素的形成有直接的关系。

光谱成分变化引起茶树形态结构的变化。采用不同薄膜覆盖茶树的研究表明，黄色薄膜覆盖处理的茶树新梢最长，叶面积最大，叶片较薄，气孔密度较小；红色薄膜覆盖处理的茶树新梢最短，叶面积最小，叶片较厚，气孔密度较大。

光谱成分变化影响茶树初级代谢和次级代谢各种产物的水平。研究发现，光照强度高，红橙光多，有利于碳代谢和糖类物质的合成，糖类物质的积累为二级代谢产物——多酚类的形成提供了大量前体物质，因而多酚类含量高。采用红、黄、蓝、黑、透明塑料膜覆盖茶树，取芽叶测定花青素含量，结果发现花青素含量是黄色>透明>自然光>蓝色>红色>黑色。不同光质条件对茶树新梢内品质成分的影响表现为，蓝紫光下氨基酸总量、叶绿素和水浸出物含量较高，而茶多酚含量相对较少；红光下光合速率高于蓝紫光，可促进碳水化合物的形成，从而有利于茶多酚的形成和积累。在一定海拔的山区，雨量充沛，云雾多，空气湿度大，漫射光丰富，蓝紫光比重增加，这也就是高山云雾茶中氨基酸、蛋白质和含氮芳香物质含量高，而茶多酚含量相对较低的主要原因。

光谱成分不同除了会影响叶绿素、类胡萝卜素、酚类化合物、花青素、抗坏血酸、氨基酸、有机酸、脂肪酸、糖含量和硝酸盐等非挥发性化合物代谢产物的水平，也能调控茶树挥发性分子的产生。用蓝光（470nm）和红光（660nm）照射茶树鲜叶14d后，发现蓝光和红光均能显著增加大多数内源性挥发物，包括挥发性脂肪酸衍生物[如正己醇、(Z)-醇]、挥发性苯丙/苯环（如苯甲醇和苯乙醇）和挥发性萜类（如芳樟醇、香叶醇）等。此外，蓝光和红光能显著上调脂氧合酶（参与挥发性脂肪酸衍生物形成）、苯丙氨酸解氨酶（参与挥发性苯丙/苯环形成）和萜类合成酶（参与挥发性萜类形成）的表达水平，重塑茶叶香气，这对于创造多种多样的茶叶产品具有重要意义。

二、光照强度（光强）与茶树生育

光照强度在很大程度上决定了茶树的光合作用的强弱。弱光条件下，光照强度与光合作用呈正相关，即随着光照强度的增强，光合速率逐渐上升，当达到一定值之后，光合速率便不再受光照强度的影响而趋于稳定，甚至有所下降，此时的光照强度称作光饱和点。相反，当光照逐步降低到某一数值时，茶树光合作用的产物与呼吸作用消耗相等，这时不再有光合物质的积累，即在一定的光照强度下，实际光合速率和呼吸速率达到平衡，表观光合速率等于零，此时的光照强度即为光补偿点。

当光合结构吸收的光能超过光合作用本身所利用的能量时，导致光合效率下降，出现光抑制现象。长时间的光抑制可引起光合机构的光氧化破坏。茶树具有耐阴、喜湿的习性，在自然条件下很容易发生光合作用光抑制现象，如"午休"现象，因此人们通常应用遮阳技术，降低茶园太阳直射光照度，调节光强，改善光质以缓解茶树光抑制的出现。

光照强度影响茶树的生长发育。对茶树幼苗进行不同光照强度处理的研究表明，强度遮光的茶苗茎干细而长，叶子较小；中度遮光的茶苗植株高矮居中，叶大色绿，叶面隆起，植株发育良好；不遮光处理的茶苗则生长较矮，节间密集，叶子大小适中，叶色呈深暗色，嫩叶叶面粗糙，但茎干粗壮。实践表明，成龄茶园中不同光照条件下的茶树，也有类似表现。生长在空旷地段全光照条件下的茶树，一般表现为叶形小、叶片厚、节间短、叶质硬脆，而生长在林冠下的茶树，一般表现为叶形大、叶片薄、节间长、叶质柔软。夏季光照强、温度高、湿度低，很容易使茶树叶片的光合作用受到抑制，适度遮阳可以明显提高净光合速率和光合量子效率。

遮阳会引起茶树内含物质代谢发生变化。研究表明，茶园适度遮阳，茶叶中含氮化合物（氨基酸、咖啡因等）含量明显提高，碳水化合物（茶多酚、还原糖等）含量相对减少。故适度遮阳有利于降低碳氮比，对绿茶和乌龙茶品质的提高具有重要意义。

三、光照时间与茶树生育

光照时间对茶树的影响主要表现为两个方面，即辐射总量及光周期现象。一般情况下，日照时间越长茶树叶片接受光能的时间越长，叶绿素吸收的辐射能量就越多，光合产物积累量就越大，有利于茶树生育和茶叶产量的提高。在茶树生长季节，南方茶区比北方茶区日照时间长，产量高。研究证明，日照时数对春茶早期产量有一定影响，尤其是越冬芽的萌发时间与日照时数呈正相关，这与日照时数长短影响温度从而影响茶芽萌发相关联。山区茶园由于受山体、林木的遮蔽，日照时数比平地茶园少，尤其是生长在谷地和阴坡的茶树，日照时数更少，加上山区多云雾等妨碍光照的因子，实际光照时数更少，往往产量比较低。

自然界昼夜的光暗交替称作光周期，植物对昼夜长度发生反应的现象称光周期现象。据此可分为长日植物、短日植物和中日植物。光周期现象对茶树开花结果及生长休眠均有直接影响。茶树是一种短日照植物，日照时数较短的季节或地区，利于茶树的生殖生长，提早开花的时间，花量增大，同时使新梢生长缓慢，提早休眠。相反，日照时数较长的季节或地区，茶树的营养生长加强，开花推迟，花数减少，甚至不开花，新梢生长加快，推迟新梢休眠。如种植在格鲁吉亚的南方茶树品种往往不会结实，因为该地区的日照比原产地长得多。

四、光调控在茶树栽培中的应用

随着人们对光照与茶树生长发育关系的认识不断深入，通过光照调控茶叶品质已在茶叶生产中有较多应用。

抹茶生产中，普遍采用遮阳覆盖技术以提高抹茶品质。采用遮阳覆盖后的茶树鲜叶保存了以茶氨酸为代表的有甘甜滋味的氨基酸成分，加速了叶绿素的合成，形成了抹茶油润鲜艳的绿色。抹茶特殊的香气"覆盖香"正是通过这种栽培方式形成的。目前覆盖的方式有棚架覆盖、直接覆盖和小拱棚覆盖，以前两种为主，高品质抹茶多采用棚架覆盖。覆盖时多采用遮光率在85%~95%的遮阳网，覆盖时间1~2周。遮阳覆盖材料以黑色的聚乙烯醇（PVA）、聚对苯二甲酸乙二酯（PET）、聚乙烯（PE）、聚丙烯（PP）等化学纤维网材料为主。

在我国海南岛和云南西双版纳茶区推广的胶茶人工群落种植模式，在橡胶林下间种茶树，通过改善茶园光照等生态因子来提高茶叶品质，增加茶叶产量，取得了较好的经济效益和生态效益。

发光二极管（LED）光补偿技术在苗圃育苗、大棚蔬菜栽培及温室补光等实践中已有较广泛应用。LED属于冷光源，主要是将化学能转换成光能来实现光照。LED光具有能耗低、无污染、波长稳定、低发热等优点，其所发出的单色光可以满足植物生长所需。如果将各种颜色的LED单色光进行组合，就能生成接近植物光合作用所需的光谱。在茶树栽培过程中，可以使用红光和绿光来照射茶苗，这种方法不仅操作简单，而且不会产生污染，可以培育出高产、生态、营养丰富的茶叶。

近年来，随着光伏农业的兴起，光伏茶园模式也应运而生，为茶业可持续发展开辟了一条新路径。光伏茶园是指以一定透光率的太阳能电池板做棚顶，形成棚顶发电，棚下种植茶树，棚内光、温、湿可控的茶园生产模式。研究表明，与露天茶园、普通大棚茶园相比，光伏大棚茶园不仅能够有效延长茶树生长时间，提高茶树产量，减少病虫害，还实现了低碳经济、节能减排的问题，可以利用光伏结合LED光补偿技术，实现环境四大因子的可控，有利于茶树内含物的提升。

五、光与茶树病虫害防治

光不仅会影响茶树的生长发育，还会对茶园生态环境中的昆虫等生物体产生影响。相关研究已证实，光周期、光照强度和光波长等光照因素可以影响昆虫的多种活动行为。光周期的改变会打乱昆虫的活动行为规律，最为明显的表现就是昆虫的滞育行为。除滞育外，昆虫的移动（如飞行、爬行和跳跃等）、取食、求偶和交配、产卵等多项活动行为均受到光周期的影响。光强度影响昆虫昼夜活动、交尾、产卵等行为；波长对昆虫的趋光性有着直接的影响。

不同单色光对茶园主要害虫趋光反应的影响试验研究表明，茶丽纹象甲对420nm的单色光趋性最强，黑刺粉虱对360nm、385nm、420nm的三种单色光均表现出强烈的趋性；茶尺蠖在385nm处对这些单色光反应出现最大值，为采用单色光实现茶树害虫的高效专一防治与减少对天敌的误杀提供了依据。另一项关于茶小绿叶蝉田间试验研究表明，单纯的夜间灯光照射（特别是白光或绿光）不仅能对茶小绿叶蝉的种群数量产生影响，并且能推迟叶蝉暴发的时间。室内活动行为试验结果证明，夜间光照可以抑制雌雄茶小绿叶蝉的移动等多种活动行为；室内交配行为试验结果则证明，夜间光照特别是绿光照能够减少并推迟茶小绿叶蝉的交配行为。采用蓝光、黄光、绿光分别对茶小绿叶蝉的卵进行照射，观察光对其卵孵化的影响，结果发现蓝光可使茶小绿叶蝉卵的孵化量显著降低。

基于茶园主要害虫的趋光性的差异，中国农业科学院茶叶研究所陈宗懋院士团队建立了基于昆虫视觉的茶园绿色防控技术体系，研制了天敌友好型LED杀虫灯（图2-6）和天敌友好型数字化色板（图2-7），已在全国各大茶区进行了推广示范，累计面积超过1500hm²，各地植保人员和茶农反映效果良好。

图2-6　天敌友好型 LED 杀虫灯

图 2-7　天敌友好型数字化色板

第四节　大气环境及污染对茶树的影响

一、大气污染的概念与类别

(一) 大气污染的定义

大气污染是指大气环境中人类活动和自然过程引起某些物质进入大气中的浓度达到危害人体舒适、健康和福利或危害环境的现象。换言之，大气污染即大气中污染物质的浓度达到有害程度，以致破坏生态系统和人类正常的生存和发展条件，对人和物形成危害的现象。

形成大气污染的原因主要有自然因素和人为因素两大类，其中前者主要有火山爆发、森林火灾、土壤和岩石风化、海啸等自然现象，后者主要是指人类的各项生产活动和生活活动。大气污染形成的必要条件是大气中污染物达到足够的浓度，并在此浓度下对受体影响足够长的时间。由自然过程所形成的大气污染多为暂时的和局部的，一般依靠大气的自净能力经过一段时间后可自动消除；由人为因素所造成的大气污染则是持久连续的，是形成大气环境影响的主要根源。

(二) 大气污染的类别

按照大气污染的范围，通常将大气污染划分为三种类型。

1. 局地性大气污染

局地性大气污染指较小空间范围的大气污染，如一个厂区或一个城市范围内的大气污染，可以通过污染范围内的控制措施加以解决。

2. 区域性大气污染

区域性大气污染指跨越城市乃至国家行政边界的大气污染。此类大气污染所形成的通常是范围较大的大气环境问题，需要通过波及的数个行政单元间相互协作才能解决，如酸雨、沙尘暴、雾霾、大气棕色云等。

3. 全球性大气污染

全球性大气污染指跨国界乃至波及整个地球大气层的大气环境问题，如温室效应、臭氧空洞、全球变暖等，需要世界各国的通力合作才能够得到解决。

二、大气污染物及其类别

大气污染物种类多、成分复杂、影响范围广，其中对大气环境影响较大的主要有颗粒物、氧化硫、氮氧化物、一氧化碳、碳氢化合物、硫氢化合物、光化学烟雾、氟化物、挥发性有机物、臭氧等。排入大气中的污染物，在与正常空气成分混合过程中，发生各种物理、化学变化。根据其存在状态，大气污染物可分为气溶胶污染物和气体状态污染物两大类。

(一) 气溶胶污染物

气溶胶污染物是指固体粒子、液体粒子或它们在气体介质中的悬浮体，包括粉尘、烟、飞灰、黑烟等几种类型。

1. 粉尘

粉尘是指悬浮于气体介质中的小固体粒子，能因重力作用发生沉降但在某一段时间内能保持悬浮状态。它通常是由于固体物质的破碎、研磨、分级、输送等机械过程，或土壤、岩石的粉尘风化等自然过程形成的，粒子的形状往往是不规则的。粒径为 $1 \sim 200\mu m$。根据颗粒大小，可分为细颗粒物、飘尘、降尘、总悬浮颗粒物等。

（1）细颗粒物（PM2.5，又称细粒、细颗粒）　细颗粒物指环境空气中空气动力学当量直径不大于 $2.5\mu m$ 的颗粒物。它能较长时间悬浮于空气中，其在空气中含量浓度越高，则代表空气污染越严重。PM2.5 粒径小，面积大，活性强，易附带有毒、有害物质（如重金属、微生物等），且在大气中的停留时间长、输送距离远，对人体健康和大气环境质量的影响更大。

（2）飘尘（PM10）　飘尘指大气中粒径小于 $10\mu m$ 的固体颗粒。它能较长期地在大气中飘浮。

（3）降尘　降尘指大气中粒径大于 $10\mu m$ 的固体颗粒。在重力作用下它可在较短时间内沉降有时也称浮游粉尘。

（4）总悬浮颗粒物（TSP）　总悬浮颗粒物指大气中粒径小于 $100\mu m$ 的所有固体颗粒。

2. 烟

烟一般是指由冶金过程形成的固体粒子的气溶胶。它是熔融物质挥发后生成的气态物质的冷凝物，在生成过程中总是伴有诸如氧化之类的化学反应。烟的粒子直径很小，一般为 $0.01 \sim 1\mu m$。产生烟是一种较为普遍的现象，如有色金属冶炼过程中产生的氧化铅烟、氧化锌烟，在核燃料处理厂中的氧化钙烟等。

3. 飞灰

飞灰是指随燃料燃烧产生的烟气飞出的、分散得较细的灰分。

4. 黑烟

黑烟一般是指由燃料燃烧产生的能见气溶胶。

（二）气体状态污染物

气体状态污染物是以分子状态存在的污染物，简称气态污染物。气态污染物的种类很多，大部分为无机气体。常见的有五大类：以二氧化硫为主的含硫化合物、以一氧化氮和二氧化氮为主的含氮化合物、碳氧化物、碳氢化合物及卤素化合物。气态污染物又可分为一次污染物和二次污染物。

一次污染物是指在人类活动中直接从排放源排入大气中的各种气体、蒸汽和颗粒物。主要有二氧化硫、一氧化碳、氮氧化物、颗粒物（包括金属毒物在内的微粒）、碳氢化合物。二次污染物是指进入大气中的一次污染物在大气中相互作用或与大气中正常组分发生化学反应，以及在太阳辐射的参与下发生光化学反应而产生的与一次污染物的物理、化学性质完全不同的新的大气污染物。这种物质颗粒较小，毒性比一次污染物强。常见的二次污染物有硫酸及硫酸盐气溶胶、硝酸及硝酸盐气溶胶、臭氧、过氧乙酰硝酸酯（PAN）以及各种氧自由基。

三、常见大气污染物的产生及迁移

（一）颗粒物

颗粒物质主要来自自然污染源如海水蒸发的盐分、土壤侵蚀吹扬、火山爆发等。人为排放主要来自燃料的燃烧过程颗粒物质自污染源排出后，常因空气动力条件的不同、气象条件的差异而发生不同程度的迁移。降尘受重力作用可以很快降落到地面，而飘尘则可在大气中保存很久。颗粒物质还可以作为水汽等的凝结核参与降水的形成过程。

（二）含硫化合物

硫常以 SO_2 和 H_2S 的形态进入大气，也有一部分以亚硫酸及硫酸（盐）微粒形式进入大气。大气中的硫约三分之二来自天然源，其中以细菌活动产生的硫化氢最为重要。人为源产生的硫排放的主要形式是 SO_2，主要来自含硫煤和石油的燃烧、石油炼制及有色金属冶炼和硫酸制造等。由天然源排入大气的硫化氢会被氧化为 SO_2，这是大气中 SO_2 的另一主要来源。SO_2 和飘尘具有协同效应，两者结合起来对人体危害更大。SO_2 在大气中极不稳定，最多只能存在 2d。在相对湿度比较大及有催化剂存在时，可发生催化氧化反应，进而生成 H_2SO_4 或硫酸盐，所以，SO_2 是形成酸雨的主要物质。硫酸盐在大气中可存留 1 周以上，能飘移至 1000km 以外，造成远距离的区域性污染。SO_2 也可以在太阳紫外光的照射下，发生光化学反应，生成硫酸雾。

（三）碳氧化物

碳氧化物主要有 CO 和 CO_2。CO 主要是由含碳物质不完全燃烧产生的，而天然源较少，由汽车等移动源产生的 CO 占总排放量的 70%。CO 化学性质稳定，在大气中不易与其他物质发生化学反应，可以在大气中停留较长时间。CO 在一定条件下，可以转变为 CO_2，然而其转变速率很低。CO_2 是大气中一种"正常"成分，它主要来源于生物的呼吸作用和化石燃料等的燃烧。CO_2 在参与地球上的碳平衡方面有重大的意义。然而，由于当今世界上人口急剧增加，化石燃料大量使用，使大气中的 CO_2 浓度逐渐增高，这将对整个地气系统中的长波辐射收支平衡产生影响，并可能导致温室效应，从而造成全球性的气候变化。

（四）氮氧化物

氮氧化物中，NO 和 NO_2 是常见的大气污染物。天然排放的 NO 主要来自土壤和海洋中有机物的分解，属于自然界的氮循环过程。人为活动排放的 NO 大部分来自化石燃料的燃烧过程，如汽车、飞机、内燃机及工业窑炉的燃烧过程；也有来自生产、使用硝酸的过程，如氮肥厂、有机中间体厂、有色及黑色金属冶炼厂等。NO 在大气中极易与空气中的氧发生反应生成 NO_2，故大气中氮氧化物普遍以 NO_2 的形式存在。空气中的 NO 和 NO_2 通过光化学反应，相互转化而达到平衡。在温度较高或有云雾存在时，NO_2 进一步与水分子作用形成酸雨组分硝酸（HNO_3）。

（五）碳氢化合物

大气中大部分的碳氢化合物来源于植物的分解，人类排放的量虽然小，却非常重要。碳氢化合物的人为来源主要是石油燃料的不充分燃烧和石油类的蒸发，在石油炼制、石油化工生产中也产生多种碳氢化合物，燃油的机动车也是主要的碳氢化合物污染源。碳氢化合物是光化学烟雾的主要成分。在活泼的氧化物如 O_2、O_3 等的作用下，碳氢化合物将发生一系列链式反应，生成一系列的化合物，如醛、酮、烷、烯及重要的中间产物——自由基。自由基进一步促进 NO 向 NO_2 转化，造成光化学烟雾的重要二次污染物 O_3、醛和过氧乙酰硝酸酯。

（六）挥发性有机物

世界卫生组织（WHO）定义挥发性有机物（VOC）为，在常压下沸点为 50 ~ 260℃ 的各种有机化合物，可分为烷烃类、芳烃类、酯类、醛类和其他等。最常见的有苯、甲苯、二甲苯、苯乙烯、三氯乙烯、三氯甲烷、三氯乙烷、二异氰酸酯（TDI）、二异氯甲苯酯等。

（七）其他大气污染物

其他大气污染物来源于发电厂、工厂等的废气及有机物腐败所散发的气体，对生物环境与人体都是有害的。农药、化肥（氨）及合成化学药品等，即使浓度低也多数有毒。随着工业的发展，不少有毒的重金属（铅、汞、镉、铬等）烟尘或蒸气也混入大气内，其危害性可能超过 SO_2 等污染物。

四、大气污染的影响与危害

大气污染源和污染因子的存在，导致不同尺度和范围上的大气污染现象存在，可对自然环境和地球上的生命体产生多方面的影响和危害。

（一）大气污染对天气和气候的影响

源于煤、石油等化石燃烧和动物呼吸的大气污染物 SO_2、NO_2、CO_2 和 CH_x，对天气和气候的影响巨大，其中全球变暖和臭氧空洞已经成为全球性的气候问题。人为过多的 CO_2 排放破坏了自然界 CO_2 的平衡关系，由其形成的"温室效应"导致了全球性的气候变化。大气颗粒污染物数量和种类的增加，直接导致大气透明度降低，同时增加了雾霾天气出现的频率，并且水汽凝聚核的增加导致部分地区降水量增多而加大了洪涝灾害的发生频率。此外，在大气颗粒物显著较多的城市地区，在不同的气候类型背景下，气候表现出显著的个性化，形成了多种表现形式的城市气候岛效应。

(二) 大气污染对植物的影响和危害

植物易受大气污染影响和危害，是因为植物有庞大的叶面组织，与空气直接接触并进行活跃的气体交换，植物根系深扎于土壤之中，生长过程中一般不可移动，不能自主地避开污染物或污染源。因此，当大气污染物浓度超过植物的生理忍耐限度时，植物的细胞和组织器官受到伤害，生理功能和生长发育受阻，产量下降，品质变坏，群落组成发生改变，甚至造成植物个体死亡，直至种群消失。

大气污染对植物的危害有可见性伤害和不可见性伤害两类。可见性伤害是由于植物茎叶吸收较高浓度的污染物或长期暴露于被污染的大气环境中而出现的可以看到的受害现象，有急性型、慢性型和混合型三种类型。其中，急性伤害是指在污染物浓度很高的情况下短时间内造成的危害，如叶片出现伤斑、脱落甚至整株死亡；慢性伤害是指低浓度污染物长时间作用对植物造成的危害，如叶片褪绿、生长发育受影响等；混合型伤害是介于急性伤害和慢性伤害之间的受害症状，一般是叶片出现黄白化症状，污染消除后虽可恢复青绿，但会造成普遍减产。不可见伤害是由于植物吸收低浓度污染物而使生理、生化方面受到不良影响，虽然叶片表现不呈明显的受害症状，但会造成植物不同程度的减产，或影响产品的质量。

大气污染物中的 SO_2、氟化物、氧化剂、乙烯、臭氧等对植物影响和危害尤为明显。硫是植物必需的元素，但若 SO_2 浓度超过伤害阈值，则会对植物造成伤害，植物叶片显现出不规则的点状、条状或块状坏死。氟化物在植物体内积累到一定量，会引起植物组织坏死，导致植物失绿和过早落叶现象，生长受抑，进而引起食用氟污染植物叶片的动物的生物中毒，如关节肿大、骨质变松、蹄甲变长、卧栏不起等，甚至死亡。氧化剂对植物形成伤害的典型症状是导致植物叶片出现密集细小的斑点、失绿斑点或褪色，甚至呈现褐色、黑色、红色或紫色状。乙烯污染会干扰植物正常调控机制，引起发育异常或异常反应，并对生态系统产生深远影响。臭氧浓度升高会导致植物光合作用降低，从而引起植物营养成分和次生代谢物质的变化，以植物为食的植食性昆虫必然会受到不同程度的影响，进而影响更高营养阶层的寄生性和捕食性昆虫。

五、茶园空气污染对茶树生长发育的影响

(一) 茶园空气污染来源

茶园空气污染主要来自三个方面：一是气流的影响，城市工业区每天向空中排放的污染物质日益增多，这些污染物质具有很大的流动性，可以随气流带到很远的地方，当然也是茶园环境的污染源之一；二是工业企业的发展也进一步使茶区的生态环境变劣，这些企业布局不合理，设备简陋，燃料质量差，"三废"排放量大，如一些小型造纸厂、化肥厂、砖瓦厂以及茶厂就设在茶园附近，对排出的废物不加处理；三是汽车及各种农业机械的排气污染。车辆穿梭，加之机械化施肥、除草、防虫治病也加重了茶园空气的污染。

（二）茶园空气污染对茶树生长发育的影响

大气污染物的种类已达 100 多种，对茶叶污染较大的有硫的氧化物、氮氧化物、总悬浮物、氟化物和重金属等。

1. 硫的氧化物对茶树生长发育的影响

硫的氧化物对茶树生长发育的影响主要是二氧化硫（SO_2）。当 SO_2 随气流进入茶园上空后，在大气中被氧化成三氧化硫（SO_3），遇水后便形成硫酸雾和酸雨，它会对茶树产生毒害。在正常情况下，SO_2 通过叶片气孔进入叶肉细胞后首先形成亚硫酸根及其盐类，进而慢慢氧化为硫酸根及硫酸盐，这一生理过程对茶树是无害的，且硫元素在其生理代谢过程中还得到了充分利用；但当空气中 SO_2 浓度较高时（>0.3mg/L），茶树体内亚硫酸盐的形成速度超过了细胞将它们氧化为硫酸盐的速度时，就会发生急性危害。此外，还有研究表明，茶蚜有偏食受轻污染的叶片，这可能是叶内游离氨基酸增多所致，所以，较低浓度的 SO_2 能刺激蚜虫种群的增长，可对茶树造成间接危害。茶树受害后主要症状为叶片上多出现褐色的斑点（块），略显褶皱，叶片的叶肉组织受到破坏，造成细胞质壁分离，叶绿素也被分解。

2. 氮氧化物对茶树生长发育的影响

氮氧化物对茶树生长发育的影响主要是一氧化氮、二氧化氮和硝酸雾，以二氧化氮为主。茶树受到污染后，叶片会受到伤害，叶片首先出现伤斑，后在叶缘和叶柄出现，最后脱落。

3. 总悬浮物对茶树生长发育的影响

当大气总悬浮物含量很高时，降尘降落或飘尘吸附在茶树上，能影响茶树的光合作用和呼吸作用的正常进行，影响水分的蒸腾作用，以致茶树体温升高，叶片干枯。另外，这些总悬浮物吸附于叶面可通过溶解渗透，使多种有害物质进入茶树体内，对茶树造成污染危害。

4. 氟化物对茶树生长发育的影响

氟化物是我国农村的主要大气污染物之一，对农业生产及农村生态环境的影响比较明显。氟化物污染大气后，会对植物的生长发育产生危害。氟化物主要有氟化氢、氟化硅、氟硅酸、氟化钙颗粒等，氟化氢是主要成分。氟化氢主要来源于电解铝厂、磷酸肥厂、陶瓷厂、砖瓦厂及钢铁厂的生产过程。氟化物被植物气孔吸收而进入细胞，溶解在叶组织内部的水溶液中，被叶肉吸收，然后通过扩散方式或由维管束把氟化物从叶肉转移到其他细胞中，并随水分运输到叶的尖端和叶缘并在局部积累。当积累到较高浓度时，它与叶片中的钙元素反应生成难溶性的氟化钙，沉淀于茶树组织内，使茶树钙营养发生障碍，树体内与钙有关的酶活性和代谢机能受到干扰，叶绿素和原生质遭到破坏。茶树受害后，首先在幼叶和嫩芽上表现症状，最初叶尖、叶缘呈水渍状，逐渐出现棕红色伤斑，叶缘稍卷曲，直至脱落。茶叶的光合作用和呼吸作用受到抑制，造成鲜叶减少和品质下降。不过茶树对氟的抗性较强，能吸收一定量的氟而不受害，只有在大气中含量较高时，才表现明显的症状。

一项对农业环境质量调查监测的结果表明，茶叶含氟量与大气环境质量关系密切。茶叶中氟的富集量与大气中氟的浓度的变化一致，空气中氟浓度较高的监测点，茶叶中氟的富集量也较高。对附近有砖瓦窑或工厂等氟源、空气污染较明显的茶园与自然生态环境良好的茶园的茶叶比较研究发现自然生态环境良好的茶园的茶叶，其氟含量明显比氟污染区的茶叶低；当大气受到污染后，空气中的氟对植物叶的氟富集的影响可能比土壤中的氟对植物的氟富集的影响还要强。

5. 重金属对茶树生长发育的影响

随着现代工业的迅速发展，重金属残留已成为继农药残留后又一个影响茶叶质量安全的重要因素。大气沉降是茶叶中重金属的重要来源之一。目前，茶叶中最主要的重金属污染是铅污染。工矿业生产活动、机动车燃料燃烧和轮胎磨损等每天产生大量的含重金属的有害气体和粉尘排向大气，这些重金属污染物通过自然沉降、雨淋沉降等途径被茶树或土壤吸附最终进入茶叶中。汽车尾气和化工企业排放的污染物是茶叶铅污染的主要来源。

汽车汽油中因添加有四甲基铅和四乙基铅，其在燃烧过程中转化、合成为含铅的有害物质，这些有害物质可降解性非常强，当这些有害物质发生降解后就会与茶园土壤中的有机质相结合，或者吸附在空气里面的扬尘中，造成茶园空气和土壤的铅污染。研究表明，茶园土壤中铅的含量随着与公路距离的增加而逐渐减少，呈明显的负相关关系。汽车尾气中的铅沉降使得靠近行车道两侧的茶园土壤中的铅含量明显高于同一块茶园其他区域土壤的铅含量。一般空气中沉降物影响茶叶中铅含量的有效距离为茶园距离公路 100~150m。当距离超过 100m 时，茶叶新梢的铅含量开始下降，并在 100~150m 的距离内保持稳定；而老叶的铅含量则从距离公路 60m 的地方就已经显著下降，在 120m 的距离内维持该水平。同样，空气沉降物对茶园土壤中有效态铅及全铅含量也基本上遵守这一标准，即在距离公路 100m 左右处土壤中的铅含量开始下降并保持稳定。

化工企业加工制造时固态燃料的燃烧（主要是以煤为燃料的锅炉）、钢铁、水泥的生产等工业活动很容易产生含铅量较高的粉尘，通过空气沉降在茶园中，导致茶园土壤的含铅量增加。通常靠近化工厂一侧的茶园土壤含铅量明显高于其他区域的土壤含铅量。通过浙江省茶叶产区茶叶中铅含量的研究发现，不同县市采集的茶叶中的平均铅含量与当地的工业生产总值呈显著的正相关。

六、 茶园空气污染防治

（一）茶园对大气的要求

（1）生产基地的选择应避开交通繁华要道，基地及基地周围不得有大气污染源，特别是上风口 3~5km 范围不得有化工厂及粉尘污染源，如化工厂、钢铁厂等，不得有有毒有害气体排放，也不得有烟尘和飘尘。

（2）生产、生活用的燃煤锅炉是大气中二氧化硫和飘尘的重要来源，燃煤锅炉需要装置除尘除硫设备，加工车间要安装排气除尘装置。

（3）大气环境质量应符合 GB 3095—2012《环境空气质量标准》的规定。

建立大气质量标准和大气质量评价体系，研究环境容量，建立大气监测档案；合理布局工业，控制废气排放；建立大气质量预报和预警系统。

（二）茶园大气污染控制途径

对于茶园空气污染的控制应采取治理污染源为主，多种方法互补协调的综合治理的防治策略。

1. 合理布局工矿企业

工矿企业是空气污染物的重要排放源。如果一个茶区靠近城市或工业过分集中，污染物排放量大，容易造成污染；反之，如工厂密度适宜，大气污染物质能够得到较快的稀释和扩散，有可能不造成大污染。所以，大茶区内不宜建立很多的工厂，尤其是造纸厂、水泥厂、砖瓦厂等。对茶园周围的工厂通过加高烟囱排烟，减轻烟囱排烟造成地面大气污染。

2. 植树造林改善生态环境

茶园周边种植防护林和交通树将茶园与工厂和公路隔离开来以改善茶园生态条件，净化空气，减少茶园沉降物的污染。充分利用茶园周边空地种植多年生豆科作物，改善生态，净化空气，防止茶叶受废气物污染。茶厂作为污染的点源，可以栽高大而耐污染的树木，如云杉、洋槐、梧桐、槭树、橡树等，待它们成林后便可在茶厂周围形成一道绿色的屏障，烟气中携带的烟尘、粉尘等遇到枝叶便会沉降下来。又由于树的枝叶上生成茸毛，有的还分泌黏液，能吸附大量的飘尘，吸满灰尘的枝叶经雨水冲洗后，其拦截过滤的功能又得以恢复，这样就可将其污染物质限制在一定的区域内。

3. 技术革新、提高燃煤的热效应

制茶以燃煤为主的茶区，茶厂要尽可能购买优质煤，以尽量减少向空气中排放污染物质。还应不断地对传统的炉灶结构进行合理的改造，使煤炭在炉膛内能得到充分的燃烧；还可适当提高烟囱的高度，以利于烟气向大空间散发。

4. 丰富茶园的群落结构

要因地制宜逐步扩大人工群落茶园的栽培面积。人工群落茶园有明显的成层现象。一般形式为上部是乔木层，中部是以茶树为主体的灌木层，下部是草本植物层。尤其是上部的乔木层对污染物质有截留和富集作用，减少了茶树对污染物质的吸收，起到了保护作用。

5. 加强茶园管理，提高茶树自身的抗污染力

合理施肥可以提高树体对有害气体的抵抗能力，如适量地施硅肥、钾肥等可以增强茶树抵抗二氧化硫（SO_2）和氟化氢危害的能力。另外，茶树上喷洒 0.6% 石灰半量式波尔多液能预防茶树多种病害，也能减轻 HF 及 SO_2 等有害气体对茶树的危害。

第五节　茶叶产品质量安全标准与大气

茶叶质量安全是茶叶质量与茶叶饮用安全性的总称。茶叶质量是指茶叶的特性及其满足消费者要求的程度；茶叶安全是指正常饮用茶叶对人体不会带来危害。茶叶质量安全主要污染源有化学污染、物理污染和生物污染。长期以来，影响茶叶质量安全的主要因子是农药残留、重金属和有害微生物。由大气污染造成的有害重金属铅及氟化物超标等是影响茶叶质量安全的重要因素。

茶叶是世界上最受欢迎的三大天然饮料之一，被誉为 21 世纪最具生命力的饮料。我国作为世界上茶园面积和茶叶产量最大的国家，茶产业已成为我国重要的扶贫和富民产业。近年来，随着经济的发展和消费结构不断升级，人们对自身健康状况日益关注，消费者对茶叶质量安全的要求日益提高。然而，由于工业"三废"不合理地排放，大气、土壤和水污染等环境问题的日益加剧，导致农业生态环境日益恶化，许多有害、有毒物质随着气流漂移、下沉，并通过降雨，污染广大农区空间、水体和土壤，致使茶园和茶叶不断受到污染。有害、有毒物质可能通过生物富集作用进入食物链，威胁人体健康。因此，茶叶质量安全事关广大人民群众的身体健康和生命安全，受到各级政府主管部门、研究者和消费者的广泛关注。

一、我国茶叶产品质量安全现状

2001 年，农业部将茶叶列入"无公害食品行动计划"中首批 74 个农产品之一。随着"无公害食品行动计划"的实施，各级政府对食品安全高度重视，加大力度防治环境污染，制定了一系列茶叶质量安全标准体系来规范茶叶产地环境和生产加工过程，提升茶叶质量安全水平。经过改革开放 40 多年的发展，我国茶叶质量安全保障体制不断完善，逐步禁止了高毒高残留农药的使用，替换茶汤中易浸出农药，建立了茶叶质量安全研究平台，持续开展国内外茶叶标准的比对与预警、茶叶质量安全风险评估等研究；检测技术由传统化学分析方法向光谱法、色谱法等仪器分析方法进步，茶树病虫害防控采用低毒低残留化学农药和绿色防控，农产品质量安全新的学科建立，茶叶也开启了从环境到茶杯全链质量安全的基础应用研究。政府部门定期抽检茶叶产品的安全要素，近 5 年的茶叶合格率保持在 97%以上。检测技术的研究取得丰硕成果，风险评估不断深入，为茶叶质量安全发挥了保障作用。

铅是茶叶受到的重金属污染物中的"罪魁祸首"，在食品安全检测中铅是被作为一项茶叶安全的重要检测指标。联合国环境规划署、世界粮农组织、世界卫生组织共同制订了全球食品污染物监测规划，也把铅作为食品安全的必检项目之一。1989 年我国实施的 GB 9679—1988《茶叶卫生标准》规定，茶叶的铅限量标准为 2.00mg/kg。中国农业科学院茶叶研究所农业部茶叶质量监督检验测试中心于 1999 年对全国各类茶叶中的铅含量进行了抽样检测发现有 12.55%的茶叶样品的铅含量超标，2000 年农业部茶叶质量监督检验测试中心发现有 29.4%的茶叶样品铅含量超标，2001 年该中心对茶叶铅含量检测发现超标率达到 24.7%。2005 年，我国国标规定发生改变，规定茶叶的铅限量标准为 5.00mg/kg。

二、茶叶质量安全保障体系

我国已建立了国家、行业、地方、协会和企业 5 级标准制度。现已制定、发布茶叶国家标准 168 项、行业标准 154 项，形成了国家、行业、地方、协会和企业标准互补的态势，构成了我国的茶叶标准体系框架。国家制定统一的食品安全标准。2005 年食品安全标准正式发布，GB 2762—2005《食品安全国家标准　食品中污染物限量》对茶叶中铅、镉、汞、砷、锡、镍、铬等主要污染物限量做出了规定。

20 世纪 90 年代，中国绿色食品发展中心开展绿色食品认证，其主要目的是让认证产品能够达到国外标准。1997 年绿色食品茶叶采用了欧盟标准，以期发挥我国茶叶出口优势。随后，有机生产方式引入我国，其种植过程全面杜绝化学投入品的使用，1991 年我国第一个有机茶产品在杭州市临安区诞生，至 2018 年我国有机茶园面积（含转换期）为 11.1 万 hm^2，有机茶园面积（不含转换期）占全国茶园面积的 2.4%。2018 年我国有机茶（干茶）产量占全国茶叶总产量的 1.1%。进入 21 世纪的元年，我国启动无公害食品行动计划，茶叶成为首批纳入该计划的产品，无公害茶叶标准成为我国市场准入的门槛。2001 年农业部提出的"三品一标"认证，引导产品向优质化、管理规范化的方向发展。经过 10 多年无公害农产品认证和产地认定的推动，无公害茶叶生产基地占据了全国茶园面积的主导地位。此外，原农业部、原国家技术监督局、国家知识产权局先后开展地理标志产品的认证，全国大批有生产历史的产品先后获得认证，如龙井茶获得欧盟的互认。茶叶产品认证工作按程序化运行，按照标准生产和检验，对过程和管理进行监督，提升了企业的管理水平，成为消费者信赖的安全和优质产品。

三、茶叶产品产地环境空气质量标准

茶叶质量安全标准体系保障了茶叶产品的质量安全，而产地环境质量则是保障茶叶产品安全生产的基本因素。产地空气环境质量是构成农产品产地环境质量的要素之一。制定配套的产地环境标准并严格执行，是茶叶产品质量安全控制的基本手段。针对由大气污染对茶叶产品造成的潜在危害，自 2001 年起，我国针对种植业农产品陆续制定了众多产地环境类标准，对农产品产地环境质量提出了总体要求和大气污染物限量值。

从茶叶安全性角度来看，目前要达到茶叶安全标准有三个层次产品（图 2-8），最理想是有机茶，其次是绿色食品茶，但最大量也是最基本的，是要达到无公害产品。无公害茶是绿色食品茶和有机茶发展的基础，绿色食品茶和有机茶是在无公害茶基础上的进一步提高。

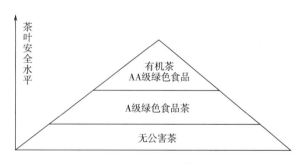

图 2-8　茶叶安全性层次

（一）无公害茶叶产地环境空气质量标准

无公害茶叶是指在无公害生产环境下（NY/T 5010—2016《无公害农产品　种植业产地环境条件》），按特定的生产操作规程生产（NY/T 5018—2015《茶叶生产技术规程》)，成品茶的农药残留、重金属和有害微生物等污染物指标内销符合国家标准，外销符合进口国、地区有关标准的茶叶，是符合食品安全的茶叶的总称。

无公害茶叶产地环境条件标准对茶叶产地环境条件的总体要求是，无公害茶叶产地应选择在生态条件良好，远离污染源，并具有可持续生产能力的农业生产区域，并对无公害茶园环境空气中总悬浮物、二氧化硫、二氧化氮、氟化物等污染物制定了限量要求，见表2-2。

表2-2　　　　　　　　　　无公害茶园环境空气质量标准

项目		日平均	1h平均
总悬浮物（标准状态）/（mg/m³）	≤	0.30	—
二氧化硫（标准状态）/（mg/m³）	≤	0.15	0.50
二氧化氮（标准状态）/（mg/m³）	≤	0.10	0.15
氟化物（F）（标准状态）	≤	$7\mu g/m^3$	$20\mu g/m^3$
		$1.8\mu g/（dm^3 \cdot d）$	—

注：日平均指任何一日的平均浓度；1h平均指任何1h的平均浓度。

随着我国环境保护工作力度的不断加大，农业生产生态环境发生变化，环境污染重点有所转移，茶园大气环境污染情况好转。从无公害农产品种植业产地认定的实践来看，目前绝大部分的无公害农产品种植业基地属于环境较好的区域。同时，2000多个无公害定点基地环境空气质量监测结果显示，很少出现空气污染物不合格的现象，并且空气流动性大，指标的监测受天气影响很大，所以从基地的选址上对无公害农产品生产做严格要求更有实际意义。于2016年10月1日起实施的无公害农产品种植业产地环境条件新标准（NY/T 5010—2016《无公害农产品　种植业产地环境条件》）代替了2001版无公害茶产地环境条件标准（NY/T 5020—2001《无公害食品　茶叶产地环境条件》），新标准中删除了环境空气条件相关要求，规定基地周围5km内没有污染源的，可免测环境空气指标。但同时考虑到总悬浮物、二氧化硫、二氧化氮、氟化物4种污染物对植物的影响较大，所以设为选测指标，由当地负责产地认定的省级农业行政主管部门根据实际情况确定，各污染物限值应符合GB 3095—2012《环境空气质量标准》的要求。

（二）绿色食品茶产地环境空气质量标准

此标准是绿色食品中的一类。它遵守可持续发展原则，按照特定生产方式生产，经专门机构认定，许可使用绿色食品标志，无污染的安全、优质茶。区分为A级和AA级。A级绿色食品茶：系指生产地的环境质量符合NY/T 391—2013《绿色食品　产地环境技术条件》的要求，生产过程中严格按照绿色食品生产资料使用准则和生产操作规程要求，限量使用限定的化学合成生产资料，产品质量符合绿色食品产品标准，经专门机构认定，许可使用A级绿色食品标志的产品。AA级绿色食品茶：系指生产地的环境质量符合NY/T 391—2013的要求，在生产过程中不使用化学合成的肥料、农药、食品添加剂和其他有害于环境和健康的物质，按有机农业生产方式生产，产品质量符合绿色食品产品标准，经专门机构认定，许可使用 AA 级绿色食品标志的产品，其与有机茶要求相似。

绿色食品产地环境质量标准对绿色食品生产的生态环境和空气质量设定了具体要求。绿色食品生产应选择生态环境良好、无污染的地区，远离工矿区和公路、铁路干线，避开污染源。应在绿色食品和常规生产区域之间设置有效的缓冲带或物理屏障，以防止绿色食品生产基地受到污染。建立生物栖息地，保护基因多样性、物种多样性和生态系统多样性，以维持生态平衡。应保证基地具有可持续生产能力，不对环境或周边其他生物产生污染。空气质量要求见表 2-3。

表 2-3 绿色食品产地空气质量要求（标准状态）

项目	指 标		检测方法
	日平均①	1h②	
总悬浮物/（mg/m³）	≤0.30	—	GB/T 15432
二氧化硫/（mg/m³）	≤0.15	0.50	HJ 482
二氧化氮/（mg/m³）	≤0.08	0.15	HJ 479
氟化物/（μg/m³）	≤7	≤20	HJ 480

注：①日平均指任何一日的平均指标；②1h 指任何一小时的指标。

(三) 有机茶产地环境空气质量标准

有机茶指在无任何污染的产地，按"有机农业"生产体系和方法，在生产过程中不使用任何人工合成的肥料、农药、生产调节剂和添加剂生产出的鲜叶，在加工、包装、贮运全过程中不受任何化学品污染，并经"有机食品"认证机构审查、颁证的茶叶。

2019 年颁布的新版有机产品标准（GB/T 19630—2019《有机产品 生产、加工、标识与管理体系要求》）对有机茶产地环境要求提出了更高的要求：有机产品生产需要在适宜的环境条件下进行，生产基地应远离城区、工矿区、交通主干线、工业污染源、生活垃圾场等，并宜持续改进产地环境，环境空气质量符合环境空气质量标准（GB 3095—2012）的规定。2012 年版环境空气质量标准在 2000 年二次修订版的基础上，增设了大气中颗粒物（粒径≤2.5μm）浓度限值和臭氧 8h 平均浓度限值，调整了大气中颗粒物（粒径≤10μm）、二氧化氮、铅和苯并芘等的浓度限值，具体要求见表 2-4~表 2-6。

表 2-4 环境空气污染物基本项目浓度限值

序号	污染物项目	平均时间	浓度限值		单位
			一级	二级	
1	二氧化硫（SO₂）	年平均	20	60	μg/m³
		24h 平均	50	150	
		1h 平均	150	500	

续表

序号	污染物项目	平均时间	浓度限值		单位
			一级	二级	
2	二氧化氮（NO₂）	年平均	40	40	μg/m³
		24h 平均	80	80	
		1h 平均	200	200	
3	一氧化碳（CO）	24h 平均	4	4	mg/m³
		1h 平均	10	10	
4	臭氧（O₃）	日最大 8h 平均	100	160	
		1h 平均	160	200	
5	颗粒物（粒径≤10μm）	年平均	40	70	μg/m³
		24h 平均	50	150	
6	颗粒物（粒径≤2.5μm）	年平均	15	35	
		24h 平均	35	75	

表 2-5 环境空气污染物其他项目浓度限值

序号	污染物项目	平均时间	浓度限值		单位
			一级	二级	
1	总悬浮颗粒物（TSP）	年平均	80	200	
		24h 平均	120	300	
2	氮氧化物（NO₂）	年平均	50	50	
		24h 平均	100	100	μg/m³
		1h 平均	250	250	
3	铅（Pb）	年平均	0.5	0.5	
		季平均	1	1	
4	苯并［a］芘	年平均	0.001	0.001	
		24h 平均	0.0025	0.0025	

表 2-6 境空气中镉、汞、砷、六价铬和氟化物参考浓度限值

序号	污染物项目	平均时间	浓度限值		单位
			一级	二级	
1	镉（Cd）	年平均	0.005	0.005	μg/m³
2	汞（Hg）	年平均	0.05	0.05	

续表

序号	污染物项目	平均时间	浓度限值		单位
			一级	二级	
3	砷（As）	年平均	0.006	0.006	$\mu g/m^3$
4	六价铬（Cr^{6+}）	年平均	0.000025	0.00025	
5	氟化物（F）	1h 平均	20[1]	20[1]	
		24h 平均	7[1]	7[1]	
		月平均	1.8[2]	3.0[3]	$\mu g/(dm^2 \cdot d)$
		植物生长季平均	1.2[2]	2.0[3]	

注：①适用于城市地区；②适用于牧业区和以牧业为主的半农牧业区、蚕桑区；③适用于农业和林业区。

思考题

1. 大气 CO_2 浓度升高对茶树的生长发育有哪些影响？

2. 茶叶生产中，如何应对大气 CO_2 浓度升高产生的影响？

3. 风对茶树的生长发育有哪些影响？

4. 光对茶树的生长发育有哪些影响？

5. 茶园生产中，如何通过光调控措施提高茶叶品质？

6. 茶园空气污染的来源有哪些？

7. 茶园空气污染对茶树生长发育有何不利影响？

8. 茶园生产中，可以采取哪些措施控制大气污染？

9. 为保证茶叶产品质量安全，茶叶标准中对茶叶产地环境质量提出哪些要求？

参考文献

［1］陈立民，吴人坚，戴星翼．环境学原理［M］．北京：科学出版社，2003．

［2］管华．环境学概论［M］．北京：科学出版社，2018．

［3］周北海．环境学导论［M］．北京：化学工业出版社，2017．

［4］胡筱敏，王凯荣．环境学概论［M］．武汉：华中科技大学出版社，2009．

［5］骆耀平．茶树栽培学［M］．4 版．北京：中国农业出版社，2008．

［6］杨亚军．中国茶树栽培学［M］．上海：上海科学技术出版社，2005．

［7］段昌群，苏文华，杨树华，等．植物生态学［M］．3 版．北京：高等教育出版社，2020．

［8］孙威江．茶叶质量与安全学［M］．北京：中国轻工业出版社，2020．

［9］徐辉，李磊，李庆会，等．大气 CO_2 浓度与温度升高对茶树光合系统及品质成分的影响［J］．南京农业大学学报，2016，39（4）：550-556．

[10]徐辉. 茶树对大气 CO_2 浓度与温度升高的响应机制研究[D]. 南京:南京农业大学,2016.

[11]蒋跃林,张仕定,张庆国. 大气 CO_2 浓度升高对茶树光合生理特性的影响[J]. 茶叶科学,2005(1):43-48.

[12]金奖铁,李扬,李荣俊,等. 大气二氧化碳浓度升高影响植物生长发育的研究进展[J]. 植物生理学报,2019,55(5):558-568.

[13]王月,滕志远,张秀丽,等. 大气 NO_2 影响植物生长与代谢的研究进展[J]. 应用生态学报,2019,30(1):316-324.

[14]檀永红,杜东方. 大气氟化物对植物影响的研究进展[J]. 资源节约与环保,2016(3):140.

[15]欧英娟,董家华,彭晓春,等. 大气中 O_3 与 CO_2 浓度升高对植物影响研究进展[J]. 世界林业研究,2013,26(5):30-35.

[16]李明桃. 大气中 SO_2 气体污染物对植物的危害与影响[J]. 农业灾害研究,2013,3(9):28-31.

[17]孙玉诚,郭慧娟,刘志源,等. 大气 CO_2 浓度升高对植物-植食性昆虫的作用机制[J]. 应用昆虫学报,2011,48(5):1123-1129.

[18]牛耀芳,宗晓波,都韶婷,等. 大气 CO_2 浓度升高对植物根系形态的影响及其调控机理[J]. 植物营养与肥料学报,2011,17(1):240-246.

[19]张琳琳,赵晓英,原慧. 风对植物的作用及植物适应对策研究进展[J]. 地球科学进展,2013,28(12):1349-1353.

[20]许辰昕,程春金. 浅谈风对作物的影响[J]. 福建农业,1994(4):19.

[21]李正农,郝艳峰. 农作物抗风研究综述[J]. 自然灾害学报,2020,29(3):54-62.

[22]王家伦. 茶园风雹灾后补救措施[J]. 贵州茶叶,2012,40(1):41.

[23]杨书运,江昌俊,张庆国. 风障对茶园的减风增温效果及对茶树冠层叶片含水率影响[J]. 农业工程学报,2010,26(11):275-282.

[24]白天智. 风与农作物生长的关系[J]. 河南气象,2002(1):46.

[25]张秀勤. 风与农作物[J]. 河南科技,1999(9):3-5.

[26]谢继金,叶以青,梁亚枢. 山地茶园台风灾害的避防与补救[J]. 茶叶,2006(4):222-223.

[27]戴青玲,张胜波. 早春逆温条件下茶园高架风扇防霜效果试验[J]. 江苏农业科学,2009(4):220-222.

[28]戴青玲. 茶园风扇防霜效果及控制技术研究[D]. 镇江:江苏大学,2008.

[29]黄振杰,潘中永,胡永光,等. 基于茶园防霜风机的气流扰动与温度变化研究[J]. 中国农机化学报,2016,37(2):75-79.

[30]胡永光,张红,李萍萍. 茶园气流扰动防霜控制探析[J]. 江苏农业科学,2012,40(11):398-400.

[31]胡永光. 基于气流扰动的茶园晚霜冻害防除机理及控制技术[D]. 镇江:江苏

大学，2011.

[32]蔡卓彧．光伏茶园茶树生长与光合特性研究[D]．杭州：浙江大学，2020.

[33]俞少娟，王婷婷，陈寿松，等．光对茶树生产与茶叶品质影响及其应用研究进展[J]．福建茶叶，2016，38(5)：3-5.

[34]李丽田．光对茶树儿茶素合成的影响[D]．北京：中国农业科学院，2015.

[35]蔡侠．几种茶树害虫的趋光性研究[D]．杭州：中国计量学院，2014.

[36]张泽岑，王能彬．光质对茶树花青素含量的影响[J]．四川农业大学学报，2002(4)：337-339；382.

[37]黄雨初，汪东风，陈为均，等．光对茶树儿茶素代谢的影响[J]．应用生态学报，1995(2)：220-222.

[38]陶汉之，王新长．茶树光合作用与光质的关系[J]．植物生理学通讯，1989(1)：19-23.

[39]边磊，苏亮，蔡顶晓．天敌友好型LED杀虫灯应用技术[J]．中国茶叶，2018，40(2)：5-8.

[40]姜艳艳．抹茶栽培研究进展[J]．贵州茶叶，2016，44(4)：4-6.

[41]孙立涛，王漪，薛庆营．光伏大棚设施环境下茶树生长情况研究与分析[J]．农业工程技术，2015(31)：40-42.

[42]汪汇海，李德厚．胶茶人工群落在改善山地土壤生态环境上的作用[J]．山地学报，2003(3)：318-323.

[43]罗焕权．胶茶间作对茶叶生长和品质的影响[J]．云南热作科技，1989(1)：22-25.

[44]单勇，钟铃声．胶茶群落及胶林、茶园太阳辐射光谱的研究[J]．生态学报，1988(4)：373-375.

[45]蔡翔，李延升，杨普香，等．茶园面源污染现状及防治措施[J]．蚕桑茶叶通讯，2018(6)：24-26.

[46]潘泳羽，姚焕玫．大气污染控制对广西茶区环境的影响[J]．福建茶叶，2018，40(9)：311.

[47]付毅．茶园土壤-茶树系统中铅污染的产生与防治[J]．乡村科技，2018(14)：100-103.

[48]刘文君，黄友谊，杨坚．茶园铅污染研究进展[J]．贵州农业科学，2014，42(12)：225-229.

[49]刘军保，徐明星，曲颖，等．茶叶中铅来源分析及相应去除对策[J]．安徽农业科学，2013，41(14)：6452-6453；6482.

[50]黄云英．茶叶中铅污染途径及控制措施[J]．现代农业，2010(12)：30-31.

[51]王刚．西湖区不同茶园茶叶铅含量及其来源研究[D]．杭州：浙江大学，2010.

[52]宣以巍，陆海霞，励建荣．杭州市茶园空气重金属污染的调查与研究[J]．食品研究与开发，2009，30(9)：173-177.

[53]韩文炎，韩国柱，蔡雪雄．茶叶铅含量现状及其控制技术研究进展[J]．中国

茶叶，2008（3）：16-17.

[54]杨普香，李文金，聂樟清．茶园污染及控制措施[J]．蚕桑茶叶通讯，2007（4）：31-32.

[55]陈中官，金崇伟．茶叶铅污染来源的研究进展[J]．广东微量元素科学，2006（6）：7-10.

[56]张寿宝，包文权．汽车尾气中的铅对茶园污染的研究[J]．江苏环境科技，2000（3）：1-2.

[57]高旭晖，严红．简析茶园空气污染及防治[J]．茶业通报，1996（1）：27-28.

[58]汪庆华，刘新．浅谈我国茶叶质量安全现状及应对措施[J]．茶叶，2006（2）：66-69.

[59]钱峰燕．茶叶质量安全管理问题研究[D]．杭州：浙江大学，2005.

[60]刘新，陈红平，王国庆．中国茶叶质量安全40年[J]．中国茶叶，2019，41（12）：1-9.

[61]许凌．我国茶叶质量安全分析及提升研究[D]．杭州：浙江农林大学，2018.

[62]李俊平．提升茶叶质量安全水平的思考[J]．中国茶叶，2017，39（7）：14-15.

[63]刘腾飞，董明辉，杨代凤，等．茶叶质量安全主要化学影响因素分析方法研究进展[J]．食品科学，2018，39（9）：310-325.

[64]王俊红．茶叶质量管理与安全控制体系的构建[J]．江西农业，2017（11）：118.

[65]林竹根．茶叶质量安全绿色防控栽培措施[J]．农业研究与应用，2016（5）：45-47.

[66]凌甜．我国茶叶质量安全现状与控制对策分析[D]．长沙：湖南农业大学，2014.

[67]高海燕．关于我国茶叶质量安全标准的探讨[J]．广东茶业，2013（3）：10-12.

[68]袁广义，廖超子．无公害农产品种植业产地环境标准的变化及解读[J]．农产品质量与安全，2016（5）：27-33.

[69]庞荣丽，王瑞萍，郭琳琳，等．中国种植业无公害农产品产地环境标准发展历程及特征分析[J]．中国农学通报，2017，33（33）：142-147.

[70]徐建春，韩建友．中国种植业农产品产地环境标准特征分析[J]．中国农学通报，2012，28（20）：177-181.

第三章　水与茶园生态环境

第一节　水资源对茶树的生态作用

　　水资源主要通过不同形态、量以及持续时间三方面的变化对茶树产生影响。水的形态主要包括固态水、液态水和气态水，量是指降水量的多少和大气湿度的高低，持续时间主要指降水、淹水、干旱等的持续时间。这些都对茶树的生长发育以及生理生化活动产生重要的生态作用，从而影响茶叶的产量和品质。水资源除了对茶树的直接生态作用外，其对改善生境中的气温、土壤温度等其他生态因子也发挥着重要作用。在茶园管理中，利用水来调节茶园小气候日益成为茶叶生产中的重要技术措施。

一、降水对茶树的生态作用

　　降水是指当空气中水汽处于过饱和状态时，水汽的过饱和部分就会发生凝结现象，从而形成的液态水或固态水。各茶区的降水量因自然条件不同，年度和月度差异明显。我国降水量的多少与同期温度高低呈正相关，有利于茶树生长发育，但不同降水方式对茶树的生态作用不同。

(一) 液态水对茶树的生态作用

　　液态水主要包括雨、露、雾等。降水量因地区、季节不同而存在差异。

　　雨是降水中最重要的一种形式。一般认为，茶树正常生长发育要求的年降水量为1000~1400mm，生长期的月降水量需达到100mm以上，若连续几个月降水量小于50mm，并且又未能及时采取适宜的灌溉措施补充水分，茶叶产量便将大幅度下降。中国大部分茶区年降水量在1200~1800mm，基本都能满足茶树生长发育需要。但全年降水量分布不均，在夏秋季常出现"伏旱"和"秋旱"，即使年降水量满足茶树所需，也常因月降水量不足而影响茶叶产量和品质。在其他生态因子基本满足的情况下，降水量成为影响茶叶采摘的主要因子，鲜叶产量多少与降水量的季节分配基本相符，二者关系密切。

　　雾是空气中的水汽达到饱和时形成的。雾能减少茶树蒸腾和地面蒸发，补充茶树水分的不足，尤其是在热带地区，由雾引起的降水较为可观，能适度弥补旱季降水的不足。另外，在群山环绕的向风坡或山谷，各种雾出现的频率高于平地。在山地的一定高度范围内，由于多雾，空气湿度增加，太阳直接辐射强度减弱，日照百分率降低，散射辐射占总辐射比值增加，有利于含氮化合物和芳香物质的形成，维持芽叶的持嫩性，提高茶叶品质。

在晴朗无风的夜晚，由于辐射冷却，相对湿度增加，地面迅速降温，当温度降低到露点温度（空气中的水分达到饱和时的温度）时形成了露。露水作为一种降水形式，尽管降水量很少，但通过露的凝结，有相当多的水分进入茶树体内，影响其内部水分平衡。

（二）固态水对茶树的生态作用

固态水主要包括霜、雪、冰雹等。

夜晚由于地面辐射冷却，温度下降，空气中的水汽就会达到饱和，当露点温度在0℃以下时，空气中过饱和的水汽凝结成白色的冰晶，就形成霜。霜易使茶树发生霜冻，细胞内水分冻结，原生质遭到机械破坏，茶汁外溢而红变，出现"麻点"现象，芽叶焦灼，有的茶树芽梢生长点和腋芽基部受霜冻危害后停止萌发，形成褐变，严重影响茶叶产量，受害重者甚至导致整株茶树死亡。另外，霜冻对茶叶品质也有较大的影响，用经受霜冻害的茶叶制得的绿茶滋味苦涩，加工红茶因多酚类物质的减少而发酵不良，香气降低。

当高空中空气的露点温度在0℃以下，水汽直接凝结为固态小冰晶，降落至地面就成为雪。雪也是茶园的重要水源之一，尤其是在早春干旱少雨的茶区，积雪融化形成地表径流，增加土壤水分，以供应茶树生长发育所需。同时，雪具有不易传热的特点，是很好的绝缘体，从而在冬季较为寒冷的茶区，减少茶树的低温伤害，使之安全越冬。但在茶树还未进入休眠期，过早的积雪易使茶树根系缺氧，"倒春寒"的积雪不同程度使芽叶受冻，影响正在生长的幼嫩芽叶，造成减产。

冰雹是从积云雨中降下的一种冰粒，是一种特殊的降水。南方丘陵地区的茶园在春末夏初常遭遇冰雹的突然袭击。冰雹直接击落芽叶，击伤老叶，打断枝梢，破坏叶层，从而减少新生芽叶的能量和养分供应，减少芽叶密度，甚至导致树势衰弱。降雹后，冰雹颗粒解冻吸收土壤和大气中的热量，若伴随着连续阴雨天气，出现异常低温，不利于新梢伸育，常造成茶树节间变短，大量形成驻芽和对夹叶。同时，冰雹造成的叶面伤口和湿冷天气易导致低温高湿型的茶饼病、茶赤星病等的侵染寄生。

二、大气湿度对茶树的生态作用

空气中水汽含量的多少称为大气湿度。大气湿度主要来自海面，其次是来自湖泊、河流的蒸发和植物的蒸腾。大气湿度的高低影响雨量的多少，同时影响蒸发作用和植物的蒸腾作用。

大气湿度通过对植物细胞间隙和大气之间的蒸气压梯度的作用而影响蒸腾速度。在根系吸水充足，气孔开度不变的情况下，植物的蒸腾类似于水分蒸发，蒸腾强度决定于细胞间隙蒸腾表面的蒸气压和大气中蒸气压之间的饱和蒸气压差，饱和蒸气压差越大，蒸腾越强。茶树生育适宜的大气相对湿度为80%～90%。大气相对湿度影响茶树光合作用和呼吸作用，当大气相对湿度大于90%时，空气中的水汽含量接近饱和，虽然有利于新梢生长，但易发生高湿性病害；当大气相对湿度在70%左右，光合和呼吸作用速率均较高；而当大气相对湿度降至60%以下时，土壤蒸发和茶树蒸腾作用明显增强，呼吸速率增大，若不能及时通过降水或灌溉补充水分，将造成土壤干旱，对茶树正常生长发育、产量及品质产生不利影响。

三、土壤水分对茶树的生态作用

土壤水分的高低直接影响茶树生长发育以及生理代谢过程，研究发现，70%～90%的土壤相对含水量是茶树生育的适宜条件。

茶籽萌发和插穗生长需要充足的水分，土壤水分是决定种子萌发和扦插生根的主要因素之一。春播茶籽的萌发率与土壤含水率呈高度正相关（r=0.99），温水浸种后的茶籽萌发率以土壤相对含水量80%～90%最好，其中种皮开裂的茶籽对土壤水分的适应范围较大。然而，无性繁殖具有保持良种特征，后代性状稳定一致的优势，扦插繁殖已成为目前茶树种苗繁殖的主流方式。在扦插时，茶树体内的水分平衡容易被破坏，为了维持插穗的水分平衡和正常代谢，一般土壤含水量以田间持水量的70%～80%为宜。

土壤水分与根系生长关系密切。土壤相对含水量为60%～75%时，茶树根系粗而长，往后较多根系发展为主根，而低于60%和高于90%时，根系发育均受到严重抑制。当土壤相对含水量为105%时，地下部根系细弱，只有近地表部分有一些新根，下部完全无新根，而当相对含水量为45%时，根系生长状况与土壤相对含水量为105%时相似，但表现出较强的吸水能力。此外，根系的分布和形态也与土壤水分多少有关，土壤湿度过大，根系趋向分布在表层，根毛稀少；相对较低的湿度下，根系向下生长，深入土壤深层，根毛发达，吸水面积增加。

土壤水分也是影响茶树光合作用的主要因素。土壤水分适宜时，叶片的光合速率增加，反之，光合速率下降。水分胁迫使茶树叶片气孔开张度明显减小，气孔在一天中开放的时间缩短，进而减少了水分的蒸腾损失，但影响了气体的正常交换，光合受阻，叶内的淀粉水解加强，光合产物运输停滞，光合积累随之降低。比较不同土壤水分对茶树光合作用和水分利用效率的影响，发现在轻度、中度和重度水分胁迫下，茶树的净光合速率、蒸腾速率、气孔导度和水分利用效率表现出品种差异。在低土壤水分条件下，耐旱性强的茶树品种具有胁迫耐性较强的光系统Ⅱ（PSⅡ）反应中心，能维持相对较高的净光合速率、蒸腾速率和气孔导度，并具有相对较高的水分利用效率。

土壤水分不仅影响茶树光合作用，还影响茶树次生代谢和特征性成分的积累，其中多酚类物质、氨基酸含量与土壤水分密切相关。在适宜的土壤含水量范围内，茶树的碳、氮合成代谢增强，决定茶叶品质的茶多酚、氨基酸等特征性成分含量增加，纤维素含量明显下降。然而在茶树遭遇水分胁迫时，叶片生理机能受到严重损害，同化产物积累的数量和速度降低，同时也改变了干物质积累的方向，使茶树地上部干物质重和根干物质重都明显降低，干物质向叶部的积累减少，整体的生理机能减退。土壤含水量过高时，茶树根系长时间处于渍水缺氧状态下，无氧呼吸迅速消耗体内有机化合物，并产生有毒物质，进而限制了呼吸代谢中的电子传递和ATP的生成，合成机能减弱，新梢中的茶多酚、氨基酸等含量锐减。总体来说，低土壤水分对茶树生长影响较大，而土壤水分的过饱和状态对茶树品质的影响更为明显。

第二节 生态茶园灌溉

茶树喜湿怕涝，而在我国长江中下游茶区，夏秋季节高温低湿，较易发生伏旱和秋旱。同时，受全球气候变化的影响，各产茶区降水分布不均衡，近年来受高温干旱灾害的影响概率大增。2011 年，干旱导致湖南春茶、夏茶产量减少 20%~30%，经济损失约 5 亿元。2013 年 7—8 月，浙江省持续高温干旱导致超过 5070hm² 茶园绝收死亡，严重影响该年夏秋茶生产及第二年春茶产量。同年，持续干旱也导致四川部分茶园最高亩产下降 80%，云南 60 万亩茶园受灾。在诸多非生物胁迫中，干旱成为影响作物生长发育的首要逆境。灌溉是茶园生产管理中保障茶树生长和防止高温干旱的主要措施，而灌溉时期、灌溉用水量和灌溉方式是影响其效益的关键因素。

一、生态茶园灌溉时期

适时灌溉是决定生态茶园灌溉效益的重要因素之一。我国茶农在灌溉方面素有"三看"的经验，一看是否出现旱情，或已有旱象是否有进一步发展趋势；二看土壤水分亏缺程度；三看茶树芽叶生长和叶片形态。目前，在生态茶园灌溉中通常以茶树水分生理指标、土壤湿度和气象要素等确定适宜灌溉时期。

茶树水分生理指标可在不同气候、土壤等生态环境下直接反映茶树体内的水分代谢状况。叶片水势、细胞液浓度对外界环境的土壤含水量、空气温湿度状况较为敏感，常作为判断茶树灌溉的生理指标。一般细胞液溶度达到 10% 左右，叶片水势低于-1.0MPa 时，新梢生育将会受阻，茶树水分亏缺，需及时进行灌溉。

土壤湿度的高低是决定茶园是否需要灌溉的重要依据之一。由于不同茶园土壤结构、土壤质地的差异，土壤有效水含量和持水特性存在较大变化，通常以土壤绝对含水量占田间持水量的百分率和土壤水势反映土壤湿度状况。研究表明，生态茶园土壤含水量为田间持水量的 80% 以上时，茶树正常生育，而下降至 70% 左右，茶树新梢生长缓慢，形成大量对夹叶，高温下生长基本停滞，因此常以此作为茶园开灌的下限。土壤水势可用土壤张力计直接测得，当土壤水势达到-0.1MPa 以上时，土壤开始缺水，茶树生长容易遭受旱热危害，应及时灌溉补水。

气温、降水量、蒸发量等气候要素和茶园水分的消长关系密切。在茶园水分管理过程中，关注天气变化和往年的气候特点，特别是在高温季节，应加强干旱的监测和预报。当日平均气温接近 30℃，最高温度达到 35℃ 以上，日平均蒸发量超过 9mm，持续 1 周以上，初显干旱端倪，应适时灌溉维持茶树正常的水分代谢。

二、生态茶园灌溉水量

生态茶园灌溉水量由茶树的生育阶段和茶园土壤质地共同决定。适宜的灌溉水量既能够使水分及时渗入土壤，又需要达到土壤计划层湿润深度，以满足茶树的水分代谢需求。水分过多影响土壤透气性，同时易导致地表径流和深层土壤渗漏；水分过少无法满足土壤计划层的需水和储水量，影响茶树生长。

一般可通过土壤张力计和茶园土壤含水量等参数确定茶园适宜的灌溉用水量。土壤张力计可定位监测土壤水势变化，较为直观地指导茶园灌溉时间和用水量。通常将土壤张力计埋设于生态茶园灌溉计划层中，当张力计读数达 600mm 汞柱（80kPa）以上时，及时补水灌溉，灌溉至读数回落至 100mm 汞柱（13.33kPa）以下时即可停止。同时，根据土壤容重、土层深度、灌溉前后土壤含水量和灌水的有效利用系数也可计算灌水定额。由于不同灌溉方式的水分损耗和水分利用率间存在较大差异，流灌浪费较大，用水量大，而喷灌、滴灌水分利用率高，节省水量，因而茶园具体灌溉量还应结合灌溉方式加以确定，以湿润土壤计划层深度，达到适宜的水分指标。

三、灌溉方式

茶园灌溉方式多样，随着设施农业的快速发展，喷灌、滴灌、雾灌等灌溉方法在各大茶区迅速推广，取得了明显的省水、增产效果。

(一) 流灌

流灌是利用抽水泵或其他方式把水通过沟渠引入茶园的灌溉方式，包括沟灌和漫灌。在靠近山塘、水库周边的茶园应用流灌具有灵活方便的特点，可较为彻底地解除土壤干旱。但流灌用水量大，水分有效利用率低，灌溉均匀度差，建设的沟渠系统占地面积较大，影响茶园耕地利用率。另外，漫灌易造成水土流失或茶园积水，土壤结构劣变等问题，不利于茶树生长。

(二) 喷灌

喷灌系统主要由水源、输水渠系、水泵、动力、压力输水管道及喷头等部分组成，根据组合方式分为移动式、半固定式和固定式 3 种类型。与流灌相比，喷灌灌溉较为均匀，省水 50% 以上，水的有效利用率较高，一般在 60%~85%。其次，喷灌系统的机械化程度较高，适应多变地形能力，节省劳动力，提高工作效率。此外，喷灌主要采用管道（暗）式输水，一定程度上提高了土地利用率。同时，喷灌在提高茶园空气相对湿度、减低气温和土温等方面发挥一定作用，改善茶园小气候从而促进茶树生育。但喷灌也存在部分缺点，3 级以上的风力易吹移部分水滴；高温低湿环境加速水滴蒸发；使用的机械设备较多，尤其是固定式喷灌系统，投资较高。

(三) 滴灌

滴灌是将水或液态肥在低压作用下通过管道系统，送达滴头，形成水滴，定时定量向茶树根际供应水分和养分，以补充土壤水分和肥力。滴灌系统主要由枢纽、管道和滴头 3 部分组成：枢纽包括动力、水泵、水池（水塔）、过滤器、肥料罐等；管道主要包括干管、支管、毛管以及一些必要的连接与调节设备；滴头安装于毛管上，是滴灌系统中用量最多、最为重要的组成部分。

滴灌可有效节省用水量，在高温干旱季节，滴灌水的利用率可达 90% 以上。同时，滴灌有利于改善茶叶品质，茶叶增产效果明显。另外，滴灌系统耗能少，适用于复杂地形，土地利用率较高。但滴灌系统的材料设备较多且复杂，投资大，滴头和毛管容易损坏和堵塞；相关的田间管理工作较烦琐。

（四）雾灌

雾灌是指通过有压管网将加压的水输送到田间，再经过特制的雾化喷头将水喷洒呈雾状进行的灌溉方式，又称雾化灌溉。雾灌系统主要由智能控制系统、首部系统和管网系统3部分构成。其中，智能控制系统主要包括控制终端模块、田间信息采集模块和主分管流量控制模块，可实现对系统的管道运行状况、灌溉情况及水力调配等远程实时监控，并可对土壤墒情、气象气候条件、茶树长势等进行综合分析，提高灌溉效率。首部系统主要分为供水、智能施肥、过滤3个模块；而管网系统主要包括主各级管网和专用雾化喷头。

雾灌兼有喷灌和滴灌的优点，又克服了喷灌投资大成本高，滴灌滴头易堵塞的缺点。雾灌系统能够在低海拔地区人为制造出云雾环境，为茶叶生长提供适宜的温度、湿度和光照等条件；节约水资源，与流灌相比，雾灌可节水60%以上；减轻茶树光合"午休"现象，增加光合作用效率，促进有机物积累，提高茶叶产量和品质；自动化程度较高，具备良好的自检系统，能及时报告管道系统故障，降低管理难度，从而提升效率。

（五）精准灌溉

随着人工智能、计算机信息技术的发展，尤其是物联网技术的快速发展，农业信息化成为农业发展的必然趋势。近年来，研究者在利用农业信息化技术对生态茶园的精准灌溉方面也进行了部分探索。通过物联网传感器对茶园的地形、土壤结构、土壤含水量、茶树生长信息等进行监测预测，并与计算机网络相连接，搭建生物信息与计算机网络通信桥梁，构建信息通信网络，远程自动获取茶树生长和土壤墒情的关键信息，从而实现对茶园灌溉的智能监控和管理。

张艳（2007）采用可编程逻辑控制器（PLC）和变频器联合控制方法对茶园恒压喷灌控制系统进行设计，该系统由可编程逻辑控制器、变频器、远程压力表、两台水泵机组、计算机、通信模块等主要设备构成，可实现全自动变频恒压运行、自动工频运行、远程和现场手动控制。张武课题组应用多传感网络对茶树生长信息、土壤温湿度、光照强度等数据进行采集和预测，设计基于模糊控制、Cortex－M3为内核的STM32F103ZET6等智能灌溉决策控制器，并开发了茶园微滴灌监控系统平台，以实现茶园环境信息和茶树生长信息的实时监控，基本实现茶园的智能化灌溉。

第 三 节　水体污染对茶树的影响

水体污染物种类繁多，成分复杂，不同来源和性质的水体污染物对茶树的危害程度有较大差异。部分水污染物是茶树生长发育所需的成分，一定浓度下有利于茶树的生长，如含适量氮、磷的污水灌溉茶园可提高产量，但如果含量过高则会产生危害。然而有些污染物是茶树生长发育非必需的成分，对茶树生长发育、物质代谢表现出不同的影响。茶园土壤对水污染物具有一定的缓冲作用和净化功能，同时茶树对污染物也具有一定的耐受能力，因而水体污染物进入茶园后，在一定浓度范围和条件下，可能不对茶树造成危害，但超过一定限度后将对茶树的生长发育、光合作用、抗氧化系统以及物质代谢造成不同程度的影响。

一、水体污染对茶树生长发育的影响

茶树的正常生长发育不仅需要适时适度的水分，并且对水质也有一定要求。污水对茶树的危害程度随水体污染程度、污染物种类、环境条件、土壤性质以及茶树生长发育时期等条件而异。

一些工业废水中常含有大量酸、碱类物质。另外，酸雨已成为全球重要的生态环境问题，其对茶园土壤、茶树生长发育的影响也越来越受重视。由于土壤具有一定的缓冲能力，低浓度的酸、碱类物质不至于危害茶树生长发育，但浓度过高，将对土壤和茶树造成不良影响。酸性较强的污水灌溉茶园会导致土壤酸化，进而使土壤铝形态转化，活性铝增加，降低磷的有效性。同时还会引起土壤中一些有害金属的毒性增强，使重金属对茶树的胁迫加重。段小华（2012）通过模拟酸雨和铝添加对茶树生长发育的影响发现，适度的酸雨可提高茶树鲜重、干重、茎粗、茎长和根系的生长，增强根系活力，而过高酸度的酸雨和高浓度的铝抑制茶树根系活力，不利茶树生长。在矿质元素吸收方面，酸雨对茶树 K、Ca、Mg 和 Zn 的吸收没有明显影响，适中的酸度对 P 的吸收积累反而稍有促进作用，但降低了对 Fe 的吸收和积累能力。

天然水资源中都含有一些重金属，但含量低，不至于对茶树生长发育造成不利影响。但工业废水中常含有大量重金属物质，有些是茶树生长所需的微量营养元素，而有些重金属元素则是非必需的，甚至对茶树生长有害。许多重金属对茶树生长发育具有双重作用，低浓度的铅、镉、铝等可促进茶树的正常生长发育，较高浓度下表现出毒害症状，抑制新根发育，新梢数量、长度、生物重量均显著降低。徐劼（2011）发现用含铅 0.19mmol/L 和 0.38mmol/L 的溶液水培时，茶树根系鲜重和根系含水率下降，抑制根系生长。刘冬娜（2014）分别用含有 5mg/L 的镉盐和 50mg/L 铬盐水培茶树 45d，茶树根系逐渐出现暗褐、转黑、坏死变化。在新梢生长方面，水培试验表明，较高浓度的铅、铬、镉、镍单独或复合污染可以抑制茶树新梢生长，包括茶芽萌芽期推迟，发芽数量减少，新梢重量和长度降低。此外，重金属也影响茶树对不同矿质元素的吸收与利用。研究表明，含铅溶液培养显著促进了龙井 43 和迎霜根系组织对 Cu 和 Fe 元素的吸收，但却显著抑制了 Mn 和 Mg 元素的吸收，对 Ca、Fe 元素的吸收上表现出品种差异。Chen 等（2011）研究发现，铝促进茶树对 Ca、Mg、K、Mn 等养分的吸收，抑制 Fe、Cu、Zn 等养分的吸收。

除了重金属外，水体中的砷、氟等非金属污染物对茶树生长发育的影响也是目前研究讨论的主要方向。朱忻钰（2008）研究发现，在浓度为 1~9mg/L 砷胁迫下，水培茶树不仅新梢的萌发和生长受到严重抑制，萌发期推迟 8~42d，新梢生长量大幅下降，而且出现明显的表观伤害症状。茶树是典型的聚氟与耐氟植物，灌溉水中低浓度的氟对茶树生长影响不明显，甚至可促进茶树的生理代谢，有利于根尖伸长区生长；而较高浓度的氟对根系伸长具有一定的抑制作用，甚至引起茶树逆境胁迫，导致根系细胞膜损伤、叶色发黄脱落、顶芽停止生长乃至枯死等氟过量症。

因此，低强度的水体污染对茶树生长发育影响不显著，甚至有一定促进作用，但强度超过一定阈值时，不利于茶树生长。同时，不同生育时期、不同茶树品种对水体污染的敏感性存在一定差异，在生长发育方面表现出不同的状态。

二、水体污染对茶树光合作用的影响

光合作用作为植物最基本的物质代谢和能量代谢，水体污染对茶树光合作用的影响历来备受关注，而受酸雨、重金属、砷、氟化物等污染的水体对茶树鲜叶的叶绿体结构、叶绿素含量和光合效率的影响是研究的主要方面。

2019 中国生态环境状况公报，长江以南—云贵高原以东地区是我国酸雨主要分布区域，虽然目前酸雨区面积和酸雨频率有所下降，但我国大部分茶区仍是酸雨的高发地。通过模拟酸雨试验表明，随着酸雨 pH 的下降，福鼎大白叶片叶绿素 a 含量、叶绿素总量以及叶绿素 a/叶绿素 b 呈先增加后下降的变化，叶绿素 b 含量稍有增加。适度的酸雨可增加叶绿体基粒类囊体和基质类囊体的数量，提高茶树的净光合速率、蒸腾速率、气孔导度和细胞间 CO_2 浓度，促进光合作用；但过高的酸度使基质类囊体膨胀，产生抑制作用。

除了酸雨外，灌溉用水中的重金属类物质也是影响茶树光合作用的重要因素。随着水体中铅、铬、镉、铝等重金属浓度的递增，茶树叶片叶绿素含量，光合速率遵循先升高后降低的变化规律，表现出适宜浓度的重金属有益于茶树光合能力的提升，但浓度过高则对茶树光合作用造成抑制。同时，不同茶树品种对不同重金属水污染的耐受性表现出差异。铅胁迫导致茶树叶片细胞叶绿体结构发生明显劣变，出现叶绿体双层膜破裂、基粒片层结构排列紊乱、基质类囊体肿胀等现象。当铅浓度高于 240mg/L 时，茶树的叶绿素含量、净光合速率、气孔导度及蒸腾速率随着铅胁迫浓度的升高而降低，茶树的光合作用受到严重抑制。在镉的影响方面，镉离子（0.5mmol/L）处理初期表现为叶绿体基粒减少，排列不规则，类囊体减少，垛叠紧密度下降；而后叶绿体逐渐变圆并与质膜分离，类囊体腔膨胀，垛叠疏松；后期叶绿体结构更加混乱，类囊体大幅度降解，有些叶绿体外膜局部破裂，基质外泄。随着镉离子水培时间的延长，茶叶叶绿素含量减少，叶绿素 a/叶绿素 b 值下降，叶绿素荧光动力学参数降低。另外，茶树具有富集铝的生物学特性，被认为是铝富集植物。在中低浓度铝处理下，茶树叶片细胞超微结构破坏较轻，只是脂质球增多，淀粉粒变大，但在高浓度（12mg/L）条件下，叶片细胞结构破坏严重，叶绿体膜溶解、类囊体片层扭曲加重，叶绿素含量和净光合速率呈现先升高后降低变化。

单一重金属水污染虽有发生，但在多数情况下，水体中的重金属以多样的种类和形态存在，不同重金属间相互作用相互影响，重金属复合污染问题的研究越来越受重视。梁琪惠（2010）分析对比铬、砷、镉和铅复合污染对名山白毫和平阳特早光合作用的影响，结果表明叶绿素的合成总体受到了一定程度的抑制，名山白毫受抑制的程度高于平阳特早。同时，复合污染处理后，茶树叶片的净光合速率、气孔导度、胞间 CO_2 浓度和蒸腾速率均有所降低，表明茶树光合作用受到抑制，并表现出对铬污染最为敏感的特点。

砷、氟化物等非金属无机污染物对茶树光合作用也有较大影响。用低浓度砷、氟化物水培茶树时，其叶绿体含量、光合速率略微升高；高浓度处理条件下，茶树叶片的叶绿素含量、光合速率、气孔导度和蒸腾速率均显著降低。研究表明，低浓度氟的摄入导致茶树叶片细胞质壁分离、类囊体略微膨胀等轻微损伤，随着氟浓度提高，细胞遭受叶绿体降解、线粒体空化等严重破坏。同时，氟能与叶绿素中的镁离子结合，引起类囊体扭曲，从而抑制光合原初反应。

由此可见，低浓度的水体污染对茶树光合作用影响不明显，甚至有促进作用，而高浓度条件下，茶树光合作用受到不同程度抑制。不同类型的水体污染主要通过破坏茶树叶片细胞结构，进而导致叶绿素含量、光合速率和气孔导度等降低，抑制光合作用。

三、水体污染对茶树抗氧化系统的影响

植物能够利用抗氧化酶系统，提高其抗氧化能力进而增强抗性。已有研究报道超氧化物歧化酶（SOD）、过氧化物酶（POD）、过氧化氢酶（CAT）、抗坏血酸酶（APX）和谷胱甘肽-S-转移酶（GST）等抗氧化酶在植物应对环境盐碱胁迫、重金属毒害等非生物胁迫时具有重要调节作用。

在酸雨、重金属、砷、氟化物等水污染物胁迫下，茶树可通过调节自身代谢在一定强度范围内清除过多的活性氧，使自身免受伤害。茶树通过上调 SOD、POD、CAT 等抗氧化酶的表达量和增强其活性，抑制超氧阴离子（$O_2^-\cdot$）、过氧化氢（H_2O_2）和丙二醛（MDA）等的产生，减轻机体伤害。另外，茶树体内抗坏血酸-谷胱甘肽循环系统也对相关水污染胁迫做出积极的响应，抗坏血酸过氧化物酶（APX）、谷胱甘肽还原酶（GR）、单脱氢抗坏血酸还原酶（MDHAR）活性、体内还原型抗坏血酸（ASA）／氧化型抗坏血酸（DHA）及还原型谷胱甘肽（GSH）／氧化型谷胱甘肽（GSSG）升高。同时，茶树还通过增加可溶性糖、脯氨酸等渗透调节物质，维持细胞膜结构的完整性。正是在这些酶类和非酶类抗氧化系统的调节下，在一定程度上减缓了水体污染对茶树的毒害。但随着水体污染物浓度的增加，超过茶树防御反应的阈值时，丙二醛含量增加，脂质过氧化加剧，细胞膜破损，表现出不同程度的毒害症状。

四、水体污染对茶树次生代谢的影响

水体污染物进入茶树细胞后，可通过各种方式影响茶树的生理生化活动，并在超过一定强度时，干扰细胞的正常次级代谢。

研究表明，随着酸雨强度的增加，茶叶中的茶多酚、儿茶素、咖啡因、氨基酸含量呈现先升高后降低的变化，而黄酮含量则无明显变化。在受重金属污染的水体方面，李品武通过水培试验分析了铅对茶树新梢氨基酸代谢的影响，结果表明，随着水培 Pb^{2+} 浓度的增加，茶树新梢中 17 种游离氨基酸总量先升高后降低，各游离氨基酸组分的含量增减各异，变化幅度不同，占比最高的茶氨酸含量呈先增加后降低的变化。夏建国等利用土培试验表明，随着灌溉水中的铅含量增加，可溶性糖含量也呈先升高后降低的变化。除了铅外，当用受铝、铜、锌、锰等重金属污染的水体灌溉后，茶叶中的茶多酚、氨基酸、咖啡因等特征性成分含量随污染程度的加重整体上均呈现先增加

后减少的变化。

茶树是一种高氟植物，能从水中吸收大量的氟，从而对其次生代谢产生影响。李春雷（2011）对不同氟浓度水培的茶树品质进行比较分析，发现随着氟浓度的增加，茶多酚、蛋白质、总儿茶素及其单体含量降低，氨基酸和可溶性糖含量显著升高，而氨基酸组分大部分呈现先升高后降低的变化趋势。同时，高浓度的氟可抑制苯丙氨酸解氨酶（PAL）、谷氨酸合成酶（GOGAT）的活性，进而对茶树儿茶素的合成和氮素代谢产生不利影响。在芳香物质上，随着水体中氟浓度的升高，烷烯烃类、酯类、酸及酸酐类含量均逐渐降低；芳香族化合物、醛酮类、酚类及其衍生物等的含量先升高后降低；醇类先降低后升高，各类香气成分的相对含量变化趋势不尽相同，但香气成分总量降低，影响茶叶品质形成。

除了无机污染物外，有机污染物也是水体中常见的污染物。多环芳烃是环境中广泛存在的一类持久性的"三致"有毒有机污染物，可通过水体途径进入茶叶，影响其品质和卫生质量。利用水培试验研究多环芳烃对茶树鲜叶品质的影响发现，随着菲、芘浓度升高，茶叶中的咖啡因浓度迅速下降，除了表儿茶素和儿茶素没食子酸外，其他主要儿茶素组分均降低，总儿茶素和咖啡因分别减少了27%～41%和37%～73%。

因此，水体中高浓度的污染物通过影响多酚、氨基酸合成中的关键酶蛋白活性，抑制茶树中茶多酚、氨基酸、咖啡因等物质的代谢，并且表现出计量依赖性，最终影响茶叶品质的形成。

第 四 节　茶园水体污染与防治

水污染是指水体因某种物质的介入，而导致其化学、物理、生物或者放射性等方面特性的改变，从而影响水的有效利用，危害人体健康或者破坏生态环境，造成水质恶化的现象。

据2019年《中国生态环境状况公报》数据显示，全国江河水域受到不同程度的污染，在长江、黄河、珠江、松花江、淮河、海河、辽河七大流域和浙闽片河流、西北诸河、西南诸河监测的1610个水质断面中，Ⅰ～Ⅲ类、Ⅳ～Ⅴ类和劣Ⅴ类分别占79.1%、17.9%和3.0%。珠江流域水质良好，而黄河流域、松花江流域、淮河流域、辽河流域和海河流域受到轻度污染，主要污染指标为化学需氧量、高锰酸盐指数和氨氮。监测的110个重要湖泊（水库）中，Ⅰ～Ⅲ类湖泊（水库）占69.1%，比2018年上升2.4个百分点；劣Ⅴ类占7.3%，比2018年下降0.8个百分点，主要污染指标为总磷、化学需氧量和高锰酸盐指数。同时，在开展营养状态监测的107个重要湖泊（水库）中，轻度富营养和中度富营养状态湖泊分别占22.4%和5.6%。全国2830处浅层地下水水质监测井中，Ⅰ～Ⅲ类水质占23.7%，Ⅳ类和Ⅴ类分别占30.0%和46.2%，其中主要超标指标为锰、总硬度、碘化物、溶解性总固体、铁、氟化物、氨氮、钠、硫酸盐和氯化物。

一、水体污染源的种类

造成水体污染的原因包括自然和人为两方面因素，而后者是导致水体污染的主要因素。水体污染源按行业划分可分为工业污染源、农业污染源和生活污染源3大类。

工业污染源指工业生产中所产生的废水排入水体而产生的水污染，是水体的主要污染源。由于各工业加工原料、工艺流程不同，不同工业废水所产生的污染物成分差异明显。化学工业废水中含有多种如酚、砷、氰等有毒有害物质，部分污染物难降解，且能通过食物链在生物体内富集。同时，有的化工废水含有大量的氮和磷，有的则具有较高的酸碱度，pH不稳定。冶金工业生产中的冷却水、洗涤水和冲洗水中含有大量的悬浮物、硫化物和重金属，且冶金中残留的矿渣经雨水冲洗，也可流入地表和地下水污染水源。轻工业废水中则含有较多的有机质，同时也常含有大量的悬浮物和重金属。由此可见，工业污染源具有面广、量大、污染物种类多、组成复杂，毒性大，处理困难等特点。

农业污染源指由于农业生产而产生的水污染源，主要包括化肥农药的施用、土壤流失和农业废弃物等。由于化肥和农药的不合理以及过量施用，导致未被吸收的化肥、农药随着降水或灌溉进入地表水；同时降水形成的径流和渗流可使农副产品加工厂、养殖场的有机废物进入水体，最终造成水质恶化、水体富营养化。农业污染源还具有面广、分散、难以收集和治理的特点，其不仅含量大量的农药、化肥，而且还具有高含量的有机质、植物营养物和病原微生物。

生活污染源主要是由于人类大规模生产活动而产生的各种洗涤污水、粪便、垃圾等。每人每日可产生150~400L的生活污水，其排放量与生活水平密切相关。生活污水中含有大量以糖类、蛋白质和脂肪等为代表的有机物，以及氯化物、硫酸盐、磷酸盐等无机物，也常有病毒、病原菌、寄生虫等存在。生活污染源整体表现出杂质多，有机物、氮、磷、硫含量高，在厌氧细菌作用下，易产生恶臭物质，易腐败。

此外，根据污染源排放方式的不同可分为点污染源和面污染源。点污染源以点状形式排放而造成水体污染，主要有工业污水和生活污水，具有污染物多、成分复杂、排放一般具有连续性，水量变化既有季节性又有随机性的特点。面污染源以面积形式分布和排放污染物，从而使水体受到污染，如农田排水、矿山排水、城市和工矿区的路面排水等。与点污染源相比，面污染源具有较强的随机性、不稳定性和复杂性，受到气候和水文条件较大的影响。

二、水体污染物的种类

水污染物是指造成水体的水质、生物、底质质量恶化的各种物质或能量。由于水体污染物的种类繁多，可依据不同方法、标准和角度进行分类。根据水污染物的性质差异，主要分为化学性污染物、物理性污染物和生物性污染物，不同性质污染物对环境和植物所产生的危害具有一定差异。

（一）物理性污染物

物理性污染物主要包括固体颗粒物、热污染和放射性污染物。

1. 固体颗粒物

固体颗粒物以溶解状态（直径小于 1nm）、胶体状态（直径 1～100nm）和悬浮状态（直径大于 100nm）的形态存在于水体中。水体受到固体颗粒物污染后，浑浊度增加，透光度减弱，沉积于灌溉土壤中，堵塞土壤毛细管，影响透气性，易导致土壤板结，不利于植物生长。此外，固体颗粒物还可作为载体，吸附其他水污染物，随水流迁移污染。

2. 热污染

温度过高的废水排入水体后使水体温度升高，物理性质发生变化，而引起的生态危害称为热污染。热污染不仅使水体温度升高，电化学特征变化，降低水资源的利用价值，而且可使水中溶解氧浓度降低，影响水生生物的繁殖生长。

3. 放射性污染物

放射性污染物主要是指正常运行的核单位排放的放射性废物和以往事件（包括大气层内核试验落下灰和核事故等）的放射性残余物，主要包括氚、锶、铯、钚、镭等。天然水体中放射性物质的本底含量一般不会对植物造成危害，但是当过量的放射性物质排放到水体后，易蓄积在组织内，放射性污染物发出的射线可诱发突变，从而对植物产生较深远的影响。

（二）化学性污染物

根据化学性污染物的性质可分为有机污染物、无机污染物和营养物质污染物等。

1. 有机污染物

有机污染物根据生物降解性差异，可分为耗氧有机污染物和难降解有机污染物两大类。

耗氧有机污染物通常指动植物残体、生活废水和工业废水中所含的碳水化合物、蛋白质、脂肪等天然有机物以及某些可生物降解的人工合成有机物，是我国目前最普遍的一类水污染物。耗氧有机物在微生物作用下可分解为简单无机物、水和二氧化碳等，无毒，但在分解过程中将消耗大量溶解氧，造成水体溶解氧含量减少直至耗尽，进而导致水质恶化。

除了耗氧有机物外，有机污染物中的难降解有机污染物也对水体质量有着较大的影响。难降解有机污染物多为人工合成物质，种类多，其中以有机氯化合物和多环芳烃化合物危害最大。目前使用的有机氯化合物达几千种，以多氯联苯和有机氯农药（六六六、滴滴涕）污染最广泛而备受关注。多环芳烃是含有多个苯环的有机化合物，如苯并芘、苯并蒽等，目前已在地表水中检测到 20 多种。由于难降解有机污染物化学性质稳定，进入环境后可长时间滞留，难于自行分解，且多具有致癌、致畸、致突变效应和遗传毒性，对植物生长产生远期影响。

2. 无机污染物

无机无毒污染物主要指排入水体中的酸、碱及一般的无机盐类。酸性污水主要来自矿山排水、工业废水和酸雨等。而碱性污水主要来源于碱法造纸、化学纤维制品、造碱、制革等工业废水。酸性和碱性污水可相互中和生成各种盐类，另外也可与石灰石、硅石等地表物质相互反应产生无机盐。因而，酸性、碱性污水造成的水体污染通常伴随着无机盐污染。酸性和碱性污水不仅使水体的 pH 发生变化，抑制微生物生长，减弱水体自净功能，而且可导致水体中无机盐和水的硬度增加，进而对农业用水产生不良影响。

无机有毒污染物具有强烈的生物毒性，排入水体后常对水生生物产生影响，并能通过食物链危害人体健康，且具有明显的累积性，使污染的影响扩大且持久。最典型的无机有毒污染物是重金属，但也包括砷、氰化物、氟化物等非金属元素。在各金属污染物中，汞、镉、铅、铬受到广泛关注。这些重金属污染物在微量浓度条件下即可产生毒性效应；不能被微生物降解，但可发生各种形态间的相互转化，甚至转化为毒性更强的金属化合物，如引发日本"水俣病"的甲基汞；同时能通过食物链发生生物放大和富集，不断积蓄造成慢性中毒。重要的非金属无机有毒污染物有砷、氟、氰、亚硝酸等。它们也易在植物体中富集，影响植物对正常养分的吸收，对植物体的生理生化活动产生影响。

3. 营养物质污染物

营养物质污染物主要指生活污水、工业废水和农田排水中能够引起水体富营养化的氮、磷、钾等物质。过量的营养物质进入水体将引起藻类和其他浮游生物快速繁殖，水体溶解氧含量下降，鱼类及其他生物大量死亡，导致水体富营养化。藻类死亡腐败后又会消耗溶解氧，释放出更多的营养物质，周而复始形成恶性循环，最终导致水质恶化，鱼类等水生生物死亡，加速水体老化。

（三）生物性污染物

生物性污染物主要指废水中的病毒、病菌和寄生虫等致病微生物，其主要来源于生活污水、医院废水、畜禽饲养场污水和制革等工业废水。在水体中，生物性污染物可使有机物腐败，发臭，进而引起水质恶化，具有数量多、分布广、存活时间长、繁殖速度快的特点。

三、茶园水体污染的防治

（一）提高水资源利用率

提高农业灌溉、工业用水和城市生活用水等水资源利用率不仅可增加水资源，而且能从源头上控制水污染的产生和排放，改善水质。

农业生产消耗大量水资源，农业灌溉年用水量约占总用水量的 75%，其利用效率整体上决定着水资源利用率。目前，通过改变种植结构，改进灌溉方式和灌溉技术，科学发展节水农业已有相当的成效。渠道渗漏是各国在发展灌溉事业时遇到的共同问题，据统计，灌溉水渗漏损失量一般在 15%~30%，高的甚至可达到 60%，而通过对输水渠道加砌衬层可一定程度上减轻渗漏，提高农业灌溉用水利用效率。另外，将传统的流灌、漫灌等方式发展为喷灌、微灌和滴灌等，改进灌溉方式，也可节约大量农业用水。其中，喷灌可节水 50%，微灌可节水 60%~70%，滴灌可节水 80% 以上，在提高农业灌溉用水利用率的同时，也有利于农业机械化水平的提高。

工业用水量大，供水较为集中，但我国工业用水效率的总体水平还较低，浪费现象较为普遍和严重。据统计，我国工业万元产值用水量是发达国家的 3.5~7 倍，并且不同企业间单位产品用水量差异显著。发展节水型工业不仅意味着节约水资源，缓解资源与发展间的矛盾，而且可一定程度减少排污量。在工业生产中，一方面可通过建立和完善循环用水系统，提高工业用水重复率；另一方面还可引进省水新工艺、无污染或少污染技术等，改革生产工艺和用水工艺，从而提高用水效率，减少水污染。然而，工业用水利用率越高，节水投资越大，几乎呈指数形式递增，其用水效率最终受到经济条件的制约。

在城市生活用水上，由于我国多数城市自来水管网的跑、冒、滴、漏损失至少达20%，同时家庭生活用水浪费现象较为普遍，城市生活用水的节水潜能很大。一方面，通过减少供水管道漏失率，可有效提高水资源的不必要损耗；另一方面，普及使用新型控水阀门、节水型淋浴头、抽水马桶以及利用再生水等节水措施，也可提高生活用水利用率。

(二) 控制面源污染

农业面源污染和城市面源污染是面源污染的主要来源，加强面源污染的控制是茶园水体污染防治的主要途径之一。

过量的化肥和农药施用导致农田地表径流中含有大量的氮、磷营养物质和有毒农药，同时不合理的施用方式还会改变土壤的物理特性，降低土壤的持水能力，产生更多的农田径流，加速土壤的侵蚀。在农业面源污染控制上，积极推广害虫的综合治理制度，应用农业防治、生物防治、物理防治和化学防治等多种措施，把害虫种群控制在造成经济损失允许水平之下，以最大限度地减少农药的使用。多施有机肥，减少化肥用量，同时科学把握施肥时间、种类和用量，提高肥料利用效率，在满足茶树及其他植物生长需求的同时，又有效减少对区域水环境的污染。另外，畜禽养殖中产生的大量高浓缩废物一直是影响农村水环境的关键因素。加强畜禽粪便处理，一方面对畜禽养殖业进行合理规划布局，有序发展，以减少水污染来源；另一方面加强畜禽粪尿的综合处理和利用，鼓励科学有机肥还田的生态模式。同时，截留农业污水也是控制农业面源污染的有效途径。还原多水塘、生态沟、天然湿地等，以储存农业污染径流，实现再利用，并在进入当地水道前，进行拦截、沉淀以去除固体颗粒物和部分有机污染物。

在城市面源污染方面，由于城市中大部分土地被道路、广场和屋顶所覆盖，透气性差，大量的城市污染物在降雨径流的淋洗和冲刷作用下，进入水体而产生污染。控制城市径流是防治城市面源污染的有效措施，通过设立雨水收集池、收集桶，收集雨水用于城市绿化等，可减缓雨水径流。此外，采用砾石、方砖等多孔表面代替部分水泥和沥青地面，有利于雨水自然下渗，也可有效减少径流量。而城市中的绿地、公园和湿地等的建设也是延缓城市径流的有效方式，同时还可除去约75%的固体颗粒物和部分重金属和有机污染物。

(三) 发展污水处理技术

采用各种技术手段将污水中所含的污染物分离去除、回收利用，或将其转化为无毒无害、稳定的物质是茶园水体污染防治另一有效途径。依据原理的不同，污水处理技术分为物理处理法、生物处理法、物理化学及化学处理法。

物理处理法主要利用物理作用使悬浮状态的污染物与废水分离。在处理过程中，污染物不发生变化，澄清污水的同时，可回收分离下来的污染物加以利用，具有简单易行、经济、效果良好的特点。常用的物理处理法包括过滤法、沉淀法、气浮法等。

生物处理法是利用自然环境中微生物的生物化学作用氧化分解污水中的有机物和某些无机有毒污染物，并将其转化为稳定无害无机物的一种污水处理方法，表现出投资少、效果好、运行费用低的优点。根据微生物在生化反应中是否需氧主要分为好氧生物处理和厌氧生物处理。

物理化学及化学处理法是利用物理化学或化学原理去除污水中的杂质，主要用于无机和有机污染物的治理，既可回收污水中的有效成分，又能改变污水的酸碱度等性质，使之得到深度净化。该污水处理技术较适用于高杂质浓度和低浓度污水的处理，但常需使用各种化学药剂，运行费用较高，操作和管理要求严格；还需进行污水的预处理、浓缩的残渣的后处理等，以避免二次污染。常用的物理化学处理法有吸附法、离子交换法、萃取法和膜析法，常见的化学法包括混凝法、中和法、化学沉淀法和氧化还原法。

四、茶叶产品安全标准与水质控制

茶树年耗水量大，除了天然的降水外，随着设施农业的快速发展，茶园建设起各种灌溉系统。另外，在茶园管理过程中，施用肥料、防治病虫害所用的农药均需要用水。茶园灌溉、施肥、施农药用水的水质对茶树生长和茶叶品质至关重要，对水质有严格的要求，不同类型茶园用水的 pH、重金属、氰化物、氟化物等含量必须达到表 3-1 的相关规定要求。

表 3-1　　　　无公害茶园、绿色食品茶园、有机茶园灌溉水质标准

项目	无公害茶园	绿色食品茶园	有机茶
pH	5.5~7.5	5.5~7.5	5.5~7.5
总汞/（mg/L）	≤0.001	≤0.001	≤0.001
总镉/（mg/L）	≤0.005	≤0.005	≤0.005
总砷/（mg/L）	≤0.1	≤0.05	≤0.05
总铅/（mg/L）	≤0.1	≤0.1	≤0.1
铬（六价）/（mg/L）	≤0.1	≤0.1	≤0.1
氰化物/（mg/L）	≤0.5		≤0.5
氯化物/（mg/L）	≤250		≤250
氟化物/（mg/L）	≤2.0	≤2.0	≤2.0
石油类/（mg/L）	≤10		≤10

思考题

1. 简述水资源对茶树的生态作用。
2. 茶园的灌溉方式有哪些？各有什么特点？
3. 简述水体污染对茶树的影响。
4. 水体中的主要污染物有哪些？
5. 简述茶园水体污染的防治措施。

参考文献

[1]姜汉桥,段昌群,杨树华.植物生态学[M].北京:高等教育出版社,2004.

[2]祝延成,钟章成,李建东.植物生态学[M].北京:高等教育出版社,1988.

[3]王镇恒.茶树生态学[M].北京:中国农业出版社,1995.

[4]黄寿波.鲜叶采摘量的月分布与气象条件的关系[J].中国茶叶,1982(6):37-38;8.

[5]黄寿波.我国主要高山名茶产地生态气候的研究[J].地理科学,1986(2):125-132.

[6]黄晓琴.山东茶树冰核细菌的分离、鉴定及其与霜冻害关系研究[D].泰安:山东农业大学,2009.

[7]聂雄平,聂春平,李鹰,等."倒春寒"对茶树的危害及预防补救措施[J].吉林农业,2012(11):112.

[8]谢精明.冰雹对茶树的危害及其补救措施[J].中国茶叶,1982(2):34-35.

[9]骆耀平.茶树栽培学[M].北京:中国农业出版社,2011

[10]许允文.土壤水分对茶籽萌发和幼龄茶树生育的影响[J].茶叶科学,1985,5(2):1-8.

[11]杨跃华.茶园水分状况对茶树生育及产量、品质的影响[J].茶叶,1985(3):6-8.

[12]王晓萍.土壤水分对茶树根系吸收机能的影响[J].中国茶叶,1992(4):10-11;13.

[13]唐劲驰,黎健龙,唐颢,等.土壤水分胁迫对不同茶树品种光合作用及水分利用率的影响[J].中国农学通报,2014,30(1):248-253.

[14]郭春芳,孙云,张云,等.茶树叶片抗氧化系统对土壤水分胁迫的响应[J].福建农林大学学报:自然科学版,2008,37(6):580-586.

[15]孙有丰.土壤湿度和气温对茶树生长影响的研究[D].合肥:安徽农业大学,2007.

[16]杨跃华,庄雪岚,胡海波.土壤水分对茶树生理机能的影响[J].茶叶科学,1987,7(1):23-28.

[17]沈思言,徐艳霞,马春雷,等.干旱处理对不同品种茶树生理特性影响及抗旱

性综合评价[J]. 茶叶科学, 2019, 39(2): 171-180.

[18]杨菲. 近55年来浙江省茶叶高温干旱灾害特征及防御技术研究[D]. 南京:南京信息工程大学, 2017.

[19]陈宗懋, 杨亚军. 中国茶经[M]. 上海:上海文化出版社, 2011.

[20]吴丹. 合理灌溉对茶园高产优质的影响分析[J]. 广东茶业, 2019(6): 32-35.

[21]冯传烈, 刘云, 汪威, 等. 雾灌技术在茶园灌溉中的应用研究与评价[J]. 农技服务, 2017, 34(7): 10-17.

[22]张艳. 基于PLC茶园恒压喷灌控制系统的研究与设计[D]. 重庆:重庆大学, 2007.

[23]朱小倩. 基于扩展自回归模型的茶园土壤含水量预测方法研究[D]. 合肥:安徽农业大学, 2017.

[24]蔡芮莹. 基于模糊控制的茶园微滴灌监控系统的研究与应用[D]. 合肥:安徽农业大学, 2017.

[25]徐伟豪, 张武, 左冠鹏, 等. 基于STM32的茶园灌溉远程控制系统[J]. 江汉大学学报:自然科学版, 2020, 48(1): 73-80.

[26]周俊. 茶园土壤酸化条件下铅在土壤-茶树系统中的行为研究[D]. 南京:南京农业大学, 2005.

[27]段小华. 影响茶树铝循环和茶叶品质因素的研究[D]. 南昌:南昌大学, 2012.

[28]徐劼. 茶树(*Camellia sinensis* L.)对铅的吸收累积及耐性机制研究[D]. 杭州:浙江大学, 2011.

[29]刘东娜. 水培茶树吸收铬和镉的累积与耐受特性及初步调控作用研究[D]. 雅安:四川农业大学, 2014.

[30]唐茜, 李晓林, 朱新钰, 等. 铅、铬胁迫对茶树生育的影响研究[J]. 西南农业学报, 2008, 21(1): 156-162.

[31]朱忻钰. 砷、镉对茶树生长的影响及其在茶树体内的吸收积累特性研究[D]. 雅安:四川农业大学, 2008.

[32]唐茜, 叶善蓉, 陈能武, 等. 茶树对镍的吸收积累[J]. 西南大学学报:自然科学版, 2008, 30(10): 73-78.

[33]CHEN Y M, TSAO T M, LIU C C, et al. Aluminium and nutrients induce changes in the profiles of phenolic substances in tea plants (*Camellia sinensis* CV TTES, No. 12 (TTE))[J]. Journal of the Science of Food and Agriculture, 2011, 91(6): 1111-1117.

[34]朱忻钰, 谭和平, 叶善蓉, 等. 砷对茶树生长的影响及其在茶树体内的吸收与积累[J]. 安徽农业大学学报, 2008, 35(3): 329-335.

[35]李丽霞. 茶树吸收富集氟的特性及初步调控研究[D]. 雅安:四川农业大学, 2008.

[36]李春雷. 氟对茶树幼苗生理生化的影响及其作用机制研究[D]. 武汉:华中农业大学, 2011.

[37]李晓林. 铅、铬对茶树生长的影响及其在茶树体内的吸收累积特性研究[D].

雅安：四川农业大学，2008.

[38]李勇，唐澈，赵华，等. 茶树耐铝聚铝特性及其机理研究进展[J]. 茶叶科学，2018，38(1)：1-8.

[39]苏金为，王湘平. 镉离子对茶叶光合机构及性能的影响[J]. 茶叶科学，2004，24(1)：65-69.

[40]李春雷，倪德江. 铝对茶树光合特性和叶片超微结构的影响[J]. 湖北农业科学，2014，53(3)：604-606.

[41]梁琪惠. Cr、As、Cd、Pb 复合污染对茶树叶片生理特性的研究[D]. 雅安：四川农业大学，2010.

[42]申璐. 外源亚精胺对铅胁迫下茶树生长的影响[D]. 杨凌：西北农林科技大学，2014.

[43]兰海霞. Pb、Cd 及复合污染对茶树生理生态效应的研究[D]. 雅安：四川农业大学，2008.

[44]苏金为，王湘平. 镉诱导的茶树苗膜脂过氧化和细胞程序性死亡[J]. 植物生理与分子生物学学报，2002，28(4)：292-298.

[45]李品武. 茶树吸收累积四种重金属离子的耐抗特性及超微定位表征[D]. 雅安：四川农业大学，2015.

[46]LI C, ZHENG Y, ZHOU J, et al. Changes of leaf antioxidant system, photosynthesis and ultrastructure in tea plant under the stress of fluorine[J]. Biologia Plantarum, 2011(55)：563-566.

[47]杨晓，张月华，余志，等. 氟对茶树生理的影响及茶树耐氟机制研究进展[J]. 华中农业大学学报，2015，34(3)：142-146.

[48]夏建国，兰海霞，吴德勇. 铅胁迫对茶树生长及叶片生理指标的影响[J]. 农业环境科学学报，2010，29(1)：43-48.

[49]王小平. 茶树(*Camellia sinensis* L.)幼苗品质及生理对铝氟交互处理响应的研究[D]. 金华：浙江师范大学，2009.

[50]魏波. 铜锌对蒙山茶叶品质的影响[D]. 雅安：四川农业大学，2009.

[51]李庆会. 茶树金属耐受蛋白 CsMTP8 转运锰离子的分子机理研究[D]. 南京：南京农业大学，2017.

[52]林道辉. 茶叶中多环芳烃的浓度水平、源解析及风险[D]. 杭州：浙江大学，2005.

[53]杨波. 水环境水资源保护及水污染治理技术研究[M]. 北京：中国大地出版社，2019.

[54]鞠美庭，邵超峰，李智. 环境学基础[M]. 北京：化学工业出版社，2010.

[55]曲向荣. 环境学概论[M]. 2 版. 北京：科学出版社，2015.

[56]李雪梅. 环境污染与植物修复[M]. 北京：化学工业出版社，2017.

[57]陆晓华，成官文. 环境污染控制原理[M]. 武汉：华中科技大学出版社，2010.

[58]倪德江. 茶叶清洁化生产[M]. 北京：中国农业出版社，2016.

第四章　土壤与茶园生态环境

　　土壤是植物生长繁育的自然基地，是农业的基本生产资料。《说文解字》指出："土者，是地之吐生物者也"。"二"，像地之上，地之中，"丨"，物出形也。具体说明了"土"字的形象、来源和意义，也分析了土壤与植物的关系。至于"壤"，《周礼》指出："以人所耕而树艺焉则曰壤"，即土通过人们耕作、利用改良而成为"壤"。土壤是茶树生长的立地之本，也是茶树优质、高产、效益的最基本条件。茶树生长所必需的水分、营养元素等物质主要都是通过土壤进入体内。因此，土壤性质的好坏直接影响到茶树生长、茶叶品质与产量。唐代陆羽《茶经》中就有"其地，上者生烂石，中者生栎壤，下者生黄土"的记载。所以，茶园土壤的管理成为现代茶树优化栽培的重要内容。

第一节　土壤性质对茶树的生态作用

　　土壤是一个复杂的物质与能量系统，土壤是由固体物质（包括矿物质、有机质和活性有机体）、液体（土壤水分和土壤溶液）、气体（土壤空气）等多相物质和多土层结构组成的复杂并具有"活性"的物质与结构系统。关于土壤的定义，现在普遍认同的有两种：即土壤是发育于地球陆地表面具有生物活性和孔隙结构的介质，是地球陆地表面的脆弱薄层；或土壤是固态地球表面具有生命活动，处于生物与环境间进行物质循环和能量交换的疏松表层。茶园土壤是指能够生长茶树的地面表层，它提供茶树生活所必需的矿质元素和水分。土壤的性质可大致分为物理性质、化学性质、生物性质。三类性质相互联系、相互影响，共同制约着土壤的水、养、气、热等肥力因子状况，并综合地对植物产生影响。充分认识茶园土壤对茶树生育的影响，能有效地指导茶园土壤管理，根据茶树生育的基本要求妥善选择茶园土壤，采用各种农业技术措施，不断地改良土壤，持续地提高、保持及恢复土壤的生产能力。

一、土壤物理性质对茶树的生态作用

（一）土壤基本物理性质

　　土壤的物理性质主要指土壤的形态特征，其中有剖面构造、土壤颜色、质地、结构、土壤结持度、干湿度、孔隙状况、新生体和侵入体等。本章主要对土壤质地与结

构做简单介绍。

质地是决定土壤蓄水、透水、保肥、供肥、保温、导热和可耕性等性质的重要因素。土壤固体部分95%以上都是直径大小不同的矿物质颗粒。土壤中各粒级土粒所占的质量百分比称为土壤的颗粒组成，这种粒级间的质量百分比又被称为土壤的机械组成；根据颗粒的大小和性质，可以分成石砾（粒径大于1mm）、砂粒（1～0.05mm）、粉粒（0.05～0.001mm）和黏粒（小于0.001mm）。在不同的土壤中，颗粒的粗细配比或机械组成是千差万别的，这就导致了土壤的砂黏性及与之相关的一系列性质的不同；通俗地讲，土壤质地就是指土壤的砂黏性，它是机械组成的外在表现形式。砂土、壤土、黏土是土壤质地的三个基本类别。土壤质地不同，其理化性质差别也不同，粒径大小、机械阻力等都有差异，这些因素会影响土壤的热、气、水和营养在土壤中的移动进而影响作物的根系的生长发育。砂质土由于砂粒颗粒较粗，孔隙较大，故通气透水性良好，但因毛细管少，水分易流失，抗干旱能力弱。黏质土颗粒细小，毛管孔隙多，故保水能力强，但通气透水性差，土体内水流不畅，亦受涝害。砂质土和黏质土虽然各有优点，但同时也各有严重的缺点，可见，无论是砂质还是黏质，都不是最理想的土壤质地。壤质土介于砂质土和黏质土之间，兼有两者的优点，同时又在很大程度上避免了二者的缺点，具有良好的水、气、热状况和协调能力，耕作性和扎根性能大都良好，所以壤质土是较为理想的土质类别，适于生长的植物种类也最多。国际制土壤质地分级标准见表4-1。

表4-1　　　　　　　国际制土壤质地分级标准　　　　　　　单位:%

	质地名称	黏粒（<0.002mm）	粉砂（0.002~0.02mm）	砂粒（0.02~2mm）
砂土	1. 壤质砂土	0~15	0~15	85~100
	2. 砂质壤土	0~15	0~45	55~85
壤土	3. 壤土	0~15	30~45	40~55
	4. 粉砂质壤土	0~15	45~100	0~55
黏壤土	5. 砂质黏壤土	15~25	0~30	55~85
	6. 黏壤土	15~25	20~45	30~55
	7. 粉砂质黏壤土	15~25	45~85	0~40
黏土	8. 砂质黏土	25~45	0~20	55~75
	9. 壤质黏土	25~45	0~45	10~55
	10. 粉砂质黏土	25~45	45~75	0~30
	11. 黏土	45~65	0~55	0~55
	12. 重黏土	65~100	0~35	0~35

土壤是由许多大小、形状各异的土团、土块或土片等构成的，它们被称为土壤团聚体或土壤结构体；土壤团聚体是在土壤形成和发育过程中，由更小的无机和有机颗

粒以一定空间排列，垒结成了一定空间范围内的土壤体，这就是形态学上所指的土壤结构。土壤水、养、气、热等肥力因素的协调与否与结构有密切关系，不同结构的土壤，其肥力特征差异很大。土壤中的块状结构体较多时，结构体中间出现大的空隙，会造成漏水、透风，大块内部根系也不易穿入。核状结构的土壤往往过于紧实，根系难以生长，耕翻后结构体内的养分也不易被植物吸收利用；片状结构的土壤也由于土粒的排列紧密，对通透性和植物扎根都不利；棱柱状结构为底土的结构类型，结构体之间的裂隙往往过大，漏水、漏肥，结构体内部坚硬紧实，根系难以伸入，通气不良，微生物活性弱。在所有的土壤结构类型中，团粒结构具有对土壤水、养、气、热等肥力因素协调供应的能力，因此是最理想的结构类型。

(二) 土壤的物理条件对茶树的影响

适宜茶树生长的土壤应该是质地疏松、土层深厚、排水良好的砾质、砂质壤土。凡砂岩、页岩、花岗岩、片麻岩和千枚岩风化物所形成的土壤，都适宜种茶，这些土壤的物理性状（通气、透水）良好。含硅多的石英砂岩与花岗岩等成土母质，能形成适合茶树生长的砂砾土壤，而在砂砾土壤上生长的茶树根发生量多，所产茶叶品质好。而由玄武岩、石灰岩与石灰质砂岩、钙质页岩等岩石发育的土壤，因游离碳酸钙或酸碱度偏高，对茶树生长不利。

茶园土壤种类虽然很多，但其剖面构型都有其共同性。茶园土壤剖面构型都可明显地分出耕作层（表土层）、心土层和底土层。耕作层是受耕作、施肥、采摘、落叶、气候变化等因子影响最大的土层，生态环境较不稳定，但肥力水平高。心土层是茶树吸收根系云集的地方，也被称之为茶树吸收根生长层，生态环境比较稳定。这两层的厚度和水肥气热条件等对茶树生长发育和产量、品质的形成具有决定性的作用。底土层是接近于母质的半风化体或是生土，吸收根较少，粗根较多，它关系到土壤的积水、渗透、保肥等性能，对茶树生长也十分重要。表土层、心土层加上底土层常常被称之为茶树生长的有效土层。心土层以下的是母质层或隔层等根系稀少或无根系，对茶树生长影响不大。据生产实践和大量的调查研究表明，茶树生长和产量、品质与茶园土壤有效土层深度和构型特征关系十分密切。茶园土壤有效土层在 1m 以上，上部质地轻砂质、砂壤质，下部中壤质，无黏盘层或铁锰硬盘层，排水良好，团粒结构较好的土壤有利于茶树生育，且产量高、品质较好。如果底土有黏土层或硬盘层，或者地下水位高，都对茶树生长不利。土层浅薄，茶树根系不能充分伸展，土壤受地面光、温、湿的影响大，调节能力弱，茶树生长矮小；排水不良或地下水位高，使得茶树根系较长时间处于缺氧状态下生长，呼吸不良，根系受毒害，新梢萌发力弱，严重时植株死亡。在不同土壤类型上生长茶树品质的调查表明，茶叶品质好坏的排序：硅质黄壤>砂页岩黄壤>第四纪黏质黄壤小黄泥>黄棕壤。硅质黄壤表土层（0~20cm）土壤容重最小，三相比协调，该土层疏松、透气透水、保肥性良好；黄棕壤的表土层物理性状相对较差，土壤容重最大，土层紧实，透气、透水、保水、保肥性能都较差。

土壤通透性与茶树生长、茶叶产量和品质关系也十分密切。一般认为，高产优质茶园的表土 10~15cm 处容重为 1.0~1.3g/cm³，空隙率为 50%~60%，心土层 35~40cm 处容重为 1.3~1.5g/cm³，孔隙率为 45%~50%。良好的土壤不仅要求土壤疏松，更要求土壤孔隙中能保一定数量的水分和空气，使土壤根层的固相液相和气相保持良好的比例关系，以满足茶树根系生长要求。土壤的三相比例不仅与茶树生长和产量有密切关系，也直接影响到茶叶的品质。

茶园土壤的质地与茶园土壤的水分状况有密切的关系（表4-2）。砂性土壤通透性及排水性良好、但蓄积水分的能力差；黏性土壤蓄水性好，而通透性及排水性较差。茶园土壤质地不同、水分常数和有效水分有很大差异。如土壤含水率为14%时就砂土来说，土壤吸力仅在1/10Pa以内，已达到田间持水量状态，有效水分丰富，对茶树生长比较适宜；而对黏质壤土来说14%的土壤含水率，其土壤吸力已达到15Pa左右，已处永久湿度，很难为茶树吸收利用。

表4-2　　　　　　**不同质地土壤的水分常数和有效水分（许允文，1980）**

| 土壤质地 | 土层深/cm | 水分常数（占干土比例）/% | | | 有效水分/% |
		田间持水量/（1/10Pa）	初期调萎湿度/8Pa	永久调萎湿度/15Pa	
黏质壤土	0~30	25.13	15.5	13.97	9.63
壤土	0~45	21.93	12.11	9.84	12.82
细砂土	0~45	13.63	3.89	3.17	9.76

茶园土壤质地在很大程度上左右着茶园土壤的肥力状况和茶园的生产潜力与茶园生产能力和茶叶产量关系极大。20世纪80年代中国农业科学院茶叶研究所和杭州市茶叶试验场对浙江9个单位高产茶园土壤机械组成的分析结果，其物理砂粒（粒径为1~0.1mm）占30%~70%，而且粗砂粒（粒径为0.05~0.01mm）所占的比例大多高于黏粒（0.001mm）。20世纪90年代，我国低丘红壤茶园土壤条件的研究结果表明，低丘红壤高产茶园土壤物理砂粒的含量达（45.52±2.67）%，而低产茶园的物理砂粒含量只有（42.61±3.20）%。高产茶园土壤的机械组成是以轻砾石和砂粒作为骨架，以构成多孔隙的疏松体，并含有一定数量的黏粒以维持供肥和保水能力。

茶园土壤质地不仅与茶叶产量关系密切，而且对茶叶品质影响更大。据湖南17个县传统名优茶土壤质地调查结果，凡是名优茶园土壤质地一般都偏砂性，表土层的黏粒（粒径为<0.001mm）、粉粒（粒径为0.001~0.05mm）和砂粒（粒径为>0.05mm）的含量比例是100:165:152，心土层的比例是100:138:134，土层的比例是100:153:136，加权平均后全土层的黏、粉、砂粒的比例是100:150:150，可见，传统名优茶园土壤主要是偏砂性土或砂壤性土壤，这与《茶经》中所描述的"上者生烂石，中者生栎壤，下者生黄土"的结论是一致的。

二、土壤化学性质对茶树的生态作用

（一）土壤基本化学性质

土壤的化学性质主要是土壤的物质组成。简单来说，就是土壤中含有不同种和量的矿物质、有机质及水分、空气。土壤的化学环境，对茶树生长的影响是多方面，其中影响最大的是土壤的酸性、土壤有机质含量和无机养分的含量。

土壤的酸碱性是土壤的重要理化性质之一。根据氢离子存在形式，土壤酸度分为活性酸度和潜性酸度两类。活性酸度又称有效酸度，是指土壤相处于平衡状态时，土壤溶液中游离氢离子浓度反映的酸度，通常用 pH 表示。潜在酸度是指土壤胶体吸附的可交换氢离子和铝离子经离子交换作用后所产生的酸度，氢离子和铝离子处在吸附态时不会表现出酸度，只有转移到土壤溶液中，形成溶液中的氢离子才会表现出酸性。土壤的碱性主要来自土壤中钙、镁、钠、钾的重碳酸盐、碳酸盐及土壤胶体上交换性钠离子的水解作用。土壤酸度对土壤一系列肥力性质产生着深刻的影响，影响着土壤有机质的分解、合成，微生物的活动，营养元素的转化与释放，微量元素的有效性等。

土壤有机质是土壤中最重要的组成成分之一，是土壤肥力的物质基础，也是土壤形成发育的主要标志。土壤有机质可分为两大类：非特异性土壤有机质和土壤腐殖质。前者是有机化学中已知的普通有机化合物，主要来源于动植物和土壤生物的残体，人类通过施用有机肥也会增加非特异性土壤有机质的数量；后者属于土壤所特有的、结构极为复杂的高分子有机化合物。在自然条件下，树木、灌丛、草类、苔藓、地衣和藻类（即生产者）的躯体都可为土壤提供大量有机残体。在耕作条件下，农作物有一大部分被人们从耕作土壤上移走，但作物的某些地上部分和根部仍残留于土壤中。土壤动物如蚂蚁、蚯蚓、蜈蚣、鼠类等（消费者）和土壤微生物（分解者）是土壤有机质的第二个来源，它们分解各种原始植物组织，为土壤提供排泄物和死亡后的尸体。

（二）土壤的化学条件对茶树的影响

1. 土壤 pH

茶树作为一种喜酸性作物，对土壤酸度有一定要求，一般只能在酸性环境中才能生长，当 pH 在 7.0 左右的中性环境中茶树生长不良，当 pH 超过 7.5 以上茶树就不能正常生长而逐步死亡。但是，茶树生长的土壤 pH 下限很宽松，有许多高产茶树就生长在 pH 低于 5 的土壤上。如在 20 世纪 70—80 年代，为了追求茶叶高产，大量施用硫酸铵等生理酸性肥，致使一些高产茶园土壤不断酸化，这些高产茶园的土壤 pH 一般都在 4~5。

不同土壤酸度条件下生长的茶树，体内茶多酚、氨基酸、咖啡因和水浸出物含量差异也较大。氨基酸和茶多酚含量与土壤酸度呈显著负相关，相关系数分别为-0.81 和-0.99。即在一定条件下，土壤偏酸，氨基酸和茶多酚含量增加；水浸出物含量与土壤酸度呈抛物线型的二次曲线相关，即 pH 为 5.5 时，鲜叶中水浸出物含量最高，pH＞5.5 或 pH＜5.5 水浸出物含量均减少；咖啡因含量与土壤酸度呈倒抛物线关系，即 pH 为 5.0 时，鲜叶中咖啡因含量最少，pH＞5.0 或 pH＜5.0，咖啡因含量增大。

茶树喜酸的原因认为有以下几方面原因，首先，它是由茶树的遗传性所决定。茶树原产于我国西南地区，那里的土壤是酸性的，茶树期在酸性土壤上生长，产生对这种环境的适应性，代代相传，形成比较稳定的遗传性。其二，茶根汁液的缓冲能力在 pH 5.0 时最高，以后逐渐降低，至 pH 5.7 以上，缓冲能力就非常小了。植物体内的缓冲物质主要是有机酸和磷酸盐。有机酸的缓冲能力一般偏酸性，磷酸盐的缓冲能则偏在中性和碱性。茶根中的磷酸盐含量较低，据分析，100g 根中仅含 P_2O_5 25mg。这也是由于茶树长期生长在有效磷含量极低的红壤中，因而造成了根中含磷量较低，借以适应红壤的环境。其三，是由于与茶树共生的菌根需要在酸性环境中才能生长和侵染这一共生关系使两者生长得到共生互利。第四，是由于茶树需要土壤提供大量的可给态铝。一般农作物的含铝量多在 $200×10^{-6}$ 以下、而茶树的含铝量却在数百以至 $1000×10^{-6}$ 以上。当土壤 pH<5.5 时，代换性盐基代换量高的可达 90% 以上；在 pH>5.5 时，代换性铝的含量便很低，以致不存在。铝本身是一种可用来表示潜性酸大小的离子。因此，可以认为，在中性或碱性土壤上茶树之所以生长不好的原因与土壤中活性铝不足有极大关系。第五，茶树是钙植物。茶树生长虽需一定量的钙，但又是嫌钙植物。当土壤中含钙量超过 0.05% 时，对品质已有不良影响；当超过 0.2% 时，便有害于茶树生长；超过 0.5% 时，茶树生长受严重影响土壤中活性钙含量与土壤 pH 有密切关系，pH 越高，活性钙含量越高。茶园土壤的酸度实质也正是土壤有效铝和钙之间的比例问题，因为在 pH 6.5 以上的土壤中活性铝的含量很低，而相反活性钙的含量却很高。因此茶树对钙与铝元素需求平衡点的土壤 pH 是茶树生长最适的酸度。不同肥力水平和理化性质土壤的这个平衡点是不同的，一般这个平衡点的 pH 为 5.0~6.0。

在不同条件下培养茶树，其对 pH 的反应有一定的差异，如用硝态氮和铵态氮为源进行不同 pH 的水培试验，结果表明：茶苗对 pH 的反应相当敏感，以硝态氮为氮源培养的茶树，最适 pH 为 6.0；铵态氮源最适 pH 为 5.5。不同氮源和 pH 条件培养下，茶苗对三要素的吸收能力表现为硝态氮源处理中，氮的吸收以 pH 5.0 处理最强；磷的吸收以 pH 5.0~6.0 处理最强；钾的吸收以 pH 6.0 处理最强。铵态氮源处理中，氮的吸收以 pH 在 4.0~7.0 范围内均较强；磷的吸收以 pH 5.0~6.5 吸收率强；钾的吸收以 pH 5.5~6.5 处理最强。茶树对铝的吸收与土壤 pH 呈显著负相关，pH 增大时，茶树对铝的吸收显著减少；对钙的吸收与土壤 pH 呈显著正相关，对锌、锰吸收呈线性负相关；对硼、钼的吸收为二次曲线相关。

施肥对土壤 pH 影响明显，尤其是生理酸性肥料，如硫铵等更明显。其影响的大小与施肥量、施用时期的长短，以及配合其他肥料情况有关。连续施用生理酸性化学氮肥时间越长，pH 下降越多。施肥中配猪粪提高了土壤缓冲性，pH 下降较少。深耕可以缓和土壤酸化进程。由于栽培过程，特别是施肥会逐渐使土酸化，影响对离子的吸收，因此必须随时注意茶园土酸度的调整。

2. 土壤有机质

茶园土壤的有机质含量对土壤的物理化学性质有极大的影响（表 4-3），有机质含量是茶园土壤熟化度和肥力的指标之一。高产优质的茶园土壤有机质含量要求达到 2.0% 以上。有机茶园的土壤标准：在 0~45cm 土层的有机质含量不得少于 15g/kg。土壤有机质含量高，则土壤容重就小，孔隙率增大，三相比较为理想。

我国茶园有机质含量从总体上都不很高，一般在 2% 以下的占多数，尤其是长江以南红壤地区第四纪红黏土发育的黄筋泥茶园土较第三纪红砂岩发育的红沙土茶园更低，在 0~45cm 的土层内，低于 1% 以下的占 68.7%，且有机质性质也比较差、腐殖化程度较低。采取得力措施提高茶园土壤有机质含量，改善有机质组成成分，是当前茶园土壤管理的当务之急。

表 4-3 茶园土壤有机质含量与土壤物理性状的关系

有机质/%	容重/(g/cm³)	孔隙度/%	三相体积比/%		
			固	液	气
3.01	0.93	65.0	35.0	33.4	31.6
2.95	1.02	59.0	40.5	36.7	22.8
2.49	1.12	65.0	45.0	28.7	26.3
2.39	1.01	51.5	38.5	39.5	22.0
1.49	1.15	54.5	45.5	39.2	15.3
1.44	1.13	56.0	44.0	40.5	15.5

茶园土壤有机质的含量水平不仅直接关系到土壤的诸项理化性质，也直接关系到茶树生长、茶叶产量和品质。由于有机质具有很强的物理可塑性，因此通常茶园土壤容重随土壤有机质含量增大而减小，孔隙度随有机质含量提高而增加，三相比随有机质提高更趋协调。据调查结果，茶园土壤有机质不仅直接左右土壤的物理性状，同时直接影响到土壤的养分含量。土壤剖面的农化性质分析结果表明，茶土壤全氮量与土壤有机质之间呈显著正相关关系，相关系数高达 0.9852；水解氨含量与有机质之间也为正相关关系。而茶园土壤有机质含量与土壤水解酸和交换性酸存在极显著的负相关关系。不同生产能力红壤和黄棕壤茶园的调查结果表明，有机质含量高的茶园，茶树根系发达，单位体积土壤内根量多，说明土壤根容量大，根深叶茂，茶树生长高大、度宽，产量也高。

茶园土壤有机质不仅其含量与茶树生长、茶叶产量和品质密切相关，而且有机质的组成成分与茶树生长也有一定关系。不同生产能力茶园土壤有机质组成的研究结果表明，高产茶园不仅有机质总量均高于低产茶园，而且高产茶园土壤有机质中胡敏酸的比例都比较高，富里酸的含量比例则相对都比较低。与此同时，高产优质茶园土壤有机质与土壤无机胶体结合比较紧密，有机、无机复合度高，相对低产茶园则相反，土壤有机质与无机胶体结合比较松弛，有机、无机胶体复合度低。

三、土壤生物性质对茶树的生态作用

茶树的生物环境，指的是人类的活动，以及动植物、微生物对土壤形成和肥力的影响。土壤生物是地下生态系统的重要组成之一，几乎所有的土壤过程都与土壤生物有关。土壤生物包括土壤中的生物根系、微生物和动物，它们是联系地球系统大气圈、水圈、岩石圈及生物圈物质与能量交换的重要纽带，被称为地球关键元素，是生物地球化学循环过程的引擎。本小节简单介绍茶园生物性状的特征及动物、土壤酶对茶树生育的影响，微生物相关内容在本章第二节单独详细介绍。

茶园土壤动物是土壤生物性状的重要方面，近年来这方面的研究有逐渐增加的趋势。茶园土壤动物群落类群数、指数、均匀度、密度类群指数和群落复杂性指数均小于人工林，但群落个体数和优势度大于人工林；茶园土壤动物群落的季节波动大于人工林；土壤动物密度、类群数、群落多样性及均匀性在土层中分布均呈现定的表聚性；土壤有机质、含水量、速效和全含量与土壤动物群落特征呈显著或极显著的偏相关关系。

土壤酶是生化反应的催化剂，它几乎参与土壤中所有的生物化学过程，如有机质的合成与分解，动植和微物残体的分解，有机化合物的水解与转化等。茶园土壤中的酶很多，如蛋白分解酶、脲酶、多酚氧化酶、过氧化氢酶磷酸酶、转化酶等，它们都是茶树和土壤生物活动的产物。各种酶活性反应参与土壤各种生物化学的过程，如过氧化氢酶、多酚氧化酶和转化酶参与茶园土壤枯枝落叶及有机质的转化、腐殖质的合成及糖类水解。至于脲酶，有些资料认为茶树作为多年生作物，每年大量落叶回归茶园，茶叶中的多酚类化合物会抑制土壤脲酶活性。土壤中脲酶活性过强并无益处，它会加速尿素肥料的分解，降低尿素的利用率。因此，土壤酶活性是土壤养分有效化强度的表征，也是土壤肥力的重要指标，与茶树生长、茶叶优质、高产关系较密切。茶同土壤酶活性的强弱与茶同管理方式也有十分密切的关系。一般来说，凡是有利于提高土壤肥力水平，特别是有机质含量的措施有利于提高土壤酶的活性。施有机肥能提高土壤酶活性。

第二节　土壤微生物对茶树的生态作用

生活在土壤中体积小于 $5 \times 10^3 \mu m^3$ 的生物统称为土壤微生物，包括细菌、真菌、放线菌、原生动物、病毒和小型藻类等。其数量巨大、种类丰富，参与土壤有机质的分解与合成、养分的释放与固定等过程，与土壤团聚体的形成及污染物的降解等密切相关。土壤微生物与植物根系密切相关，有助于养分循环，并显示出对病虫害、干旱、重金属的抗性和耐受性，并改善了土壤结构。土壤微生物也有对茶树生长不利的一面，它会对茶树争夺营养物质，有的病原菌会致病或排出有毒物质，对茶树有害。合理地开发与利用，将会有利于茶叶生产的发展。土壤微生物的生态作用主要有：土壤微生物参与土壤有机物的分解；土壤微生物残体增加了土壤有机质；固氮细菌固氮，提高土壤中的氮素含量；有些微生物与植物共生，形成菌根，利于植物生长。

一、茶园土壤微生物数量和分布

由于土壤微生物是一个活体，受环境影响很大。茶园土壤微物的组成极其复杂，种类和数量不计其数，无法也没有必要对其逐一进行研究。为此，随着现代生物化学的发展，"黑箱"技术应运而生，即将土壤微生物看成一个整体，通过测定土壤微生物量来了解土壤的微生物性状。土壤微生物量测定方法有多种，包括直接镜检法、分析法、熏蒸培养法、熏蒸提取法、底物诱导呼吸法等。数量组成上，土壤微生物以细菌最多，真菌次之，放线菌最少，常见种属共33个，其中对提高土壤肥力和改善茶树生长有显著作用的自身性固氮菌、氨化细菌和纤维分解细菌等种群，数量均很丰富。根系分泌物的多少是影响土壤中微生物种类和数量的主导因素。根系分泌物越多，微生物的种类和数量也越多，各类微生物在土壤中的分布呈现根表>根际土壤>非根际土壤的趋势。从总体讲，茶园土壤微生物数量是个变数，但仍有一定规律。据对红壤茶园土的测定，茶园土壤中真菌数量高产茶园比普通茶园要高，细菌数量则相反，是普通茶园高于高产茶园土，而在剖面上的分布是表土层高于心土层，心土层又高于底土层（表4-4）。研究表明，茶园土壤的微生物量高于一般农田和旱地土壤，但低于森林土壤。

表 4-4　　　　　　　　　　　　茶园土壤剖面土壤微生物数量

土层/cm	细菌/(万个/g)	放线菌/(万个/g)	真菌/(万个/g)	合计/(万个/g)
表土层（0~20）	304.2	58.4	20.2	382.8
心土层（20~40）	140.9	21.3	6.26	168.5
底土层（40~60）	86.9	13.1	0.8	100.8

　　茶园土壤微生物量与茶树品种、植茶年龄、土壤理化性质、肥培水平和田间管理措施密切相关。不同茶树年龄的茶园，土壤中微生物数量不同。根表各类群微生物的数量，随茶树树龄的增大而降低。这一变化原因是根际分泌物引起土壤酸度变化，枯枝落叶分解使土壤中多酚化合物积累，从而影响了微生物的组成和数量，多酚类物质对于大多数微生物是有抑制作用的。输导根的生活力比吸收根弱，因而分泌物少，其表面的微生物数量也少。同龄茶树的吸收根根表的细菌和菌数量要比输导根大2.0~8.8倍和2.8~9倍之多。此外，不同树龄茶树根际土壤微生物优势种群的变化表现为，青壮年期细菌的数量占优势，衰老期则以放线菌的数量占优势。

　　茶园中各种生产措施的采用，对土壤微生物种群与数量会有较大的影响。凡土层深厚、土质疏松、物理性能较好、有效养分较丰富的茶园，土壤中微生物总数也较高。由于表层土壤肥力较高，所以表层土壤的微生物数量总是多于底层土壤。茶间作、覆盖和施肥，特别是施有机肥能明显提高土壤微生物整体活性和丰富度。研究也表明，茶园铺草后表土中细菌数量由铺草前的每克19万个增加到692万个，放线菌从2万个增加到34万个，微生物总数则从28万个增加到730万个，从而极大地提高了土壤养分的周转能力和养分有效性，有利于提高茶叶产量和品质。化肥对微生物活性影响不同，有的有促进作用，有的有抑制作用，这随施用肥料的种类、用量和土壤气候条件差异而变化。施磷、钾肥能提高各种微生物的数量，施氮肥后微生物数量大部分减少，这可能是因为长期施化学氮肥后土壤酸化，抑制了微生物群落的生长繁殖。土壤耕作，改变了土壤的通透性，微生物群落与种类也会发生一定的变化。施用农药和除草剂一般能抑制微生物的繁殖，但有的农药分解后又能对微生物生长有一定促进作用。

　　不同季节茶树根系活性不同，其分泌物数量也不同，因此，土壤微生物的数量也表现出相应的季节性变化。茶树根际微生物数量变化的消长规律，与茶树根系年活动周期的变化基本相符。一年中，9—10月是茶树根系生长的高峰时期，此时的温度也适宜微生物的生长繁殖，各主要类群的根际微生物数量最多；4—5月其次；1月下降至最低点。

二、茶园土壤微生物群落组成

茶园土壤微生物群落的功能多样性和结构多样性与菜园、橘、黄筋泥田和森林土壤有明显的区别；测定的土壤微生物功能多样性指数随茶园植茶年龄增加而显著减小，不同利用方式土壤表现为荒地林地茶园；据初步判断，黄壤茶园土不同群落茶园根际 3 类细菌有 11 种，其中钾细菌最多，不同群落茶园根际这 3 类细菌空间生态特征，在 0~20cm 土层内的群落多样性指数（H）、群落生态位宽度（B）和均匀度（R）都大于20~40cm，而群落优势度（D）20~40cm 大于 0~20cm，说明 3 类细菌主要集中分布在0~20cm 土层中。

茶园土壤中以细菌最多，但真菌和放线菌哪类更多则由于研究的土壤不同，不同的研究者得出了不同的结果。导致这种结果的差异与土壤基本性质，如有机碳、全氮含量的高低，根系分泌物，以及茶树种植年限等有关。研究发现，酸性茶园土壤放线菌的数量显著多于真菌的数量，但和其他中性土壤相比，则土壤微生物的数量要少得多。由于大部分细菌、放线菌都不适应于酸性环境，从而使土壤微生物数量随植茶年龄增长而减少。茶园土壤细菌、真菌、放线菌与土壤有机质、全量、碱解含量有较强的相关性，而与全磷、速效钾的相关性较差，土壤微生物数量与茶叶产量具有正相关关系。对于具体的微生物种类，茶园土壤中固氮菌、解磷菌、解钾菌等功能菌的数量及其影响因素均有一定的研究。固氮菌可分为活跃固氮菌、微嗜氮菌和联合固氮菌三大类共多个种，青壮年和土壤物理结构良好的茶园，土壤根际固氮菌的种类和数量最多，固氮菌的固氮效能受茶园土壤化学元素的影响。有机种植方式有利于提高土壤中的霉菌、放线菌、芽孢杆菌、好气性自生固氮菌、嫌气性自生固氮菌和好气性纤维素分解菌的数量，并随着有机茶种植年限的增加而提高。施肥、铺草和间作对氨化细菌、好气性和嫌气生自生固氮菌具有不同的效果，如施有机肥和间作三叶草能显著提高氨化细菌和好气性自生固氮菌的数量，但铺稻草和施有机肥对提高嫌气自生固氮菌数量的效果更好。

分析表明，茶园植茶年龄与利用方式对土壤微生物群落组成和磷脂脂肪酸所指示的特定微生物类型有显著影响。植茶后随种茶时间的延长，茶树群体及由植茶而产生的人为活动如耕作、施肥、灌溉等管理措施使土壤性质逐渐发生变化，最明显是土壤pH 降低，钙、镁等盐基减少，铝的活性增加，从而导致土壤微生物的生活环境发生变化，影响微生物类群的生长繁殖。由于茶树生长要求的土壤环境为酸性，大部分细菌、放线菌不适应，只有真菌和一部分耐酸系细菌能适应，而绝大部分微生物在极强酸性环境中的适应能力很弱，因此在土壤低 pH 条件下细菌和放线菌数逐渐减少。施尿素使茶园土壤微生物群落功能多样性指数显著降低。使用石灰使茶园和林地土壤微生物群落功能多样性指数增加，而荒地则下降，但土壤微生物结构多样性指数这两类土壤均有增加。

土壤微生物在茶园土壤养分生物循环中的作用是十分重要的。生物固氮，补充了土壤氮素。硝化作用会加剧土壤氮素的淋失，茶园土壤硝化活动是自养硝化细菌作用的结果，其硝化活动与土壤酸度呈高度正相关。因此，合理地施用化肥，根据氮素循环规律调节与控制微生物的活动，可减少氮素的淋失。土壤微生物能对土壤有机质进行有效分解和转化，并起到氮、碳贮藏库和供给源的作用。土壤酸铝毒害是世界范围普遍存在的、严重的农业生产问题，而茶树是典型的耐酸铝植物。研究明，茶树耐酸铝不但与其生理特性有关，还受微生物的影响。从酸性土壤中分离得到耐高浓度 H⁺ 和铝的杆菌属细菌，当这种细菌在 pH 3.3 和含铝 100μ 的液体培养时，随着培养时间的延长，介质 pH 迅速升高。这种细菌有利于改善酸性土壤性质，可以降低酸性土壤中的离子态铝的浓度，保护原有的土壤生态系统，为消除或减轻作物酸铝毒害起积极的作用。

三、茶园土壤泡囊丛枝菌根对茶树生长影响

在茶园土壤微生物中有一种真菌能侵入茶树根中与茶树形成共生体的菌根。类囊霉真菌侵染形成的泡囊丛枝菌根（vesicular-arbuscular mycorrhizae，简称 VA 菌根），在茶园中广泛存在，尤其在贫瘠的红壤茶园中发生率高。茶树根系在土壤中受土壤真菌侵染后形成菌根，对茶树生长所以能起到良好的效果，其原因主要有以下几方面：其一，真菌的菌丝从根向土壤延伸使茶树扩大了吸收面；其二，侵染的真菌可分泌一些酶等，如水解磷三钙酶及有机酸等，可以促进土壤难溶性磷及矽酸盐化合物有效化；其三，在菌根的存在下根系吸收阴、阳离子的差异导致根际土壤 pH 变化，这种变化有利茶树对磷等有关物质的吸收；其四，在菌根侵染的刺激下根系活力增强，促进根系自身的吸收能力。当前，无论哪一种茶园土都有可以侵染茶树根系组成菌根的真菌存在、在土壤管理中如何提高其侵染率，促进菌根的形成是十分重要的，是高产、优质栽培中重要课题之一。

受 VA 菌根影响后茶树叶绿素组成及茶树生理活性也发生一定的变化，受柑橘球囊菌和地表球囊菌侵染的茶树，茶树叶片重要的生理指标叶绿素 a、叶绿素 b 和叶绿素总量均有明显增加，但过氧化物酶活性明显降低。这可能与呼吸作用有关。另外，茶树经真菌侵染形成 VA 菌根后，茶树根际生态和根际微生物区系发生了变化，使土壤磷酸酶活性增强，从而提高了磷的有效性。受这两种菌根侵染的茶树比对照分别高 35.7%、40.3%。同时茶树根系脱氢酶活性增强，根系活力提高，养分吸收速率加快，两处理根系脱氢酶活性分别高 87.9%、106.1%。采用盆栽法研究 VA 菌根对茶树生长和矿质元素吸收的影响，结果表明，接种 VA 菌根真菌的茶树，无论是地上部还是地下部的干重，都明显高于未接种的茶树，其中又以接种 VA 真菌同时施磷矿粉处理的茶树干重最大，较对照增加 2.86 倍；叶片含磷量较对照增加 41%，特别是在施磷矿粉的条件下，叶片含磷量比对照增加 87%，茶树整株的吸磷量是对照的 3 倍；叶片中钾、铜、铁的含量增加；施磷矿粉可促进茶树 VA 菌根的发育，被侵染率达 30%。VA 真菌侵染茶树，茶叶品质也明显变化。试验菌根侵染的茶树与对照相比咖啡因含量明显增加，儿茶素含量有所减少，酚/氨比值降低，茶叶苦涩味减轻，因而对绿茶品质将会有所改善。

第三节　生态茶园合理耕作

茶园土壤耕作是茶园土壤管理中十分重要的内容。我国茶农自古以来都十分重视，并积累了丰富的耕作经验，如茶园的"七挖金、八挖银"等。但茶树作为多年生常绿作物，茶园耕作虽具有疏松土壤、除灭杂草、防治病虫及调节土壤水、肥、气、热等良好作用，但也有负面效应，如耕作时所造成的断根等给茶树生长造成不良影响。因此，研究和了解茶园耕作利弊关系，科学合理地进行耕作，使耕作管理发挥有利于优质、高产高效益的作用。

一、茶园土壤耕作作用与效果

(一) 耕作对土壤的影响

茶树作为多年生叶用作物，人工作业时对土壤的踩踏镇压使土壤表层变得坚实，形成硬壳，久而久之硬壳逐步加厚加深，使整个土层变得十分坚硬，影响雨水向深处渗透，影响土壤气体交换、根系生长和对养分的吸收。耕作可疏松土壤，提高土壤通透性（表4-5），增加土壤孔隙度，加速雨水向土体深处渗透的速度，提高土壤含水率。这种作用对于质地黏重的第四纪黄筋泥茶园土效果显得尤其明显。

表 4-5 　　　　　　　　　　　深耕对茶园土壤通透性的影响

处理	土层/cm	容重/(g/cm³)	孔隙度/%		渗透系数 K/(mm/min)
			总孔隙度	全有效孔隙度	
深耕30cm 茶园	0~25	1.29	52.80	38.71	0.61
	25~45	1.43	49.48	28.77	
不深耕茶园	0~25	1.51	49.43	28.51	0.29
	25~45	1.46	48.50	29.00	
生荒土	0~25	1.33	46.91	29.98	0.26
	25~45	1.47	48.79	29.48	

由于土壤通透性的改善，改变了土壤的水热状况，从而也促进了土壤微生物的生长和繁殖。对茶园深耕实验表明，深耕后土壤中的固氮菌、硝化菌和纤维分解菌等的数量都有明显的增加。由于土壤深耕后土壤通气条件改善、生物活性增加，从而也促使土壤有机质矿化和矿物质风化分解，加速土壤熟化进程，增加土壤有效养分的含量。对福建红壤茶园试验表明，茶园深耕50cm后，在10~45cm 的土层内有效磷、有效钾和铵态氮、硝态氮都明显增加，这一趋势可以保持数年时间。深耕不仅使主要营养元素有效化程度大为提高，而且有效的微量元素含量也有明显增加，但只深耕不配施有机肥的条件下因受强烈的矿化和风化的影响，全氮和有机质都有所下降。

(二) 耕作对茶树根系的影响

茶树作为多年生作物，种植后几十年不变，随着茶树的不断生长，茶园行间布满根系，并盘根错节，相互交错，无论是深耕或是浅耕都会造成断根现象，给茶树生长带来不同的影响，越是成龄茶树，耕作所造成的伤根就越严重。耕作深度越深、幅度越宽，伤根率也就越高。如据湖南省农科院茶叶研究所的研究，在 10 年生成龄采摘茶园中试验，行间深耕 30cm、耕幅为 40cm 时伤根率达 12%，耕幅扩大到 60cm 时，伤根率增加到 17%；如果耕幅为 50cm，而耕作深度从 10cm 增加到 50cm 时其伤根率增加到 8 倍。

由于茶树具有较强的再生能力，根系因耕作产生断根之后也可抽发新根，恢复生机。中国农业科学院茶叶研究所曾在杭州茶叶试验场做过春、夏、秋、冬耕作断根再生试验。根系断根再生能力最强的是在 8 月的"伏天"，其次是秋季 10 月和春季 3 月，冬季 12 月耕作所造成的断根再生能力最差。因此，过去耕作按农历"七挖金，八挖银"，把深耕作为衰老茶园根系更新的一项措施具有一定的道理。另外，对衰老茶园断根更新复壮进行试验，深耕造成衰老茶树粗老根系断根后新根再发，两年内 0～15cm 表土层内新发吸收根的数量（按重量计），比不耕作的增加 2 倍多，而 16～30cm 的耕层内，新发吸收根比不耕作的增加 20 多倍，效果十分明显。

(三) 耕作对茶叶产量和品质的影响

茶园土壤耕作可有效地疏松土层，改良土壤，提高肥力，同时造成了断根影响茶树生长，而断根经过愈合又发新根，恢复生机，这种复杂的效果最终表现在茶树生长、茶叶产量和品质上。茶树在定植前进行耕作，尤其深耕配合施肥，只有改土作用，没有伤根后果。因此，生产实践和试验结果几乎都一致表明，茶树种植前的耕作对茶树生长及以后的增产提质效果十分明显，而且持续时间长远。耕作越深效果也就越好，持续时间也越长，尤其是在深耕配合施底肥的条件下其效果更为明显。但是种植之后的耕作对茶树生长和增产提质效果极其复杂。耕作后改土效果发挥得好，超过伤根对当年茶树生长的负面影响，常常表现为增产作用。根据许多研究单位的研究结果，茶园耕作，尤其是深耕，有的表现为增产，有的表现为减产。因此，在茶园土壤管理中，根据茶园耕作的特殊性，如何因地制宜，充分发挥耕作改土的正面效果，尽量减少其负面效果，因树、因时、因土进行耕作，扬长避短是很重要的。如 20 世纪 80 年代末中国农业科学院茶叶研究所在第四纪低丘红壤地区的黄筋泥老茶园中试验，该茶园质地黏重、表土板结、土层坚实、根系生长差、行间根系稀少，在行间进行深耕改土后，土壤疏松，大大改善茶树根系的生长环境，耕作的改土作用得以充分发挥。由于原耕层根系少深耕伤根率低，即使有所伤根，由于土壤环境改善，伤根愈合后很快又发新根，在疏松了的土层内得到良好生长，所以深耕的增产提质效果良好。相反，相同时期，湖南农业科学院茶叶研究所的壮龄常规旺季茶园试验，行间年年实行深耕 25cm，断根率高，吸收根受损严重，伤根所造成的负面效果超过改土的作用，结果导致减产。

二、茶园耕作的技术

在茶园土壤管理中必须针对不同茶园类型和土壤条件，采用浅耕、深耕配合施肥和免耕等方法因地制宜进行扬长避短，充分发挥不同耕作的效果，提高土壤肥力，改善土壤生态条件，促进茶树生长，提高茶叶产量和品质。

（一）种植前耕作

种前的耕作深度和质量对于茶树以后的生长和高产优质极为重要。种植前的深耕要与茶园开垦结合一起，要按开园的总体设计计划进行，以水土保持为中心，以改良土壤为重点，以深耕与施基肥相结合为基本原则。

对坡度为0°~5°的平坦地种植前的深耕，因地势平坦，故水土流失量少，深耕一般全年都可进行，最好安排在夏天或秋冬进行。在深耕前先清除乱石、杂树，然后按纵向或横向行接一行地进行深耕，防止漏耕。深耕深度按土壤条件而定，一般以60~80cm为好。与此同时，施下有机肥，土肥相混，也可在复垦时把有机肥施下再种茶。对于坡度在5°~15°的缓坡地，一般都不做梯田，深耕时容易造成水土流失。因此，深耕时要在非雨季或暴雨率低的季节进行，在清地后从坡的上方开始沿等高线方向一行挨一行地成带状向坡的下方进行。深耕深度与平坦地一样，按土壤而定，一般为60~80cm。深耕后立即整地，沿等高线作土埂、埋草墩、挖鱼鳞坑、拦水堵土下山，防止水土流失。无法实现种茶前的全面深耕时，可对种植行实行深耕，待种植后在行间进行补耕。一般做法是在种植行宽40~50cm处，把20~25cm的表土移到非播种行上，然后对心土层进行60~80cm深耕后施有机肥，使土肥相混，再移回表土层。以后逐步对没有深耕过的非种植行进行补深耕，在茶树幼龄期待茶园未封行前进行。对于15°~25°的山坡地，一般要修筑梯田。因此，种植前的深耕要和修筑梯田结合进行，严防深耕开垦时造成水土流失。无论是石坎梯田、泥坎梯田或草皮坎梯田，深作要根据坡度和梯面宽窄沿等高线开展深耕，尽量做到保护表土。

（二）幼龄茶园耕作

茶树1~5年的幼龄期，地上部和地下部都处于不断生长和扩大时期，而土壤虽已在种植前经过全面深耕，这时茶园又没有正式投产，作业人员对土壤踩压还不是很严重，但由于种植前的深耕把下层的生土翻到上层，使土层打乱，土层和心土层中生土比例增加，肥力下降，土壤需要不断耕翻，配施大量有机肥促使熟化及早恢复生产力。这时行间根系较少，耕作不会造成伤根或较少造成伤根，耕作可充分发挥改土的正面效果，要争取利用这一良好机会进行行间深耕，不断加速土壤熟化进度。一般做法是1年生幼龄茶园平时在0~15cm层内做到勤浅耕、勤除草之外，在秋冬季结合施基肥时，离茶苗根茎20~35cm处的行间进行深度25~30cm的深耕，并结合施基肥，后随着茶苗不断长大，深耕离茶苗根茎距离逐步拉远，行间耕幅逐步缩小，以防耕作过多伤着茶根。深耕时要采取近根际浅，行中间深的"V"形法进行。

对于初垦时没有全面进行种植前深耕的茶园必须在幼龄期及早进行补深耕。补深耕的范围限于开园时没有深耕到的地段，不能扩大，防伤根。这时补深耕必须与大量施用有机肥相结合，使补深耕的土层在大量有机肥的作用下，快速熟化，改良土壤，以满足幼根不断扩大生长的需要。幼龄茶园耕作，无论是浅耕或是深耕，都可以机耕。

（三）成龄茶园耕作

茶树成龄后，地上部的树冠扩大逐步封行，茶园所留空间较少，行间郁闭，杂草稀少。这时地下部的根系开始扩大并布满整个行间，尤其是在15~40cm的根层中，两边茶树根系相互交叉生长，任何季节的深、浅耕都会给茶树根系造成不同程度的断根，而对当季茶树生长带来影响。为了使耕作能扬长避短，对于生长良好的树冠较大的高产茶园，一般只需在每个茶季结束后进行 15cm 以内的浅耕，以打破因采茶对土壤踩压所形成的表面结壳即可，其他时间无须深耕，到秋、冬季结合施基肥，在行间开宽 25~30cm、深 25cm 的施基肥沟代替行间深耕，行间开深沟虽也会造成部分伤根，但范围不大，伤根率不会太高，并且这时茶季已结束，即使部分伤根也不会造成对当季茶叶产量的影响。相反，断根经过一个秋冬的恢复可长出新根，在基肥的作用下，新根迅速生长，增强吸收，对翌年春茶反而会有好处。所以，这时开沟施基肥必须在秋冬茶季结束及早进行，时间越晚，断根伤口愈合越慢，新根发根数量越少，效果越差。长江中下游的广大茶区一般在 10 月初进行为好，江北茶区可适当提前，华南茶区可推后，具体时间各地可根据土壤、天气、品种等不同条件因地制宜进行。但是，成龄常规种植的采摘茶园如果具备以下条件的，可实行免耕。其一，土壤在种植前经过较彻底的深耕，并配大量有机肥，有效土层内土体疏松通透条件良好；其二，茶树地上部篷面大，行间已封行或基本封行，茶行间郁闭，无杂草生长；其三，茶树根系发达，两行茶树之间的根系相互交错生长，表层吸收根多；其四，茶树采摘留养合理，自行落叶量多，行间土壤积有丰富的落叶层；其五，施肥水平高，每年能面施大量质量较高的有机肥；其六，在伏天干旱季节行间实行铺草。

第 四 节　生态茶园草害及其调控

杂草是在长期适应当地作物、栽培、耕作、土壤气候等生态环境及社会条件中生存下来的非栽培的植物。杂草可以从多方面侵害作物，它与作物争夺水、肥、光等，侵占地上和地下空间，影响作物光合作用，干扰作物生长，影响作物产量和质量。茶园杂草与茶树争夺土壤矿质养分，大量消耗所施肥料，天气干旱时期更会抢夺土壤水分，从而使茶树的矿物养分和水分的供应状况恶化；如果杂草的高度超过了茶苗或者攀附缠绕在茶树上，就会遮蔽阳光，削弱茶树光合作用的进行；此外，杂草还会助长病虫害的滋生蔓延，而且对茶叶采摘、喷施农药等作业带来不便。因此在茶园栽培管理中，除草是一项必需的、经常性的作业。

一、茶园主要杂草种类及其发生

(一) 杂草的分类及繁殖

按生物学习性对杂草分类主要根据杂草的生命周期和营养来源，可分为 1 年生杂草、2 年生杂草、多年生杂草和寄生性杂草。1 年生杂草指一般在春夏季发芽出苗，到夏秋季开花，结实后死亡，整个生命周期在当年内完成的一类杂草。1 年生杂草是茶园中的主要杂草类群，如稗、马唐、藜、狗尾草、独行菜等，这类杂草都以种子繁殖，幼苗不能越冬。2 年生杂草又称越年生杂草，一般在夏秋季发芽，以幼苗和根越冬次年夏秋季开花，结实后死亡，整个生命周期需要跨越两个年度的一类杂草，如野胡萝卜等。多年生杂草一般可连续生存 3 年以上，一生中能多次开花、结实，通常第 1 年只生长不结实，第 2 年起结实的一类杂草，如车前草、蒲公英、狗牙根、田旋花、水莎草等。多年生杂草除能以种子繁殖外，还可利用地下营养器官进行营养繁殖。

杂草的繁殖包括种子繁殖和营养繁殖。种子繁殖就是杂草通过种子再生方式繁衍后代。杂草的种子具有多实性、早熟性、早育性和连续性的特点，从而保证了杂草的不断繁衍。种子的多实性是指在良好的生长条件下多数杂草都有很高的种子产量，而且千粒重较小；多实性能使杂草将有限的干物质分配到众多的种子中以保证后代的数量，这是杂草适应外界条件的结果。种子的早熟、早育性是指多数 1 年生杂草种子具有成熟周期短的特性，一些杂草种子未成熟即有活力，如燕麦种子灌浆后期至腊熟初期收获时，50% 以上能发芽。种子的连续性是指杂草种子成熟期不一致，可以陆续成熟，如稗草在 1 年生作物成熟前杂草种子就陆续落地。营养繁殖就是杂草通过茎、根和不定芽等营养器官再生方法延续生命。这是多年生杂草的特征，这一特征使多年生杂草富有竞争性并难以防除。1 年生杂草从地面割掉后即可消灭；多年生杂草一旦产生营养繁殖器官，割除其地上部分不仅不能消灭，甚至越割越多。如蒲公英一般不以营养繁殖增加株数，但被割后却可发出多个新植株。

（二）茶园杂草的种类及发生

据联合国粮农组织报道，全世界有杂草约 5 万种，其中农田杂草为 8000 种（我国约有 1200 种），直接危害作物或传播病虫害、作为病虫宿主的杂草近 1200 种（我国也有 800 余种）。茶园中杂草种类繁多，适宜在酸性土壤生长的旱地草，大多可通过多种途径传播到茶园中来，并在茶园中生长繁衍。浙江、福建、湖南、台湾等我国主要产茶省均对茶园杂草进行过调查，由于各地生态环境不一致，茶园杂草的种类变化较大。

茶园杂草发生除因茶区不同而发生有差异外，还与茶园本身及茶季不同而不同。新垦茶园由于茶苗小、茶树覆盖度低，往往杂草的发生量大，危害严重。杂草的种类则与垦种前原有的植被种类有密切关系，如由长茅草的荒坡垦建而成的茶园，其茅草的发生量较大；由灌木坡地垦建而成的茶园，则多蕨类、小竹、金刚刺等杂草；由旱作熟地改种的茶园，马唐、狗尾草等杂草发生量大。随着茶树种植年数的增加，茶园的密闭度和覆盖度加大，茶园杂草的发生量相对减少。这些茶园杂草的种类由于土壤的熟化和土壤肥力的增加而发生变化，马唐、狗牙根、蟋蟀草和飞蓬等就会迅速成为优势草种，在较潮湿的地段，则以香附子、水苋菜、酢浆草大量发生。

在一年的不同季节，茶园杂草的种群有明显的变化。据调查，茶园杂草季节动态春季（4~5 月）主要为碎米鼠曲草、通泉草、繁缕、小飞蓬、看麦娘、早熟禾等；夏季（6~7 月）为辣蓼、小蓼、鸭跖草、马齿苋、一年蓬、莎草、马唐、狗尾草等；秋季（8~9 月）为小飞蓬、辣蓼、马齿苋、一点红、不荠宁、酢浆草、漆姑草、莎草、马唐、狗尾草、牛筋草等。

二、茶园杂草的治理

茶园杂草的综合治理是指用杂草预防和杂草控制相结合的方法解决茶园的杂草问题。茶园杂草的预防可以根据杂草发生的生物学特点，采用栽培方法和耕作措施减少杂草繁殖体产生的数量、减少茶园中杂草的出苗以及降低杂草与茶树的竞争。茶园杂草的控制主要是通过使用除草剂杀死正在生长的杂草，以减轻杂草对茶树的竞争和干扰。

（一）茶园农艺措施与杂草防治

茶园杂草的大量发生，必须具备两个基本因素：一个是在茶园土壤中存在着杂草的繁殖体种子或根茎、块茎等营养繁殖器官；另一个是茶园具备适合杂草生长的空间、光照、养分和水分等。改变或破坏这两个因素，茶园杂草就会难以发生。茶树栽培技术中很多措施都具有减少杂草种子或恶化杂草生长条件的作用，从而防止或减少杂草的发生。

土壤翻耕包括茶树种植前的园地深垦和茶树种植后的行间耕作，它既是茶园土壤管理的内容，也是杂草治理的一项措施。在新茶园开辟或老茶园换种改植时，进行深垦可以大大减少茶园各种杂草的发生，这对于茅草、狗牙根、香附子等顽固性杂草的防除也有很好效果。茶树种植后的行间耕作包括浅耕和深耕，对杂草均有很好的控制作用。浅耕可以及时铲除1年生的杂草，但对宿根型多年生杂草及顽固性的蕨根、菝葜等杂草以深耕效果为好。

行间铺草的目的是减轻雨水、热量对茶园土壤的直接作用，改善土壤内部的水、肥、气、热状况。同时对茶园杂草也有显的抑制作用。茶园未封行前由于行间地面光照充足，杂草易滋生繁殖，影响茶树的生长。在茶园行间铺草，可以有效地阻挡光照，被覆盖的杂草会因缺乏光照而黄化枯死，从而使茶树行间杂草发生的数量大大减少。茶园覆盖物可以是稻草、山地杂草，也可是茶树修剪枝叶。一般来说茶园铺草越厚，减少杂草发生的作用也就越大。

幼龄茶园和重修剪、台刈茶园行间空间较大，可以适当间作绿肥，这样不仅增加茶园有机肥来源，而且可使杂草生长的空间大为缩小。绿肥的种类可根据茶园类型生长季节进行选择。在1~2年生茶园可选用落花生、大绿豆等短生匍匐型或半匍型绿肥。3年生茶园或台刈改造茶园可选用乌豇豆、黑毛豆等生长快的绿肥。一般种植的绿肥应在生长旺盛期刈青后直接埋青或作为茶园覆盖物。

提高茶园覆盖度不仅是增加茶叶量的要求，也是提高土地利用率的要求，同时对于抑制杂草的生长十分有效。实验表明，凡是茶园覆盖度达到80%以上时，茶树行间地面的光照明显减弱，杂草发生的数量及其危害程度大为减少，覆盖度达到90%以上，茶行就互相郁蔽，行间光照很弱，各种杂草就更少了。扩大茶园覆盖度，可以在茶树栽培过程中达到，不必另外耗费人力或物资。

人力机械除草目前是我国茶区主要的除草方式，人工除草可采用拔草、浅锄削草、浅耕锄草等方法。对于生长在茶苗、幼年茶树以及攀缠在成年茶树上的杂草，可以采用人工拔除，拔除后的杂草应集中深埋于土中，以免复活再生。使用阔口锄、刮子等人力工具进行浅锄削草，能立即杀伤杂草的地上部分，起到短期内抑制杂草生长减轻危害的作用，浅锄削草以在烈日晴天进行为好。用板锄、齿耙进行浅耕松土同时兼除杂草，除草效果要比浅锄削草为好，这是由于浅耕能把杂草翻压入土的缘故。

（二）茶园草害的化学防治

茶园使用化学除草剂始于20世纪60年代初期，当时主要使用无机除草剂，此后随着除草剂品种的不断发展，新型除草剂不断被应用于茶园杂草防治，防治效果越来越好，防治成本越来越低，从而为茶园普遍化学除草剂新技术提供了有利条件。除草剂对植物干扰、破坏的作用机理可以归纳为抑制植物光合作用，干扰植物的呼吸作用和能量代谢，抑制和干扰核酸代谢、蛋白质和脂肪的合成，干扰植物的激素作用，抑制植物细胞分裂、伸长和分化，以及阻碍植物营养物质的运输等几个主要方面。除草剂按作用方式分为内吸传导性除草剂和触杀性除草剂。内吸传导性除草剂是指除草剂接触到杂草以后能被杂草吸收并运转到其他部位。这类除草剂可用于防除多年生杂草。触杀性除草剂是指除草剂只对接触到的部位起作用，不被吸收或者在体内传导十分有限，仅在细胞间有限地移动，这类除草剂只能杀死杂草地上部分，对地下部分繁殖体没有任何杀伤能力。按选择性可分为选择性除草剂和灭生性除草剂。选择性除草剂使用时对植物有选择性，有些对双子叶植物敏感，但对单子叶植物安全；有些对禾本科植物敏感，对其他作物不敏感。

茶园使用的除草剂品种和性能茶园使用的除草剂应具有除草效果好，对人畜和茶树比较安全，对茶叶品质无不良影响，对周围环境污染小等特点。茶园除草剂的使用技术茶园除草剂的使用应根据当时、当地茶园杂草的生长情况，结合除草剂本身的特性，同时还要考虑对茶树的安全性和对环境生态的友好性，以充分发挥除草剂的除草作用，减少其对茶树和环境的负面影响。在不同地区不同茶园和不同季节中杂草的优势种群差异较大，有的以禾本科植物为主，有的以双子叶类杂草为主，也有的以某一杂草为主，因此，必须根据当时当地茶园杂草发生种类，针对性地选用除草剂品种。此外，茶树是多年生常绿灌木，茶园中的杂草主要生长在行间，杂草种群的发生相对比较稳定，杂草的种消长规律明显。全年有 2～3 个发生高峰，在发草高峰前期使用除草剂，可以有效控制杂草的为害，同时由于杂草处于生长旺盛期，吸收除草剂的能力最强，防除效果也最好。一般来说在发草高峰主要使用茎叶处理剂为主。

第五节　土壤污染对茶树的影响

由于人口急剧增长，工业迅猛发展，固体废物不断向土壤表面堆放和倾倒，有害废水不断向土壤中渗透，大气中的有害气体及飘尘也不断随雨水降落在土壤中，导致了土壤条件恶化，并进而造成农作物中某些指标超过国家标准的现象，称为土壤污染。当土壤中含有害物质过多，超过土壤的自净能力，就会引起土壤的组成、结构和功能发生变化，微生物活动受到抑制，有害物质或其分解产物在土壤中逐渐积累通过"土壤→植物→人体"间接被人体吸收，达到危害人体健康的程度。但茶园土壤污染研究较少，主要集中在重金属对茶树的影响方面。

一、茶园土壤污染成因

土壤污染是指因某种原因进入土壤中的有害、有毒物质超出土壤自净能力，严重时会导致土壤物理、化学及生物学性质的逐渐恶化变质。茶园土壤污染的结果自然也会引起茶叶的污染，危及茶叶质量的安全性。

土壤的污染，一般是通过大气与水污染的转化而产生。随着农业现代化，特别是农业化学化水平的提高，大量化学肥料及农药散落到环境中，土壤遭受非点源污染的机会越来越多，其程度也越来越严重。在水土流失和风蚀作用等的影响下，污染面积不断地扩大。当前土壤污染较突出的问题是有害重金属的污染和农药污染等。根据污染物质的性质不同，土壤污染物分为无机物和有机物两类：无机物主要有汞、铬、铅、铜、锌等重金属和砷、硒等非金属；有机物主要有酚、有机农药、油类、苯并芘类和洗涤剂类等。

茶园土壤重金属污染的另一个原因是工厂的废弃物，如冶炼、电镀、印染、制革、颜料、油漆、化工等工厂所释放的废气中都含有不同数量的重金属。茶园虽多数地处山区和半山区，但这些废弃物在大气中随风飘移随时可以扩散到茶园中，一些离城市工厂、矿区较近的茶园受污染更严重。

当然，施肥也是造成茶园土壤中重金属污染的另一个重要原因。因为无论是化肥（尤其是磷肥等）还是有机肥，都可能含有一定量的重金属，长期大量施用也会造成土壤污染元素的积累。尤其是不合格的商品有机肥砷、铅等的含量可能很高，长期大量不合理的施用这些有机肥可能会造成土壤重金属的污染，施肥除了造成土壤有害重金属污染之外，还会造成农药、苯化物、塑料及有害微生物的污染，如有机肥没有经过无害化处理或无害化处理不彻底的话，一些有机肥中的药残留物、苯并芘和有害病原体、虫卵及草籽等随施入的肥料带到茶园发生化学和生物污染。尤其是有机肥中的病原体和虫卵等在土壤中可以保存时间很长，将会大大降低土壤中的卫生质量。

除了大气、施肥对茶园土壤造成重金属污染之外，农药也是土壤的重要污染源之一。有些药在土壤中降解速度很慢，如六六六、滴滴涕等在土壤中可以存在几年至十几年。1983 年 3 月我国已全面禁止有机氯农药的生产和使用，目前我国茶园土壤中滴滴涕和六六六的含量已经很低微，已处于安全的允许范围以内。

二、茶园重金属与稀土元素

密度在 4.5g/cm³ 以上的金属，称作重金属。原子序数从 23（V）至 92（U）的天然金属元素有 60 种，除其中的 6 种外，其余 54 种的密度都大于 4.5g/cm³，因此从密度的意义上讲，这 54 种金属都是重金属。但是，在进行元素分类时，其中有的属于稀土金属，有的划归了难熔金属。最终在工业上真正划入重金属的为 10 种金属元素：铜、铅、锌、锡、镍、钴、锑、汞、镉和铋。从环境污染方面，重金属是指汞、镉、铅以及"类金属"——砷等生物毒性显著的重金属。参照世界卫生组织等的规定，确定了限量重金属元素及对人体有害元素的种类为砷、汞、铅、镉、铬、锡、锑和铜。在茶树生长和茶叶生产过程中，铜、铅、铬、砷、汞等重金属均有可能对茶叶构成污染。

稀土元素（REEs）是指元素周期表中钪、钇及镧系元素的总称，系重金属元素，是指 La、Ce、Pr、Nd、Sm、Eu、Gd、Tb、Dy、Ho、Er、Tm、Yb、Lu、Y 和 Sc 十六种元素，具有低毒（或中毒）性，目前已广泛应用于地质调查、医疗卫生、农业微肥、食品、激光晶体、超导与储氢材料和原子能工业等各个领域。但研究表明，稀土元素并非植物生长所必需，因稀土具有对动植物生理生化反应的"激素""类激素"作用，能促进植物抗旱抗涝抗倒伏，因而肥料生产厂商会将一种或几种稀土元素添加在肥料中使用，特别是在叶面肥上使用较多，以增加肥料的使用效果。有研究表明，适量的稀土含量摄入对人体有一定的医药保健作用，但稀土元素也有不同程度的毒副作用，长期食用稀土含量超过残留限量的食品可能引起慢性中毒。

重金属的来源包括来自大气的重金属和其他有毒元素，现在研究这方面主要是汞、镉、铅等重金属。茶叶中的铅污染主要有以下三种途径：一是从土壤中吸收。土壤母质中铅含量较高，茶树在多年生长的过程中逐渐从土壤中吸收积累；二是大气污染造成的，汽车汽油中因添加有四甲基铅和四乙基铅，它们在燃烧过程中转化成 $PbBr_2$、$PbBrCl$、$Pb(OH)Br$ 和 $Pb(OH)_2PbBr_2$ 等卤化物，这些卤化物的可溶性较高，降解后与土壤有机质相结合，或吸附在空气尘埃上，造成空气和土壤污染；三是施用含不合格的肥料，由于有机肥来源复杂，成分不清，如果施用含有高浓度铅的有机肥料，会对茶园土壤和茶叶构成铅污染。

锌和汞能使叶片内酚类化合物减少，而铜使叶片内酚类化合物增加；重金属胁迫可以使苯丙氨酸裂解酶活性增高而使多酚氧化酶活性下降，重金属胁迫还会使叶片叶绿素含量减少。在重金属对土壤中酶活性的影响的方面也有研究，主要有土壤脲酶、土壤磷酸酶和过氧化氢酶。脲酶活性可作为土壤 Hg 及 Hg+Cd 污染程度的生化监测指标，锌的添加量和吸收量与脲酶活性分别呈极显著的负相关，汞、镉对土壤脲酶活性具有显著的抑制作用，抑制幅度和强度分别以汞镉和汞为最大。污染土壤的重金属元素主要是铜和锌，二者对土壤磷酸酶和过氧化氢酶活性具有不同程度的抑制作用，有效铜和有效锌与土壤代谢熵均呈极显著的正相关，而与微生物生物量碳、微生物生物量氮、微生物熵均呈显著负相关。

三、优质高产茶园土壤指标

根据茶树生长对土壤条件的要求及土壤不良障碍因子对茶树生长的影响，可持续发展的优质、高产、高效益茶园土壤应具有较高的肥力水平。综合全国各地优质、高产、高效益茶园土壤肥力特征，其物理、化学、生物学指标如下。

（一）物理指标

物理指标如表4-6所示。应具备土层深厚，剖面构型合理，砂壤质地，土体疏松，通透性良好，持水保水能力强，渗水性能好等特征。

表 4-6　　　　　　　　　　优质高产茶园土壤物理指标

项目	剖面构形	土层厚/cm	质地	容重/（g/cm³）	总孔隙度/%	三相比（固∶液∶气）	渗水系数/（cm/s）	土稳性团聚体直径>0.75cm
	表土层	20~25	壤土	1.0~1.1	50~60	50∶20∶30		>50%
指标	心土层	30~35	壤土	1.0~1.2	45~50	50∶30∶20	>18	>50%
	底土层	25~40	壤土	1.2~1.4	35~50	55∶30∶15		>50%

（二）化学指标

化学指标如表 4-7 所示，应具备土壤呈酸性反应，有机质丰富，营养成分齐全，养分含量多而平衡，保肥能力强，有良好缓冲性等特征。

表 4-7　　　　　　优质高产茶园土壤（0~45cm 土层）化学指标

项目	有机质/（g/kg）	pH（H₂O）	全氮/（g/kg）	交换性铝/（mmol1/3 Al/kg）	交换性钙/（mmol1/2 Ca/kg）	有效养分/（mg/kg）						
						氮	磷	钾	镁	锌	硫	钼
指标	20	4.5~6.0	>1.0	30~40	>40	>100	>15	>80	>40	>1.5	>30	>0.3

（三）生物学指标

生物学性质应是生物活性强，土壤呼吸强度和土壤纤维分解强度强，土壤酶促反应活跃，微生物数量多，土壤自生固氮菌、钾细菌、磷细菌含量高，土壤蚯蚓数量多，有益微生物对茶树病原体的抑制作用强等。有益微生物总数（细菌~真菌~放线菌）不得小于 5 亿个/g。蚯蚓数量要多，不得少于 30 条/m³。其他性质因空间和时间变异较大，加上测定方法未能统一，目前还难以用量化表示。

利用蚯蚓指示土壤污染状况，已被作为土壤污染生态毒理诊断的一项重要指标。关于蚯蚓对重金属具有富集作用，报道不少，主要对铜、铬和非金属硒的吸附。由于蚯蚓主要以土壤中有机质为食，土壤中某些重金属也随之而在蚯蚓中积累起来，因此，蚯蚓还被作为土壤环境污染的重要生物指示剂。

（四）土壤有害重金属含量指标

在我国现行的国家强制性标准中，仅对铅进行了规定，铅的最大限量指标为 5.0mg/kg，取消了对茶叶中的铜和稀土元素含量的限量要求。目前对茶叶卫生安全构成威胁的重金属主要是铅的污染。茶叶中铅含量总体而言处于中等偏高水平，茶树鲜叶中的铅含量一般在 0.3~0.6mg/kg 范围，成茶中铅含量一般在 1mg/kg 以下，但少数茶叶中铅含量也有较高的，甚至超过 5mg/kg。铅元素含量情况存在着一定的区域性，四川、浙江、安徽等地的送检茶样铅元素含量相对较高，而云南、福建、山东等地茶样中铅元素含量较低。茶叶鲜叶中铜含量为 15~20mg/kg，绿茶中铜含量一般在 10~70mg/kg。我国绿茶中的铜含量多在 12~40mg/kg 区间。

除了土壤理化性质和生物学性质外，土壤染物的含有量对可持续发展优质高产茶园土壤也有具体要求，根据《土壤环境质量——农用地土壤污染风险管控标准》规定土壤中 5 个有害重金属含量（表 4-8）。

表 4-8　　　　　　农用地土壤污染风险管制值　　　　　　单位：mg/kg

序号	污染物项目	风险管制值			
		pH≤5.5	5.5<pH≤6.5	6.5<pH≤7.5	pH>7.5
1	镉	1.5	2.0	3.0	4.0

续表

序号	污染物项目	风险管制值			
		pH≤5.5	5.5<pH≤6.5	6.5<pH≤7.5	pH>7.5
2	汞	2.0	2.5	4.0	6.0
3	砷	200	150	120	100
4	铅	400	500	700	1000
5	铬	800	850	1000	1300

上述指标中，茶园土壤环境质量标准是强制性的指标，也就是说要进行可持续优质高产茶生产，其有害重金属含量必须达到规定标准。其他指标，如物理、化学和生物学指标都是参考性指标，在生产中有些优质高产茶园的土壤理化性质不一定全都能达到上述指标，这就必须在土壤管理中加以不断地培育，如果达到指标的项目越多，土壤肥力越高，茶叶品质也越好、产量也越高，可持续生产的时间也就越长。在生产中也可能遇见土壤理化性质中多数项目都已达到或超过指标，而只有一项或几项指标低，从而使它成为低产低质茶园。这项或几项的性质就成为优质高产可持续发展茶园的限制因子。

第六节　茶园土壤改良与污染修复

我国广大茶区目前还存在许多低质低产低效益的茶园，以及部分土壤污染茶园。不良的土壤中存在茶树生长的障碍因子是许多低质低产低效益茶园的重要原因之一，而土壤污染会给茶叶生产带来更为严重的质量安全等问题。只有不良土性及时得到改良、障碍因子被排除、土壤污染得到修复之后，优质高产高效益技术措施才能充分得到发挥，茶树才能正常地健康生长，获得优质高产的茶叶。

一、茶园土壤改良

对我国广大茶区低质低产低效益茶园土壤成因和土壤障碍因子的调查发现，土壤有机质贫乏化、质地黏化和砂化、营养元素不平衡、湿害、土层浅薄、酸化等是许多低质低产低效益茶园的主要土壤障碍因子。

（一）质地不适茶园成因及改良

茶园土壤质地主要取决于母质和成土过程，我国广大茶区土壤的成土母质主要为第四纪红黏土、下蜀系黄土、中酸性结晶岩类风化物、泥质岩类风化物、紫色砂页岩、红砂岩、紫砂岩及石灰岩等。从总体上看，虽然广大茶区成土过程的富铝化作用比较强，都具有酸性和质地黏重特征，但因母质性质及矿物组分不同差异很大。但由于茶园土壤不断趋向酸化，化学风化不断在进行，富铝化作用不断深化，因此茶园土也不断地在向黏化方向发展。目前，一些明显黏化的土壤，尤其是第四纪红黏土茶园质地黏重是茶叶低产低质重要原因之一，必须加以改良。当然，对于一些砂性过重、保水保肥能力很差的砂性土也要进行改良。

客土是农业生产中最常见、最行之有效的改土方法之一，在茶叶生产中也经常被采用，改土效果非常好，正如茶农们所说的"砂掺黏，黏掺砂，好像小孩见爹妈"，这十分形象地说明茶园客土的改良效果。但是，掺砂的同时必须配合施肥，因黏土茶园掺砂后也稀释了土壤的养分含量，土壤物理性质虽得到改善，但降低了土壤单位体积和重量中的养分含量，会大大影响掺砂的效果。另外茶园掺砂后由于土壤孔隙得到改善，加速土壤有机质分解和养分的淋失，土壤养分含量也会减少。因此过多的掺砂反而会造成负效果。如据湖南第四纪红黏土茶园土壤掺砂试验，在每亩茶园掺砂 9~18 t，有机质含量都有所减少，结果前 2 年茶叶产量与对照基本持平，到第 3~4 年开始增产，分别比对照增产 10%~12%。黏土茶园掺砂第一要适量，第二必须配合施肥，尤其是施有机肥，才能发挥掺砂效果。

增施有机肥。有机肥虽然不能改变土壤质地但有机肥在土壤中腐殖化后所产生的有机胶体可与土壤无机黏粒胶体结合形成不同粒径的有机无机复合体，它是一种保水、保肥能力较强的团粒结构，可提高土壤孔隙率和通透性，从而改变了黏土的不良土性和耕性。另外有机肥还具有很强的吸附性能和缓冲能力，并具有很强的表面活性，砂土增施有机肥可提高土壤的保水、保肥能力。所以，有机肥既能改良黏土板结、土体坚实、通透性差、黏性强等的不良土性和耕作性，也可改良砂土漏水、漏肥、肥力低下不良性质。施有机肥无论对于黏土茶园或是砂土茶园都是一项十分重要的、效果很好的改土措施。

(二) 土壤酸碱度不适及改良

早在 1986—1990 年对我国 8 省低丘红壤茶园土壤的测定结果表明，低丘红壤茶园土壤的酸化十分严重，约有 70% 茶园土壤的 pH 在 5.0 以下。另据苏、浙、皖三省茶园的 pH 动态变化研究结果，1990—1991 年三省茶园土壤 pH<4 的只占 13.7%（其中土壤 pH<3.5 的茶园为 0），而到了 1998 年三省茶园土壤 pH<4 的占 43.9%（其中 pH<3.5 的也占到了 8.0%），pH4~6.5 由 1990—1991 年的 86.0% 下降到 1998 年的 54.2%，最适宜茶树生长的茶园由 1990—1991 年的 59.4% 下降到 1998 年的 20.3%，也就是说，当时我国茶园土壤正变得越来越酸性。

其酸化原因综合起来主要有以下几个方面：一是大量施用化学氮肥的结果，中国茶叶生产传统上是以施农家肥和绿肥为主，自 20 世纪 60 年代后随着我国氮肥工业的发展，茶氮肥用量比例倍增，而有机肥施用比例相应地逐年减少。茶园长期大量施用化学氮肥可导致茶园土壤严重酸化。调查研究证明，随着氮肥用量的增加和施用年限的延长，酸化程度明显深化。二是茶树根系吸收代谢的结果，茶树系"嫌钙"作物，碳代谢过程中所产生的多余有机酸不是由钙中和而是通过根系分泌而排出，茶树根所分泌的有机酸较其他作物要多得多。茶根分泌的有机酸有草酸、柠檬酸、苹果酸等，这些酸无疑会使根际土壤酸化。密植茶园根系多，分泌有机酸和碳酸多，会加速土壤酸化。三是茶树自身物质循环的结果，由于茶树属聚铝性作物，在其生长过程中每年要吸收大量的活性铝。据研究，在茶树生长适宜的 pH4~6 条件下，茶树可利用根系分泌的有机酸及多酚类物质将土壤中的磷和铝络合。络合物进入到根细胞之后又解体，铝大部进入到老叶聚积起来，之后随老叶脱落又重新归还到土壤。随着茶树生长和根系的发展，土壤深的铝逐步在茶园土壤表层聚集起来。在这个循环过程中，钙、镁等盐基物质虽也参与表层的富集过程，但是钙、镁等元素迁移能力强，从表层又被雨水淋洗到深处。茶树老叶、茎秆中的铝还可溶于水，随茶树表面径流进入土壤，使根颈土壤率先酸化，以后逐步扩大。因此，茶树种植时间越长，树冠覆盖度越大，落叶越多，土壤酸化也就越严重。四是酸雨污染的结果，随着工业化的发展和茶区城市化的加速，环境污染日益严峻，酸雨增加，这些酸雨不但危及一般土壤，也危及茶园土壤使它酸化。

酸化土壤改良方法包括：①增施有机肥提高土壤缓冲能力有机肥，尤其是一些厩肥、堆肥和土杂肥等，一般都呈中性或微碱性反应，在茶园中具有中和土壤游离酸的作用。同时，各种有机肥都含有较丰富的钙、镁、钠、钾等元素，可以补充茶园盐基质淋失而造成的不足，具有缓解土壤酸化的效果。另外，有机肥中的各种有机酸及其盐所形成的络合物胶体，具有很高的吸附性和阳离子交换量，具有很强的缓冲能力，对茶园土酸化有很大的缓冲能力。增施有机肥，提高土壤有机质含量可大大缓解土壤酸化进程。②调整施肥结构，防止营养元素平衡失调：化肥可迅速改变茶园土壤营养含量水平如施肥不平衡，会导致土壤营养元素不平衡，易恶化土壤反应条件，尤其是片面地单独长期施用酸性肥、生理酸性肥或铵态氮肥等都会使土壤酸化。因此，在茶园施肥中不能只施氮肥，要氮、磷、钾及中量元素和微量元素合理配合用。③增施白云石粉调整土壤 pH：对于土壤 pH4.5 以下的茶园施白云石粉以改良。白云石是碳酸钙和碳酸镁（$CaCO_3 + MgCO_3$）的混合矿物。各地白云石钙和镁的含量各不相同，一般含镁量都在 15% 以上，它不仅可中和土壤中的酸度，还可以增加土壤盐基交换量，尤其是镁的含量，可以防止土壤酸化而引起的缺镁症。④植树造林改善茶园生态：茶园周边多种植防护林、防风林等，使茶园处于树林怀抱之中，可防止大气污染，减少酸雨率和降低酸雨的酸度，在一定程度上可缓解茶园酸化进程。⑤换土改种，全面改造：对于一些土壤已明显酸化的老茶园，不仅土壤理化性质已恶化，而且茶树本身也遭明显危害，采取一般改土措施，在短期内对土壤改良和恢复树势已很难奏效。

目前中国广大茶区也还有一些酸度不足的茶园存在。这些茶园茶树生长差，叶子发黄，芽稀瘦小，叶片簇生，顶芽萎缩，细根稀少，粗根发黑，主根呈螺旋状生长，根尖糜烂坏死等。茶园酸度不足的原因并非土壤自身"碱化"，而是在开垦茶园时选择不谨慎所致。这些茶园一般出现在石灰岩、石灰页岩、石灰性紫色岩和石灰性砂岩母质上发育的土壤上，江北茶区的玄武岩、下蜀系黄土母质发育的土壤也有出现，这是由于受成土母质的影响所致。一些原 pH 较高的熟化茶园土和长期施石灰的水稻土改为茶园的，以及一些原为屋基、坟地、庙址等在开垦茶园时为了使茶园形成整体成片把它平为茶园的，出现在局部的地块上，是土壤中有较多石灰侵入体所引起的。酸度不足的调整和改良比较困难，一些石灰岩、石灰性母岩及基性岩上发育的土壤，如果 pH偏高，超过 7.0 以上，一般不能种茶，如已种上茶树生长不良的，必须放弃。如果 pH在 7.0 以下，或者原是熟地、菜园、水稻田及石灰侵入体所造成的茶树生长不良的茶园，可以采用以下方法加以改良。化学改良主要是施一些土壤酸化剂。可用作茶园土壤化学改良的酸化剂很多，如硫黄、明矾（硫酸铝钾）、绿矾（硫酸亚铁）等。硫黄施到土壤之后在硫细菌作用下经氧化产生硫酸而使土壤酸化。明矾和绿矾施到土壤之后会产生游离的铝离子、铁离子和硫酸根离子，也会酸化土壤而调整土壤酸度。农艺措施的改良主要是施生理酸性肥和酸性肥料，如硫酸铵、硫酸钾等因含有硫酸根和铵、钾离子，待茶树吸收铵和钾离子之后，剩下的酸根就会使土壤酸化。工程措施改良主要是换土。酸度不足的土壤改良，无论是采用化学措施或是农艺技术措施或是工程措施，其起效都比较缓慢，对于成龄茶树很难在改造后近期取得效果，而对幼龄茶树效果较好。

（三）土壤有机质贫化成因及改良

茶园有机质含量低，究其原因主要由以下几个方面：①原土壤背景含量低：低丘红壤，包括第四纪红黏土母质发育的黄筋泥和第三纪红砂岩母质发育的红沙土，是我国主要的茶园土壤资源。由于它地处低丘陵带，过去原始植被受到严重破坏，土壤剥蚀严重，原来植被残落物及原生腐殖质层早已被剥蚀一空，现有开发的茶园其实都是原来土壤的生土层，现有的有机质都是生土层以后生草过程中所形成的次生有机质，不仅有机质总量少，腐殖化程度也低。②初垦时消耗：低丘红壤茶园绝大部分分布在雨水充分、气温高、湿度大的热带和亚热带地区，土壤有机质积累多，但分解也快，尤其生荒土被开垦为茶园之后，由于深耕的结果，改变了原来土壤的水热条件，土壤通气性能增加，好气微生物活性增强，打破了原土壤有机质积累和分解的平衡关系，大大加速了有机质分解的进程。③土壤冲刷：茶园土壤有机质的剖面分布规律是表层高下层低，土壤一旦遭受冲刷有机质含量最高的表土层首先被冲刷，久而久之，多年积累起来的有机质会迅速下降，这是造成许多坡地茶园有机质贫化的原因。

提高有机质含量的方法很多，主要从 3 个方面着手，首先是杜绝贫化源，其次是建立茶园有机质自我丰富的良性循环，最后是增加外源有机质数量。其具体措施主要有以下几个方面：①增施有机肥：尤其是新垦幼龄茶园结合深耕施足底肥对改善茶园开垦时的有机质积累和消解平衡关系有特别重要意义，其效果可以持续很多年。②土壤覆盖，防止表土冲刷：对于冲刷严重的茶园必须采取行之有效的措施进行土壤覆盖，尤其是利用生草覆盖方面保住表土和有机质，另一方面生草腐烂后也可增加土壤有机质。③平衡施肥，促进无机有机物质转化：茶树成龄后，在正常的管理下土壤有机质随着茶树生长和凋落物的增加而逐步提高。茶树生长越好，叶层越厚，凋落物越多，土壤有机质积累也越快。而茶树生长状况在一定程度上又取决于土壤矿质营养含量水平和平衡状况。茶园合理增施矿质肥料和平衡施肥，既可不断提高土壤矿质营养水平，又可平衡各种营养元素的关系，对促进茶树生长、增加茶丛叶层厚度有要作用，这不仅可大大提高茶叶产量，也可提高茶树凋落物的数量。④合理密植，增加茶树凋落物的数量：在密植条件下，茶树为了缓解个体生长和群体生长之间的矛盾，落叶是自行调节的一种方式。⑤建立生态立体茶园：建立生态的主体茶园，茶园周边种树造林。⑥茶园周期性修剪，枝叶还园，因地因树对茶树进行周期性修剪是建立高光效茶丛的重要技术措施。

二、茶园土壤污染修复与防治

　　土壤自净能力是指土壤对进入土壤中的污染物通过复杂多样的物理过程、化学及生物化学过程，使其浓度降低、毒性减轻或者消失的性能。有的学者也称这种能力为净化器的功能。土壤自净能力包括以下几类：①物理自净，即通过扩散与稀释、淋洗、挥发、吸附、沉淀等使土壤中污染物浓度或者活性降低的过程；②化学自净，即通过氧化还原、化合分解、酸碱反应、络合与螯合等过程，使土壤中污染物浓度或者活性降低、毒性减小或者消失的过程；③物理化学自净，即通过土壤胶体的吸附、解吸和凝聚等物理化学过程，使土壤中污染物浓度或者活性降低、毒性减小或者消失的过程；④生物自净，即指通过生物生理代谢，即生物降解与转化作用使土壤中污染物的浓度或者活性降低、毒性减少或者消失的过程。故土壤具有容纳消化污染物的性能（即土壤环境容量）。但土壤的自净性能是有限的，如果利用不当就会导致土壤自净性能的衰竭以致丧失。

　　大气污染、水污染和废弃物污染等问题一般都比较直观，通过感官就能发现。而土壤污染则不同，它往往要通过对土壤样品进行分析化验和农作物的残留检测，甚至通过研究对人畜健康状况的影响才能确定。因此，土壤污染从产生污染到出现问题通常会滞后较长的时间。土壤污染一旦发生，仅仅依靠切断污染源的方法则往往很难恢复，有时要靠换土、淋洗土壤等方法才能解决问题，其他治理技术可能见效较慢。因此，治理污染土壤通常成本较高、治理周期较长。鉴于土壤污染难于治理，而土壤污染问题的产生又具有明显的隐蔽性和滞后性等特点，因此土壤污染问题一般都不太容易受到重视。

　　重金属对土壤的污染基本上是一个不可逆转的过程，许多有机化学物质的污染也需要较长的时间才能降解。例如，被某些重金属污染的土壤可能要 100～200 年才能够恢复。土壤一旦受污染，尤其是有害重金属污染后，修复是很困难的，因此要做到以防为主。茶园中防治土壤污染的农业预防措施包括：①多施经过无害化处理、量符合国家和行业标准的有机肥料，提高茶园土壤有机质含量和生物活性，促进土壤有机质对重金属的吸附和固定，加速对农药残留物质的降解速度，增强土壤自净能力。②不施未经无害化处理的农家有机肥，不施不符合国家标准的商品有机肥、化肥、泥和垃圾等，防止施肥对茶园土壤的污染，因此在施肥时要加强对肥料质量的检测和监控。③提倡平衡施肥，防止土壤酸化而活化重金属，增加茶树对它的吸收；提倡喷施低毒高效农药和合理使用农药，防止喷施化学农药给土壤带来化学农药污染；提倡合理施用除草剂等，防止除草剂等给土壤带来化学除草剂污染。此外，植树造林改善生态植树造林，尤其是防风林、护林等，可以改善生态，减缓风速，在一定程度上可以防止和缓解工矿废气、汽车尾气等大量沉降物对茶园土壤的污染。

　　适当采用修复措施对于某些农药、重金属污染严重的土壤，可采用生物、化学和工程等措施进行修复。生物修复措施是选择一些对某些重金属元素富集能力强的作物进行间作。如肥田萝卜、百喜草、香根等根系对铅、镉等有很强的富集能力，通过它们的间作，然后把收获的肥田萝卜、百喜草移出茶园，经过多次间作富集，可逐步使污染的土壤得到修复。另外可施一些生物肥料，增强土壤生物活性，促进对土壤农药、除草剂的降解，如有效微生物群（EM）发酵肥、放线菌肥等都具有这一性能。化学修复措施主要是选择一些化学改良剂，改变土壤反应条件或选择某些化学物与重金属元素起化学反应，降低污染元素在土壤中的活性。如白云石粉可纯化土壤铅的活性、硫酸亚铁可纯化砷的活性、磷肥可纯化汞的活性、蒙脱土可纯化三价铬的活性、高岭土可纯化六价铬的活性等。当土壤受到这些元素污染时，可选择相应的化合物去纯化它，降低茶树对它的吸收。工程修复措施主要是客土和换土，客土是选用一些肥力水平高而未受污染土壤来稀释受污染土壤的污染物的浓度。换土是较彻底的修复方法之一。把受污染的土壤挖掉移走，然后移进新的没有污染的土，但这些措施工作量大，费工、成本高。

思考题

1. 简述土壤质地对茶树的生态作用。
2. 简述茶园土壤微生物的生态作用。
3. 茶园合理耕作技术要点是什么？
4. 茶园草害防控的主要技术措施是什么？
5. 简述茶园土壤污染的危害。
6. 茶园土壤酸度不适的主要改良措施是什么？
7. 优质高产茶园土壤主要指标是什么？

参考文献

[1]韩文炎，阮建云，林智，等．茶园土壤主要营养障碍因子及系列茶树专用肥的研制[J]．茶叶科学，2002（1）：70-74；65．

[2]季凌飞，倪康，马立锋，等．不同施肥方式对酸性茶园土壤真菌群落的影响[J]．生态学报，2018，38（22）：8158-8166．

[3]李远华，郑芳，倪德江，等．茶树接种维生素A菌根的生理特性研究[J]．茶叶科学，2011，31（6）：504-512．

[4]刘美雅，伊晓云，石元值，等．茶园土壤性状及茶树营养元素吸收、转运机制研究进展[J]．茶叶科学，2015，35（2）：110-120．

[5]吕贻忠，李保国．土壤学[M]．北京：中国农业出版社，2006．

[6]马立锋，石元值，阮建云．苏、浙、皖茶区茶园土壤pH状况及近十年来的变化[J]．土壤通报，2000（5）：205-207；241．

[7]石元值，韩文炎，马立锋，等．不同茶园土壤中外源铅的形态转化及其生物有效性[J]．农业环境科学学报，2010，29（6）：1117-1124．

[8]石元值，马立锋，韩文炎，等．汽车尾气对茶园土壤和茶叶中铅、铜、镉元素含量的影响[J]．茶叶，2001（4）：21-24；34．

[9]许允文.土壤吸力与茶树生长[J].中国茶叶,1980(4):9-12.

[10]杨亚军.中国茶树栽培学[M].上海:上海科学技术出版社,2005.

[11]叶江华,王海斌,李远华,等.不同树龄茶树根际土壤酶活性的变化分析[J].中国土壤与肥料,2016(5):25-29.

[12]张惠,马立锋,伊晓云,等.典型绿茶茶园土壤重金属空间分布特性及环境质量评价[J].浙江农业科学,2015,56(9):1385-1391.

第五章　施肥与茶园生态环境

第 一 节　肥料性质对茶树的生态作用

肥料是指能够直接或间接供给植物生长发育必需的营养元素的物料，有植物"植物的粮食"之称。肥料的种类繁多，从不同的角度有不同的分类，一般常分为化学肥料、有机肥料和微生物肥料三大类。目前，肥料的发展趋势是由低浓度向高浓度、由单一成分向多成分的复合肥或复混肥、从粉状到粒状发展。市场上已经出现了很多诸如复合肥料、混合肥料、混配肥料、液体肥料、叶面肥料、有机无机复混肥料等新型肥料名称。

一、化学肥料及其性质

化学肥料是指那些含有植物必需营养元素的无机化合物，它们大多是在工厂里用化学方法合成的，或采用天然矿物生产的，一般也称作矿质肥料。根据植物生长发育所必需的营养元素，化学肥料有氮肥、磷肥、钾肥，钙肥、镁肥及硫肥，微量元素肥料，复混肥料。

(一) 化学氮肥

化学氮肥有多种分类方法，最常用的是按基团将化学氮肥分为铵态氮肥、硝态氮肥、酰胺态氮肥、长效氮肥。

1. 铵态氮肥

铵态氮肥包括氯化铵、硫酸铵、碳酸氢铵、液氨和氨水，它们中的氮都以铵离子（NH_4^+）或氨（NH_3）形式存在，具有以下共同特性：①肥料易溶于水、速效，能被作物直接吸收利用，肥效发挥迅速，可作追肥；②肥料中的铵离子与土壤胶体上吸附的各种阳离子进行交换，从而被土壤胶体吸附，故铵态氮肥施入土壤后移动性小而不易流失，可作基肥；③在碱性条件下氨易挥发损失，因此不能与碱性物质混合施用，在石灰性土壤上要深施覆土，以减少氨挥发造成的氮素损失；④在通气良好的土壤上，铵态氮可经亚硝化细菌和硝化细菌作用转化为硝态氮，造成氮素的淋失和流失；⑤高浓度的铵态氮对作物有毒害作用，因此一次用量不能过大。

2. 硝态氮肥

硝态氮肥包括硝酸铵、硝酸钙、硝酸钠等，它们中的氮素以硝酸根离子（NO_3^-）

形式存在，硝酸铵兼有 NO_3^- 和 NH_4^+ 的特点，习惯上归于硝态氮肥类。它们都具有以下共同特性：①硝酸根为阴离子，难以被带负电的土壤胶体所吸附，在土壤剖面中的移动性较大。在降水或灌溉量过大的情况下易引起硝态氮肥向下层土壤淋失，不利于发挥其肥效，因此硝态氮肥不宜作基肥和种肥；②易溶于水，是速效性养分（与铵态氮肥相似）。硝态氮肥的溶解度大，吸湿性强，在雨季吸湿后能化为液体，可作追肥，但作追肥时应避免在水田施用，以免造成硝态氮肥的淋失；③在通气不良或强还原条件下，硝酸根（NO_3^-）可经反硝化作用形成 N_2O 和 N_2，引起氮素的损失；④大多数硝态氮肥在受热（高温）下能分解释放出 O_2，易燃易爆，故在贮运过程中应注意安全。

3. 酰胺态氮肥——尿素

氮素以酰胺形态（$CO—NH_2$）存在，有尿素和石灰氮，但后者在国内已很少施用。尿素 [$CO(NH_2)_2$] 是固体氮肥中含氮最高的肥料，是目前生产中主要应用的氮肥品种。生产尿素的主要原料是液氨和二氧化碳，在一定温度和压力下相互作用而成。尿素为白色晶体或颗粒，晶体呈针状或棱柱状，粒状尿素有小颗粒（粒径 $1\sim2mm$）和大颗粒（粒径 $2\sim10mm$）两种，含氮量在 44%~46%，易溶于水，20℃时，100mL 水可溶 105g 尿素，水溶液呈中性，理化性质比较稳定，吸湿性小，有效成分高，施用量少，在运输、储存、包装和施用上，都比其他氮肥方便。尿素在常温下基本不分解，但遇高温、潮湿气候，也有一定的吸湿性，贮运时要注意防潮。

4. 长效氮肥

长效氮肥又称缓效氮肥，缓释、控释氮肥，是指施入土壤后能缓慢释放（或溶解）氮素的肥料。这类肥料由于可通过控制氮肥的溶解度，达到缓释，延长肥效，使之能与作物生育期间对氮的需求相适应，所以具备以下优点：①能减少氮素的淋失，挥发及反硝化作用引起的损失；②能满足作物整个生育期对氮素的需求；③一次大量施用，不致出现烧苗现象，因此既节省劳力，又解决了密植情况下后期追肥的困难。按照其溶解性和释放方式通常将缓、控释氮肥分为三种类型：第一种为微溶性的无机化合物，如金属磷铵盐、部分酸化磷酸盐等；第二种为微溶性有机氮化合物，可进一步划分为生物可降解的微溶有机氮化合物（如脲甲醛和其他脲醛缩合物）和主要以化学降解的化合物（如异丁烯环二脲）；第三种为包膜肥料，又可进一步划分为有机聚合物包膜肥料（热塑性和树脂类）和无机包膜材料（如硫黄、矿物质包膜）。

(二) 磷肥

根据机械法、酸制法、热制法三种磷矿石加工方法制成的磷肥，按磷酸盐的溶解度不同分为水溶性磷肥、弱酸溶性磷肥、难溶性磷肥。

1. 水溶性磷肥

水溶性磷肥有普通过磷酸钙、重过磷酸钙、氨化过磷酸钙等。它们共同的特点是肥料中所含磷酸盐以磷酸一钙 [$Ca(H_2PO_4)_2 \cdot H_2O$] 形态存在，易溶于水，可被植物直接吸收，为速效性磷肥。

2. 弱酸溶性磷肥

弱酸溶性磷肥包括沉淀磷肥、钙镁磷肥、脱氟磷肥、钢渣磷肥等。这类磷肥均不溶于水，但可以溶解于弱酸（2%柠檬酸、中性柠檬酸铵或微碱性柠檬酸铵）。弱酸溶性磷肥在土壤中移动性很差，不会流失，肥效比水溶性磷肥缓慢，但肥效持久。在酸性条件下，有利于弱酸溶性磷酸盐转化为水溶性磷酸盐，提高磷肥的肥效。而在石灰性土壤中，则会与土壤中的钙结合而向难溶性磷酸盐方向转化，磷的有效性降低。因此，弱酸溶性磷肥能否发挥肥效，在很大程度上取决于施用的土壤类型。

3. 难溶性磷肥

磷矿粉和骨粉是难溶性磷肥的代表，这类磷肥只能溶于强酸，也称酸溶性磷肥。大多数作物不能直接吸收利用这类磷肥，只有少数吸磷能力强的作物（如荞麦）和绿肥作物（如油菜、萝卜菜、苕子、紫云英、田菁、豌豆等）可以吸收利用。

（三）钾肥

氯化钾和硫酸钾是我国生产的主要钾肥品种，硝酸钾近几年才有少量生产。窑灰钾肥和农家肥草木灰也是常用的钾肥品种，直接将含难溶性钾矿物粉碎后施用也有一定的增产效果。

（四）钙肥、镁肥及硫肥

钙、镁、硫被称为中量元素，是植物生长发育所必需的三种营养元素。在农业生产中合理施用钙、镁、硫肥，不仅有改良土壤理化性质的作用，而且还可以为作物直接提供养分，因此，已越来越引起人们的重视。

1. 钙肥

常用的含钙肥料有生石灰、熟石灰、碳酸石灰、含钙工业废渣和其他含钙肥料。生石灰主要成分为氧化钙（CaO），具有强碱性，中和土壤酸性的能力强，并兼有灭菌、杀虫等作用。熟石灰成分为氢氧化钙 $[Ca(OH)_2]$，呈强碱性，较易溶解，是我国普遍使用的一种石灰肥料。碳酸石灰主要成分是碳酸钙（$CaCO_3$），溶解度小，中和土壤酸度的能力较缓和而作用持久。

2. 镁肥

生产上常用的镁肥有硫酸镁、氯化镁、硝酸镁等，它们皆易溶于水，易被作物吸收利用。白云石、钙镁磷肥等微溶于水，肥效较慢。

3. 硫肥

石膏是重要的硫肥，也是碱性土的化学改良物质。农用石膏分为生石膏、熟石膏和含磷石膏三种类型。其他含硫肥料，硫酸铵、硫酸钾等易溶于水，肥效快；硫黄即单质硫，难溶于水，后效长，施入土壤经微生物氧化为硫酸盐后，才能被作物吸收。

（五）微量元素肥料

微量元素肥料是指含有植物生长必需的微量元素的肥料，简称微肥。微肥种类繁多，按所含微量元素种类分为铁肥、锌肥、锰肥、铜肥、硼肥、钼肥六类；按化合物类型分为无机微肥和有机螯合（配合）微肥；按营养组成成分的多少则分为单质微肥、复（混）合微肥。习惯上按所含微量元素种类进行分类。

1. 硼肥

常见的硼肥品种有硼砂、含硼的玻璃肥料、天然硼矿石、硼镁肥、硼泥和含硼的复（混）合肥料。硼砂是目前应用最广泛的一种硼肥，可用作基肥、种肥和叶面喷施。硼酸也是常用的硼肥之一，其施用方法与硼砂相同，但由于价格昂贵，农业生产中一般只用于根外追肥。含硼的玻璃肥料溶解度小，为枸溶性硼肥，不易被土壤吸附，也不易流失，肥效长。天然硼矿石粉碎后呈白色粉末，不溶于水，只适合作基肥，肥效稳长。硼镁肥 $H_3BO_3 \cdot MgSO_4$，含 B 1.5%，其主要成分易溶于水。硼泥是生产硼砂的废渣，适用于南方缺镁的酸性土壤，作基肥。含硼的复（混）合肥料是以常量元素（氮、磷、钾）肥料作为载体，加入少量硼化物（也可以加入几种微量元素化合物）而成。常用的含硼复合肥料有含硼过磷酸钙、硼硝酸钙等。

2. 钼肥

钼肥有钼酸铵、钼酸钠、三氧化钼、钼玻璃和含钼工业废渣。常将钼酸铵和钼酸钠混入其他常量元素肥料中制成含钼的复（混）合肥料，如加钼普钙、加钼尿素、加钼根瘤菌肥等。

3. 锌肥

锌肥一般可分为无机锌和有机锌两大类：①无机锌，主要有硫酸锌、氧化锌（ZnO）、氯化锌（$ZnCl_2$）；②有机锌，用作锌肥的有机锌螯合物，主要有 $Na_2ZnEDTA$ 和 $Na_2ZnHEDTA$。此外，人们还常将含锌化合物加到常量元素肥料中去制成施用比较方便的各种形式的混合（或复合）肥料，腐殖酸锌、环烷酸锌等。目前我国农用锌肥基本上都是工业硫酸锌，其中主要是七水硫酸锌。

4. 锰肥

锰的无机化合物主要有硫酸锰、碳酸锰、氯化锰和氧化锰等，其中硫酸锰是最常用的锰肥。锰的螯合物主要是 Mn-EDTA，含 Mn12%，易溶于水，肥效好，但价格昂贵。含锰的工业废弃物主要有含 Mn 6%~22% 的锰矿渣、含 Mn 1%~2% 的碱性炉渣。这些工业废弃物都是难溶性锰肥，一般只作基肥施用。

5. 铁肥

铁肥的种类很多，包括无机铁和有机铁。在无机铁盐中，硫酸亚铁比较常用，是最廉价的铁肥。硫酸亚铁施入土壤后会很快转化成难溶性的高价铁而失效。有机铁肥的肥效高，但由于价格高而限制了它的应用，一般多用于经济价值较高的作物。

(六) 复混肥料

复混肥料在农业生产中施用最多的为二元复合肥料、三元复混肥料和掺和肥料。

1. 二元复合肥料

常见的二元复合肥料有磷酸铵（磷酸一铵、磷酸二铵）、磷酸二氢钾、硝酸磷肥、硝酸钾。

2. 三元复混肥料

常见的三元复混肥料有尿磷钾肥和铵磷钾肥。尿磷钾肥尿磷钾是由尿素、磷酸一铵和氯化钾按不同比例掺混造粒而成的三元复混肥料。铵磷钾肥是用硫酸铵、硫酸钾和磷酸盐按不同比例混合而成的三元复混肥料。

3. 掺和肥料

掺和肥料即 BB 肥（bulk blending fertilizer），是作物专用肥料的固体剂型之一，为粒状散混型，产品由两种或两种以上的粒状肥料通过物理混合而成，在生产过程中没有产生化学反应。

二、有机肥料及其性质

有机肥料是指含有大量有机质和多种植物所需养分物质的改土肥田物质，它们大多是利用各种动物排泄物、植物残体或农业生产中的废弃物、天然杂草以及城乡生活垃圾等有机物经过简单的处理而成，因原料绝大部分来自农村，有时也称农家肥料。有机肥料种类多、来源广、数量大，在我国各地施用最为普遍。有机肥料不仅能供给作物生长发育所必需的各种营养元素，同时还能培肥土壤，提高地力。常见的有机肥有粪尿肥，堆肥、沤肥、沼气肥和秸秆还田，绿肥，泥炭及腐殖酸类肥料。

（一）粪尿肥

人粪尿含氮较多，肥效较快。同时人粪尿的碳氮比（C/N）较小，约为5：1，施入土壤中容易分解，氮素利用率要比其他有机肥料高，所以人们习惯把人粪尿当作速效氮肥施用，称它为"细肥"。家畜粪尿和厩肥含养分全面，但含量较低，肥效迟缓，不能满足作物各生育期对养分的需求，故应配合施用化学肥料，方能充分发挥肥料的增产增效作用。

（二）堆肥、沤肥、沼气肥和秸秆还田

堆肥一般含有丰富的有机质，碳氮比较小，养分多为速效态易被作物吸收利用。堆肥还含有维生素、生长素以及微量元素等，对一切作物都适用，为完全肥料。沤肥在淹水条件下积制有机肥料，由于分解速度较慢，有机物和氮素损失较少，积累的腐殖质相对较多，所以一般认为沤肥质量较好。沤肥养分含量的高低因原料种类、配比及沤制条件的差异而有较大变动。沼气肥是矿质化和腐殖质化过程进行比较充分的肥料。因此它较一般有机肥料的利用率高得多，沼气肥还具有养分迟缓（肥渣）、速效（肥液）兼备、腐殖质含量较高和富含激素、维生素类物质的特点。秸秆直接还田是指前茬作物收获后，把秸秆直接用作后茬作物的基肥和覆盖肥，可以改善土壤物理性质、固定和保存土壤氮素、促进土壤中养分的转化。

（三）绿肥

绿肥为在农业生产中在农业生产中凡直接翻埋或经堆沤作肥料的绿色植物体。绿肥种类繁多，可以按绿肥的来源、植物学分类、栽培季节、生长年限、种植条件和用途等方面予以区分。绿肥对扩大农业生态系统中的氮素循环，提高土壤肥力，促进农牧业的发展起着十分积极的作用。绿肥可以就地种植、就地利用、投资少、见效快，是发展高效低耗农业的重要途径。

（四）泥炭及腐殖酸类肥料

泥炭富含有机质和腐殖酸，养分含量中氮多，磷、钾少，具有较强的吸水和吸氨性，酸度较大。腐殖酸类肥料以腐殖酸含量较高的泥炭、褐煤等为主要原料，加入一定量的氮、磷、钾和某些微量元素所制成的肥料，如腐殖酸铵、腐殖酸复合肥等。它既含有有机质，又含有速效养分，兼有有机肥料和化学肥料的综合特征，是一种多功能的有机无机复合肥料。

三、微生物肥料及其性质

微生物肥料又称生物肥、菌肥、细菌肥料、微生物制剂等。常见的微生物肥料有

根瘤菌肥料、固氮菌肥料、磷细菌肥料和钾细菌肥料等。它是人们利用土壤中的有益微生物制成的生物性肥料。与其他肥料相比，这类肥料本身并不含有植物所需的大量营养元素，而是通过所含微生物的生命活动来改善作物生长的营养条件而达到促进作物生长的目的。

四、肥料性质对茶树的生态作用

肥料是茶树生存的必备条件，是茶树生命活动的重要物质基础。茶园的肥料是施于叶面、土壤中能够使茶树顺利生长的物质，它与土壤共同提供茶树生活所必需的矿质元素。肥料的物理化学性质影响着茶树对营养元素的吸收、利用。

（一）施入化学肥料对茶树的生态作用

1. 氮素化肥对茶树的生态作用

氮素供应充足时，蛋白质形成多，促进细胞分裂、伸长，叶绿素含量提高，光合作用增强，营养生长旺盛，增进茶芽萌发和新梢伸长，发芽多，着叶数多，叶大，节间长，生长快，嫩度提高，增加了新梢轮次，延长了采摘时间，从而有效地提高茶叶产量。

（1）铵态氮肥

①碳酸氢铵：碳酸氢铵化学性质不稳定，即使在常温下也能分解成 NH_3、CO_2 和 H_2O，造成氮素挥发损失。碳酸氢铵必须开沟施用，深施密盖，以减少 NH_3 挥发造成氮素损失。据有关试验，碳酸氢铵深施 17cm 比浅施 3cm 要增产 8.6%。施用碳酸氢铵后马上洒水，提高土壤湿度，一方面减少土壤空隙，另一方面促进 NH_3 形成 NH_4^+，能提高施用效果。

②硫酸铵：硫酸铵化学性质稳定，施用简便，是茶园中肥效较好的氮肥，优于碳酸氢铵、氨水和氯化铵等氮肥。但是硫酸铵属生理酸性肥料，长期施用会使土壤不断酸化。据安徽省农科院茶叶研究所研究，施 $600kg/hm^2$ 的硫酸铵，6 年后表层土壤（0~20cm）的 pH 为 4.2，比不施氮的土壤 pH5.2 降低 1。随着土壤酸化，理化性质恶化，钙、镁、钾及微量元素易于淋失。

③氨水：氨水呈碱性，施入茶园后在一定范围内提高土壤 pH。NH_4^+ 浓度过高时，影响茶树根系生长，严重的会造成危害，因此氨水应稀释后再施用，避免长期连续施用。施用时应开沟或穴施，施后及时盖土。目前中国茶园已经较少施用氨水。

④氯化铵：氯化铵增产效果往往不如硫酸铵、碳酸氢铵等，应避免在茶园中过量施用。据研究，壮年茶树施用氯化铵，3 年连续减产，肥效低于氨水和碳酸氢铵，更低于硫酸铵。幼龄茶树和苗圃地不宜施用氯化铵；衰老茶树尤其是经过多次台刈改造的茶树对氯忍耐力比较强，可以适量使用，通常每次用量（实物）不超过 225~300kg/ hm^2，并且不再施用其他含氯肥料。氯化铵如果和其他氮、磷、钾化肥，尤其是有机肥混合施用，由于离子效应及有机肥的缓冲作用，可减轻氯的作用。

（2）硝态氮肥

①硝酸铵：为减少硝氮淋失，硝酸铵适合于雨水相对较少的茶区，或在降雨较少的季节使用。硝酸铵物理形状较差，易吸水溶解和结块，影响施用，储藏运输时要防

湿。硝酸铵有助燃性和爆炸性，不能和易燃品放在一起，避免剧烈撞击。

②硝酸钙：硝酸钙属生理碱性肥料，不适合在微酸性土壤的茶园施用；在强酸性土壤茶园，所含的钙有改良土壤的作用，可提高土壤 pH，增加盐基代换量，有利于土壤结构的改良。作为肥料施用的一般为硝酸钙和硝酸铵的复合肥，制成颗粒状用于茶园，有较好的增产效果。

（3）酰胺态氮肥——尿素　尿素施入土壤后，尿素颗粒周围土壤的 pH 会短暂升高，随后则由于 NH_4^+ 的硝化作用使土壤 pH 转而下降。尿素本身不会挥发，但是经脲酶分解形成 NH_3 后，NH_3 会挥发，特别是当尿素颗粒周围土壤 pH 增大以后。据中国农业科学院茶叶研究所（1983）模拟试验结果表明，尿素在茶园中的挥发强度随着尿素的分解而增强，所以施用时应适当深施并覆土。尿素分子极性很弱，土壤对它的吸附能力差，易被雨水淋失。据模拟试验，茶园施用尿素后在 48h 内用相当于 100mm 降雨量进行喷灌淋洗，在 15cm 土层内尿素的淋洗率达 82.8%。所以茶园施尿素后不能马上灌水，并避免大雨来临之前施用。尿素水解后产生的氨发生硝化作用，同样也会导致土壤酸化。

2. 磷素化肥对茶树的生态作用

磷对细胞间物质的交流、细胞内物质的积累、能量的贮存和传递、芽叶的形成、新梢的生长都有重大影响。磷对促进茶树幼苗生长和根系分枝，提高根系的吸收能力有较好的效果。磷素能促进茶树生殖器官的生长和发育，主要是促进花芽分化，增加开花与结实数目。磷素与氮素同时施用，对提高茶叶产量有显著效果。

（1）水溶性磷肥

①普通过磷酸钙：过磷酸钙可以用作基肥或追肥施用，但是由于茶园土壤对磷的固定作用往往很强，单独施用效果不易发挥，最好与有机肥拌匀后作基肥施用。磷在土壤中的移动性差，为了提高肥效，过磷酸钙（包括其他速效磷肥）最好在靠近吸收根部位开沟条施，减少与土壤接触，易于根系吸收。

②重过磷酸钙：重过磷酸钙含磷高，减少了运输和施用成本。施用方法与普通过磷酸钙基本一致，颗粒型的重过磷酸钙还可与尿素等组成混配肥施用。

③磷铵磷铵：磷铵磷铵实际上属于二元复合肥磷酸一铵和磷酸二铵通常制成颗粒状，与颗粒尿素和颗粒型钾肥混合成混配复合肥施用需要注意的是，磷酸二铵施入土壤后能使土壤 pH 短期内增加到 8.5，这样有可能增加氨挥发损失。因此，施用磷铵特别是磷酸二铵时，应开沟施用，及时覆土。

（2）弱酸溶性磷肥

①钙镁磷肥：钙镁磷肥属枸溶性磷肥，适合于在强酸性茶园中施用，施用方法基本与普通过磷酸钙相同。除了含磷，通常钙、镁、磷肥还含有一定的镁、钙和硅等的氧化物，在酸性茶园土壤上施用能起到调节土壤 pH 的作用。

②钢渣磷肥：钢渣磷肥是碱性炼钢炉中的副产品，含有较丰富的钙，其中磷属酸溶性在酸性茶园土壤中施用有较好效果。一般作基肥施用，施用后效长，作新垦茶园底肥或幼龄茶园基肥有良好效果。

（3）难溶性磷肥　磷矿粉由磷矿石粉碎而得，所含的磷主要呈不溶态，有少量呈弱酸溶性，不同产地的磷矿粉磷含量有很大差异。磷矿粉属缓效磷，有较长的后效作用，适宜作新开垦茶园的底肥。磷矿粉施入土壤后，在 H^+、有机酸等的作用下逐步分解，释放出能被植物吸收的磷。磷矿粉的施用效果既取决于本身磷含量，也与磷矿粉的物理形状有关，一般细度越细越容易释放磷，效果越好。土壤 pH 对磷矿粉的有效性有很大影响，只适宜在强酸性茶园土壤中施用。施用氨态氮（NH_4^+）能促进根际土壤酸化，增加磷矿粉中磷的释放。磷矿粉施入土壤后，在分解过程中消耗一定的 H^+，并释放 Ca^{2+}，因此施用磷矿粉可以调节土壤的 pH，改良土壤。

3. 钾素化肥对茶树的生态作用

茶园施用的化学钾肥主要有硫酸钾和氯化钾 2 种。硫酸钾含钾（K_2O）50%，还含有 18% 硫（S），在茶园中施用效果良好，适合在苗圃、幼龄茶园和成龄茶园等各种类型的茶园中施用。氯化钾含钾（K_2O）60%，适合在成龄采摘茶园中施用，增产效果与硫酸钾相近。但是，氯化钾含有氯，不宜在苗圃和幼龄茶园中施用。草木灰是农家钾肥，含钾（K_2O）量较低（约 5%），呈碱性反应，适合在酸性较高的茶园中施用，除了提供钾营养外，还能起到调节土壤 pH 的作用。

4. 钙肥、镁肥及硫肥对茶树的生态作用

茶园常用镁肥品种有水溶性镁肥（硫酸镁如泻盐、水镁矾）、弱水溶性镁肥（钙镁磷肥）和难溶性镁肥（白云石粉）等，它们的性质各不相同，适宜在不同茶园中施用。水溶性镁肥适宜于各类茶园施用；钙镁磷肥和白云石粉等弱水溶性镁肥和难溶性肥适合在 pH 较低（<4.5）的茶园中施用，除提供镁外，还起到调节土壤酸度、改良土壤的作用。

茶园常用的含硫肥料，含硫量最高的为硫黄粉，但是施用后会明显降低土壤 pH，一般只适用在土壤 pH>6 的茶园中施用，过磷酸钙则适宜在缺磷茶园中施用，在补充磷的同时提供了部分硫。硫酸铵中的硫有效性比较高，通常按年氮肥用量的 20% 施用硫酸铵就基本能满足茶树对硫的需求。

5. 微量元素肥料对茶树的生态作用

茶园常用的微量元素肥料锌肥、硼肥、锰肥、铜肥等，可用作基肥或追肥，施入土中。这些微量元素肥料也可以通过叶面喷施来施用。

6. 复混肥料对茶树的生态作用

茶园中施用复混肥的主要优点是含有多种速效养分，有利于平衡施肥；复混肥物理性状好，施肥方便，节省劳力。但是施用效果与其中的氮素形态、养分比例、土壤类型和茶树树龄等关系很大。在各地进行的试验表明，氨态氮型复合肥的施用效果优于硝态氮型复合肥，增产效果高 5%~24%。

（二）施入有机肥料对茶树的生态作用

1. 粪尿肥对茶树的生态作用

（1）厩肥和畜禽粪肥　厩肥的养分含量和性质差异比较大，取决于垫栏材料。与饼肥相比，厩肥碳氮比高，适宜用作茶园底肥和基肥，特别适用新辟茶园、幼龄茶园及土壤有机质含量低、理化性质差的茶园，是较理想的改土肥料。畜禽粪主要来自畜牧养殖场，养分含量比较高。畜禽粪不宜直接用到茶园中，应充分腐熟后再施用。

（2）人粪尿　人粪尿一般呈中性反应，速效养分含量较高，可作基肥和追肥施用。在干旱季节，用腐熟的稀薄人粪尿作茶苗追肥，抗旱保苗效果较好。

2. 堆肥、沤肥、沼气池肥和秸秆还田对茶树的生态作用

堆肥和沤肥茶园施用的堆肥和沤肥可采用枯枝落叶、杂草、垃圾、绿肥、河（湖）泥、粪便等物质混杂在一起经过堆腐而成。堆肥和沤肥的纤维素含量高，改土效果好，对茶叶的增产效果也十分显著。在深耕的基础上施堆肥对改进红壤茶园的土壤理化性质，促进茶树根系的生长，提高茶叶产量和品质都有良好作用。

3. 绿肥对茶树的生态作用

绿肥有机质成分丰富，养分含量高，除了含有氮、磷、钾等大量元素外，还有一定的微量元素，通过合理利用，有助于提高土壤的含氮水平和有机质含量。此外，茶园通过间作深根系的绿肥，来改善茶园下层土壤结构，为以后的茶树生长创造良好的条件。间作绿肥可以有效地增加地表覆盖度，大大减少水土流失。间作高秆绿肥后，能起到遮阳、降温和改善茶园小气候的作用，从而防止茶树灼伤，提高茶树抗旱能力。在江北茶区，冬季常出现冻害，对幼龄茶树危害严重。据研究，幼龄茶园间作冬季绿肥能使地温提高 $0.6 \sim 6.0 ℃$，茶苗受冻率减少 $9.8\% \sim 16.8\%$。

4. 泥炭及腐殖酸类肥料对茶树的生态作用

腐殖酸类肥料含有丰富的腐殖酸，对提高茶园土壤有机质含量，改良土壤理化性质，增加土壤肥力等有良好效果。

(三) 施入微生物肥料对茶树的生态作用

由于茶树生长要求的土壤环境为酸性，大部分细菌、放线菌不适应，只有真菌和一部分耐酸系细菌能适应，而绝大部分微生物在极强酸性环境中的适应能力很弱，因此在土壤低 pH 条件下细菌和放线菌数逐渐减少。其原因是茶树群体所含多酚类和铝、锰等物质较一般植物高，对这些不耐酸的土壤微生物的生长繁殖有一定的抑制作用，导致茶园土壤这些微生物数量减少。值得指出的是，真菌数量茶园土明显多于荒地，这反映出茶园土是真菌良好生长的具有 pH 环境，同时也表明真菌在茶园土壤中的重要性大大提高，它是茶园土壤物质转化、分解的重要微生物类群，其数量和分布对土壤肥力有着十分重要的影响。

茶树生长在土壤微生物中茶树根际微生物种群、活性对茶树生长关系最直接，尤其是一些固氮菌、解磷菌、解钾菌等对提高土壤肥力和促进茶树生长关系最为重要。人工生态茶园栽培对根际微生物有明显促进作用，能提高有益微生物的生长发育，加快了生物小循环，提高了土壤肥力，从而也促进了茶树自身的生长发育。在茶园根际微生物中，目前还分离出一些耐酸系真菌和细菌，有利于改善茶园酸性土壤性质，可以降低茶园土壤离子态铝的浓度，同时保护原有的土壤生态系统，有利茶树生长。

第二节　生态茶园科学施肥

生态茶园的施肥为确保生态环境及茶品质的需要，通常都采用以有机肥为主，其他肥料为辅；科学掌握氮、磷、钾的配比；合理设定施肥量及掌握施肥时间；合理利

用绿肥等施肥方式来保证茶的品质，促进其高产高收，保障生态茶园的可持续发展，提高茶农收入，增加其生态效益和经济效益。

一、生态茶园

生态学是一门新兴的学科，由于它与低碳、环保、生产可持续发展及人类生存有关，因此广受人们关注，尤其是生态农业备受人们重视，"生态"一词也成为最为时髦的词汇之一而被业界广泛引用。"生态茶园"就是生态一词被茶业界所引用的一个例子。

（一）生态茶园的概念

生态茶园是指以茶树为主要物种，遵循生态农业的要求建设起来的茶园。建立生态茶园，可以提高生物圈内生命体间相互促进的能力，为茶树生长创造良好的环境，能最大限度地提高茶树的光能利用率，促进茶叶产量和质量的提高；可以促进生态系统循环，使茶园内的物种更加丰富。

（二）发展生态茶园的意义

随着经济的快速发展和人们生活质量的不断提高，人们对茶的品质要求也越来越高。近年来为适应时代发展的需求，大力发展生态茶园，对减少资源消耗，保护环境，提高茶叶的品质等起到了至关重要的作用。

1. 减少资源消耗

茶树生态栽培，要求按照生态学和生态经济学规律，尽量减少茶树生长对人工合成化学品的过度依赖，建立起一个以茶树为中心，与其他生物有机结合、相互协调、相互制约的茶园生态系统，提高园区光温、水、气和土壤资源利用率，促进茶树稳产、优质、低耗、高效。

2. 保护生态环境

化肥农药的大量使用，使茶园生态环境遭到不同程度的破坏。发展生态茶园，要求人们把保护生态环境的意识贯彻生产的各个环节。如生态茶园开垦，要做到水土不流失。茶树种植重视生物多样性，采取立体开发。茶树栽培管理通过实现资源循环利用，减少化肥、化学农药的使用量，提高其利用率，达到保护和改善茶园生态环境的目的。

3. 生产的茶叶更加安全、优质

化肥、农药等化学品使用量的减少，以及茶园环境保护，使生产的茶叶品质更好、更安全，从而满足人们生活水平提高后对茶叶质量和安全水平不断提高的需求。

4. 促进茶产业可持续发展

同现代农业相比，生态茶园是一种自我约束的理性发展，是茶产业发展方式的调整。大力推广生态茶树种植技术，不断提高生态茶园的普及率，不但不会损害当前茶产业的发展，而且还会促进茶产业健康的可持续发展。

（三）生态茶园的规划与设计

生态茶园规划的基本原则应有利于保护和改善茶区生态环境维护茶园生态平衡，发挥茶树良种的优良种性，便于茶园灌溉和机械作业。重点应掌握以下几条原则。

1. 与茶树的生长发育要求相一致

茶树在系统发育过程中，逐渐形成了诸如喜温、喜湿和怕碱、怕涝等特点。所以，茶园规划时，设计种植茶树区块的气候、土壤等因子一定要满足茶树生长的需要，切不可因片面强调区块整齐一致等将不适合种茶的地块规划成茶园。

2. 以茶为主，农、林牧、渔协调发展

对选择的土地，必须进行全面的勘察和设计。首先，根据茶场规模，选择地点适中，交通方便，靠近水源的地方建立场部及茶厂；其次，要按照以茶为主、多种经营的理念，合理安排好茶与其他农、林、牧、渔等各业之间的关系；再次，根据地形的分布情况，通过道路、水渠、绿肥基地和林区等将全场划分为若干个作业区，使之既能适应机械化操作，便于茶园管理，又能提高土地利用率。

3. 以水土保持为中心，建立道路和排、蓄、灌水利系统

水土保持是无公害生态茶园基地建设的重要内容。新茶园规划时坡度超过25°的陡坡地，应是自然植被或林地；坡度在15°~25°的茶园应建立等高梯级园地。坡地茶园上方应建隔离沟，以防止园外雨水冲入茶园造成水土流失；坡地茶园内部应加强竹节沟建设，保持园内水土。

4. 有利于茶园管理机械化

随着劳动力成本的不断提高，茶园管理机械化是提高劳动生产率，降低劳动强度和茶叶生产成本的必由之路。在茶园规划时，应根据当地的实际情况，尽可能考虑茶园机采、机剪、机耕和机灌的要求，力争实现茶园耕作、施肥、采、剪、灌溉等管理机械化。

5. 以植树造林为重点，加强茶园生态建设

良好的茶园生态环境，是茶叶生产可持续发展的保证。植树造林，既能改善茶园小气候，减轻或防止灾害性天气对茶树造成的破坏，又可增加茶园的生物多样性，降低病虫危害。面积较大的茶园，还应设置一定面积的绿肥种植区，为茶园地面覆盖和生产有机肥提供必要的原料。

(四) 生态茶园土壤管理

茶优质高效生态茶园对土壤肥力的基本要求包括土壤的物理性质、化学性质和生物性质等，三者相互联系，相互制约，形成一个统一的整体，影响茶树的生长发育、茶叶的产量和品质。茶叶生产上对土壤的物理性质和化学性质有一些基本的要求。

土壤物理性质主要包括土层有效深度、地下水位高低、土壤质地、土壤结构和土壤固、液、气三相的比例等。优质高效茶园首先要求水土保持良好，土壤深厚，有效深度在60cm以上，以满足根系发育和伸展的需要。有效土层内无硬隔层、网纹层和犁底层等障碍层，以利根系生长和通气透水。土壤的地下水位一般要求在1m以下，地下水位高或地面积水的茶园，根系发育不良，严重的引起烂根，甚至涝死茶树，降雨时又会因土壤渗透作用差，易产生地表径流，造成水土流失。土壤质地要求疏松，以壤土为好，其中砂壤土因结构良好，固、液、气三相比例协调，是优质高产茶园的理想土壤。

据中国农业科学院茶叶研究所对红壤茶园的试验研究，高产优质生态茶园土壤物

理性状应符合表5-1所列的各项条件。

表5-1 优质高产红壤茶园土壤物理性状诊断标准

项目	表土层	心土层	底土层
土层厚度/cm	25~30	30~40	30~35
容重/(g/cm³)	1.0~1.2	1.2~1.3	1.3~1.4
总孔隙度/%	55~60	50~55	45~50
有效孔隙度/%	25~30	25	20
含水量占田间持水量比例/%	75~80	80~90	90~95
固液气体积比/%	(45~50)：(30~35)：(20~25)		

茶园土壤化学性质包括土壤酸碱度（pH）、有机质、阳离子交换量、全N、水解N、有效P、交换性K以及有效Ca、Mg、S、Cu、Zn、B和Mo等中微量营养元素的含量等，其中以酸碱度最为重要。茶树是喜酸作物，只能在酸性土壤上种植。茶树生长适宜的pH为4.0~6.5。另外，还要求土壤有机质和养分含量丰富。有机质对土壤团粒结构的形成、提高土壤蓄水保肥能力具有十分重要的作用。有机质含量高的土壤往往阳离子交换量、全N、有效P、有效K和微量营养元素的含量均较高，从而从整体上提高土壤肥力水平。据中国农业科学院茶叶研究所的研究，高产优质茶园土壤化学性质应达到表5-2的指标。

表5-2 高产优质生态茶园土壤化学性质诊断指标

项目	含量	项目	含量
pH（H₂O）	4.5~6.0	有效Mg/(mg/kg)	≥50
有机质/%	≥2.0	Ca：Mg	5~12
全N/%	≥0.1	有效S/(mg/kg)	≥50
有效N/(mg/kg)	≥100	有效Zn/(mg/kg)	≥2.0
速效P/(mg/kg)	≥20	有效Cu/(mg/kg)	≥1.0
交换性K/(mg/kg)	≥100	活性Al/[mmol(+)/kg]	30~50

优质高效茶园，不仅要求生产的茶叶营养成分含量高，而且要求该土壤生产的茶叶符合国家的卫生质量标准。因此，除一般的土壤肥力指标外，对土壤中的重金属元素等还有十分严格的要求。我国农业行业标准NY/T 5337—2006《无公害食品 茶叶生产管理规范》规定，茶园土壤中的铅、铬、铜、砷、汞和镉的含量，按总量计应分别低于250、150、150、40、0.3、0.3mg/kg。

二、生态茶园施肥管理原则

茶园施肥有两个根本目标：一是营养茶树，提高茶叶产量和品质；二是改良土壤，提高土壤肥力水平。要达到这两个目标，必须坚持合理施肥。合理施肥必须坚持下列原则：培肥地力的可持续原则，综合营养平衡施肥原则，增产与提质相统一的原则，提高肥料利用率原则，减少生态环境污染的原则。

（一）培肥地力的可持续原则

地力是指土壤能够生长植物的能力。地力高低不仅影响茶叶的产量和品质，更影响茶叶生产的可持续发展。因此，不断提高地力水平是茶园施肥的长期目标。

（二）增产与提质相统一的原则

施肥时在尽量保持高产优质的前提下，根据茶叶生产目标作适当的调整，强调绿茶质量时可适当增加氮肥用量。需要指出的是这里的施肥量是指相对施肥量，指比标准施肥量适当增加或减少。

（三）提高肥料利用率原则

肥料利用率的高低是衡量茶园是否合理施肥的重要指标。通过提高肥料利用率可提高施肥的经济效益，降低肥料成本，减缓自然资源的耗竭和施肥过程中对生态环境的污染。目前提高肥料利用率的主要途径包括有机肥与无机肥配合施用，氮磷钾等养分平衡施肥，改进施肥技术与方法，研制茶树控释专用肥等新型肥料等。

（四）减少生态环境污染的原则

合理施肥，减少养分浪费不仅可降低成本，节约宝贵的资源，更是保护生态环境，促进茶叶生产可持续发展的必要条件。

（五）综合营养平衡施肥原则

茶树的高产优质需要多种营养，且不同营养成分在茶树体内需要有合适的含量，相互之间平衡协调。随着茶树种植年限的增加，一些茶树需求量大的养分逐步减少，而另外一些养分则有可能积累。施肥是调节土壤有效养分含量及其比例最基本方法，也是最有效的方法。所以，对于茶树需求量大的养分，如氮磷钾必须在日常生产中及时补充，尽量保持土壤养分的供应与茶树需求基本匹配。

中国农业科学院茶叶研究所根据茶树对养分的吸收规律和生产上存在的问题，有针对性地总结提出了以"平衡施肥"为中心的"一深、二早、三多、四平衡、五配套"的茶园施肥原则。

1. 一深

一深是指肥料要适当深施，以促进根系向土壤纵深方向发展。茶树种植前，底肥的深度至少要求在30cm以上，基肥20cm左右，追肥也要在10cm左右。切忌撒施，否则遇大雨导致肥料径流损失，遇干旱造成大量的氮素挥发而损失，还会诱导茶树根系集中在表层土壤，从而降低茶树抵抗旱、寒等自然灾害的能力。

2. 二早

二早是指早施基肥和早施催芽肥。

（1）早施基肥　进入秋冬季后，随着气温降低，茶树地上部逐渐进入休眠状态，根系开始活跃，但气温过低，根系的生长也减缓，早施基肥可促进根系对养分的吸收利用。长江中下游茶区要求在9月上旬～10月中旬间完成，江北茶区可提前到8月下旬开始施用，10上旬施完，而南方茶区则可推迟到9月下旬开始施用，11月下旬结束。

（2）早施催芽肥　早施催芽肥以提高肥料对春茶的贡献率，据试验，春追肥时间由3月13日提早到2月13日，春茶和谷雨前龙井茶产量分别增加11%和18%。施催芽肥的时间一般要求比名优茶开采期早30~40d，如长江中下游茶区应在2月份施。

3. 三多

三多是指肥料的品种要多，肥料的用量要适当多和施肥的次数多。

（1）肥料的品种要多　不仅要施有机肥，而且要施速效化肥，不仅要施氮肥，而且要施磷、钾和镁、硫、铜、锌等中微量元素肥料等，以满足茶树对各种养分的需要和不断提高土壤肥力水平。

（2）肥料的用量要适当多　每生产100kg大宗茶年施纯氮12~15kg，如茶叶产量以幼嫩芽叶为原料的名优茶计，则施肥量需提高1~2倍。但是，化学氮肥每亩（667m^2）每次施用量（纯氮计）不超过15kg，年最高用量不得超过60kg。

（3）施肥的次数要多　要求做到"一基三追十次喷"，春茶产业高的茶园，可在春茶期间增施一次追肥，以满足茶树对养分的持续需求，同时减少浪费。

4. 四平衡

这是茶园施肥原则的核心。不仅对满足茶树养分的需求，提高茶叶产量和品质具有十分重要的作用，而且对提高肥料利用率，减少肥料浪费，促进土壤肥力水平的提高和茶叶生产的可持续发展具有十分重要的意义。

（1）有机肥与无机肥平衡　有机肥不仅能改善土壤的理化和生物性状，而且能提供协调、完全的营养元素。但有机肥养分含量低，且释放缓慢，不能完全、及时地满足茶树需要。因此，需配施养分含量高释放快速的无机肥，以既满足茶树生长发育的需要，又改善土壤性质。

（2）氮与磷钾平衡，大量元素与中微量元素要平衡　茶树是叶用作物，需氮量较高，但同样需要磷、钾、钙、镁、硫、铜和锌等其他养分，只有平衡施肥，才能发挥各养分的效果。据有关的肥料长期定位试验结果，氮磷配合在10年中平均比单施氮肥增产33.7%，氮钾配合比单施氮肥增产10.8%，而氮磷钾三者配合增产幅度高达49.6%。由此可见，氮磷钾配合施用可显著提高施肥的增产效果。同时，氮磷钾配合施用可显著提高茶叶的品质成分，茶树叶片和根部的氨基酸含量及水浸出物含量均以氮磷钾配施的处理最高。一般来说，幼龄茶园，茶树以长骨架为主，氮、磷（以P$_2$O$_5$计）、钾（以K$_2$O计）的比例以1:1:1为宜；成龄采摘茶园氮磷钾的比例以2:1:1~4:1:1，具体视土壤有效磷和钾的含量而定，含量高时氮的比例适当提高，反之，则降低。

（3）基肥和追肥平衡　茶树对养分的吸收是一个持续的过程，并具有明显的贮存和再利用特性，秋冬季茶树吸收贮存的养分是翌年春茶萌发的物质基础，对春茶的产量和品质有很大的影响。据试验，茶树秋冬季吸收的养分占茶树全年养分吸收总量的30%~35%，而生长季节吸收的养分占65%~70%。所以，只有基肥与追肥平衡施用，才能满足茶树年生长周期对养分的需要。

（4）根部施肥与叶面施肥平衡　茶树具有深广的根系，其主要功能是从土壤中吸收养分和水分。但茶树叶片多，表面积大，除光合作用外，还有养分吸收的功能，尤其是土壤干旱影响根部吸收时或施用微量营养元素时，叶面施肥效果更好。另外，叶面施肥还能活化茶树体内的酶系统，加强茶树根系的吸收能力。因此，只有在根部施肥的基础上配合叶面施肥，才能全面发挥施肥的效果。

5. 五配套

五配套指茶园施肥要与其他技术配合进行，以充分发挥施肥的效果。

（1）施肥与土壤测试和植物分析相配套　根据对土壤和植株的分析结果，制订正确的茶园施肥和土壤改良计划。

（2）施肥与茶树品种相配套　不同品种对养分的要求有明显的"个性特点"，如龙井43要求较高的氮、磷和钾施用量，而苹云则相反，耐肥性差。因此，茶园施肥应考虑其种性特点。

（3）施肥与天气和肥料品种相配套　施肥与天气和肥料品种相配套，即根据天气状况和肥料品种确定合理的施肥技术。

（4）施肥与土壤耕作和茶树采剪相配套　施肥与土壤耕作和茶树采剪相配套，如施基肥与深耕改土相配套，施追肥与锄草结合进行等。

（5）施肥与病虫防治相配套　一方面茶树肥水充足，易导致病虫为害，要注意及时防治；另一方面，对于病虫为害严重的茶园，特别是病害较重的茶园适当多施肥，并与其他养分平衡协调，可明显降低病害的侵染率，增强茶树抵抗病虫害的能力。

三、生态茶园科学施肥技术

生态茶园需做到平衡施肥，扬长避短，提高施肥效果，减少环境污染是十分重要的。在设计生态茶园施肥技术时，必须注意以下几点：一是在施肥理念上要以保护环境为主，做到科学安全施用；二是在肥料的选择上要做到以有机肥为主，有机无机肥配合施用；三是在设计确定茶园施肥时间时，要以秋冬基肥为主，按茶树生长物候期分期追施速效肥，平衡施肥时间，提高施肥效果；四是在营养元素的配合上，必须以氮素为主，做到氮、磷、钾大量元素和中、微量元素配合施用；五是在施用方法上要注意根部施肥和叶面施肥结合，取长补短、相互促进，以达到生态用肥的最佳效果。

（一）"有机肥+配方肥"　模式

1. 只采春茶绿茶茶园

（1）基肥　10月份，每亩施用100~150kg菜籽饼或150~200kg畜禽粪有机肥、38%（18：8：12或相近配方）茶树专用肥30kg，有机肥和专用肥拌匀后开沟15~20cm或结合深耕施用。

（2）追肥　春茶开采前50d，每亩施用尿素8~10kg，开浅沟5~10cm施用。春茶结束重修剪前或6月份下旬，每亩施用尿素8~10kg，开浅沟5~10cm施用。

2. 大宗绿茶、黑茶茶园

（1）基肥　10月份，每亩施用200~300kg畜禽粪有机肥、38%（18：8：12或相近配方）茶树专用肥30~50kg，有机肥和专用肥拌匀后开沟15~20cm或结合深耕施用。

（2）追肥 春茶开采前 30~40d，每亩施用尿素 8~10kg，开浅沟 5~10cm 施用。春茶结束后，每亩施用尿素 8~10kg，开浅沟 5~10cm 施用。夏茶结束后，每亩施用尿素 8~10kg，开浅沟 5~10cm 施用。

3. 乌龙茶茶园

（1）基肥 10 月份中下旬，每亩施用 100~200kg 菜籽饼或 150~300kg 畜禽粪有机肥、38%（18：8：12 或相近配方）茶树专用肥 30kg，有机肥和专用肥拌匀后开沟 15~20cm 或结合深耕施用。

（2）追肥 春茶开采前 20~30d，每亩施用尿素 8~10kg，开浅沟 5~10cm 施用。春茶结束后，每亩施用尿素 8~10kg，开浅沟 5~10cm 施用。夏茶结束后，每亩施用尿素 8~10kg，开浅沟 5~10cm 施用。

4. 红茶茶园

（1）基肥 10 月份中下旬，每亩施用 100~150kg 菜籽饼或 150~200kg 畜禽粪有机肥、38%（18：8：12 或相近配方）茶树专用肥 30kg，有机肥和专用肥拌匀后开沟 15~20cm 或结合深耕施用。

（2）追肥 春茶开采前 30~40d，每亩施用尿素 6~8kg，开浅沟 5~10cm 施用。春茶结束后，每亩施用尿素 6~8kg，开浅沟 5~10cm 施用。夏茶结束后，每亩施用尿素 6~8kg，开浅沟 5~10cm 施用。

（二）"茶–沼–畜" 模式

1. 只采春茶绿茶茶园

（1）基肥 10 月份，每亩施用 100~150kg 菜籽饼或 150~200kg 畜禽粪有机肥或沼渣 2~3 方，开沟 15~20cm 或结合深耕施用。

（2）追肥 共浇 4 次，每次每亩施用沼液 400~500kg（按沼：水比 1：1 稀释）、掺入尿素每亩 4~5kg，浇入茶树根部，时间分别为春茶采前 30~40d、开采前、春茶结束、6 月底或 7 月初。

2. 大宗绿茶、黑茶茶园

（1）基肥 10 月份，每亩施用 200~300kg 畜禽粪有机肥、38%（18：8：12 或相近配方）茶树专用肥 20~30kg 拌匀后开沟 15~20cm 或结合深耕施用。

（2）追肥 共浇 6 次，每次每亩施用沼液 400~500kg（按沼：水比 1：1 稀释）、掺入尿素每亩 4~5kg，浇入茶树根部，时间分别为春茶采前 1 个月、开采前、春茶结束、6 月初、7 月初和 8 月初。

3. 乌龙茶茶园

（1）基肥 10 月中下旬，每亩施用 100~200kg 菜籽饼或 150~300kg 畜禽粪有机肥，开沟 15~20cm 或结合深耕施用。

（2）追肥 共浇 6 次，每次每亩施用沼液 400~500kg（按沼：水比 1：1 稀释）、掺入尿素每亩 4~5kg，浇入茶树根部，时间分别为春茶采前 30d、开采前、春茶结束、7 月初、8 月初和 9 月初。

4. 红茶茶园

（1）基肥 10 月中下旬，每亩施用 100~150kg 菜籽饼或 150~200kg 畜禽粪有机肥，开沟15~20cm或结合深耕施用。

（2）追肥　共浇6次，每次每亩施用沼液400~500kg（按沼：水比1：1稀释）、掺入尿素每亩3~4kg，浇入茶树根部，时间分别为春茶采前30d、开采前、春茶结束、7月初、8月初和9月初。

（三）"有机肥+水肥一体化" 模式

1. 只采春茶绿茶茶园

（1）基肥　10月份，每亩施用100~150kg菜籽饼或150~200kg畜禽粪有机肥，开沟15~20cm或结合深耕施用。

（2）追肥　分5~6次，每次每亩水溶性肥料按N、P_2O_5、K_2O用量1.5kg、0.3kg、0.4kg，时间分别为春茶采前30~40d、开采前、春茶结束、6月初、7月初和8月初施用。

2. 大宗绿茶、黑茶茶园

（1）基肥　10月份，每亩施用200~300kg畜禽粪有机肥，开沟15~20cm或结合深耕施用。

（2）追肥　分5~6次，每次每亩水溶性肥料按N、P_2O_5、K_2O用量2.3kg、0.5kg、0.7kg，时间分别为春茶采前1个月、开采前、春茶结束、月7初、8月初和9月初施用。

3. 乌龙茶茶园

（1）基肥　10月中下旬，每亩施用100~200kg菜籽饼或150~300kg畜禽粪有机肥，开沟15~20cm或结合深耕施用。

（2）追肥　分5~6次，每次每亩水溶性肥料按N、P_2O_5、K_2O用量2.0kg、0.3kg、0.4kg，时间分别为春茶采前30d、开采前、春茶结束、月7初、8月初和9月初施用。

4. 红茶茶园

（1）基肥　10月中下旬，每亩施用100~150kg菜籽饼或150~200kg畜禽粪有机肥，开沟15~20cm或结合深耕施用。

（2）追肥　分5~6次，每次每亩水溶性肥料按N、P_2O_5、K_2O用量1.5kg、0.3kg、0.4kg，时间分别为春茶采前1个月、开采前、春茶结束、月7初、8月初和9月初施用。

（四）"有机肥+机械深施" 模式

按"有机肥+配方肥"模式的肥料种类、用量和施用时间。基肥采用机械深施（15~20cm），追肥采用机械开沟（5~8cm）条施覆土或表面撒施+施后浅旋耕（5~8cm）混匀。

第三节　茶园化肥污染及其控制

肥料是实现茶树优质高产的物质基础。茶园施肥不仅可以为茶树提供营养元素，同时可以改良土壤。正确的施肥技术是茶树实现优质高产的重要保障。然而无论是有机化肥还是无机化肥，其中都夹杂着一些污染物（如重金属），不正确的选择或施用都会导致茶园及周边环境的污染，进而影响茶叶质量和产量。同时，不合理施肥也会导致肥料流失和对周边水源的污染，破坏茶区生态环境。所有这些最终会作用到人类自身。为了最大化保证茶叶的产量和质量，维护好生态环境，则必须想办法控制并解决化肥污染带来的一系列问题。

一、土壤的污染问题

土壤污染是由于人类活动产生的污染物通过多种途径进入土壤，其数量和速度超过了土壤的容纳能力和净化速度，使土壤的性质、组成等发生变化，导致土壤的自然功能失调、土壤质量恶化的现象。

(一) 土壤污染物

1. 化学污染物

化学污染物包括无机污染物和有机污染物。前者如汞、镉、铅、砷等重金属，过量的氮、磷植物营养元素以及其氧化物、硫化物等；后者如各种化学农药、石油及其裂解产物以及其他各类有机合成产物等。

2. 物理污染物

物理污染物指来自工厂、矿山的固体废弃物如尾矿、废石、粉煤灰和工业垃圾等。

3. 生物污染物

生物污染物指带有各种病菌的城市垃圾和由卫生设施（包括医院）排出的废水、废物以及畜禽养殖产生的厩肥等。

4. 放射性污染物

放射性污染物主要存在于核原料开采和大气层核爆炸地区，以锶和铯等在土壤中生存期长的放射性元素主。

(二) 土壤污染源

1. 工业污染源

工业的内容十分广泛，就其产品而言，可分为冶金工业、化学工业、轻工业、石油加工业、电力工业、纺织工业、机械制造、建材工业等。其污染物主要包括：有毒有机物，如苯和苯的衍生物、有机氯、氰化物等；有毒矿物质，如各种重金属，汞、镉、砷等；其他污染物，如废酸、废碱、矿渣等。

2. 农业污染源

（1）化学农药　农药一般均有较强毒性，以便于迅速彻底的杀死菌、虫和消减杂草。农药的施用方式不外浸种、拌种、撒施、喷施等方式，除直接与作物粘接外，大部分农药均散落在土壤表面，从而在土壤中残留，如果该农药是高残留的类型，就将在土壤中长期留存，粘落在叶片上的农药也可由于降雨而进入土壤中，残留在土壤中最长的是有机氯农药，如滴滴涕可残留 30 年（指消失 95% 所需的年数），六六六也需 6.5 年，它们是造成土壤污染的重要原因之一。

（2）化肥　化肥的应用对世界粮食和农产品的增长起着极其重要的作用，据估计，世界粮食的增长有 62% 来自化肥。由于用量过大，对土壤必然带来一定的影响。如硝酸盐的累积、富营养化、非营养物质的积累、重金属的渗入，形成了对土壤的污染，不仅对作物的产量和质量带来不良影响，更是通过食物链影响到人畜的健康。化肥带来的污染主要有以下几类。

①重金属污染：混杂有重金属的最主要矿质肥料为磷肥以及利用磷酸制成的一些复合肥料。大量数据表明，磷肥中含有较多的有害重金属，如 Cr、Pb、As 等。

②放射性污染：化肥中放射性物质主要存在于磷肥和钾肥中。磷肥是土壤中天然放射性重金属的污染源。

③氟污染：氟是磷肥中污染环境的主要元素之一。氟具有很高的化学活性，对人畜危害较大。磷肥的主要原料是氟磷灰石，通过对全国22个矿72个样品的测定，发现凡是磷矿中全磷含量高的，氟含量也高，平均可达 2.2%左右。长期使用磷肥，会导致土壤中含氟量的增高，从而使生长其上的植物中的氟含量也增高，轻则抑制生长发育，重则产生中毒现象。

④有毒有机化合物污染：目前商品生产的化肥中，普遍认为有害的有机化合物有硫氰酸盐、磺胺酸、缩二脲、三氯乙醛以及多环芳烃，它们对种子、幼苗或土壤微生物有毒害作用。其中，磺胺酸盐存在于用制造尼龙原料的废硫酸生产的磷肥、氮肥中，一般含量较低；缩二脲存在于尿素中，对作物有毒害作用；对植物危害较大又较普遍存在的是磷肥中的三氯乙醛，一般在磷肥生产中都存在三氯乙醛污染。三氯乙醛是植物的生长紊乱剂，它能在土壤中存在较长时间，数月后才能降解完全。

（3）污水灌溉　为了缓解我国农村灌溉用水紧张，工业废水、城市生活污水便成为城市近郊农业的主要水源，工业废水由于含有大量的有机质及植物需要的大量和微量元素，因而在进行污灌以后不仅解决了干旱问题，而且增加了各种营养元素，不少地区均表现增产的作用，污灌面积逐年扩大。为农业生产带来有利的同时，也由于工业废水中含有多种有害物质对土壤乃至生态环境产生了污染。这些有毒物质一部分在土壤中通过生物化学降解而得到净化，但另一部分如重金属 Cd、Hg、Pb、As 等在土壤中不断积累，通过食物链造成对人畜的危害。甚至于通过渗漏又污染了地下水，使人畜饮水受到污染。

（4）农用塑料薄膜　塑料薄膜具有提高地温，保持土壤水分，抑制杂草生长，调节土壤营养，抑制盐碱上升等功能，在各种蔬菜、农作物、苗木培育、改良盐碱地等方面均取得极其明显的效果，普遍反映塑膜覆盖增产增收，因而覆盖面积迅速扩大，在全国推广应用，成为我国农业发展的重要技术措施。塑膜在使用时，由于长期暴露在空气、日光下不断老化，变硬变脆，农作物收获后很难整片回收，一部分甚至大部分碎落，分散在农田表面，大部分不加清除就被耕翻埋在耕作层内，在土中形成隔离层，影响水分、养分、空气、热量的上下运行，导致缺苗断垄和农作物的出苗发育和生长，又影响根系的发展和穿插，如果不彻底清除，逐年累积势必严重影响土壤的肥力。塑膜在覆盖过程和残存在土壤中更令人担心的是对土壤和农产品的污染问题，据目前的资料看，塑膜对土壤的污染已开始受到重视，已经成为污染土壤的污染源之一。

（5）交通运输　交通运输所用各种工具，如汽车、飞机、船舶等利用汽油、柴油作为动力的也是造成环境污染的污染源，包括有毒物质的泄漏、油类的泄漏、燃烧时所排放的各种有毒气体等。这些物质通过降雨和污灌进入土壤，成为土壤的重要污染源。

二、化肥污染的危害

综合了土壤污染的各类污染源及其包含的污染物，我们不难看出引起土壤污染的污染物基本上是一致的。接下来我们就以化肥为例，看一下化肥污染对土壤、水体、大气乃至生物造成的一系列危害：

(一) 化肥污染对土壤的危害

1. 引起土壤酸度变化

过磷酸钙、硫酸铵、氯化铵等都属生理酸性肥料，即植物吸收肥料中的养分离子后，土壤中 H^+ 增多，易造成土壤酸化。长期大量施用化肥，尤其在连续施用单一品种化肥时，在短期内即可出现这种情况。据上海农科院资料，在中壤质水稻土上，连续三年大量施用氯化铵 [$1200kg/(hm^2 \cdot a)$]，第一年土壤的 pH 就由原来的 7.45 下降到 7.40，第二年下降到 7.16，第三年下降到 7.11。

土壤酸化后会导致有毒物质的释放，或使有毒物质毒性增强，这对生物体会产生不良影响。土壤酸化还能溶解土壤中的一些营养物质，在降雨和灌溉的作用下，向下渗透补给地下水，使得营养成分流失，造成土壤贫瘠化，影响作物的生长。

2. 导致土壤板结，土壤肥力下降

化肥使用过多，大量的 NH_4^+、K^+ 和土壤胶体吸附的 Ca^{2+}、Mg^{2+} 等阳离子发生交换，使土壤胶体分散，土壤结构被破坏，导致土壤板结。大量施用化肥，用地不养地，造成土壤有机质下降，化肥无法补偿有机质的缺乏，却进一步影响了土壤微生物的生存，不仅破坏了土壤肥力结构，而且还降低了肥效。据调查，由于长年施用化肥，华北平原土壤有机质已降到 1% 左右，全氮含量不到 0.1%。我国东北地区一些农场 20 世纪 50 年代的土壤有机质含量达 9%，80 年代降到 2%~3%。吉林省土壤有机质还在以每年 0.1% 的速度下降。另据张伯泉等研究，在棕黄土上长期 (6 年以上) 单施氮肥，与有机-无机结合法施肥以及 N、P 配合施肥相比，降低了土壤的有机质含量，而且降低了有机质的活性、土壤的供氧能力、土壤阳离子交换量 (CEC) 并影响到有机一无机复合体的性质。可见，长期使用大量化肥，会对耕地土壤的退化产生直接影响。

3. 造成土壤硝酸盐 (NO_3^-) 污染

化肥影响土壤的另一个突出问题是，频繁施用的氮肥能直接影响土壤中 $NO_3^-\text{-}N$ 的含量水平。在过量施用氮肥和大量灌溉的情况下，肥料氮主要以硝酸态形式从土壤中淋溶损失。有试验结果表明，土壤中的硝态氮含量随施肥量的增加而增加。当土壤溶液中硝酸盐浓度过高时，一部分硝酸盐随着地表径流，流向低洼地带或垂直迁移进入地下水中，造成水体氮污染。另一部分硝酸盐以过多的有毒的数量被作物大量吸收，成为作物产品的污染源。含高浓度 NO_3^- 的作物被人食用后，容易在胃里与胺类反应，转变成亚硝胺类化合物，具有致癌作用。

4. 化肥中的有害物质对土壤的污染影响

制造化肥的矿物原料及化工原料中，含有多种重金属放射性物质和其他有害成分，它们随施肥进入农田土壤造成污染。如随磷肥的施用，不可避免地带给土壤许多有害物质，如镉、锶、氟、铀、镭、钍等。施用磷肥过多，会使施肥土壤含镉量比一般土壤高数十倍，甚至上百倍，长期积累将造成土壤镉污染。由于镉在土壤中移动性很小，不易淋失，也不为微生物所分解，被作物吸收后很易通过饮食进入并积累于人体，是某些地区骨通病、骨质疏松等重要病因之一。有些化肥中还含有机污染物，如氨水中往往含有大量的酚，施用农田后，造成土壤的酚污染，以致生产出含酚量较高、具有异味的农产品。另外，大量施用石灰氮（氰化钙），可产生双氰胺、氰酸等有毒物质，抑制土壤硝化作用，引起土壤污染。

(二) 化肥污染对水体的危害

1. 水体富营养化

农业生产中大量施用化肥，使氮、磷等营养元素大量进入水体。水中营养含量的增加使藻类大量繁殖，从而消耗了大量的氧，降低了水中溶解氧的含量，形成水体厌气环境，造成水质恶化，严重影响鱼类的生存，并引起鱼类大量死亡和湖泊老化，这一过程即称为水体的富营养化，它与农业肥料的流失有极大的关系：据大量田间试验证明，作物对氮肥的利用率为 40%~50%，还有一半左右的氮素未被作物吸收，这样就造成大量氮素随着降雨和灌溉水流入河流、湖泊、水库和海洋，造成水生资源的破坏，使水质下降。我国的滇池、西湖以及一些小水库、池塘均有富营养化发生。

2. 地下水 NO_3^- 污染

氮肥进入土壤后，经硝化作用产生 NO_3^-，除了能被作物吸收利用外，多余的 NO_3^- 不能被带负电的土壤胶体吸附，因而随降雨及灌溉水下渗而污染地下水。我国地下水中硝酸盐污染也非常严重。例如，成都市地下水中硝酸盐氮超标率达 62.5%，最高超标 55 倍；西安市地下水中硝酸盐最高含量达 600mg/L，平均达 189mg/L；长春市地下水中硝酸盐氮超标面积为 126km^2，含量最高达 392mg/L。而世界卫生组织规定，当饮用水中 NO_3^--N 含量为 40~50mg/L 时，就会发生血红素失常病，危及人类生命。

(三) 化肥污染对大气的危害

化肥对大气的污染主要是指氮肥分解成氨气以及在反硝化过程中生成的氮氧化物对地球臭氧层的破坏作用。

1. 氨的挥发

氨态氮肥是化学氮肥的主体，施入土壤的氨态氮肥很容易以 NH_3 形式挥发逸入大气。尿素等氮肥若施于偏碱性的石灰性土壤表层，经由 NH_3 形态挥发的氮素可达到40%左右。氨是一种刺激性气体，对眼、喉、上呼吸道刺激性很强。高浓度的氨还可熏伤作物，并引起人畜中毒事故。大气氨含量的增加，可增加经由降雨等形式进入陆地水体的氨量，是造成水体富营养化的一个因素。

2. 氮氧化合物的增加

随着化肥的大量施用，大气中氮氧化物含量不断增加。化肥施入土壤，有相当一部分以有机或无机氮形态的硝酸盐进入土壤，在土壤反硝化微生物作用下，会使难溶态、吸附态和水溶态的氮化合物还原成亚硝酸盐，同时转化生成氮和氮氧化物进入大气，使空气质量恶化。

分子氮和氧化亚氮是氮素的主要气态损失形式，氧化亚氮在对流层内较稳定，上升至同温层后，在光化学作用下，会与臭氧发生双重反应，降低臭氧含量，破坏臭氧层，给地球生物带来灾难。

(四) 化肥污染对生物的危害

化肥的施用量与养分配比，不仅对土壤生态系统及其生产力产生影响，而且对生物产品的质量也有很大影响。当施用量达到一定数量时，因植株生物增长过快，大量养分被植株吸收或被非产品部分消耗，造成贪青、迟熟或倒伏，导致作物产量及质量的下降，并使蔬菜味道变坏，不耐贮藏，其次，施用化肥过多的土壤，会使谷物、蔬菜和牧草等作物中的硝酸盐含量过高，累积于叶、茎、根及籽实中。这种累积对植物本身无害，但却危害取食的动物和人类。如家畜或食草动物食用了这些含硝酸盐量过高的饲料，特别是进入反刍动物的瘤胃中，硝酸盐可还原成亚硝酸盐，对畜禽等产生毒害作用。人类食用了硝酸盐污染的蔬菜同样会引起严重的疾病，甚至死亡。

三、化肥污染的控制技术

鉴于化肥在农业生产中的高效增产作用，若单纯地靠拒绝使用化肥来控制其污染影响是不现实的。关键在于针对当地土壤生态条件的特点，制定相应对策，科学合理地使用化肥，充分发挥其肥效，尽量减轻和避免对环境的不良影响。根据我国目前土壤肥力状况和肥料资源的特点，提出以下对策。

(一) 确定化肥的最适施用量

施肥量特别是氮肥，不应当超过土壤和作物的需要量。不同的土壤和相同土壤的不同地块，在养分含量上往往存在着很大的差异。而且不同作物和同一作物的不同品种，各有其不同的生育特点，它们在其生长发育过程中所需要的养分种类、数量和比例也都不一样。

(二) 氮、磷、钾肥配合施用

目前我国氮、磷、钾比例与土壤养分状况跟作物对养分的吸收状况不相协调。关键是必须从宏观上调整肥料结构，在配方施肥的基础上，采取"适氮、增磷、增钾"的施肥技术。在目标施氮量中扣除一定比例的氮肥，视需要时补施，这样可避免氮素过多的危害和流失。

(三) 化肥与有机肥配合施用

有机肥是营养比较齐全的肥料而且含有丰富的有机物，对改善土壤的物理性状，提高土壤养分具有重要作用。有机肥是供给微生物能量的主要来源，而化肥却能供给微生物生长发育所需的无机养料。因此，二者配合就能加强微生物的活性，促进有机物的分解，增加土壤中的速效养分，以满足作物生长的需求。

(四) 地区间平衡施肥

为了使有限的化肥发挥更大的增产作用，还必须强调均衡施肥。在均衡施肥中，首先要严格控制氮肥用量。其次，应把磷、钾肥投放在土壤缺磷缺钾的高效区。在极缺钾的土壤上，各种作物施用钾肥都有明显效果。

（五）针对土壤污染， 改进施肥方法

对于施肥造成土壤的重金属污染，可采用施用石灰、增施有机肥料、调节土壤 pH 等方法降低植物对重金属的吸收积累，还可以采用翻耕、客土和换土来去除或稀释土壤中重金属和其他有毒元素。为提高肥料利用率，提倡改地面浅施为开沟深施和叶面喷施，改粉肥扬施为球肥深施和液氨深施，改分散追肥为重施底肥等，减少施肥次数，减少肥料流失的机会。

四、茶园肥料污染与控制

（一）茶园化肥污染的成因及后果

施用化肥不当可能导致土壤酸化、物理性退化、营养元素贫瘠化、微生物活性下降、重金属污染等后果。

由于化肥生产的原料，特别是矿石的杂质以及生产工艺流程的污染，化肥中常含有一定量的重金属，一般来说，氮、钾肥料中重金属含量较低，而磷肥中尤其是磷矿石含有较多的重金属成分，生活垃圾和动物粪便中也含有重金属。

过多地施用氮肥会使土壤、水源以及茶叶中的硝酸盐含量大量增加，同时还会导致茶树体内碳氮比下降和碳氮代谢失调，从而为病害的入侵和虫害的发生提供了有利条件。

未经过无害化处理或处理不彻底的有机肥，石油化物、塑料、有害病原体、虫卵及杂草种子随肥料施入茶园会引起化学和生物污染。

（二）茶园化肥污染的控制手段

治理茶园污染土壤是一项长期艰巨的工作，需要采用多种技术、多种措施施治于茶园土壤，方能使茶园土壤达到无污染的要求。

提倡因土施肥，配方施肥，根据土地情况，茶树需求搭配适宜的肥料。少施或不施城市工业垃圾和污泥，科学施用过磷酸钙、钙镁磷肥，发展绿肥，适当增大有机肥的投入。

1. 控制污染源

为避免重金属造成的污染，在大量投入磷、钾、有机肥及微肥时，应注意砷、铬、铅等有害元素的引入，相关标准值见表 5-3、表 5-4。同时也要求我们施肥时对于肥料的用量、种类等都要有着严格的把关。对此，可以采用以下手段。

表 5-3		土壤环境质量标准值			单位：mg/kg
项目		一级	二级			三级
		自然背景	pH<6.5	pH6.5~7.5	pH>7.5	pH>6.5
镉	≤	0.2	0.3	0.3	0.6	1
汞	≤	0.15	0.3	0.5	1	1.5
砷						
水田	≤	15	30	25	20	30
旱地	≤	15	40	30	25	40

续表

项目		一级	二级			三级
		自然背景	pH<6.5	pH6.5~7.5	pH>7.5	pH>6.5
铜						
农田等	≤	35	50	100	100	400
果园等	≤	—	150	200	200	400
铅	≤	35	250	300	350	500
铬						
水田	≤	90	250	300	350	400
旱地	≤	90	150	200	250	300
锌	≤	100	200	250	300	500
镍	≤	40	40	50	60	200

表5-4　　　　　　　　　我国某些磷肥中重金属元素含量　　　　　　单位：mg/kg

取样点	肥料	As	Cd	Cn	Pb	Sr	Cu	Zn
（鲁）德州市	普钙	51.3	1.4	464	170.4	330	60.6	215.3
（京）通州区	普钙	36.4	1.9	39.9	124.1	267	61.4	253.2
滇	磷矿粉	25	3.8	47.3	242.1	464.5	54.2	225.3
（浙江）义乌市	钙镁磷肥	6.2	—	1057.2	—	141.9	63.2	169.4
湘	铬渣磷肥	67.7	—	5144	—	189.5	48	768.8

（1）因土施肥　在拟定施肥建议时，必须严格按照茶树的营养特性、潜在产量和土壤的农化分析结果，来确定化肥的最适施用量。即要了解土壤肥力、了解茶树的营养特性，坚持看地力施肥、看作物施肥，这样才能做到合理施肥而不淋失，减少对生态环境的不良影响。

（2）配方施肥

①氮磷钾肥按比配施：研究表明，氮磷钾配施对茶叶产量和主要品质均有显著影响，且对于产量、游离氨基酸和茶多酚含量，均为氮肥影响最大，磷肥次之，钾肥较小。氮磷钾双因素施肥效应分析表明，氮磷互作对茶叶产量和茶多酚含量均有显著影响。

②有机-无机肥料配施：有机肥是营养比较齐全的肥料而且含有丰富的有机物，对改善土壤的物理性状，提高土壤养分具有重要作用。有机肥是供给微生物能量的主要来源，而化肥却能供给微生物生长发育所需的无机养料。因此，二者配合就能加强微生物的活性，促进有机物的分解，增加土壤中的速效养分，以满足作物生长的需求。有机-无机肥料配合施用符合我国肥源的国情，也是培肥土壤、建立高产、稳产茶园的重要途径。

但是有些有机肥，如人粪尿、畜离粪便往往带有各种病原菌、寄生虫卵并具有恶臭味，而绿肥、草肥常带有各种病菌、虫卵及杂草种子等。所以，有机肥通常需要经过无害化处理。有机肥料无害化处理的方法很多，主要有 EM 堆腐法、自制发酵催熟堆腐法、工厂化无害化处理等。接种有益菌种后进行堆腐和沤制，是有机茶园中有机肥无害化处理一种科学可行的方法。

（3）平衡施肥　在不同的缺素地区施以不同种类、浓度的肥料。例如，在当前钾肥亏缺较大的情况下，应当充分利用农家肥中的钾，以缓解土地钾素供应矛盾。同时发展我国高浓度复合肥料，以增加高浓度磷肥和氮磷复混肥为主攻方向，既起到调整氮磷比例，又起到逐步改变我国化肥品种结构以单一、低浓度为主的现状。

2. 改善茶园生态环境

在茶园沟边路旁、茶行空地种植豆科绿肥，既能净化空气、减少茶园受废气（物）的污染，又能开辟肥源，增加土壤肥力，提高茶叶产量质量。茶园合理补植珍贵乔木、彩色树种不仅改善了生态环境，提升了景观效果，还可以提高茶叶的品质，兼顾了生态与经济效益。

3. 实施土壤修复措施

对于已经受到化肥污染的土壤，应当采取相应的修复措施。由于土壤污染具有明显特殊性，因而土壤污染及其修复治理不太容易受到人们的重视。目前，国际上治理污染土壤主要采用物理、化学和生物三种修复方法。

（1）生物修复　生物修复是选取超富集性的特殊植物栽种到受重金属污染的土地上，通过植物的根系把土壤中的重金属吸出来。然后收获植物的地上部，对植物进行焚烧或冶炼，进行二次利用。如肥田萝卜、百喜草、香草等作物根系对铅、镉有很强的富集能力，经过多次间作富集，可使污染土壤逐步得到修复。多施用经过无害化处理，质量符合国家和行业标准的有机肥和 EM 发酵肥、放线菌等生物肥料，提高茶园土壤有机质含量和生物活性，促进土壤有机质对重金属的吸附和固定，加速对农药残留物质的降解速度，增强土壤自净能力。

（2）化学修复　化学修复是选择一些化学改良剂，改变土壤反应条件，或选择某些化合物与重金属元素起化学反应，以钝化污染元素在土壤中的活性，降低茶树对它的吸收。如白云石粉可钝化土壤铅的活性，硫酸亚铁可钝化砷的活性，磷肥可钝化汞的活性。但化学修复需注意避免土壤的二次污染。

（3）物理修复　物理修复主要措施是客土和换土。客土是选用一些肥力较高而未受污染的土壤来稀释受污染的土壤。换土是较彻底修复的方法之一。但这类措施工作量大、费工、成本高，也可能会破坏污染土壤场地结构。

茶叶产地的环境条件，是决定茶叶质量的重要依据之一。环境洁净，是无公害茶叶的理想产地。茶叶无公害生产基地，要求周围不存在环境污染源，并且土质肥沃，土层深厚，富含有机质，排灌条件良好。基地确定前，一般要对产地的大气、水质和土壤的环境质量进行监测。基地附近不能有工业“三废”排放，而且要远离交通干道。否则，不能建立茶叶无公害基地。此外，土壤重金属背景值高的地区，与土壤、水源环境有关的地方病高发区，也均不能作为无公害茶叶生产基地。总之，无公害茶叶生产基地，应选择在生态环境良好，远离污染源和具有可持续生产能力的农业生产区域。化肥污染作为茶园土壤污染的一个重要原因，理应受到更多的重视与防控。

第四节　茶树肥源的净化处理与资源化利用

有机肥的生产工艺主要包括两部分：一部分是对有机物料进行堆沤发酵和腐熟，目的是杀灭病原微生物和寄生虫卵，进行无害化处理；另一部分是对腐熟物料进行造粒生产，目的是使有机肥具有良好的商品性状、稳定的养分含量和肥效，便于运输、贮存、销售和施用。肥源的净化处理主要集中在发酵和腐熟环节，可利用生物热去害法、窒息去害法、药物去害等方法，以达到有机肥肥源净化的目的。本节重点介绍有机肥料肥源发酵的工艺流程及影响因素，肥源净化处理技术以及茶树肥源的资源化的利用。

一、肥源发酵的工艺流程及影响因素

（一）有机肥料常用发酵的工艺流程

传统的发酵技术多采用厌氧情况下的野外堆积法，但因其占地大、时间长等缺点，现代化的堆肥生产一般采用好气堆肥工艺，它通常经前处理、主发酵（一次发酵）、后发酵（二次发酵）、后处理及贮藏五个工序。

1. 前处理

当堆肥原料是家畜粪尿、污泥等时，调整水分和碳氮比，或者添加菌种和酶是其前处理的主要任务。但当堆肥原料是城市生活垃圾时，必须要有破碎和分选前处理工艺，因为垃圾中含有大块的和非堆肥物质，要通过破碎和分选，调整垃圾的粒径，去除非堆肥物质。

2. 主发酵

主发酵（一次发酵）进行的场所可在露天或发酵装置内，通过翻堆式强制通风的堆积层或发酵装置内供给氧气。在露天堆肥或发酵装置内堆肥时，主发酵的发酵过程主要依赖于原料和土壤中的微生物所进行的作用。首先是使易分解物质分解，如简单糖类、淀粉、蛋白质、氨基酸等，产生二氧化碳和水，同时产生热量，不断提高堆温，这些微生物利用有机物中的 C 和 N 作为其营养成分。而在细菌的自身繁殖过程中，不断地将细胞中吸收的营养物质进行分解而产生热量。

3. 后发酵

后发酵期的主要任务则是进一步将主发酵期的半成品，如尚未分解的易分解有机物和较难分解的有机物进行分解，使之变成较为简单、较为稳定的有机化合物腐殖酸、氨基酸等，得到完全成熟的堆肥制品。后发酵期的方法一般是将物料堆积到 1~2m 高进行发酵而且要安装防雨水流入装置。对于要进行翻堆和通风的场合，通常不进行通风，而是每周进行一次翻堆。

4. 后处理

在堆肥经过主发酵和后发酵后，几乎所有的有机物都变细碎和变形，数量减少了。

然而，城市生活垃圾有其特殊性，存在极难分解和不能分解的物质如塑料、玻璃、陶瓷、金属、小石块等在预分选工序没有去除。因此，还需要添加一道分选工序，把这些杂物去除，并根据需要进行再破碎（如生产精制堆肥）。

5. 脱臭

由于化学反应，在堆制过程和结束后部分堆肥工艺和堆肥物，会产生臭味，这些臭味必须进行脱臭处理。去除臭气的方法主要有化学除臭剂除臭，碱水和水溶液过滤，熟堆肥或活性炭、沸石等吸附剂过滤。另外，可将熟堆肥覆盖在露天堆肥的表面，以防止露天堆肥臭气逸散。生产中常用的是安装堆肥过滤器，其作臭原理是臭气通过该装置时，恶臭成分会被熟化后的堆肥吸附，吸附后的臭气会被其中的好氧微生物分解而将臭味脱掉，也可用特种土壤代替堆肥使用。

6. 贮藏

堆肥使用的时间一般是在春秋，所以在夏冬就必须积存。堆肥贮存的方式可直接堆存在发酵池中或袋装，如果要建存 6 个月则要求干燥而透气，因为堆肥受潮会影响制品的质量。

(二) 有机肥料发酵过程的影响因素

影响堆肥的因素很多，主要归纳起来有以下几方面。

1. 有机质含量

微生物赖以生存和繁殖的一个重要因素是有机物，堆肥反应有其固有的特性是它需要一个合适的有机物范围。研究表明，堆肥在高温好氧的环境中，适合堆肥的物质其有机物含量应达到 20%~80%。当有机物含量低于 20% 时，在堆肥过程中产生的热量并不足以提高堆层的温度而达到堆肥的无害化，使有害细菌死亡。低温不利于堆体中高温分解微生物的繁殖，也不能够提高堆体中微生物的活性，最后导致堆肥工艺的失败。相反，当堆体有机物含量高于 80% 时，由于高含量的有机物在堆肥过程中微生物对氧气的需求量很大，而实际供氧量难以达到要求，往往导致堆体处于厌氧状态产生恶臭，也不能使好氧堆肥顺利进行。有研究者曾用城市垃圾和污泥混合堆肥，这样做的好处是在利用垃圾提高堆体中孔隙率的同时，还利用了污泥提高了堆体中的有机质含量，更重要的是，可以缓解现代城市的垃圾和污泥两大问题。

2. 水分

除了有机质，在堆肥过程中，水分也是一个不可或缺的物理因素，在这里，整个堆体的含水量称为水分含量。水分的主要作用是可以作为溶解有机物的溶剂，参与微生物的新陈代谢。另外，水分在蒸发时还可带走大量热量，起调节堆肥温度的作用。水分的控制十分重要，水分的多少，除了能直接影响好氧堆肥反应速度的快慢，还能影响堆肥的质量，甚至关系到好氧堆肥工艺的成败。

在堆肥期间，如果水分含量低于 10%~15%，细菌的各种代谢作用会普遍停止；含水量太高，会使堆体内空隙减少，通气性差，导致厌氧状态和臭味的产生，减慢降解速度，延长堆腐时间。研究表明，在堆肥的主熟期初期含水率一般为 50%~60%。在堆肥的后熟期阶段，若将堆体的湿度保持在一定的水平，同时减少灰尘污染，可利于细菌和放线菌的生长而加快后熟。

3. 温度

温度不仅仅决定了堆肥系统内微生物活动程度，而且也是影响堆肥工艺过程的重要因素。堆肥温度上升的原因主要是其内微生物进行分解有机物而释放出热量。堆肥初期，堆体中温度基本呈中温，此时堆体中的嗜温菌生长和繁殖速度较快。它们在代谢过程中，将一部分有机化合物转化成热量，使堆体温度不断上升，在 1~2d 后可以达到 50~60℃。在此温度下，嗜温菌生长受到抑制，大量死亡，嗜温菌被嗜热菌取代，嗜热菌的繁殖进入激发状态。由于嗜热菌的大量繁殖和温度的明显提高，使堆肥发酵直接由中温进入高温，并在高温范围内稳定一段时间。堆肥中的寄生虫和病原菌在这一温度范围内被大量杀死。

堆肥发酵是由各种微生物进行的，所以反应进行的温度是最适宜的范围，温度过高或过低都会使反应速度变慢，延长堆肥时间。一般而言，不同种类微生物的生长对温度要求不同。如，嗜温菌在 30~40℃ 条件下生长最快，而嗜热菌发酵最适合温度是 45~60℃。进行高温堆肥时，当温度超过 65℃ 时微生物即进入孢子形成阶段，因为形成的孢子是休眠的，就使物料分解速度变慢，在高温下，形成的孢子几乎不能再发芽繁殖，所以要避免这种情况的发生，使高温堆肥温度控制在 45~60℃。基于上述原因，堆肥过程中温度控制是十分必要的。在好氧堆肥中，一般是通过控制供气量来调节温度达到最适宜的范围。

4. 通气量

好氧堆肥成功也由提供气的量决定。供气的作用主要表现在以下 3 个方面：第一，为堆体内的微生物提供生命必需的氧气。如果堆体内的氧气含量不足，微生物处于厌氧状态，使降解速度减缓，产生 H_2S 等臭气，同时微生物活动减缓，使堆体温度下降；第二，调节温度。微生物反应而产生的高温对堆肥发酵很重要，但如果是快速堆肥，不能有长时间的高温，就要靠强制通风来解决温度控制的问题；第三，降低水分含量。在堆肥的前期，有机物降解主要是通过提供微生物 O_2 进行氧化分解。在堆肥的后期，为了冷却堆肥及带走水分，堆肥体积、重量减少，则应加大通气量。

鼓风或抽气是通风的常用方式。鼓风的优势是有利于水分及热量散失，抽气的优势是可统一处理堆肥过程中产生的废气，减少二次污染。但两种方式各有缺点，最好的办法是在堆肥的前期采用抽气方式以处理产生的臭气，在堆肥后期采用鼓风方式减少水分含量。

5. 碳氮比

堆肥原料的碳氮比，能够影响成品堆肥中的碳氮比［一般要求（10：1）~（20：1）］和在堆肥过程中物料的分解速度，所以要调整好，如生活垃圾碳氮比一般在24：1 左右。常采用的调整方法有加入人粪尿、牲畜粪以及城市污泥等。

6. 碳磷比

磷作为磷酸和细胞核的重要组成元素，也是生物能 ATP 物重要组成，一般堆肥中较适宜的 C/P 要求在（75~150）：1。

7. pH

pH 对微生物的生长以及酶的活性也有重要影响，一般微生物最适宜的 pH 是中性或弱碱性，若堆肥 pH 太高或太低都会使其处理遇到困难。作为对微生物环境估价参数的 pH，在整个堆肥过程中，它是随时间和温度的变化而变化。在堆肥初始阶段，pH 因有机酸的生成可降至 5.0，然后废物堆肥在好氧状态下可上升至 8~8.5，在厌氧状态，则 pH 会继续下降。此外，因 pH 在 7.0 时，氮以氢氧化铵的形式逸入大气，pH 也会造成氮素的损失。但在一般情况下，堆肥过程的缓冲作用，能使 pH 稳定在可以保证好氧分解的酸碱度水平。污泥堆肥的最合适 pH 范围一般在 6~9 之间。

二、有机肥料的肥源净化处理技术

据有关资料统计，一般有机肥料中含微生物约占 10%。这就表明每 10t 有机肥料中就有 1t 微生物。一般厩肥中含有大量的微生物称作腐生菌，它们混杂在土壤中，这类菌通常是无害的。除此以外，有不少病原菌通过病畜或病愈牲畜的排泄物而转到有机肥料中，这些病原菌有炭疽、破伤风、坏死杆菌病、布鲁士杆菌病、口蹄疫、瘟病、丹毒、传染性贫血、鼻疽、流行性淋巴管炎等。农作物的某些病原菌也是通过饲料→牲畜→粪便→土壤的途径而传染的。它们可以无阻碍地通过牲畜的消化道，随着粪便而进入土壤，在条件合适时，又侵入农作物而使农作物感染病害。

有机肥料中含有各种病原菌生存所必需的养分和能量，它们可以长期贮存，当有机肥料腐烂时，这些病原菌也不致死亡，相反地它长期栖居在土壤中，如炭疽的芽孢，在土壤中可以保存十余年之久。猪流行性感冒的病毒，可以透入到病猪肠内的寄生蛔虫卵内，被感染的寄生蛔虫卵，可以通过猪粪而进入土壤。蚯蚓可以吞食寄生蛔虫卵，当猪吃了蚯蚓后，立即患流行性感冒。如果猪粪不经过无害化处理，就不能消灭猪流行性感冒的病毒。

有机肥料中有大量的杂草种子，有研究表明，平均 500g 新鲜厩肥有杂草种子 8.3~12.5 粒。因此农田中施用新鲜厩肥，就等于播种了杂草，它不仅消耗农田土壤养分、水分，直接影响农作物正常生长，严重时则导致减产，而且还要消耗除草的劳力和能量。必须指出，从有机肥料中带入土壤中的杂草种子，无论是数量或成分都有较大的差异（表 5-5），由此可见，有机肥料的利用必须建立在无害化处理的基础上，从环境卫生和农业利用观点来考虑，只有无害的有机肥料才可以施入农田。

表 5-5　　　　　　　　　　　不同牲畜粪带进土壤中的杂草种子量

肥料	杂草种子量/(万粒/亩)	肥料	杂草种子量/(万粒/亩)
马粪	6	羊粪	4
牛粪	17.6	鸡粪	5.2
猪粪	11.6		

注：每亩有机肥施用量为 2665kg。

有机肥料的几种无害化处理方法如下。

1. 生物热去害法

生物热去害法是最经济、简便、有效的有机肥料无害化处理方法。生物热去害法实质上就是高温堆肥法。有机肥料堆腐时，由于微生物分解有机质而释放出生物热，堆肥中产生的高温，可以消灭某些病原菌和杂草种子，达到无害化的目的。

有机肥料堆腐初期，堆肥中以中温性微生物群落占优势，堆肥的温度一般都低于50℃，这个阶段无害化效果较差。随着有机质的继续分解，生物热的释放，堆内温度不断地提高，中温性微生物被高温好热性纤维素分解菌所代替，堆肥的温度进入60~70℃高温期，这是有机肥料无害化的主要阶段。各种病菌虫卵经过10~20min都可相继死亡（表5-6）。

表5-6　　　　　　　　　　　高温堆肥对人粪尿的净化效果

病菌或虫卵	堆肥温度/℃	处理时间/min	处理效果
痢疾杆菌	60	10~20	死亡
伤寒杆菌	60	10	死亡
结核杆菌	60	15~20	死亡
钩虫卵	55	1	死亡
蛔虫卵	55	10	死亡
血吸虫卵	53.5	1	死亡

据中国医学科学院卫生研究所资料表明，用高温堆肥进行人粪尿的无害化处理，堆肥的温度可以维持在50~55℃以上，持续时间5~7d为宜。国外资料表明，对猪粪中的蠕虫卵和幼虫，必须在55~60℃以上持续1~2d才可死亡。马粪中的副伤寒性流产病原菌，经过生物热处理21d可消灭，猪粪中猪丹毒和出血性败血症菌，经过7d也死亡，但牛粪中的布鲁士杆菌，用生物热法处理，分别经过56d、45d、300d，仍可保持一定的活力和毒性。因此，牲畜的传染病菌和寄生蜗虫的病原体，对高温的抵抗力也各不相同（表5-7）。

表5-7　　　　　　　　　　　高温堆肥对牲畜粪便的净化处理

病菌名称	堆肥温度	处理时间	处理效果
巴氏杆菌	60~70	1~2d	死亡
猪丹毒杆菌	55~60	7d	死亡
副伤寒菌	60~70	1~2d	死亡
猪瘟病毒	60~70	12h	死亡
副伤寒性流产菌	60~70	21d	死亡

由此可见，采用高温堆肥无害化处理，人类尿的效果比家畜粪尿快。近年来，由于城市人口的增长，蔬菜种植面积扩大，菜区对城市人粪尿的利用也十分迫切，因此必须加强对城市人粪尿的无害化处理，以保证人民的身体健康。

2. 窒息去害法

窒息去害法是利用嫌气、绝氧的环境，以改变各种病菌、虫卵和杂草种子的生存条件，并强烈地抑制而窒息死亡。最常用的窒息去害方法，就是沤肥和沼气发酵。据浙江卫生实验院资料报告，嫌气条件下，伤寒杆菌只能生存 2 周。霍乱、痢疾等病菌生活不到 2 周。血吸虫卵夏季半个月冬季一个月均已死亡。钩虫卵 2~4 周即可死亡。蛔虫卵不易全部消灭但已失去活力。另外，沤肥或沼气发酵时，在静止或流动缓慢的情况下，虫卵的密度大于粪液的密度而沉降。每次取上部粪液作肥料，延长虫卵在底部粪渣内的贮存时间以达到杀灭的作用。

我国采用三格化粪池、沼气池、粪尿混合密封贮存法、沤肥、草塘泥等，都可以作为人粪尿窒息去害处理法，特别是沼气池可将人畜粪尿混合发酵处理，收到多方面的效果。

以上方法应根据我国各地农村实际情况，因地制宜选择使用。

3. 药物去害法

药物去害法是采用对农作物无害又价格低廉的化学药物、草药，加入人畜粪便中，达到杀灭病菌和寄生虫卵的目的。常用的药物如下：

（1）敌百虫　50kg 人粪尿加入 50% 敌百虫 1g，搅匀，气温在 20℃ 以上时，24h 内，血吸虫卵全部杀死。气温低于 20℃，时间延长到 48~72h，用量为 50kg 人粪尿加入 50% 敌百虫 300g 才有效。

（2）氨水　50kg 人粪尿加入 15% 的农用氨水 0.5~1kg，加盖密封，气温大于 20℃，血吸虫卵 24h 杀死完，低于 20℃ 则延长到 48h 才有效。

（3）尿素　50kg 人粪尿加入尿素 0.5kg，加盖封闭 3~5d，可以杀死 95% 以上血吸虫卵。

（4）漂白粉　对患有肠道传染病的人，用 1/5~2/5 漂白粉，或 20% 漂白粉乳剂，2h 后可杀死肠道传染病菌和肝炎病毒。

4. 焚毁去害法

从兽医卫生观点看，焚毁去害法是最彻底的无害化方法，它可以消灭一切传染性的病毒、虫卵、杂草种子。但焚毁失去了对有机废弃物的肥料利用，这无疑也是一种损失。因此，在一般能用生物热去害、窒息去害、药物去害有效的情况下不采用此法。但对一些无法处理的危险性的病毒如炭疽杆菌等可以采用，以彻底消灭这些难以去除的传染性病菌，保障牲畜的健康。

三、茶树肥源的资源化利用

肥源的资源化处理是指将一些不可用废弃物中一部分不可降解的无机物，控制一定条件，让其在微生物的作用下，降解转化为稳定的腐殖物。将各种废弃物处理成有机肥料，从源头消除了废弃物，减轻各种废弃物给环境造成的压力，避免二次污染，而且在解决废弃物处理问题的同时，又为农作物和园林等提供必要的肥料，从而实现废弃物的无害化、减量化和资源化。在实现废弃物堆肥资源化利用的同时，需要注意堆肥产品的使用对象，避免使用不当带来的影响。常见的茶树有机肥如下。

（一）禽粪

禽粪系家禽和海鸟排泄的粪便，主要分家禽粪和海鸟粪两大类。家禽粪为鸡、鸭、鹅和鸽子的粪尿，是一种优质有机肥料。近来大型养鸡场中的鸡粪及冲洗废水数量急剧增加，但一般可以经过加工，去除重金属元素，制成精制有机肥。

家禽粪与牲畜粪尿有所不同：家禽的粪尿是混合排出的，不能分存；由于家禽是杂食性动物，饮水少，家禽粪中的养分比牲畜粪尿高。家禽的排泄量和养分含量随家禽种类和食物的不同而异。在各种家禽中，以鸡鸽粪的养分含较高，而鸭、鹅粪的养分较低。家禽粪中还含有氨基酸、核酸、可溶性糖、维生素、酶以及钙、镁、多种微量元素。家禽粪中的氮主要以尿酸态氮的形态存在，尿酸态氮容易分解成铵态氮，在积存和施用中要注意保氮，防止氮的挥发损失。

同时，家禽粪易传播病菌和虫害，所以应经过堆制处理，以预防病虫害传播。家禽粪属热性肥料，在分解过程中易产生高温，一般可用泥土、泥炭或与堆、尿肥等有机肥混合堆腐施用，多用作追肥，也可作基肥，腐熟的家禽粪也可作种肥，以条施或穴施等集中施用效果较好，每公顷用量 375~750kg。

（二）海肥

海肥是一类地方性肥料，由沿海地区动物性植物性或矿物性物质构成。施用的效果也因种类不同、成分各异而不同。各地海产加工的废弃物（如鱼杂、虾糠），以及海星、蛏蚬等不能食用的海生动物，海藻、海青苔等海生植物，还有矿物性海泥等，都可作为良好的肥源。

1. 动物性海肥

动物性海肥包括鱼虾贝等水生动物的遗体和水产品加工的废弃物。其中，鱼肥油脂较多，富含蛋白质、磷酸三钙和磷脂，因而须经压碎脱脂或沤制待其腐烂，一般先倒入大缸或池内，加水 4~6 倍，搅拌均匀后加盖沤制 10~15d，腐熟后对水 1~2 倍，掺混在堆肥、厩肥、土粪中腐解后施用，可以作基肥或追肥，浇施或干施均可，纯鱼虾肥施用量为 10~15kg/亩。贝壳类海肥是优质的石灰质肥料，可将其掺入堆、厩肥中，用于改良酸性土壤。动物类海肥养分含量见表 5-8。

| 表 5-8 | 动物类海肥的养分含量 | | 单位：% |
种类	有机质	氮（N）	磷（P₂O₅）	钾（K₂O）
鱼杂	69.84	7.36	5.34	0.52
鱼鳞	—	3.59	5.06	0.22
鱼肠	65.4	7.21	9.23	0.08
杂鱼	28.66	2.76	3.43	—

2. 植物性海肥

植物性海肥含有较多的盐分，包括海藻和海青苔等。宜先晒干切碎与其他有机肥料混合沤制，待其充分腐解后，主要作为基肥施用。我国是世界上最大的海藻生产国，海藻资源非常丰富，年产海藻 490 万 t，占世界总产量的 61% 以上。海藻肥是天然的有机肥，用作肥料的海藻一般是巨藻、泡叶藻、海囊藻等大型经济藻类。海藻不含杂草种子及病虫害源，用作堆肥，可有效防止杂草及病虫害发生。海藻肥料的有机质含量超过 10%，施用后使土壤的有机质大大增加，便于土壤团粒结构的形成，从而增强了土壤的通透性，有利于土壤中微生物菌群的繁殖和生长，不但从根本上提高了地力，而且也提高了肥料的利用率。另外，海藻肥料中存在海藻多糖、甘露醇、细胞分裂素、赤霉素等大量的活性物质，能有效地调节、平衡和刺激作物吸收营养的速率，从而促使其快速生长。此外，经过特殊处理后，海藻肥所含的碘、钾、钠、钙、镁、锰、钼、锌、铁、硼、铜等元素转变为极易被植物吸收的活性状态，这些元素进入植物体后能被作物迅速吸收利用，从而达到促长增产的效果。

3. 矿物性海肥

矿物性海肥包括海泥、苦卤等。海泥盐分较多，质地细软，有腥味，由海中动植物遗体和随江河水入海所带来的大量泥土、有机质等淤积而成。应经过晾晒使得其中有毒的还原性物质被氧化后再施用，或与堆、厩肥混合堆区 10~20d 后作基肥。苦卤的主要含氯化镁、氯化钠、氯化钾及硫酸镁等成分，一般与其他有机肥料掺混或堆沤后施用，但不宜用于排水不良的低洼地或盐碱地。

4. 海产品废弃物提取物

当前，利用海水养殖业的副产品或下脚料提取工农业用的原料成为一项新兴产业。从肥料角度来说有两个大方向，一是利用虾蟹壳提取壳聚糖，二是利用海藻提取海藻酸。

(三) 城市肥料

城市肥料是城市的垃圾、人粪稀和污水的总称。据粗略估计，一个 100 万人口的城市，每年可提供 25 万 t 垃圾、20 万 t 人粪稀以及 200 万~300 万 t 生活污水（包括污泥），三项总计年产城市肥料 245 万~345 万 t，可以解决 18 万~20 万亩农田的有机肥料，同时可灌溉农田约 5 万余亩，一般城市肥料大多用作近郊区蔬菜的肥料。

(四) 饼肥

含油较多的种子提取油分后的残渣用作肥料用时称为饼肥。饼肥含有丰富的营养成分。

我国的饼肥主要有大豆饼、菜籽饼、花生饼、茶籽饼、粕籽饼等，饼中含有 75%~85% 的有机质，含氮 1.11%~7.00%、五氧化二磷为 0.37%~3.00%、氧化钾为 0.97%~2.13%，还含有蛋白质及氨基酸等。菜籽饼和大豆饼中，还含有 6%~10.7% 的粗纤维，0.8%~11% 的钙及 0.27%~0.70% 的胆碱。此外，还有一定数量的烟酸及其他维生素类物质等。

饼肥中的氮和磷均属迟效性养分，其中氮以蛋白质形态存在，磷以植酸及其衍生物和卵磷脂等形态存在。

油饼含氮较多，碳氮比较低，易于矿质化。因为含有一定量的油脂，油饼的分解速度较慢。在厌氧条件下，不同油饼的分解速度不同。

饼肥的分解及氮素的保存也受土壤质的影响。砂土有利于分解，但保氮较差；黏土前期分解较慢，但有利于氮素保存。

长期施用有机肥料是农业生产上合理施肥和改良土壤的重要措施之一，特别是当前无公害农产品、绿色食品和有机食品的生产更为重视和强调有机肥科的施用问题，但必须指出，与化学肥料相比较，有机肥尚有不足之处，两大类肥料各有各的特点。

①有机肥料含养分全面，但养分含量低，不能满足作物高产和旺长期对养分的需

求；化学肥料含养分比较单一，但养分含量高。

②有机肥料含有机质，能改良和培肥土壤；化学肥料仅能供给作物矿质营养，一般无培肥改土作用，有些化肥甚至含有副成分，长期施用会给土壤带来不良影响。

③有机肥料养分释放缓慢，供肥时何长；化学肥料养分释放快，但肥效不持久。

④有机肥料含有一定水分，体积大，运输和施用不如化学肥料方便，多数有机肥料需要腐熟或者经无害化处理后施用。

有机肥料的优点正是化学肥料的缺点。长期的农业生产实践和科学试验表明，在施用有机肥料的基础上，配合施用化学肥料，能达到增加产量和不断培肥土壤的需要，其社会效益和经济效益会更好。根据我国肥料资源的特点和农业可持续发展的要求，也需要大力倡导和长期坚持以有机肥为主、有机肥料和化学肥料相配合的施肥方针。

第五节　茶叶产品安全标准与肥料使用

茶叶标准是各产茶国与消费国，根据各自的生产水平和消费需要，对进出口茶叶规定的检验项目和品质指标。各国的茶叶标准和国际茶叶标准都是通过经济立法手续，作为经济法律予以公布的，对内作为生产的规范和准绳，对外作为双边贸易或多边贸易的品质指标和执行品质检验的技术依据。对生产和贸易都起着提高和促进作用，同时对维护消费者的利益起到保障作用。

一、茶叶产品安全标准

(一)国际茶叶安全卫生标准

茶叶国际组织标准主要有 ISO（国际标准化组织）、CAC（国际食品法典委员会）和 FAO（联合国粮农组织）。

国际标准化组织（ISO）涉及茶叶产品标准有 ISO 3720：1986《红茶——定义和基本要求》对红茶产品的水溶物、总水分、水溶性灰分、水溶性灰分碱度、酸不溶灰分各粗纤维做了限量规定，对品质相关的化学成分的检测方法也制定了标准。

国际食品法典委员会（CAC）中有 24 项农残限量（表 5-9），与我国共同制定的农药标准有 12 项。

表 5-9　　　　　　　　　　　　　茶叶农残限量 CAC 标准

序号	农药	最大残留限量（MRL）/（mg/kg）	序号	农药	最大残留限量（MRL）/（mg/kg）
1	百草枯	0.2	7	溴氰菊酯	5
2	杀扑磷	0.5	8	茚虫威	5
3	丙溴磷	0.5	9	炔螨特	5
4	噻虫胺	0.7	10	硫丹	10
5	毒死蜱	2	11	氯氰菊酯	15
6	甲氰菊酯	3	12	乙螨唑	15

续表

序号	农药	最大残留限量（MRL）/（mg/kg）	序号	农药	最大残留限量（MRL）/（mg/kg）
13	噻螨酮	15	19	唑虫酰胺	30
14	氟虫脲	20	20	三氯杀螨醇	40
15	氯菊酯	20	21	氟苯虫酰胺	50
16	噻虫嗪	20	22	吡虫啉	50
17	联苯菊酯	30	23	螺甲螨酯	70
18	噻嗪酮	30	24	唑螨酯	8

联合国粮农组织（FAO）标准对茶叶中的农药残留量限量标准有 10 项（表 5-10）。

表 5-10　　　　　　　　FAO 制定红、绿茶中农药残留限量标准

序号	农药名称	最大残留限量/（mg/kg）	序号	农药名称	最大残留限量/（mg/kg）
1	甲基毒死蜱	0.1	6	杀螟硫磷	0.5
2	氯氰菊酯	20	7	氟氰戊菊酯	20
3	溴氰菊酯	10	8	杀扑磷	0.5
4	三绿杀螨醇	50	9	氯菊酯	20
5	硫丹	30	10	克螨特	10

（二）国内茶叶安全卫生标准

21 世纪来，随着科学技术的进步和人们生活水平的提高，安全卫生质量开始得到高度重视，1988 年，我国发布了 GB 9679—1988《茶叶卫生标准》对铅、铜、六六六、滴滴涕进行了限量，2001 年农业部发布了无公害食品茶叶标准，对 13 种农药和 2 种有毒有害元素做了限量要求，2003 年农业部发布了 NY 659—2003《茶叶中铬、镉、汞、砷及氟化物限量》，NY 660—2003《茶叶中甲苯威、丁硫克百威、多菌灵、残杀威的紧大残留量》，NY 661—2003《茶叶氟氯氰菊醋和氟氰戊菊酯的最大残留量》标准。同年公布了 GB 19296—2005《茶饮料卫生标准》，2005 年发布 GB 8302—2005《食品中污染物限量》、《食品中农药最大残留量》标准中规定了 9 种农药残留及稀土和铅的限量指标。

（三）茶叶产品质量要求

为了保证茶产品的质量安全，国家有关部门相继发布、实施了有关茶产品的标准。农业部于 2000 年起组织实施了"无公害食品行动计划"，并于 2001 年发布了 NY 5017—2001《无公害食品　茶叶》等一系列无公害茶相关国家农业行业标准，并于 2004 进行了修订，发布了新的无公害茶产品标准 NY 5244—2004《无公害食品　茶叶》（2013 年此标准被废除）。同时，为了进一步提高无公害产品的层次，农业部专门成立了绿色食品办公室，也制定了 NY/T 288—2002《绿色食品　茶叶》等标准，随着对农

药残留的要求日趋严格，又于 2012 年发布了新的 NY/T 288—2012《绿色食品　茶叶》标准。为了进一步整合有关标准，从国家食品安全的角度出发，卫生部于 2005 年发布了 GB 2762—2005《食品中污染物限量》和 GB 2763—2005《食品中农药最大残留限量》，由于这些年来有关部门出台了许多标准，这些标准之间出现了重复甚至冲突。因此，国家卫计委联合农业部（后调整为农业农村部）于 2017 年、2019 年发布了新的食品安全国家标准 GB 2762—2017《食品安全国家标准　食品中污染物限量》和 GB 2763—2019《食品安全国家标准　食品中农药最大残留限量》，与茶叶有关的污染物见表 5–11，并将茶叶纳入到饮料类食品中，明确了茶叶是饮料类食品中的一类。国家标准是强制标准，任何茶产品必须达到这一标准的要求。

表 5–11　　　　　　　　　食品中污染物限量（GB 2762—2017）

项目	限量/（mg/kg）	项目	限量/（mg/kg）
铅	5.0	稀土	2.0

有机食品、绿色食品与无公害食品三者之间属于一种"金字塔"式的等级关系。其中有机茶是塔尖，有机食品是根据国际有机农业运动联合会（LFOAM）基本要求来制订标准的，按照欧盟 EC2092/91 规定进行生产加工，而绿色食品执行的是中国农业部行业标准，前者具有国际性，后者具有国内性。无公害食品是按照相应生产技术标准生产的经有关部门认定的安全食品，严格讲，无公害食品是一种基本要求。三者安全指标比较见表 5–12。

表 5–12　　　　　无公害食品茶叶、绿色食品茶叶、有机食品茶叶安全指标　　　单位：mg/kg

项目	无公害茶	绿色食品茶	有机茶
甲胺磷	不得检出	不得检出（<0.01）	<LOD$^\alpha$
乙酰甲胺磷	不得检出	不得检出（<0.01）	<LOD$^\alpha$
氰戊菊酯	不得检出	不得检出（<0.02）	<LOD$^\alpha$
三氯杀螨醇	不得检出	不得检出（<0.01）	<LOD$^\alpha$
氯氰菊酯	≤0.1	≤0.5	<LOD$^\alpha$
甲氰菊酯	≤0.02	≤5.0	<LOD$^\alpha$
溴氰菊酯	≤5.0	≤5.0	<LOD$^\alpha$
联苯菊酯	≤5.0	≤5.0	<LOD$^\alpha$
六六六（HCH）	≤0.2	≤0.05	<LOD$^\alpha$
滴滴涕（DDT）	≤0.2	≤0.05	<LOD$^\alpha$
杀螟硫磷	≤0.05	不得检出（<0.01）	<LOD$^\alpha$
乐果	≤0.2	不得检出（<0.05）	<LOD$^\alpha$

续表

项目	无公害茶	绿色食品茶	有机茶
敌敌畏	≤0.1	不得检出（<0.03）	<LOD$^{\alpha}$
铜（以 Cu 计）	≤40.0	≤30.0	≤30.0
铅（以 Pb 计）	≤2.0	≤5.0	≤2.0，紧压茶≤5.0

注：①引自 DB440300/T 22—2002、NY/T 288—2018、NY 5196—2002；②LOD 表示仪器最小检出量；③α 为指定方法检出限。

无公害茶的基本要求是安全、卫生，对消费者的身心健康无害。无公害茶叶生产的中心内容是不用或减少使用化学农药、肥料，从源头上减少茶叶中农药残留，以及生产对环境带来的污染。因产品不同，无公害茶、绿色食品茶和有机茶的产品质量与肥料的施用要求有所差异。要进行优质茶的生产，必须严格按肥料的施用要求进行规范，只有在施肥的各个环节都做好了才能使茶叶的产品质量符合这类茶的标准要求。

二、肥料的施用要求

(一) 高产优质茶园肥力指标

高产优质高效益茶园除了土壤养分含量丰富、彼此协调之外，还需要其他方面条件配合。综合各地高产茶园土壤的特点，可以归纳为：深厚疏松的有效土层，其耕作层土壤疏松、肥厚，亚耕层和底土层不坚实，有一定的通透性；土壤呈酸性，有机质和其他营养元素丰富；土壤水、肥、气、热相协调。现就高产优质茶园的土壤理化指标归纳如下：

1. 物理性质指标

（1）土层深度　土层深度为有效土层大于 80cm。

（2）土壤质地　砂性壤质土。

（3）容重表土　容重表土为 $1.0 \sim 1.2 g/cm^3$、心土层 $1.2 \sim 1.3 g/cm^3$、底土层为 $1.3 \sim 1.5 g/cm^3$。

（4）三相比　固：液：气三相比，表土层为 50：20：30 左右，心土层为 50：30 左右，底土层为 55：30：15 左右。

（5）总孔隙度　表土层为 50%~60%，心土层为 45%~50%，底土层为 35%~50%。

（6）渗水情况　渗水情况为不积水。

（7）水稳性团聚体　直径>0.75mm 的水稳性团聚体含量>50%。

2. 农化指标

（1）土壤酸度　pH 4.5~6.5。

（2）土壤有机质含量　有机质含量大于 20g/kg。

（3）全氮含量　全氮含量大于 1.5g/kg。

（4）碱解氮　碱解氮大于 120mg/kg。

（5）有效磷　盐酸一氟化铵法提取大于 10mg/kg。

（6）速效钾　醋酸铵浸提取法大于 100mg/kg。

（7）有效镁　有效镁大于 40mg/kg。

（8）有效锌　有效锌大于 1.5mg/kg。

（9）有效硼　有效硼大于 0.5mg/kg。

（10）有效铝　有效铝大于 0.1mg/kg。

（11）交换性铝　交换性铝 30~40mmol/kg。

（12）交换性钙　交换性钙小于 40mmol/kg。

（13）重金属含量　重金属含量应符合 NY/T 853—2004《茶叶产地环境技术条件》要求。

3. 生物学指标

（1）有益微生物菌数大于 0.5 亿个/g。

（2）蚯蚓数量多。

（3）酶活性强。

在上述指标中，茶园土壤环境质量指标是指令性的强制性指标，也就是说要进行可持续优质高产茶生产，其重金属含量必须达到规定的限量标准。其他的指标，如物理、农化和生物学指标，都是参考性指标。在生产中，有些茶园土壤的理化性质不一定全都能达到上述指标，这就必须在土壤管理中不断地进行培育，达标项目越多，土壤肥力就越高，茶叶品质和产量也就越高，可持续生产的时间就越长。

在生产中，也可能遇到土壤理化性质的多数项目都已达到或超过上述指标，而只有一项或几项指标很低，从而使它成为低产、低质茶园的现象。这一项或几项的性质指标就成为优质高产可持续发展茶园的限制因素，只有排除这些限制因素，其他性质的肥力指标才能发挥更好的作用。如土壤有效土层深度，土壤 pH，钙、铝含量，是否积水等，对其他理化性质的肥力最具有限制性，在茶园土壤管理中必须排除这些不良限制因素，同时还要注意对其他理化性质的培育。

随着生产种植茶园土壤肥力会不断地发生变化，可能会出现新的限制因素。因此，在可持续发展优质高产茶园土壤的管理过程中，要随时对土壤的理化性质和生物学特性进行定期、定点的监测，根据检测结果调整土壤的管理技术，使其各项指标向更高的方向转化，从而使茶园土壤的综合肥力不断提高，不断改善茶叶品质，提高产量，增加生产效益。

（二）绿色食品茶的施肥准则

目前，绿色食品茶在国内还没有国家标准，其生产统一按绿色食品 NY/T 391~394 的 4 个行业标准进行。合理施用肥料是生产绿色食品的重要环节，对食品安全、保护环境条件具有重要意义。因此，为了确保绿色食品质量安全和保持生产基地的环境条件，农业部特制定了 NY/T 394—2013《绿色食品　肥料使用准则》，绿色食品茶生产的施肥，必须严格按这一施肥准则进行。

1. AA 级绿色食品茶的施肥准则

（1）肥料使用必须满足茶树对营养元素的需要，有足够数量的有机物质返回土壤，以保持或增加土壤肥力及土壤生物活性。由于绿色食品茶是安全、优质和营养良好的茶叶，所以有机或无机（矿质）肥料，尤其是富含氮的肥料，应对环境和茶叶（营养、味道、品质和茶树抗性）不产生不良后果，方可使用。

（2）就地取材、就地处理、就地使用各种有机肥料。如含有大量生物物质、动植物残体、排泄物、生物废物等积制而成的肥料，其中包括堆肥、沤肥、厩肥、沼气肥、绿肥、作物秸秆肥、饼肥等。

（3）禁止使用任何人工合成的化学肥料。

（4）禁止使用城市垃圾与污泥、医院的粪便垃圾和含有害物质（如毒气、病原微生物、重金属等）等有机废弃物。

（5）各地可因地制宜采用修剪枝叶回园、覆盖还园等形式，提高土壤肥力。

（6）利用覆盖、翻压、堆沤等方式，合理利用绿肥。绿肥应在盛花期或上花下荚期翻压，翻埋深度为30cm以下，盖土要严，翻后耙匀。绿肥压青后，要待绿肥分解后才能进行播种或移苗。

（7）腐熟的沼气液、沼渣及人畜粪尿，可用作追肥，严禁施用未腐熟的人粪尿。

（8）秋冬基肥可优选各种原生饼肥。经化学溶剂提取过的各种饼肥不能施用。

（9）就地取材的有机肥料来源无法满足生产要求时，允许施用下述肥料。

①商品有机肥料：商品有机肥料是指以大量动植物残体、排泄物及其他以生物废物为原料，经严格无害化处理后加工制成的商品肥料，商品有机肥技术指标必须符合NY/T 525—2021《有机肥料》要求。

②腐殖酸类肥料：腐殖酸类肥料是指以含有腐殖酸类物质的泥炭（草炭）、褐煤、风化煤等经过加工制成的含有植物营养成分的肥料。这些肥料来源清楚，没有污染。

③微生物肥料：微生物肥料是指以特定微生物菌种培养生产的含活的微生物制剂。其中包括根瘤菌肥料、固氮菌肥料、磷细菌肥料、硅酸盐细菌肥料、复合微生物肥料等。其技术指标必须符合NY 227—1994《微生物肥料》等相关肥料的标准。

④有机复合肥：有机复合肥是指经无害化处理后的畜禽粪便及其他生物废物，加入适量的微量营养元素所制成的肥料。

⑤无机（矿质）肥料：无机（矿质）肥料是指矿物经物理或非人工合成化学工业方式制成，养分呈无机盐形式的肥料。包括矿物钾肥和硫酸钾、矿物磷肥（磷矿粉）、煅烧磷酸盐（钙镁磷肥、脱氟磷肥）、石灰、石膏、硫黄等。

⑥叶面肥料：叶面肥料是指喷施于植物叶片并能被其吸收利用的肥料，包括含微量元素的叶面肥和含植物生长辅助物质的叶面肥料等。叶面肥料中不得含有化学合成的生长调节剂、表面附着剂和渗透剂等。

⑦有机无机肥（半有机肥）：有机无机肥（半有机肥）是指有机肥料与天然矿物无机肥料通过机械混合或化学反应而成的肥料。

⑧生物有机肥：生物有机肥是指经生物技术发酵，进行无害化处理过的畜禽粪便等，其技术指标应符合NY 884—2012《生物有机肥》。

（10）在施用叶面肥时，叶面肥料质量应符合GB/T 17419—2018《含有机质叶面肥料》或GB/T 17420—2020《微量元素叶面肥料》的技术要求。按使用说明稀释。

（11）在施用微生物肥料时，微生物肥料可用于拌种，也可作基肥和追肥使用。使用时应严格按照使用说明书的要求操作。

（12）在选用无机（矿质）肥料中的煅烧磷酸盐、硫酸钾及腐殖酸叶面肥时，其质量应分别符合 NY/T 288—2018《绿色食品 茶叶》的技术要求。

2. A 级绿色食品茶的施肥准则

（1）首先必须按 AA 级绿色食品茶的施肥准则选用肥料和施用肥料（表 5-13）。

表 5-13　有机茶园允许和限制使用的土壤培肥和改良物质（NY/T 5197—2002）

类别	名称	使用条件
有机农业体系生产的物资	农家肥	允许使用
	茶树修剪枝叶	允许使用
	绿肥	允许使用
非有机农业体系生产的物质	茶树修剪枝叶、绿肥和作物秸秆	限制使用
	农家肥（包括堆肥、沤肥、厩肥、沼气肥、家畜粪尿等）	限制使用
	饼肥（包括菜籽饼、豆饼、棉籽饼、芝麻饼、花生饼等）	未经化学方法加工的允许使用
	充分腐熟的人粪、尿	只能用于浇施茶树根部，不能用作叶面肥
	未经化学处理木材产生的木料、树皮、锯屑、木灰和木炭等	限制使用
	海草及其物理方法生产的产品	限制使用
	未掺杂防腐剂的动物血、肉、骨头和皮毛	限制使用
	不含合成添加剂的食品工业副产品	限制使用
	鱼粉、骨粉	限制使用
	不含合成添加剂的泥炭、褐炭、风化煤等含腐殖酸类的物质	允许使用
	经有机认证机构认证的有机茶专用肥	允许使用
无机盐	白云石粉、石灰石和白垩	用于严重酸化的土壤
	碱性炉渣	限制使用，只能用于严重酸化的土壤
	低氯钾矿粉	未经化学方法浓缩的允许使用
	微量元素	限制使用，只作叶面肥使用
	天然硫黄粉	允许使用
	镁矿粉	允许使用
	氯化钙、石膏	允许使用

类别	名称	使用条件
无机盐	窑灰	限制使用，只能用于严重酸化的土壤
	磷矿粉	镉含量不大于 90mg/kg 的允许使用
	泻盐类（含水硫酸盐）	允许使用
	硼酸盐	允许使用
其他物质	非基因工程生产的微生物肥料（固氮菌、根瘤菌、磷细菌和硅酸盐细菌肥料等）	允许使用
	经农业部登记并有机认证的叶面肥	允许使用
	通过有机认证的植物制品及其提取物	允许使用

（2）在适合 AA 级绿色食品茶肥料无法满足茶叶生产要求时，允许施用有机无机掺和性肥料，但其中有机氮和无机氮比不得低于 1∶1。

（3）有必要施化肥（包括化学合成的氟、磷、钾肥）时，必须与有机肥配合施用，其中有机氮和化肥氮比不得低于 1∶1。

（4）禁止采用化学合成的硝态氮作复合肥料与有机肥配合施用。

（5）有必要必须以化学肥料作追肥施用时，最后一次追肥必须在茶叶采收前 30d 进行。

（6）如有必要施用城市生活垃圾时，一定要经过无害化处理，质量达到 NY/T 525—2021《有机肥料》中的原料要求，才能使用。每年每亩限制用量，黏性土壤不超过 3000kg，砂性土壤不超过 2000kg。

（7）长期采用大量修剪枝叶回园和铺草的茶园，允许用少量氨素化肥调节碳氮比。

（三）有机茶的施肥准则

（1）首先选用有机农业系统内动植物的废弃物作为肥源，来提高土壤肥力，使物质和能源充分得到利用和不断循环。

（2）有机农业系统外的有机物的施用应受到限制，只有在有机系统内有机废弃物及肥源无法满足生产要求时，才可施用。

（3）禁止施用各种化学合成的肥料。禁止施用城乡垃圾、工矿废水、污泥、医院粪便，以及受化学农药、化学品、重金属、毒气、病原体污染的各种有机无机废弃物。

（4）严禁使用未经腐熟的新鲜人粪尿、家禽粪便。如要施用，则必须经过无害化处理，以杀灭各种寄生虫卵、病原菌、杂草种子，使之符合《有机茶生产技术规程》规定的要求才可施用。

（5）有机肥原则上就地取材，就地处理，就地施用。外来农家有机肥经过检测确认其卫生质量安全指标符合《有机茶生产技术规程》要求的才可施用。

（6）一些商品化有机肥、有机复混肥、活性生物有机肥、有机叶面肥、微生物制剂肥料等，必须明确已经得到有机食品认证机构颁证或认可后，才可施用。

（7）施用天然矿物肥料时，必须查明主、副成分及含量，原产地贮运、包装等有关情况，确认属无污染、纯天然物质的方可施用。

（8）大力提倡间作各种豆科绿肥，施用草肥及修剪枝叶回园技术，来提高土壤肥力。

（9）定期对土壤进行监测，建立茶园施肥档案制，如发现因施肥而使土壤某些指标超标或污染的，必须立即停止施用，并向有关有机认证机构报告。

思考题

1. 施化肥对茶树的生态作用是什么？
2. 施有机肥对茶树的生态作用是什么？
3. 生态茶园的概念是什么？
4. 简述生态茶园的施肥技术。
5. 化肥污染对环境的危害有哪些？如何防治？
6. 肥源如何进行资源化利用？
7. 高产优质茶园的肥力指标有哪些？
8. 有机茶的施肥准则是什么？

参考文献

[1]王阳，宋志伟．土壤肥料[M]．4版．北京：中国农业出版社，2015.

[2]于锡康，王学霞，杨成栋．肥料性质与配方施肥[J]．民营科技，2012(5)：140.

[3]河北省昌黎农业学校．肥料知识[M]．北京：农业出版社，1984.

[4]骆耀平．茶树栽培学[M]．5版．北京：中国农业出版社，2015.

[5]杨亚军．中国茶树栽培学[M]．上海：上海科学技术出版社，2005.

[6]肖修刚．台溪乡生态茶园科学施肥技术[J]．农业与技术，2015(18)：11-12.

[7]韩海东．生态茶园建设[M]．福州：福建科学技术出版社，2013.

[8]韩文炎，江用文，唐美君，等．生态高效茶树栽培技术[M]．北京：中国三峡出版社，2009.

[9]吴洵．茶园土壤管理与施肥技术[M]．北京：金盾出版社，2009(3)：154.

[10]吴菊珍，熊平．大学化学[M]．重庆：重庆大学出版社，2016(7)：197.

[11]林成谷．土壤污染与防治[M]．北京：中国农业出版社，1996(5)：52.

[12]夏立江，王宏康．土壤污染及其防治[M]．上海：华东理工大学出版社，2001.

[13]俞美英．无公害茶园的施肥[J]．中国茶叶加工，2003(1)：11-13.

[14]魏杰．试论茶园污染土壤的修复[J]．茶叶机械杂志，2002(1)：26-27.

[15]唐洪．西昌市土壤重金属元素含量评价分析[J]．西昌农业科技，1995(4)：30-32.

［16］张仁．预防茶园污染、提升茶叶品质［J］．湖南农业，2016（2）：16-17.

［17］田甜，赵德恩，梁登雲，等．氮磷钾配施对茶叶产量及品质的影响［J］．江苏农业科学，2018，46（14）：131-136.

［18］涂淑萍，伍厚银．有机茶园土壤培肥的主要技术措施［J］．蚕桑茶叶通讯，2019（5）：36-39.

［19］孙金卓，郑义，刘月红．有机肥无害化处理技术［J］．河北果树，2017（4）：42.

［20］陈同斌．我国土壤环境污染问题亟待重视［N］．科技日报，1998-12-22（7）.

［21］籍瑞芬，李廷轩，张锡洲．茶园土壤污染及其防治［J］．土壤通报，2005（6）：151-154.

［22］杨普香，李文金，聂樟清．茶园污染及控制措施［J］．蚕桑茶叶通讯，2007（4）：31-32.

［23］赵兵．有机肥生产使用手册［M］．北京：金盾出版社，2014.

［24］毛达如．有机肥料［M］．北京：农业出版社，1982.

［25］张福锁，马文奇，陈新平，等．养分资源综合管理技术概论［M］．北京：中国农业大学出版社，2006.

［26］中国农业科学院土壤肥料研究所．中国肥料［M］．上海：上海科学技术出版社，1994.

［27］刘更另．中国有机肥料［M］．北京：农业出版社，1991.

［28］施兆鹏，黄建安．茶叶审评与检验［M］．4版．北京：中国农业出版社，2010.

［29］周小军．无公害茶叶生产基地建设技术［M］．南昌：江西高校出版社，2014.

［30］吴洵．茶园土壤管理与施肥技术［J］．中国茶叶，2009（5）：28.

第六章 防治与茶园生态环境

我国种茶历史悠久，茶区分布广泛，茶园面积和茶叶产量均居世界首位。全国各茶园生态条件存在明显差异，各地茶树病虫害种类繁多。据不完全统计，全国常见茶树害虫有 400 多种，其中常发生为害的有 50~60 种；已发现的茶树病害有 100 多种，其中常见病害 30 余种。每年由病虫害造成的茶叶产量损失不低于 10%。病虫害防治实际上包括"防"与"治"两方面的含义。"防"是指预防，防患于未然。凡是能恶化病菌、害虫发生发展的条件，使之不发生，或虽已发生，但尚未扩散蔓延造成为害之前采取措施加以控制，均属于"防"的范畴。"治"是指病虫害已普遍发生之后，采取措施加以除治，控制为害程度及扩散，挽回损失。"治"是必要的，但在经济和生态方面得付出代价，在战略上不及"防"的意义深远。

从生物与环境的整体观点出发，本着预防为主的指导思想和安全、经济、有效、适用的原则，以农业防治为基础，因时因地制宜，合理地运用生物、物理、机械或化学防治方法，以及其他有效的生态措施，把病虫杂草的种群密度控制在经济损失水平以下，并将对生态系的有害副作用降低到最低限度，以达到保护茶树生态环境、保护人畜安全和保证茶叶高产、优质的目的。

第 一 节　农药对茶树的生态作用

农药是防治茶园有害生物的重要投入品，在提高茶叶产量与质量、减少有害生物造成的损失等方面发挥着重要作用。20 世纪 40 年代，由于化学工业的发展，人工合成的有机化学农药对病虫害具有强大杀伤力，且使用方便、见效快、价格便宜，使化学防治成为最主要的防治手段。但化学农药经长期大量使用后，产生的副作用越来越明显，主要表现在植物易产生抗药性，致使药效降低，以及农药残留问题，导致生态环境污染、恶化，进而又影响茶树的生长发育及茶叶品质。

目前，除了有机茶园和 AA 级绿色食品茶园禁止使用有机合成化学农药外，A 级绿色食品茶园和无公害茶园都允许使用一定量的化学农药。对于长期使用化学农药的茶区如果全部禁用农药还是不现实的。当前最要紧的是应减少对高毒、易残留的化学农药的依赖，把茶叶中的农残控制在允许残留量标准以下。因此，必须了解化学农药的性质、作用方式和使用方法，注重农药的合理使用。同时，开发高效、低毒、低残留的化学农药及生物性质的无公害制剂，以达到茶树高产优质、保护茶叶生态环境的目的，促进茶叶的安全、高效生产。

一、农药的基本知识

农药，一般是指农业上用于防治病虫害及调节植物生长的化学药剂，广泛用于农、林、牧业生产的产前和产后，但事实上也是环境和家庭卫生除害防疫、工业品防霉与防蛀等的常用药剂。1997 年 5 月 8 日《中华人民共和国农药管理条例》给出的定义是，"农药是指用来预防、消灭或控制危害农业、林业植物及其产品的病、虫、草和其他有害生物，以及有目的地调节植物、昆虫生长发育的化学合成物质或来源于生物、其他天然物质的一种或几种物质的混合物及其制剂"。

农药品种很多，根据防治对象、来源、化学结构、作用方式等进行分类。

(一) 按防治对象分类

按防治对象主要可分为杀虫剂、杀菌剂、杀螨剂、除草剂、杀线虫剂、植物生长调节剂等。

(二) 按原料来源分类

按原料来源可分为植物源农药、微生物源农药、矿物源农药（无机农药）及化学合成农药。

1. 植物性农药

植物性农药指利用植物原料提炼、制造的，如除虫菊、鱼藤、烟草及各种植物性土农药。

2. 微生物农药

微生物农药指利用致病微生物（如真菌、细菌、病毒）制造的，如白僵菌制剂、Bt 乳剂、各种病毒制剂等。

3. 抗生素农药

抗生素农药指利用生物的代谢产物制造的农药，如春雷霉素、井冈霉素、阿维菌素等。

4. 人工合成农药

人工合成农药指人工合成的有机化学农药，如敌敌畏、溴氰菊酯等。

(三) 按化学结构分类

按化学结构可分为无机化学农药和有机合成农药。

1. 无机化学农药

无机化学农药如硫制剂、铜制剂等。

2. 有机合成农药

有机合成农药如有机氯、有机磷、有机氮、有机硫、氨基甲酸酯、拟除虫菊酯、酰胺类化合物、脲类化合物、醚类化合物、酚类化合物、苯氧羧酸类、脒类、三唑类、杂环类、苯甲酸类、有机金属化合物类等。

(四) 按作用方式分类

按作用方式可分为胃毒剂、触杀剂、熏蒸剂、内吸杀虫剂、忌避剂、不育剂等。

二、农药加工剂型

由工厂生产出来的未经加工的农药称为原药。其中，具有杀虫、杀菌等作用的成分称为有效成分。原药除少数品种外，绝大多数不能直接在生产上使用，必须加入一定的辅助剂加工成不同的剂型才能在生产上使用。农药的加工剂型可分为粉剂、可湿性粉剂、乳剂、乳油、乳膏、糊剂、胶体剂、熏蒸剂、熏烟剂、烟雾剂、颗粒剂、微粒剂及油剂等。

（一）粉剂

粉剂指由原药与填充料经机械粉碎加工制成的粉状混合物制剂。粉剂不易被水所湿润，不能分散和悬浮于水中，只能喷粉或拌土使用。

（二）可湿性粉剂

可湿性粉剂指由原药与填充料、湿润剂经机械粉碎加工制成的混合物。可湿性粉剂易在水中分散、湿润和悬浮，可加水使用。

（三）乳剂（乳油）

乳剂（乳油）指在原药中加进溶剂和乳化剂加工而成的油状液体制剂，对水后能形成稳定的药液。乳剂的湿润性、展布性、附着力都好，是当前茶园最常用的剂型。

（四）水剂

水剂指将水溶性原药直接溶于水中制成。用时加水稀释到所需浓度即可喷施。水剂成本较低，但不耐贮藏，湿润性较差，附着力弱。

（五）胶体剂

胶体剂指由原药与分散剂（如氯化钙、纸浆废液、茶皂素等）经过融化、分散、干燥等过程制成的粉状制剂，加水稀释可成为胶体溶液或悬浮液，如胶体硫等。

三、农药的毒性、毒力、药效和持效

（一）农药的毒性

农药毒性是指药剂对人、畜等高等动物引起毒害的性能，可分为急性和慢性毒性。

急性毒性是指高等动物接触一定剂量后，在短时间内引起的急性病理反应，用 LD_{50}（致死中量）或 LC_{50}（致死中浓度）来表示。LD_{50} 指受试动物（如大白鼠）1 次口服或接触试验药剂引起 50% 的个体死亡时的剂量。LD_{50}，其数值的大小将农药分为剧毒、高毒、中毒、低毒、微毒等几种类型。LD_{50} 的单位是 mg/kg，LD_{50} 数值越大，毒性越小。

慢性毒性是指农药的残留毒性，要在较长时间后才能表现出来。

（二）毒力

毒力是指农药在较单纯的条件下或在室内人为控制的条件下对病、虫、草等有害生物毒害的程度。

（三）药效

药效是指农药在田间实际使用时对病、虫、草害的防治效果。

（四）持效

持效是指药剂防治病、虫、草害的有效持续时间。

农药的毒性、毒力、药效和持效这四者之间有相关性，但不一定都密切相关。例如，甲胺磷、对硫磷等毒性大，毒力大，药效也高；而溴氰菊酯、氯氰菊酯等毒性较低，药效却很高。

四、我国茶园农药登记现状

截至 2019 年，我国共有 67 个有效成分在茶园取得登记，其中杀虫剂有效成分 49 个，杀菌剂有效成分 8 个，除草剂有效成分 5 个，植物生长调节有效成分 5 个。茶园用农药登记主要有联苯菊酯、苏云金芽孢杆菌等几个有效成分（表 6-1），其他有效成分很少，尤其是部分微生物农药和植物源农药的登记利用率较低。

表 6-1 　　　　　　　　　　　茶园农药登记情况

序号	茶园用化学农药		微生物农药及植物源农药	
	有效成分	登记数量/个	有效成分	登记数量/个
1	联苯菊酯	232	苏云金杆菌	79
2	苏云金杆菌	79	球孢白僵菌	2
3	草甘膦及盐类	73	茶尺蠖核型多角体病毒	1
4	高效氯氟氰菊酯	58	甘蓝夜蛾核型多角体病毒	1
5	敌敌畏	57	金龟子绿僵菌	CQMa421
6	高效氯氰菊酯	32	短稳杆菌	1
7	辛硫磷	26	苦参碱	10
8	噻虫嗪	24	藜芦碱	4
9	噻嗪酮	21	印楝素	4
10	莠去津	19	茶皂素	1
11			苦皮藤素	1
12			蛇床子素	1
13			香芹酚	1

截至 2019 年 6 月底，我国有效期内茶园用农药登记产品共有 810 个，其中杀虫剂产品 673 个，占登记总数的 83.1%；除草剂产品 107 个，占登记总数 13.2%；杀菌剂产品 25 个占登记总数 3.1%；植物生长调节剂产品 5 个，占登记总数 0.6%。

从产品种类看，茶叶用农药主要以化学农药为主，其中化学农药产品 697 个，占登记总数 86.05%；微生物农药 86 个，占登记总数 10.62%；植物源农药 22 个，占登记总数 2.72%；生物化学农药 5 个，占登记总数 0.61%。

从产品毒性看，受登记政策的影响，高毒农药产品已全面退出我国茶叶生产市场，现有农药产品以低毒产品为主，其中低毒产品 508 个，占登记总数 62.7%；中等毒产品 281 个，占登记总数 24.8%；微毒产品 20 个，占登记总数 2.5%。

五、农药对茶树生态的作用

目前，茶园农药一般采用喷施的形式，而农药喷洒在茶树上以后，一部分会残留在叶片表面，一部分会渐渐渗入叶片组织内部，还有一部分渗入土壤当中。而残留在土壤中的农药由于其性质和种类的差异，通过茶树-土壤-农药-环境的相互作用又会不同程度被茶树吸收，影响茶树的生长发育及品质。一般在茶树叶片表面的农药要比渗入到茶树内部的农药更容易降解。如果在这些农药还未完全降解或还未降解到很低水平时就已经被采收，经加工后制成的成茶中，便有可能有农药残留。

农药残留量的高低决定于农药的性质以及茶树特点两方面的因素。不同农药种类由于其化学性质的不同，在茶树叶片上的降解速度也不尽相同，造成茶树叶片上的农残水平差异。一些有机氯农药如滴滴涕、三氯杀螨醇等，拟除虫菊酯类农药如溴氰菊酯、氰戊菊酯、氯氰菊酯等，这些农药的性质比较稳定，在茶树叶片上表现稳定，不易降解，因此，在同样条件下，它们的残留水平相对会比较高。而有机磷农药，如辛硫磷、敌敌畏、马拉硫磷等，一般比较容易降解，残留水平较低。此外，还有些内吸性农药在进入茶树体内后可以随液流而传递到其他组织，尤其是新梢部位，致使残留水平很高，且不易降解，严重影响茶叶的品质。

中国拥有充足的茶叶资源，出口的茶叶产品和市场呈现多元化趋势，茶叶的质量安全，尤其是茶叶农药残留的问题较为突出。统计表明：硫丹和氰戊菊酯的残留量标准每严格 1%，中国茶叶出口将下降 22%，发达国家或地区逐步提高的茶叶农药残留（简称农残）限量标准是中国茶叶出口的限制因素，严重阻碍了中国茶叶贸易的发展。因此，开展茶树病虫害防治的基础是应以生态学为理论依据。农业生态系统是以栽培植物为中心的次生生态系统。在这样的生态系统中，栽培植物与非生物环境不断进行着物质与能量交换。现在在人为干预频繁的农业生态系中，一切栽培管理措施都会引起农业生态环境的变化，影响病、虫、杂草的发生。如大量施用化肥，尤其是偏施氮肥，会改变作物体内的碳氮比例，使作物抗性降低，诱发病菌的寄生或引起病虫害的猖獗。而如果大量使用化学农药，除了对病虫有防治作用外，同时会杀伤很多害虫的天敌，使病、虫、杂草与天敌的群落结构发生改变，导致病虫发生再增猖獗，一些次要的、潜伏性病虫有可能上升为主要病虫。因此，病虫害的大面积发生通常是一个复杂的生态学问题，病虫害防治也应从生态学的角度进行全面考虑。在无公害生产中，更要强调合理使用化肥、农药，维护和改善农业生态环境，增进对病虫害的生态控制能力。

值得强调的是，病虫害的防治目标是将有害生物种群数量控制在经济允许水平以下，而不是要追求 100% 的防治效果。保留一定数量的有害生物，对天敌和整个茶园生态系统稳定有益。防治的效果要全面考虑安全、有效、经济、适用。所谓安全是指采取的措施在实施过程中或实施以后的较长时间内，要对人畜等高等动物安全，对作物安全，对天敌安全，对整个生态系统和人类生存环境安全。而有效则是指防治的效果要好，虽不能片面追求 100% 的效果，但防效太低，会造成病虫继续为害，引起作物减产、品质下降，甚至需要重新采取防治措施。

因此，开发对茶树生态友好的农药将是实现茶叶安全、高效生产的关键。一是要充分挖掘对作物安全性高，对天敌和环境友好的非化学类农药；二是积极开展新剂型产品的研发，逐步淘汰对茶树生态环境影响大的落后剂型，开展资源节约型、环境友好型的新剂型产品的研发；三是要合理利用现有高效成分，通过农药复配，扩大防治范围，延缓抗药性产生，并减少用药次数及用量，以最终达到维护和改善茶树生态系统的目的。

第二节　植物激素对茶树的生态作用

在植物的生长发育过程中，除了需要大量的水分、矿质元素和有机物质作为细胞生命的结构物质和营养物质外，还需要一类微量的生长物质来调控植物体的各种代谢过程，以适应外界环境条件的变化。对于植物细胞而言，各种外界环境条件的变化就是多种多样的刺激信号，其中植物激素就是一种重要的胞间和胞内化学信号，当不同的激素分子进入靶细胞后，就会通过不同的细胞信号转导途径，最终引起一系列的生理生化变化和形态变化。植物激素调控植物生长发育及环境适应的各个过程，它们既相互独立又协同调控植物种子萌发、营养生长、生殖生长、胚胎发育、种子成熟和休眠等生长发育过程以及生长周期中对生物与非生物环境胁迫的适应。植物激素自发现以来，已广泛应用于农业生产等领域，产生了巨大的社会经济效益。

一、植物激素

植物激素是由植物自身代谢产生的一类有机物质，在植物体内存在的只以微小剂量即可对植物生长发育进行调控的一类生物活性物质，也被称为植物天然激素或植物内源激素。

国际上公认的六大类植物激素包括生长素（auxin，AUX）、赤霉素（gibberellins，GAs）、细胞分裂素（cytokinin，CTK）、脱落酸（abscisic acid，ABA）、乙烯（ethylene，ETH）和油菜素甾醇（brassinosteroid，BR）。

除此之外，近年新发现的植物激素多胺类、水杨酸类、茉莉酸类、多肽类、独脚金内酯等天然生理活性物质，对植物的生长发育发挥着多方面的调节作用，通常被列为新型的植物激素。

人工合成的具有植物激素活性的物质称为植物生长调节剂。这些物质能在较低的浓度下对植物生长发育表现出明显的促进或者抑制作用，包括植物生长促进剂（如萘乙酸、2,4-二氯苯氧乙酸等）、抑制剂（如三碘苯甲酸、青鲜素等）和延缓剂（如短壮素、多效唑等）等。

（一）生长素类

生长素，是植物激素家族中最早被发现的成员，是一类包括吲哚乙酸（indoleacetic acid，IAA）在内具有和吲哚乙酸相似生理作用的化合物总称。生长素的化学结构包括吲哚核和乙酸侧链，其化学本质是吲哚乙酸。其分子式为 $C_{10}H_9NO_2$，相对分子质量为 175.19。

1. 分布和运输

生长素在低等和高等植物中普遍存在，主要集中生长旺盛的部位，如禾谷类的胚芽鞘，双子叶植物的茎尖、幼叶、花粉和子房以及正在生长的果实、种子等，而趋向衰老的组织和器官中生长素则甚少。

用胚芽鞘切段证明植物体内的生长素通常只能从植物的形态上端（根尖分生区或芽）向下端（茎）运输，而不能向相反方向运输，这种运输方式称为极性运输（图 6-1）。但如果从外部施用生长素类物质其运输方向则随施用部位和浓度而定，如根部吸收的生长素可随蒸腾流上升到地上幼嫩组织部位。

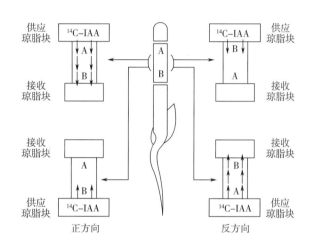

图 6-1　燕麦胚芽鞘切断内吲哚乙酸（IAA）的极性运输（李合生，2012 年）

高等植物中生长素可以通过两种方式进行运输，一种是长距离维管运输，另一种为需要运输载体的短程主动运输。其中后者对生长素不对称分布起关键作用，又称为生长素极性运输。生长素极性运输主要依赖 3 种运输蛋白：输入载体 AUX/LAX 家族蛋白、输出载体 PIN 家族蛋白和兼有输入和输出功能的 ABCB/MDR/PGP 家族蛋白，植物往往通过调控这些家族蛋白来调节生长素的极性运输和分布。

2. 生物学功能

生长素有多方面的生理效应，参与植物生长和发育的诸多过程。低浓度时可促进植物生长，高浓度时则会抑制生长，甚至引起植物死亡，这种抑制作用与其能否诱导乙烯的形成有关。生长素的生理效应主要表现在两个层次上，即细胞水平和植物整体水平上。

在细胞水平上，生长素可刺激形成层细胞分裂；刺激枝的细胞伸长、抑制根细胞生长；促进木质部、韧皮部细胞分化；促进插条发根、调节愈伤组织的形态建成。

在器官和整株水平上，生长素从幼苗到果实成熟都起重要作用。生长素促进光合产物的积累，影响种子胚的形成等；促进植物侧根和不定根的发生及生长；当吲哚乙酸转移至枝条下侧即产生枝条的向地性；当吲哚乙酸转移至枝条的背光侧即产生枝条的向光性；吲哚乙酸造成顶端优势；延缓叶片衰老；施于叶片的生长素抑制脱落，而施于离层近轴端的生长素促进脱落；生长素影响花的形态建成及花芽萌发，促进开花；促进果实的发育和单性结实，影响果实增大，延迟果实成熟。

生长素几乎参与了调控植物生长发育的每一个过程。当环境条件改变时，植物自身的激素水平是通过哪些信号途径来调节，这些激素水平的变化又是通过怎样信号途径来稳定植物的生长。通常在植物生长发育的过程中，任何一种生理活动都不是受单一激素的控制，而是各种激素相互作用的结果。也就是说，植物的生长发育过程，是受多种激素的相互作用所控制。例如，细胞分裂素促进细胞增殖，而生长素则促进增殖的子细胞继续增大。又如，脱落酸强烈的抑制着生长，并使衰老的过程加速，但是这些作用又会被细胞分裂素所解除。再如，生长素的浓度适宜时，促进植物生长，同时开始诱导乙烯的形成。当生长素的浓度超过最适浓度时，就会出现抑制生长的现象。因此，研究激素的作用机制及激素之间的相互关系，对植物生态条件改善及生产实践有着重要意义。

（二）赤霉素类

赤霉素（GAs）是植物中广泛存在的一类生长因子，化学结构比较复杂，属于双萜化合物，基本结构是赤霉素烷，由 4 个异戊二烯单位组成。赤霉素烷上，由于双键、羟基数目和位置不同，形成了各种赤霉素。

现已从植物、真菌和细菌中分离鉴定出了 136 种不同结构的赤霉素。大部分赤霉素没有生物活性，只是活性赤霉素的前体，或非活性代谢物。在植物中，具有生物活性的赤霉素主要包括 GA1、GA3、GA4、GA7、GA5 和 GA6。其中 GA1、GA3、GA4 和 GA7 这四种分子的特点是在 C-3β 上有一个羟基基团，C-6 上有一个羧基基团，C-4 与 C-10 之间有一个内酯，为 C19 类的 GAs。C19 类的 GA1 和 GA4 在大多数植物中具有更广泛的生物活性。植物组织中活性赤霉素的浓度是由赤霉素合成与失活的速度决定的。

1. 分布

赤霉素广泛分布于被子植物、裸子植物、蕨类植物、褐藻、绿藻、真菌及细菌中。高等植物中，赤霉素多存在于生长旺盛的部位，如茎端、嫩叶、根尖和果实种子。迄今为止发现至少有 136 种赤霉素，其中有 80 余种来自高等植物。同一植物中，通常含有多种赤霉素，如菜豆中至少含有 16 种，南瓜种子中至少含有 20 种，但只有很少部分赤霉素具有生理活性。

高等植物体内赤霉素主要合成于生长中的种子和果实、幼茎顶端及根部。其中，未成熟的种子和果实是主要的合成部位，具体是在细胞的质体、内质网和胞基质中合成的。果实和种子（尤其是未成熟种子）的赤霉素含量比营养器官的多两个数量级。每个器官或组织都含有两种以上的赤霉素，且赤霉素的种类、数量和状态（自由态或结合态）都因植物发育时期而异。一般情况下，赤霉素与生长素不同，其运输不表现极性，通常根尖合成的赤霉素沿导管向上运输，嫩叶产生赤霉素则沿筛管向下运输，且不同植物间的运输速度具有很大差异。

2. 生物学功能

在不同环境条件下或植物发育的不同阶段，赤霉素通过合成、失活以及信号转导途径调控植物发育的各个方面。

赤霉素最显著的效应是促进植物茎伸长、叶子扩张等。无合成赤霉素遗传基因的矮生品种，用赤霉素处理可以明显地引起茎秆伸长；赤霉素也促进禾本科植物叶的伸长。在蔬菜生产上，常用赤霉素来提高茎叶用蔬菜的产量。

赤霉素在种子萌发、开花与花器官的发育方面也起到非常重要的作用。在一年生与两年生植物中，长日照与冷处理后，植物体内活性赤霉素含量会增加，赤霉素能代替环境信号来缩短植物的开花时间，促进植物开花。通过对拟南芥、水稻、矮牵牛、黄瓜和笋瓜的研究发现，赤霉素的合成位点与作用位点并不完全一致，在花器官中，赤霉素似乎主要在花托、雄蕊与子房中合成，并可能通过旁分泌的形式促进花瓣与花萼的发育。

此外，赤霉素还可促进果实发育和单性结实，打破块茎和种子的休眠，促进发芽。因此，赤霉素被广泛应用于农业及园艺生产中，在果树生长、种子萌发、调控开花、果实发育、果蔬品质形成和冷藏保鲜等方面具有许多积极的作用。

(三) 细胞分裂素

细胞分裂素（CTK）的发现是从激动素的发现开始的，是从玉米或其他植物中分离或人工合成的植物激素。激动素在植物体中并不存在。现已在植物中分离出了十几种具有激动素生理活性的物质，并把凡具有激动素相同生理活性的物质，不管是天然的还是人工合成的，均统称为细胞分裂素。

细胞分裂素的化学名称为6-糠基氨基嘌呤（KT），基本结构含有一个6-氨基嘌呤环，是腺嘌呤的衍生物。当第6位氨基、第2位碳原子和第9位氮原子上的氢原子被取代时，则形成各种不同的细胞分裂素。

植物体内存在的天然细胞分裂素有玉米素、二氢玉米素、异戊烯腺嘌呤、反式玉米素核苷、异戊烯腺苷等。玉米素是高等植物体内天然分布的最为广泛的细胞分裂素，相对分子质量为219.2。玉米素及其他的天然细胞分裂素均可在第9位结合一个核糖分子（形成核苷），或结合一个核糖磷酸分子（形成核苷酸）。

现已有人工合成的细胞分裂素，除了激动素外，还有6-苄基氨基嘌呤等。

1. 分布

高等植物细胞分裂素主要存在于植物的根尖、萌发着的种子和发育着的果实和种子等，是一类促进胞质分裂的物质，促进多种组织的分化和生长。根尖合成的细胞分裂素可向上运到茎叶，但在未成熟的果实、种子中也有细胞分裂素的形成。随着研究的深入，发现茎端也能合成细胞分裂素。细胞分裂素生物合成是在细胞的微粒体中进行的。

2. 生物学功能

细胞分裂素一类具有广泛生物学效应的植物激素。研究发现，植物细胞分裂素能够调节植物细胞分裂，组织、器官及个体的生长发育，营养吸收、生物及非生物胁迫等诸多过程。

细胞分裂素的主要生理作用是促进细胞分裂和形态建成。细胞分裂素主要分布在正在进行细胞分裂的组织，而这种分布显示细胞分裂素与细胞分裂密切相关。大豆下胚轴和烟草茎髓愈伤组织的细胞分裂绝对需要细胞分裂素，在适量吲哚乙酸（10μmoL/L）的配合下，低浓度（0.2~1.0μmoL/L）的激动素明显促进烟草愈伤组织分裂。

细胞分裂素可以延缓植物叶片衰老。绿色植物叶子衰老变黄是由于其中的蛋白质和叶绿素分解，而细胞分裂素可延缓蛋白质和叶绿素的降解，维持蛋白质的合成，从而使叶片保持绿色，延迟衰老。因此，施用外源细胞分裂素可以延缓植物衰老，其原因可能是由于细胞分裂素能诱导营养物质向细胞分裂素浓度高的部位运输。此外，细胞分裂素还能抑制核酸酶及蛋白酶，特别是可以抑制与衰老有关的一些水解酶的mRNA 的合成，延缓叶绿素和蛋白质的降解速度，能在转录水平上减缓衰老的进程。人工合成的苄基腺嘌呤也常用于防止莴苣、芹菜、甘蓝等在贮存期间衰老变质。

细胞分裂素还可促进芽的分化。细胞分裂素可解除顶端优势，刺激腋芽生长。对两种不同顶端优势的番茄品系的比较研究表明，顶端优势强的突变种中细胞分裂素的含量较低。此外，研究表明，在组织培养中当细胞分裂素的含量大于吲哚乙酸时，愈伤组织容易生芽；反之，容易生根。

（四）脱落酸

脱落酸（ABA）是一种抑制生长的植物激素，因能促使叶子脱落而得名。天然活性脱落酸和传统化学合成法生产的脱落酸成本都极高，由于昂贵的价格和活性上的差异，脱落酸一直未被广泛应用于农业生产。

与前面几大类植物激素相比，脱落酸为单一的化合物，为一种倍半萜结构，具有右旋和左旋型两种旋光异构体，化学式 $C_{15}H_{20}O_4$，相对分子质量为 264.3。

1. 合成与分布

脱落酸是一种广泛存在于植物体内的植物激素。早期认为，植物叶片，特别是老叶是脱落酸合成主要部位。后来研究证实，根尖（根毛区至根冠）在缓慢脱水的情况下能大量合成脱落酸，其他器官，尤其是成熟或衰老的花、果实和种子也能合成大量脱落酸，且含量比幼嫩组织多。

目前认为，质体是细胞内合成脱落酸的主要部位。在逆境条件下，如叶片萎蔫时，其脱落酸含量能在数小时内增加到几倍，十几倍甚至是几十倍。

2. 生物学功能

脱落酸是一种具有倍半萜结构的植物激素，在植物生长发育过程，特别是种子休眠、萌发以及萌发后生长等过程中具重要作用，并调控植物对环境胁迫的响应。

脱落酸可以促进器官脱落。从脱落酸的名称可知，加速植物器官脱落是脱落酸的一个重要生理作用。如脱落酸能有效地加速葡萄、柑橘、苹果等成熟果实和葡萄花的脱落，高浓度时也可以诱导叶片脱落。关于脱落酸引起叶、花和果实的脱落问题，存在不同的看法。Addicott（1982）作为脱落酸的发现者之一，根据大量事实认为内源脱落酸促进脱落的效应是肯定的。但用脱落酸作为脱叶剂的田间试验尚未成功。这可能是由于叶片中的 IAA、GA 和 CTK 对脱落酸有抵消作用。Milborrow（1984）认为外源的脱落酸能引起脱落，但比外源乙烯的作用低。Osborne（1989）在评述乙烯和脱落酸对脱落的作用时得出结论，脱落酸在脱落方面可能没有直接的作用，而只是引起器官过早衰老，随后刺激乙烯产量的上升而引起脱落，真正的脱落过程的引发剂是乙烯而不是脱落酸。

脱落酸可以促进种子成熟。脱落酸在种子成熟和休眠的建立与维持中起重要作用。在种子成熟过程中，脱落酸有 2 个积累高峰：一个是受精时；另一个是胚胎起始点。研究表明，编码玉米黄质环氧酶基因 ZEP 的表达与种子发育过程中内源脱落酸的水平相关，其峰值在种子发育的中期。在种子胚发育期间，内源脱落酸作为正调节因子起重要的作用。内源脱落酸可使胚正常发育成熟，但能抑制种子过早萌发。在未成熟胚培养中，外源脱落酸能加速某些特别贮藏蛋白质的形成，即胚胎发育后期富集蛋白（late embryogenesis abundant proteins，LEA）；如缺乏脱落酸，这些胚或者不能合成这些蛋白质，或者形成很少。这说明，种子发育早、中期的脱落酸水平控制着贮藏蛋白质的积累。

脱落酸可以抑制生长和加速衰老。脱落酸是一种较强的生长抑制剂，可抑制整株植物或离体器官的生长。脱落酸对生长的作用与 IAA、GA 和 CTK 相反，它对细胞的分裂与伸长起抑制作用，能抑制胚芽鞘、嫩枝、根和胚轴等器官的伸长生长。在植物整体水平，低水平的脱落酸促进根生长但抑制芽生长，导致根芽比增加；而高水平的脱落酸同时抑制根和芽的生长，但促进横向根的形成。脱落酸促进衰老最明显表现在叶片上，主要是使叶绿素分解，叶片逐渐变黄。

脱落酸可以调节气孔开度，引起气孔关闭。脱落酸调控气孔关闭的信号转导途径有两条：一是促进气孔关闭，二是抑制气孔张开。虽然二者都导致气孔关闭，但它们并不是简单的逆转过程。在干旱状态下，植物叶片脱落酸含量增多，促使钾离子、氯离子和苹果酸离子等外流而引起气孔关闭。用脱落酸水溶液喷施植物叶片表面，可促使气孔关闭，从而降低蒸腾速率。因此，脱落酸可作为抗蒸腾剂。另外，脱落酸能抑制钾离子和质子泵的作用，从而抑制气孔张开。

脱落酸可以提高植物抗逆性。脱落酸常被称为应激激素或胁迫激素（stress hormone），在各种非生物逆境胁迫下如干旱、寒冷、高温、盐渍和水涝等，植物内源脱落酸水平会急剧上升，植物抗逆性增强。脱落酸可显著降低高温对植物叶绿体超微结构的破坏，增加叶绿体的热稳定性。最近研究发现，脱落酸在植物生物胁迫中起重要作用，并且所起作用随着植物与病原菌互作方式的不同而变化。

3. 应用

脱落酸因其在植物体内的重要作用及在农业生产中远大的应用前景，自 1965 年，Cornforth 等开创脱落酸的化学合成以来，人们关于脱落酸及其衍生物和类似物的研究一直没有中断过，不断有新的衍生物和类似物出现。从目前的情况来看，对 8′ 或 9′ 位甲基的衍生化是相对比较成功的，也是脱落酸衍生化研究的热点。但脱落酸因其化学合成品的价格极其昂贵，迄今仍不能在农业生产中广泛应用。

人们一直探索用微生物发酵生产脱落酸。目前，已证实至少有 5 个属，即尾孢菌属、长喙壳属、镰刀菌属、丝核菌属和灰孢霉属的 7 种真菌能产生脱落酸。Marumo 等

（1982）发现葡萄灰孢霉菌（*Botrytis cinerea*）能产生脱落酸，被认为是脱落酸大规模发酵生产的理想菌种。目前，日本 TORAY 公司和成都生物研究所已能利用此菌规模化发酵生产脱落酸。相信随着研究的深入，活性更高且稳定性更好的脱落酸类似物将会出现。脱落酸作为一类非常重要的植物激素，在农业生产中发挥其应有的作用和价值。

（五）乙烯

乙烯（ETH），是一种被人们熟知且已经被广泛应用于农业的小分子气体植物激素。早在 20 世纪初，就发现用煤气灯照明时有一种气体能促进绿色柠檬变黄而成熟，这种气体就是乙烯。但直至 60 年代初期，用气相层析仪从未成熟的果实中检测出极微量的乙烯后，乙烯才被列为植物激素。

乙烯是最简单的烯烃，结构式为 $CH_2 \!=\! CH_2$，相对分子质量只有 28，是一种轻于空气的气体，其最显著的特征是介导植物对环境胁迫的响应，并促进植物器官的成熟、衰老和脱落。乙烯已广泛应用于香蕉等水果在贮运期间的成熟调节，但由于其散失过快，不便于在田间使用。

由于乙烯是一种气态植物激素，直接使用存在困难，因此在实际生产中往往用乙烯利（ethrel）来代替气态乙烯。乙烯利，即 2-氯乙基磷酸（2-chloroethyl phosphoric acid，简称 CEPA），是一种人工合成的植物激素，在 pH 高于 4 的环境下会自动分解并产生乙烯，且 pH 越高，乙烯生成速率越快。同时，乙烯利容易被植物吸收，在植物细胞中 pH 一般均大于 4，因此，乙烯利能在植物细胞内自动分解产生乙烯。

1. 形成与分布

乙烯是一种植物内源激素，广泛存在于植物的各种组织、器官中，如叶、茎、根、花、果实、块茎、种子及幼苗，是由蛋氨酸在供氧充足的条件下转化而成的。

当植物受到如水分、温度、机械损伤等胁迫作用时诱导植物产生乙烯。乙烯合成分为两步：蛋氨酸（Methionine，Met）先在 ATP 参与下形成 S-腺苷蛋氨酸（S-adenosyl methionine，SAM），1-氨基环丙烷-1-羧酸合成酶（1-aminocyclopropane-1-carboxylic acid synthase，ACS）催化 S-腺苷蛋氨酸转化为 1-氨基环丙烷-1-羧酸（1-aminocyclopropane-1-carboxylic acid，ACC），这一步是乙烯合成的关键步骤，也是乙烯合成的限速步骤。其次，ACC 氧化酶（ACC oxidase，ACO）催化 ACC，生成乙烯。

2. 生理作用及应用

乙烯是一种多功能的植物激素，能促进果实、细胞扩大、籽粒成熟，促进叶、花、果脱落，也有诱导花芽分化、打破休眠、促进发芽、抑制开花、器官脱落，矮化植株及促进不定根生成等作用。

（1）乙烯可以调节植物器官的成熟　乙烯能促进果实成熟，这一催熟作用早已被广泛应用于番茄、香蕉、杧果等农产品中，通常在运送到位后才集中用乙烯催熟，乙烯的利用为这类产品的运输和销售提供了便利。乙烯通过提高细胞膜的通透性，加强果实的呼吸作用，进而实现果实的催熟目的。

（2）乙烯可以促进器官衰老与脱落　乙烯是调节植物器官衰老、脱落的重要激素，并被认为是诱导叶片衰老脱落的重要物质，在生产中被用于脱去棉花等作物的老叶，进而改善作物光照、通风条件，提高作物产量。可根据其浓度、施用时机和植物种类促进或抑制生长和衰老过程。低浓度的乙烯可以增加叶片面积，而高浓度的乙烯会达到抑制效果。乙烯调控着叶、花、果实的发育。它也可以促进、抑制或诱导衰老，这取决于最佳或次优乙烯浓度。

（3）乙烯可以调节植物生长发育　乙烯对植物幼茎的伸长生长有抑制作用，使下胚轴或根茎变粗，并促进侧根的形成，这一过程有助于幼苗破土而出。在模式植物拟南芥上，乙烯刺激的主要表现是三重反应：下胚轴变粗变短、茎秆变粗、顶端钩状芽弯曲加剧。根据拟南芥三重反应的结果，研究发现很多根部特异乙烯不敏感突变体的生长素合成、转运也有缺陷，生长素能够抑制植物根的伸长，而这与三重反应中下胚轴变短、变粗的结果相符合，说明乙烯可能参与了生长素的调节。

（4）乙烯可以调控植物抗性　乙烯广泛参与了植物对机械干旱、高盐、病原菌侵染等一系列胁迫的抗性反应。乙烯对于植物的水分胁迫应答有重要作用，在缺水、高温、高盐等环境下，植物细胞缺水产生干旱信号，使植物内源乙烯产生量增加，并使植物抗逆性得到提高。

（5）外源乙烯可以提升茶叶品质　茶树是非呼吸跃变型植物，不存在乙烯跃变。目前，茶树中乙烯合成途径中 1-氨基环丙烷-1-羧酸氧化酶（ACC 氧化酶）基因，茶树组蛋白 H3（CsH3），茶树脂氧合酶（CsLOX1）等这些与植物内源激素相关的基因已相继克隆，同时一些与植物激素相关的转录因子也在研究之中。茶叶离体后，受非生物胁迫会诱导乙烯释放，但其释放量的多少尚不确定。在茶叶加工中可能会因乙烯气体逸出量少而效果甚微，施加外源乙烯可以弥补茶叶内源乙烯释放不足。因此，在茶叶品质形成的关键步骤添加外源乙烯，可能会对茶叶品质提升起到积极作用。

乙烯释放剂开发应用。乙烯是气体，难以在田间应用，直到开发出乙烯利，才为农业提供可实用的乙烯类植物生长调节剂。主要产品有乙烯利、乙烯硅、乙二肟、甲氯硝吡唑、脱叶膦、环己酰亚胺（放线菌酮），它们都能释放出乙烯，所以统称之为乙烯释放剂。目前国内外最为常用的仅是乙烯利，广泛应用于果实催熟、棉花采收前脱叶和促进棉铃开裂吐絮、刺激橡胶乳汁分泌、水稻矮化、增加瓜类雌花及促进菠萝开花等。

（六）油菜素甾醇

油菜素甾醇类物质（BRs），又名芸苔素、油菜素内酯，广泛存在于植物界，是从油菜花粉中分离鉴定出的一类具有促进植物生长作用的物质，现已被公认为第六大植物激素。至今，在各种作物中已经发现至少 60 种以上油菜素内酯化合物，这些化合物总称为油菜素内酯类化合物。它们广泛分布于不同科属的植物及植物的不同器官中，其生理活性和含量也因植物种类和分布部位不同而存在较大差异。其中，含量较高、活性最强的一种在油菜花粉中称作油菜素内酯。油菜素甾醇促进植物生长的效果非常显著，其作用浓度要比生长素低好几个数量级，具有广阔的开发应用前景。

1. 分布及合成

目前，油菜素甾醇类物质已被发现存在于 58 种植物中，包括被子植物、裸子植物、苔藓、藻类及蕨类植物中。在被子植物中，油菜素甾醇类物质在植物的花粉、花药、种子、叶片、茎、根及幼嫩的生长组织中均有较低浓度的广泛分布。其中，花粉、未成熟种子及根可能是油菜素甾醇类物质的生物合成起点。

油菜素甾醇类物质的基本结构都是胆甾烯的衍生物，它有一个甾体核，在核的 C-17 上有一个侧链。根据在 B 环含氧的功能团的性质，可将油菜素甾醇类物质分为三类，即内酯型、酮型和脱氧型（还原型）。根据 C-24 上取代基的不同，可将油菜素甾醇类物质分为 C27BRs（去甲 BRs）、C28BRs（C-24 上有甲基或亚甲基）和 C29BRs（高 BRs，C-24 为乙基或亚乙基）。

2. 生理作用及应用

近年来，较多研究证实，油菜素甾醇类物质参与植物一系列生理生化反应，在植物种子萌发、器官分化、根茎伸长、光形态建成、维管束分化、开花和衰老等生长发育过程中发挥着重要作用，具有促进植物生长和提高作物产量的作用。同时还能增强植株对盐、干旱、病原菌等多种生物和非生物胁迫的抗性，在农业生产上可广泛应用。目前已有人工合成的油菜素内酯，又称表-油菜内酯即芸苔素内酯，其施用效果与天然油菜素内酯相同。20 世纪 80 年代开始，中国大批的学者在生理水平探究了油菜素甾醇类物质对水稻、小麦、大豆、油菜和棉花等不同植物生长发育的调控作用。近十几年来，随着分子生物学、生物化学及各种组学等技术手段的发展，我国科学家们又在分子水平详细揭示了油菜素甾醇的功能。

（1）油菜素甾醇类物质可以调控根系生长发育　植物根发育过程中，油菜素甾醇通过调节根分生组织区和伸长区细胞的大小、数目及分裂周期等过程促进植物根器官的膨大、伸长及侧根的发生。近期研究发现，高温环境会影响 BRI1 受体的水平，以下调拟南芥根中油菜素甾醇信号的转导且油菜素甾醇信号转导缺失突变体 bri1 和 bak1 均为显著缩短的根表型，而超表达 BRI1 可导致比野生拟南芥更短的根；同时缺失 OsBRI1 还可导致水稻根系不能感受油菜素甾醇信号，使根生长发育受阻。由此说明，适当浓度的油菜素甾醇能够调节根生长和发育。

（2）油菜素甾醇类物质促进植物的抗逆性　油菜素甾醇类物质对黄瓜和番茄抗逆性的调控作用研究较多。外源喷施油菜素甾醇可促进黄瓜中一些参与农药代谢失活的基因表达，进而促进农药降解，减少农药残留；用油菜素甾醇处理黄瓜叶片可增强其对光氧化胁迫的耐受性，用油菜素甾醇处理花还可增强根对枯萎病的抗性，进一步的研究发现，油菜素甾醇的处理促进了处理部位和未处理部位的 H_2O_2 含量及胁迫相关基因的表达。油菜素甾醇类物质也可以促进番茄中 H_2O_2 含量的增加和 CO_2 的同化，进而促进番茄对氧化胁迫、冷胁迫、热胁迫等的响应。

（3）油菜素甾醇类物质可以提高茶树叶片的光合速率　近期研究表明，外源 2,4-表油菜素内酯（EBR）处理茶树能显著提高茶树叶片的净光合速率，进而使茶树的光合作用加强，有机物合成增加，显著提高春茶的产量。这与 2,4-表油菜素内酯在黄瓜和番茄等作物上的研究结果一致。

二、植物激素对茶树的生态作用

我国是一个农业大国，近年来由于化肥、农药长时间和大规模的使用，已经使作物的增产空间越来越小，对植物生态环境也产生了负面的影响。植物激素在农业上的应用历史悠久，而在茶树上的应用是从近 30 年才开始的。生产上利用植物激素能促进植物生长和抑制植物生长的差异，有的利于植物的营养生长，有的则利用生殖生长促进花果发育以达到调控植物生产的不同效用。

茶树是我国重要的农业经济作物，以收获幼嫩新梢为主。茶芽的萌发及生长发育直接受外界环境的影响，而这些影响在很大程度上是通过植物激素直接作用。利用生长素、赤霉素、细胞分裂素、乙烯、脱落酸、油菜素内酯和其他新型植物激素，以促进茶树新梢生长，促使扦插生根，调控营养和生殖生长，抵抗逆境胁迫等。相反，外界生态环境条件的改变也影响植物体内激素的分布和含量，进而影响植物的生长发育进程。因此，通过适当的农艺措施，合理运用和调控茶树中的植物激素，是提高茶树生产力的重要技术资源，对茶树生态调节具有重要意义。

(一) 植物激素与茶树生产

植物激素作为一种化学信号，在植物生长发育的整个过程中介导细胞与细胞间、器官与器官间、环境与植物间以及植物个体间的相互作用。一般认为赤霉素、吲哚乙酸、玉米素等属于生长刺激型激素，脱落酸属于生长抑制型激素。激素间通过信号转导，启动或阻遏下游相关基因表达，调控茶树等植物的生长发育。

植物无时无刻不在同外部环境进行着物质、能量和信息的双向交流。植物激素不仅能够影响茶树生长，还会引起茶树内含物质发生变化。茶树新梢发育过程中，吲哚乙酸的含量变化呈现"高-低-高"变化规律，这与新梢生长的"慢-快-慢"的节律一致；同时春、夏、秋三季中，茶树新梢在生育初期，其吲哚乙酸含量均较高，随后又下降，而茶梢生长则加速，当夏梢逐渐熟形成对夹叶时，吲哚乙酸含量又再回升，高浓度的吲哚乙酸可能参与春、夏、秋季生长休止的形成。这与吲哚乙酸在其他植物中的生理变化规律相符，即在高浓度时抑制植物生长，低浓度则促进生长。

在自然生长条件下，茶树生理活动是多种激素共同作用的结果。新梢部位，高 GA_3/ABA 和 ZT/ABA 比值是茶树新梢生长的必要条件；而新梢生长旺盛时，GA_3/ABA 和 IAA/ABA 比值均较高，且比值越高新梢生长越快，随着新梢展叶数的增加，IAA/ABA、ZT/ABA、GA_3/ABA 比值开始下降，新梢成熟后，激素水平则趋于稳定。而随着茶树上部芽梢的生长发育，茶树根部 IAA/ABA 比值如越小，根系生长则越快，ZT/IAA 也表现出同样的生理效应。植物激素在茶树不同部位作用的阈值不同，根的阈值比茎叶的小，因此，微量的植物激素在根部就可以产生明显的效应。

喷施外源植物激素对植物生长发育进行调节是一项重要的农艺生产技术。在外源激素的诱导下不仅茶树内源激素发生变化，茶叶中的其他内含物质也发生变化，影响茶树生长发育及茶叶品质形成。脱落酸、赤霉素处理后茶树体内茶多酚含量降低，赤霉素处理还提高了成茶的香气、汤色、滋味和叶底的感官品质。应用外源茉莉酸和茉莉酸甲酯处理植物可以诱导出大量的挥发性有机化合物（volatile organiccompounds）。另外，喷施一定浓度的外源植物激素能有效加速茶树叶片的茶氨酸积累、促进茶籽萌发和利于扦插苗较早生根。

(二) 植物激素与环境胁迫

植物在生长发育过程中，必须有适宜的外界环境条件，才能进行正常的生理活动，如细胞的正常分裂、分化和发育，水分和矿物质的吸收、运输，光合作用的进行，光合产物的输导、贮藏以及有机物的代谢等。但是，植物在遇到不适宜的环境干扰或其超越了植物所能适应的范围，或者遭受其他病原生物的侵袭时，其正常的生长发育就会受到干扰和破坏。通常情况下，植物体内的激素水平一旦失衡，植物就会出现异常状态。

温度是限制植物生长的主要因素之一，在高温或低温逆境胁迫下，植物体内的胁迫激素，如脱落酸、水杨酸、多胺类等激素类的含量均呈增加趋势，植物的抗逆性明显提高，同时，吲哚乙酸、赤霉素等植物生长促进激素的含量则降低。干旱胁迫下，外源脱落酸处理茶苗后，能提高茶树体内脯氨酸、可溶性糖及可溶性蛋白含量，同时增强抗氧化酶活性，从而降低干旱胁迫对茶苗的伤害，提高茶树抗旱性。茶树休眠期，叶面喷施适当浓度的水杨酸，可提高茶树叶片的光合作用和保护性酶类活性，提高茶树的抗寒性。

许多植物病原物侵入植物体后能够合成生长调节素，这些外来的调节素会严重干扰植物正常的生理功能，使植物产生畸形、黄化和落叶等症状。此外，病原物还可通过影响植物体内生长调节系统，改变正常植物激素的含量和组成比例，从而引起植物病变。多种病原真菌和细菌能够合成吲哚乙酸，引起植物体内吲哚乙酸含量大幅度提高。如茶苗根部被土壤杆菌（*Agrobacterium tumefaciens*）侵染后，茶树根部吲哚乙酸含量增加，细胞分裂加快，在主根和侧根上会形成许多大小不等的瘤状物。总之，由病原菌侵入植物体后产生的植物激素对植物的正常生理功能会造成一系列的负面影响，以致生长发育受到刺激或阻碍，最后表现各种病状。

一些学者认为，植物被诱导产生的大量挥发性有机化合物中，一些化合物可能在植物体内、植物之间或昆虫和植物之间起信号传递作用，可使邻近植物打开防御害虫攻击的系统。脱落酸、赤霉素、细胞分裂素、油菜素甾醇和肽类等激素具有调控植物防御信号途径的功能，在植物受到病虫侵害时，它们对植物的防御反应起调节作用。茶树在受到茶尺蠖等害虫咬伤后，会产生多种挥发性物质，其中主要有脂肪醇、醛、酯类化合物，萜烯类化合物和杂环化合物等组分，其中多种植物激素都属于这些化合物。外源茉莉酸（JA）和茉莉酸甲酯（MeJA）诱导植物产生的挥发性有机化合物可以引诱寄生性天敌和捕食性天敌。

第三节　茶树的化感作用与生态环境

植物化感作用已经被发现有两千多年，但真正进行系统、深入的研究则是近 30 年的事情。化感作用（Allelopathy），是指植物或微生物的代谢活动对环境中其他植物或动物所产生的有利或不利的作用，植物主要通过根系分泌、茎叶淋溶、挥发、植物残株的腐解、种子萌发和花粉传播等途径向环境释放某些特定的代谢化学产物，对周围植物的生长、发育以及繁殖等生理活动产生直接或间接的促进或抑制作用。化感作用是植物间普遍存在和相互作用的主要方式，已广泛运用到农业生态系统、草原生态系统、林业生态系统、水体生态系统等多方个领域。在生态系统中，植被的形成和演替，种子萌发和衰败的抑制，农业生产中的间作、套作、作物覆盖和重茬，都存在化感作用。

作为化感作用媒介的化感物质（Allelochemical），主要是植物的次生代谢物质，包括脂肪族醛、水溶性有机酸、长链脂肪酸和多炔、直链醇和简单不饱和内酯、简单酚、萘醌类等物质。研究显示，化感物质不仅能影响其他植物生长和群体关系，还能作用于同种植物。因此，了解植物的化感作用及其对植物的作用机理能使人们更好地利用化感作用的相生效应，合理地安排种植制度，避免不利影响，减少经济损失，促进农林业更好更快的发展，同时能够指导植物资源合理配置，建立良好的植物生态系统。

一、茶树自毒作用

化感作用在植物中广泛存在，绝大多数能表现出种间化感作用的作物同样具有种内化感作用及自毒作用。自毒作用是植物化感作用的一种特殊形式，即植物通过各种途径释放出的化感物质对同种或同科植物产生的生长抑制效应。

茶树系多年生作物，其积累的化感物质比一年生植物多，产生的自毒作用也长期存在。自毒作用是作物化感作用的一个显著特点。研究证实，多酚类和咖啡因是茶树自毒作用的主要物质。酚酸物质在一定浓度下可使细胞质膜有强烈的去极化作用，破坏膜两边的电势差，改变质膜透性引起离子外渗，使植物生长受到抑制。

自毒作用是引起作物连作障碍的主要因素之一。在同等栽培管理水平下，由于前作植物不同，茶树幼苗的主干和骨干枝粗度、树高、树幅等主要生长指标均有差异，除 2 年生茶苗树高和一级骨干枝粗度外，其余指标，如树幅及其他级枝条生长情况等，均以新垦荒地植茶树的最高，梨园改植茶树的次之，老茶园更新改植后的茶苗长势最弱，说明茶树具有明显的自毒作用，抑制茶苗生长。除茶树外，自毒作用在园艺作物和农作物的连作中普遍存在，如瓜类蔬菜的种子萌发期、幼苗期、组织培养期、生长期和成熟期均能释放化感自毒物质。而这些自毒物质或以浓度效应（随浓度增大其化感效应增强），或低促高抑效应（低浓度时为化感促进效应，高浓度时为化感抑制效应）影响着作物的生长发育。通常同一种植物的不同品种间其自毒作用强度存在较大差异。

自然界中，无论在自然生态系统还是人工生态系统，任何一种植物的生化代谢，都会受到多种环境因子的广泛影响，而环境因子的变化又影响植物化感作用的强弱。

二、茶园化感物质影响因素

（一）生长季节

茶树生态环境与化感物质产生有密切相关。不同的生长季节，因为环境条件如光照、气温、雨量等不同，茶树生理代谢水平差异较大，所产生的化感物质含量有一定的变化。研究表明，高温能增强化感物质的活性，反之，低温能降低化感物质活性。同一茶树品种，通常多酚类物质以夏季含量最高，秋季次之，春季最低，其原因主要是由于春季气温较低，光照中漫射光增多，有利于茶叶中含氮物质如氨基酸类物质的积累；而夏、秋季由于易遭受强光照、高温的环境胁迫，利于多酚类、咖啡因等化感物质的产生。

（二）茶树叶位

茶树新梢上着生的叶片因其叶位不同，化感物质含量也不同。茶树化感物质有向上富积的趋势，其中 1 芽 1 叶的化感物质含量最高，其多酚类含量比第 4 叶高 93.68%，而 1 芽 1 叶的咖啡因含量比第 4 叶高 60.48%，上下叶位化感物质含量差异明显。可见，茶树地上部分的生理生化代谢活动以茶树顶端最为强烈，化感物质主要向地上部分顶端运输转移，呈现出化感物质在茶树地上部分含量高，地下部分含量低的形式。因此，生产上及时勤采嫩叶能带走地上部分高含量的化感物质，从而有利于减少地下部分化感物质的大量积累对茶树生长的抑制作用。

（三）茶园肥培管理

施肥是茶园的重要管理措施，能明显改变茶树体内化学物质含量，直接影响茶树的生长发育。老茶园适当施用石灰，可调节土壤 pH，改良土壤，能消除或减弱茶树的自毒作用。石灰中的钙元素能与许多植物毒素起螯合作用而消除或减弱对植物的毒害作用。不同种类的微生物肥料对茶树的自毒作用效用不同，如腐殖酸中的有机-无机复合体可络合一部分化感物质，减轻自毒作用。

（四）茶园生境

茶树生态环境与化感物质的产生密切相关。其中，光照、温度是影响茶树化感物质产生的主要环境条件。高温能增强化感物质的活性，低温则降低化感物质活性。对于间作茶园，夏季茶树由于受到间作高大乔木树的遮阳，生态林茶园表现出较弱的化感能力；相反，无遮阳的纯茶园，高温土壤水分蒸发快，茶树表现出较强的化感作用，茶树中多酚类物质含量高于间作茶园，而氨基酸含量却远远低于间作茶园，其化感物质含量由多到少依次为纯茶园>林篱茶园>杉茶间作茶园>梨茶间作茶园。

因此，加强茶园环境生态建设，选择有利的伴生植物，调节茶园小气候环境条件，降低高湿、干旱、强光照等环境胁迫，而且茶园中搭配种植其他物种，可以吸收一部分化感物质，减少化感物质在茶园土壤中的积累。

（五）茶树品种

不同的茶树品种具有不同的生理代谢特点，致使化感物质呈现差异性。彭萍等（2009）对不同茶树品种春、夏、秋三季的地上、地下部分进行化感物质分析显示，大叶类品种蜀永二号（系川茶和云茶杂交后代）生理生化代谢作用强，在相同的气候条件下，易受到环境（强光照、高温、干旱）等的胁迫，从而促进化感物质的代谢；中小叶类绿茶品种，生理代谢较弱，受环境胁迫较弱，因而产生的化感物质较少，蜀永二号地上部分比平阳特早、南江 1 号分别高 35.75%、28.33%。但各茶树品种间的化感物质含量差异未达显著水平。

从同一品种地上部分和地下部分化感物质的含量来看，总体趋势是地上部分含量明显高于地下部分，这与地上部分受到环境胁迫的影响大于地下部分有关。而且，通常地上部分化感物质含量高的品种，其地下部分化感物质含量相对也较高。

总体来说，在农业发展中，无论农作物采取单作、轮作以及覆盖等种植的方式，都会受到化感作用不同程度上的影响。化感作用体现的是不同物种之间存在着相生相克的作用。这也正是由于它们之间存在着相生的作用，能够在生长的过程中进行有效的植物组合，以有效地促进植物生长。

　　茶树作为多年生植物，其体内次生代谢受气候季节条件的影响很大，产生和释放的次生物质并不仅仅是为了抑制邻近植物生长，还应有更为广泛的生态和生理学意义。通过加强茶园管理，适时勤采，促进化感物质由地下向地上部分转移，减少在土壤中的积累；并定期施用有机肥、老茶园适当施用石灰等措施，改良土壤结构，调节土壤pH；结合冬季茶园清园管理，清除凋落物和残体，最大程度地减弱茶树的自毒作用，将茶树种内竞争和化感物质对茶树的影响降低到最小，维持茶树良好生态环境，获得最高的茶叶产出和经济效益。当前，很多化感物质作为生物的除草剂、杀虫剂、抑菌剂等，对农作物有害生物进行治理方面也有着十分巨大的潜力。

第四节　茶园绿色防控

　　茶园的绿色防控是构建茶园的重要保障，而多种措施协调运用是绿色防控的重要内涵。茶园有害生物的绿色防控包括农业防治、物理防治、生物防治、化学防治等途径，各种防治方法各有利弊。茶园病虫害绿色防控应以农业防治为基础，发挥茶园生态优势，维护和增强生态系统自我调节和对病虫害控制能力。

一、茶树绿色防控原理

　　生态学原理提示，任何一个生态系统都具有一定的结构和功能，都是按照一定的规律进行物质、能量和信息的交换，从而推动生态系统不断发展。生态系统的每个因素都表现了功能和结构的依赖性，任何一个因素发生变化，都会引起其他因素发生相应的变化。因此，在了解茶园生态环境中有利和不利因素的基础上，按照生态学的基本原则，从病虫害、天敌、茶树及其他生物和周围环境整体出发，在充分调查、掌握茶园生态系统及周围环境的生物群落结构的前提下，研究各种生物与非生物因素之间的联系；掌握各种益、害生物种群的发生消长规律及相互关系；全面考虑各种措施的控制效果、相互联系、连锁反应及对茶树生长发育的影响，充分发挥以茶树为主体的、以茶园环境为基础的自然调控作用，对茶园开展绿色防控。

（一）坚持以农业技术为基础，加强茶园栽培管理措施

　　茶园栽培管理既是茶叶生产过程中的主要技术措施，又是病虫防治的重要手段，具有预防和长期控制病虫的作用。

　　避免大面积单一栽培，丰富茶园群落结构。众所周知，大规模的单一栽培，无疑会使群落结构及物种单纯化，容易诱发特定病虫害的猖獗，如茶饼病、茶白星病、假眼小绿叶蝉等在大面积茶园中往往发生较重。日本在 20 世纪 70 年代大量推广薮北种，曾引起茶轮斑病的大面积流行。因此，针对茶园现状，采取植树造林、种植防风林、行道树、遮阳树，增加茶园和周围的植被等措施，优化茶园生态环境，增强茶园小气候和茶园环境的稳定性，增强茶园自然调控能力。

　　选育和推广抗性品种，增强茶树抗病虫能力。茶树品种间由于形态结构、生化成

分以及生物特性不同，对各种病虫害有不同程度的抗性。利用茶树抗性的种质遗传特性及选种、杂交的方法，进行定向培育。如单宁含量高、叶片厚且硬的品种，对茶炭疽病有较强的抗性；大叶种、叶片厚且柔软多汁的品种最易感染茶饼病。在浙江，"政和大白茶"往往受到多种害虫的为害，而"毛蟹"则为害较轻。推广茶树良种，要根据各地的气候、土质、适制茶类，尤其是要了解主要病虫害与品种的关系等来选用。

合理施肥，增施有机肥是促进茶树生长、提高茶树营养的需要，也有助于提高茶树的抗病虫能力。如施肥不当，易助长某些病虫害的发生，尤其是要防止偏施氮肥。土壤肥力不足，茶树抗性降低，也会使病虫为害加重。对茶饼病、茶白星病等叶部病害发生严重的茶园，可配合使用磷酸二氢钾、增产菌等进行叶面施肥。

及时采摘，合理修剪，有利于抑制芽叶（如蚜虫、小绿叶蝉、茶细蛾及茶饼病等）和枝干部（多蚧类、蛀干害虫、苔藓等）病虫的发生。病虫害在茶树上是多方位发生。通过不同程度的轻修剪、深修剪、重修剪，就可以剪去其寄生在枝叶上的病虫（表6-2）。如早春进行一年一度的轻修剪，对抑制小绿叶蝉、茶细蛾很有好处。蓑蛾类初孵幼虫有明显的发生为害中心，通过轻修剪可剪去群集在叶片背面的虫囊，在蓑蛾大发生后期，需通过重修剪才能剪去枝干上的虫囊。对介壳虫、黑刺粉虱严重发生的茶园，也需进行重修剪，甚至台刈，将茶丛中、下部枝叶上的病虫清除干净。对茶天牛、黑翅土白蚁、根腐病等为害的茶树，最好采用挖除的办法，彻底挖除被害茶蔸，清除巢穴，对白蚁和根腐病发生的被害处进行土壤消毒。

表6-2　　　　　　　不同修剪程度能控制的茶树病虫种类（谭济才，2010）

病虫名称	虫态及类型	分布部位	可控制的修剪类型
茶蚜	各虫态	表层	轻修剪
瘿螨类	各虫态	上层	轻、深修剪
茶梢蛾	幼虫	中、上层	轻、深修剪
茶网蝽	各虫态	中、上层	深修剪
长白蚧	各虫态	中、上层	深修剪
红蜡蚧	各虫态	中、上层	深修剪
龟蜡蚧	各虫态	中、上层	深修剪
堆砂蛀	幼虫	中、上层	深修剪
芽枯病	病菌	表层	轻修剪
茶饼病	病菌	中、上层	深修剪
藻斑病	病菌	中、下层	重修剪
其他枝梗病	病菌	中、下层	重修剪
茶跗线螨	各虫态	表层	轻修剪
蜡蝉类	若虫、卵	中、上层	轻、深修剪

续表

病虫名称	虫态及类型	分布部位	可控制的修剪类型
卷叶蛾类	幼虫	中、上层	轻、深修剪
蛇眼蚧	各虫态	中、上层	轻、深修剪
茶梨蚧	各虫态	中、上层	深修剪
角蜡蚧	各虫态	中、下层	重修剪
牡蛎蚧	各虫态	中、下层	重修剪
茶枝镰蛾	幼虫	中、下层	重修剪
枝梢黑点病	病菌	上层	轻、深修剪
茶白星病	病菌	中、上层	深修剪
其他叶病	病菌	中、上层	深修剪
苔藓地衣	病菌	中、下层	深修剪

适当翻耕，合理除草。土壤是很多天敌昆虫的活动场所，也是很多害虫越冬、越夏的场所。如尺蠖类在土中化蛹、刺蛾类在土中结茧，角胸叶甲在土中产卵，象甲类幼虫在土中生活，很多病害的叶片掉落在土表。一般以夏秋季节浅翻 1~2 次为宜；对丽纹象甲、角胸叶甲幼虫发生较多的茶园，也可在春茶开采前翻耕 1 次。翻耕后注意在根颈部四周培土，适当压实，以抑制土中越冬蛹羽化出土，减少病原菌再次污染。

及时排灌，不仅有助于茶树生长，对茶根腐病、白绢病、藻斑病等也有明显的抑制作用。高温干旱季节，茶园缺水会引起赤叶斑病的发生和茶树螨类的暴发，茶园灌水或喷灌可以减轻病害和螨类的为害。

(二) 保护和利用天敌资源，开展生物防治

据湖南农业大学与湖南省茶叶研究所等单位从 1986—1994 年对全省茶园病虫害及天敌资源调查，茶树害虫 300 余种，蜘蛛和天敌昆虫多达 380 多种。由于过去盲目使用化学农药，使茶园天敌种类与数量锐减。因此，加强生物防治的宣传和教育，让群众能分清"敌我"，提高茶农保护茶园天敌、利用天敌的自觉性。

开展本地天敌资源的调查研究，制定出优势天敌种群与整个茶园天敌的保护利用措施。结合农业措施保护天敌，人工助迁和释放天敌。如贵州茶叶科学研究所报道，在长白蚧发生的茶园，每丛茶树助迁释放 4 头红点唇瓢虫即可控制其为害。人工释放天敌包括常见的捕食性天敌昆虫如瓢虫、草蛉、猎蝽等以及蜘蛛和寄生蜂等。我国引进澳洲瓢虫防治吹绵蚧取得了很好的成效。

使用微生物或微生物制剂防治病虫，是目前无公害茶叶生产中的主要措施。目前微生物制剂产品较多，但各个产品的菌种不一，对各种害虫的防效差异较大。因此，根据不同的害虫筛选菌种和生产不同产品是十分必要的。

二、茶园病虫防治方法

病虫害防治方法按其作用原理和应用技术可以分为 5 类，即植物检疫、农业防治法、生物防治法、物理与机械防治法、化学防治法。这些防治方法各有其特点又相互关联，主要是通过不同的作用途径可以达到控制病虫害的目的（图 6-2）。有的是限制危险性病虫害的传播、蔓延和为害；有的是恶化病虫害的环境条件，增强作物的抗性能力；有的是控制病虫害的种群数量；有的是直接杀灭病虫害。

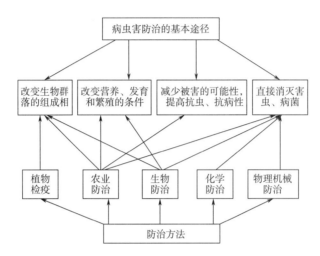

图 6-2　病虫害防治基本途径与防治方法的关系（谭济才，2010）

（一）植物检疫

植物检疫是由国家或地方行政机关颁布的具有法律效力的植物检疫法规，并建立专门机构进行工作，以禁止或限制危险性病、虫、杂草人为地从国外传入国内，或从国内传到国外，或传入以后限制其在国内局部地区传播的一种措施，以保障农业生产的安全发展。植物检疫按其任务与工作范围的不同，分为进出境检疫和国内检疫两类。

我国已公布的《输出、输入植物应施检疫种类与检疫对象名单》中虽尚无专门的茶树病虫害种类，但农业部发布的《应施国内植物检疫对象和应受检疫的植物、植物产品名单》（1995 年 4 月 17 日）中包括了茶树种子、种苗及其他繁殖材料。而且蚧类、粉虱、螨类、卷叶蛾、细蛾、茶梢蛾、茶根结线虫、茶饼病等都能随苗木传播，茶角胸叶甲的卵和幼虫可随苗圃土壤携带，调运时应予注意。加强植物检疫，严防危险性病虫害远距离传播，是真正体现"预防为主，综合防治"方针的积极措施。

（二）农业防治

农业防治是在认识和掌握作物、病虫害和环境条件三者之间相互关系的基础上，结合整个生产过程中的各种农业技术措施，有目的地创造有利于作物生长发育而不利于病虫害发生的农田环境。作物是病虫害生存的必要条件，而栽培技术措施的实施或变动，不仅影响作物的生长发育状况，同时也影响病虫害的营养条件和栖居的生态环境，从而直接或间接地影响病虫害发生的数量和增长趋势。而且某些农业技术措施本身就有直接杀灭病虫害的作用。因此，农业防治是一项具有长久效益和预防作用的重要方法符合"经济、安全、简易"的原则，但单纯依靠农业防治也不能解决所有病虫害防治问题，必须结合当地的实际情况，根据作物的特点因时、因地制宜地制定出切实可行的措施。

1. 通过压低病虫害基数来控制种群发生数量

在相同的环境条件下，发生基数的大小，必然会影响种群数量增长的快慢，如在越冬期间剪去病虫枝叶、翻耕培土就可减少第二年病虫的发生基数。通过修剪、台刈部分严重为害的病虫茶丛，做好茶园卫生，可一定程度上防止病害的扩散蔓延。

2. 通过影响作物长势减轻作物受害程度

栽培管理措施得当，可使作物生长旺盛，就能提高作物的抗病虫能力，减轻为害损失。如选育抗性品种，茶园增施有机肥料或增施磷、钾肥，提高作物的抗病虫能力；干旱季节在茶园喷灌，不仅可恢复茶树长势，还可减轻螨类的发生。

3. 通过影响天敌发生条件来加强生物防治作用

农业技术措施可以改善天敌生存环境，增加天敌数量。如幼龄茶园间作绿肥，待绿肥开花时，可提供寄生蜂、寄生蝇的补充营养，提高繁殖率，增加天敌数量。

4. 通过农业措施来直接控制病虫害的发生数量

很多农业措施对病虫害的直接控制作用非常明显。如及时采摘，可直接采去小绿叶蝉、茶细蛾等的卵和虫苞；灌水可以杀死蛴螬、小地老虎等地下害虫。

(三) 生物防治

生物防治是应用某些生物（一般指病虫害的天敌）或某些生物的代谢产物来防治病虫害的方法。利用病原微生物、农用提高抗生素、天敌昆虫及其他生物制剂等控制茶树病虫危害，可减少化学农药的用量，保持生态平衡。生物防治对人畜无毒、无害，不污染环境；对作物和自然界很多有益生物无不良影响，是一项很有发展前途的防治方法。

目前茶园常用的生物防治主要包括以虫治虫、以菌治虫、利用其他有益生物和昆虫激素治虫以及生物防治病害等。

1. 以虫治虫

以虫治虫是有害生物防治中最早使用的技术。主要是利用害虫的天敌昆虫通过寄生或捕食的方法直接消灭害虫，控制害虫的种群数量。其应用的主要途径有保护和利用本地自然天敌昆虫、人工繁殖和释放天敌昆虫，以及引进外来天敌等。如瓢虫捕食长白蚧、黑刺粉虱、茶绵蚧；胡瓜钝绥螨防治茶叶螨类、红蜘蛛等。

2. 以菌治虫

自然界中有很多病原微生物（如真菌、细菌、病毒、线虫等）能引起害虫发病，利用这些病原微生物或其代谢产物来防治害虫就称为以菌治虫。应用工厂化生产的微生物制剂防治害虫，如 Bt 乳剂防治茶毛虫、茶尺蠖等鳞翅目害虫，白僵菌粉剂防治茶丽纹象甲等，各种核型多角体病毒（NPV）制剂等来防治害虫昆虫。

3. 昆虫激素治虫

目前应用于害虫防治的主要有性外激素，其人工合成剂称为性引诱剂或性诱剂。常用的方法是直接诱杀，把性外激素或性诱剂与黏胶、农药、化学不育剂、灯光、微生物农药等结合起来使用，直接杀灭害虫，或者使用干扰交配法或称为迷向法，把大量的某种害虫的性诱剂施放于田间，使田间弥漫雌性外激素的气味，于是该种害虫异性个体失去定向寻找配偶的能力，由于不能交配，雌虫不能产卵或产卵不育。

4. 其他动物治虫

鸟类、蜘蛛、捕食螨、青蛙、蜥蜴、蛇等都是害虫的重要天敌。蜘蛛在茶园中种类多、数量大，是叶蝉类、粉虱类成虫、蜡蝉类等害虫的主要控制因子，对鳞翅目成虫等也有很好的控制作用，甚至还能捕食金龟子、叶甲等成虫。此外，利用鸭子捕食稻田害虫；利用鸡啄食果园、茶园的害虫等都是有效的防治方法。

5. 植物病害生物防治

植病生防主要是利用微生物之间的拮抗作用和交叉保护作用。

拮抗作用，是指一种生物的存在和发展对另一种生物的存在和发展产生不利的影响，具有拮抗作用的微生物称拮抗微生物。拮抗微生物在自然界中广泛存在。拮抗作用的机制主要利用一种生物的代谢产物杀死或抑制其他生物，具有抗生作用的微生物称抗生菌，如春雷霉素、井冈霉素等都是农用抗生素。茶树内生芽孢杆菌用于防治茶芽枯病、茶白星病和茶云纹枯病，具有较好效果。

寄生作用，是有些有益微生物可以寄生于病原物上，从而削弱、消灭病原物或降低其致病力，使病害减轻，如病毒对细菌和真菌的寄生现象。

竞争作用，有益微生物在空间、养料、水分等方面与病原物竞争，从而起到减轻病害的作用。

交叉保护作用指在寄主植物上接种低致病力或无致病力的微生物后，诱导寄主植物增强抗病性，甚至可保护寄主不受病原侵害。

(四) 物理与机械防治

物理与机械防治指利用各种物理因子、机械设备以及多种现代化除虫工具来防治病虫害的方法。有些措施见效快，能迅速降低或控制病虫害的数量；有些具有特殊的作用（如红外线、高频电流），能杀死隐蔽为害的害虫。

1. 捕杀

捕杀指根据害虫的生活习性，设计器械进行捕杀。如钩杀天牛幼虫用的铁丝钩，刮除蜡蚧、苔藓用的竹刀，捕杀小绿叶蝉、蜡蝉、蛾子用的捕虫网等。

2. 诱杀

诱杀指利用茶树害虫对颜色、光、化学物质等的趋性进行诱杀，以降低田间虫口密度。利用害虫趋化性，可设置糖醋液诱杀小地老虎、蝼蛄；利用趋光性设置黑光灯诱杀蛾类和金龟子；利用蚜虫等趋黄习性，设置色板诱杀。日本在茶园中应用茶小卷叶蛾性信息素后，可使茶小卷叶蛾的交尾阻碍率达80%以上，茶小卷叶蛾越冬虫数减少44.6%~92.6%。

3. 阻隔

阻隔指利用害虫的活动习性，设计各种障碍物，阻止害虫为害或蔓延。如果实套袋可防止害虫取食和产卵；在树干上涂白或涂胶，可阻止害虫上树为害或下树越冬，也可阻止害虫在树干上产卵、潜伏。

4. 种子处理

种子处理指利用风选、盐水、泥水，可以去掉有病种子；利用高温暴晒，可以杀死种子表面的病菌；利用温汤浸种和石灰水浸种，可以杀死种子的病菌，提高种子的发芽率。

5. 新技术应用

随着现代科技进步，许多新的技术和设备用来防治病虫害。如利用辐射不育进行遗传防治；利用放射能、激光直接杀死害虫；利用微波处理土壤防治地下害虫和土传病菌；利用红外线进行预测预报；利用雷达探测害虫迁飞等。

(五) 化学防治

化学防治法是指利用有毒的化学物质（通常指农药）来预防或杀灭病虫害，其最显著的特点是有效性、简易性、适应性。当病虫害大发生时，可在短时间内达到有效的防治目的。化学防治是目前最主要的一种防治方法，但化学防治仍存在一些严重问题，这就是国际上通称的"3R"问题，即残留量（residue）、抗药性（resistance）和再增猖獗（resurgence）问题。

1. 农药残留问题

任何农药都是有毒的，尤其是人工合成的有机化学农药，它们本来是自然界不存在的，人工合成后大量施放到自然界，在一定时期内不会完全消解，残留在大气、土壤、水体、植物体内乃至农产品中，通过"生物富集"作用累积到高等动物体内，产生累积中毒现象。

目前，农药种类较多，不同性质的农药对茶树生态环境效应差异较大，因此从现有农药中选择高效、低毒、低残留农药种类，并积极开发新药是切实可行的方法。同时制定每种农药对作物的安全间隔期和最高残留限量，加强农药残留量的监测，以保证食品卫生质量和保护人体健康。

2. 抗药性问题

长期使用某种农药或某些农药会使作物病虫害产生抗药性。目前已知对某些农药产生明显抗药性的害虫、病菌达到几百种。因此，在农药的使用上，应做到适时施药，提高防治效果；正确、合理、交替使用不同作用机理的农药；在农药中添加能抑制解毒酶活性的增效剂；深入研究抗性机制，创制不易产生抗药性的药剂。

3. 再增猖獗问题

长期大量使用某种农药一段时间后反而引起防治对象或非防治对象越来越严重的现象，称为病虫害的再增猖獗或种群复起。某些小型刺吸式口器害虫，如蚧、螨、叶蝉、粉虱、蚜虫、蓟马等极易产生再增猖獗现象。主要原因是农药作用于病虫的同时还杀伤了害虫的天敌，破坏了生态平衡，或有些农药成分刺激了某些害虫的生长发育，如波尔多液、硫酸铜的铜离子可延长螨类成虫的寿命，增加产卵量。

在茶园生态系统中，茶树-害虫-天敌及其周围环境相互作用，相互制约。防止害虫的再增猖獗，关键是要进行病虫的综合防治，多种方法结合使用。注意农药对天敌的选择性和农药的剂型、施用方法、施用次数、施用时期以及与害虫和周围生物群落的关系等。

第五节　茶园农药污染与控制

茶叶卫生质量直接关系到消费者的食品安全和身体健康，随着人们生活水平的提高，对茶叶的卫生质量提出了更高的要求。影响茶叶卫生质量的因素主要包括农药残留、有害重金属残留、有害微生物、非茶异物和粉尘污染等，其中农残问题尤为突出。

茶园病虫防治过去主要依赖化学农药，致使茶叶中农药残留量和有毒物质偏高，往往成为茶叶销售和贸易中的一大难题，在国际茶叶贸易中曾多次发生销毁和索赔现象。国内质检、工商等有关部门检测也经常发现茶叶中农药残留量超标，引起广大消费者的不安。因此，尽量减少化学农药的使用量和使用次数，降低茶叶中的农残，是世界各产茶国和销售国共同的愿望。

针对农药残留问题，实行无公害茶树栽培，开发无污染的、安全优质的茶叶产品势在必行。无公害茶叶生产包括有机茶、绿色食品茶和无公害茶的生产与加工。在无公害茶叶生产中，更加强调生态环境的保护和茶叶产品的安全无污染。

一、茶园农药污染产生原因

化学农药污染物主要来源于用于农林业防治病、虫、草、鼠害及其他有害生物及调节植物生长的药剂及加工制剂。茶园农药残留的原因，一是直接给茶树喷药造成，二是其他间接途径造成。

(一) 直接来源

农药喷施在茶树叶片上后，部分留在叶片表面，部分渐渐渗入茶树叶组织内部。某些内吸型农药如乐果，可以随着水分和养分的运输而转移到茶树的其他部位。农药在日光、温度、茶树体内的酶类等因素的影响下，逐渐分解和转变成其他无毒的物质，这个过程就是农药的降解过程。如果在这些农药还未完全降解或还未降解到很低水平时就采收下来，经加工后制成的成茶中便有可能含有农药残留。而这种农药残留量的高低决定于农药的性质及茶树自身特性。

农药由于其化学性质的不同，在茶树叶片上的降解速度也不同，致使残留水平差异较大，如有机氯农药和拟除虫菊酯类农药，一般性质都比较稳定，在茶树叶片上不易降解，因此，在同样条件下，它们的残留水平相对会比较高。而有机磷农药，一般较易降解。另外，有些内吸性农药在进入茶树体内后可以随液流而传递到其他组织，特别是芽梢部位会使残留水平会较高，而不易降解。

另外，商品农药的有效成分含量、农药的加工剂型、施药剂量和浓度都与农药残留水平密切相关。有效成分含量越高，喷药后的沉积在茶树叶片上的残留量也越高。在同样施药剂量条件下，乳剂施用后的残留量要比施用可湿性粉剂和粉剂的残留量要高。施药量越多、浓度越高，茶树叶片上的残留量相应也越高。

茶树本身的形态结构和生物学特性对残留水平也有很大影响。芽梢的生长对喷施在上面的农药起着稀释作用，在经过同样天数后，刚萌发的新梢其残留水平会比萌发较早的芽梢上的农药残留低。此外，茶树新芽和叶片上的茸毛数量、光滑和粗糙程度也和农药残留水平有关，叶片表茸毛数量多和叶面粗糙的茶树往往会聚集有较多的农药，因此残留水平相对较高。

（二）间接来源

1. 茶树从土壤中直接吸收农药

在茶园使用农药喷洒茶树时，70%～90%的农药会流失到土壤中，这些农药一部分在土壤中积蓄，一些内吸性的农药还可以通过根系在吸收水分和营养物质的同时，将农药输送到枝梢。此外，土壤中的农药也会通过挥发到空气中而被茶吸收。

2. 由水携带

茶树喷药和灌溉需要大量的水，因此，水中的农药就会随着药液转移到茶树上。一些在水中溶解度较低的农药，如拟除虫菊酯和有机氯农药，在茶树芽梢上积累量很小。而另一些水溶解度很高的农药如乐果、马拉硫磷等，便有可能随着用水而转移到茶树芽梢上积累。

3. 空气飘移

农药在喷施后可以通过挥发进入大气，或是吸附在大气中的尘粒上，或是成气态随风转移。而这些被吸附在尘粒上或直接随气流转移的农药会在一定距离外直接沉降或由雨水淋降，致使茶芽被农药污染。

二、茶园农药污染控制

针对农药污染等问题，一方面要大力提倡发展无公害茶，另一方面要科学合理使用农药，既保证病虫防治效果，又要控制茶叶农药残留量，还要保护天敌，尽量减少或避免对生态环境的影响。可以考虑从以下几个方面安全、合理使用农药。

（一）严禁使用剧毒、高毒、高残留的农药品种

如甲胺磷、乙酰甲胺磷、对硫磷、甲基对硫磷、内吸磷、甲拌磷、久效磷、氧化乐果、克百威、涕灭威、三氯杀螨醇、氰戊菊酯等。

（二）选用高效、低毒、低残留的农药品种

有些农药虽然适用于茶园中，但由于当前欧盟新的茶叶中最大残留限量标准比较严格，如扑虱灵、灭螨灵、甲氰菊酯、吡虫啉、硫丹和啶虫醚等，因此，对出口欧盟的茶叶生产基地应尽量避免或慎用使用此类限量农药。

日本政府也已先后对我国输出的乌龙茶、绿茶及其加工品的三唑磷残留实施命令检查（即实行批批检测，日本《肯定列表制度》中茶叶的三唑磷最大残留限量标准为0.05mg/kg）。

农业部办公厅"农办农［2008］176号文件"规定，自2009年7月1日起，除卫生用、部分旱田种子包衣剂外，在我国境内停止销售和使用用于其他方面的含氟虫腈成分的农药制剂。

（三）根据防治对象和农药的性质用药

农药品种种类较多，其理化性质和生物活性各不相同，不是任何一种农药对所有茶树病虫都有效。

甲基托布津是一种广谱、高效的杀菌剂，对茶云纹叶枯病、茶炭疽病等叶部病害的病原菌具有较好的防治效果，但对茶根结线虫病无效。这是由于农药的性质不同所致。对茶树叶部病害的防治，应在发病初期喷施具保护作用的杀菌剂，如硫酸铜类药剂，以阻止病菌孢子的侵入，但也可以选用既具保护作用，又有内吸和治疗作用的杀菌剂，如甲基托布津、多菌灵等苯并咪唑类杀菌剂，这样既可以阻止病菌孢子的侵入，又可以发挥内吸治疗效果，抑制病斑的扩展和蔓延。

对咀嚼式口器的茶树害虫应选用有胃毒和触杀作用的农药，如拟除虫菊酯类农药等，而对刺吸式口器害虫应选用触杀作用强的农药，如马拉硫磷和溴氰菊酯等，或选用内吸剂。

对螨类应选用杀螨剂，尤其是杀卵力强的杀螨剂，如虫螨腈等。

（四）根据病虫防治指标适时防治

茶树病虫的防治应按"防治指标"进行施药，以减少施药的盲目性，降低农药用量。茶树主要病虫的防治指标，见表6-3。为了真正做到适期用药，加强病虫测报至关重要，根据测报资料，掌握适期用药是茶树病虫防治的关键措施。

在害虫对农药最敏感的发育阶段进行适期施药。如茶尺蠖、茶毛虫、刺蛾类等鳞翅目害虫应在3龄前幼虫期防治；小绿叶蝉应在高峰前期，在若虫占总虫量80%以上时施药。采摘茶园中不宜使用对茶叶品质影响较大的农药，如波尔多液，应严格控在封园后停采期或非采摘茶园中使用。石硫合剂要掌握在初冬季节封园时使用。

表6-3 茶园主要病虫的防治指标（谭济才，2010）

病虫名称	防治指标	资料来源
茶尺蠖	成龄园 6.75 万头/hm^2 或每米茶行有虫 10 头	国家标准
油桐尺蠖	每公顷产干茶 1125kg，夏、秋茶允许损失 10% 以下，1.8 万头/hm^2	浙江
茶毛虫	成龄园 3 万~4.5 万头/hm^2 或每米茶行有虫 3~4 头	湖南
茶黑毒蛾	成龄园 4.5 万~6.0 万头/hm^2	安徽
茶小卷叶蛾	第 1 代、第 2 代，每米茶行幼虫数大于 8 头；3 代、4 代适当放宽	安徽
小绿叶蝉	百叶虫口>10 头	安徽
茶橙瘿螨	每叶虫口数在 20 头左右	浙江
茶饼病	芽梢罹病率 35%	斯里兰卡
茶白星病	叶罹病率 6%	湖南
云纹叶枯病	成叶罹病率 10%~15%	浙江

（五）根据有效剂量适量用药

农药的使用剂量一般有两种表达方式。

一种是用稀释倍数表示：稀释倍数是称取一定质量或一定体积的商品农药，按同样质量单位（如 g、kg）或体积单位（如 mL）的倍数进行稀释。如果是固体的农药，就用质量单位进行稀释，如90%杀螟丹可湿性粉剂2000倍液，就是取1g杀螟丹可湿性粉剂加2000g水。

另一种是单位面积使用商品农药的数量：如防治小绿叶蝉，每公顷用35%赛丹乳油1125mL，如果每公顷用药液量为1125kg，这样就相当于1000倍稀释液。如果每公顷用药液量为750kg，那么相当于666倍稀释液。

农药使用的有效剂量（或有效浓度）是根据田间反复试验获得的，因此应严格按照这个有效剂量施药，不可任意提高或降低。

(六)合理选用施药方法

农药使用方法有喷雾、喷粉、熏蒸、土壤施药等。在茶叶生产中主要使用液剂或可湿性粉剂喷雾，而很少使用粉剂。目前喷雾的方法有常量喷雾、低容量喷雾和超低容量喷雾3种。我国茶叶生产中使用超低容量喷雾的还不多，但随着超低量喷雾技术的进步，它在茶叶生产中的应用也会逐渐扩大。

(七)严格按照安全间隔期用药和采摘

安全间隔期，是指最后一次施药与作物采收之间必须等待的时间（d）。这是解决农药残留的一项关键措施。通常，农药在茶叶上的残留量是随时间延长而逐渐降低的。时间越长，残留量越低。可以根据农药的降解速度和农药的毒性大小以及农药的最大残留限量来确定该农药的安全间隔期。在无公害茶叶生产中，必须严格按照安全间隔期采茶，才能保证茶叶农药残留量不超标。值得注意的是，安全间隔期是根据正常使用剂量条件下制定的，因此在生产中必须严格按规定的使用剂量用药。

第六节 茶叶产品安全标准与农药使用

一、茶叶产品安全标准

中国既是世界第一产茶大国，又是世界第一消费大国。随着人们生活水平的提高，饮茶有益健康被大量科学实验所验证，越来越多的消费者开始饮茶并关注茶叶的质量安全。茶叶标准的变化也主要围绕安全和质量展开。

据统计，2020年1月至2021年7月，新发布实施的涉茶国家标准有5项。其中，于2021年9月3日起实施的GB 2763—2021《食品安全国家标准 食品中农药最大残留限量》，与2020年版本相比，新版标准规定了564种农药在376种（类）食品中的10092项最大残留限量指标，茶叶的农药残留指标由原来的65项扩增到106项，新增参数中有14项未指定检测方法。目前，正在制订的涉茶食品安全国家标准有《食品安全国家标准 茶叶》《食品安全国家标准 代用茶》2项，在修订的涉茶食品安全国家标准是《食品安全国家标准 紧压茶及其再制品含氟限量》1项。

另据统计，2020年1月至2021年7月，新发布实施的涉茶行业标准有15项，其中供销合作行业标准9项、农业行业标准4项、出入境检验检疫行业标准1项、轻工行业标准1项；2020年1月至2021年6月，新发布实施的涉茶地方标准有114项，其中四川 17 项，浙江 12 项，云南 11 项，福建和贵州各 9 项，安徽、广东、湖北各 7 项，重庆 6 项，河南 5 项，广西和山东各 4 项，江西 1 项；2020 年 1 月至 2021 年 7 月，共有 107 家社会组织新发布实施了 304 项涉茶团体标准。这些涉茶行业标准、地方标准、团体标准中均有一定比例的产品安全标准。

二、农药使用

自 20 世纪 50 年代开始，茶园农药已经经历过几次更新换代，50—60 年代有机氯农药为主要品种，70 年代有机磷农药为主要品种，80 年代拟除虫菊酯类农药得到大面积应用，90 年代后各种新农药品种层出不穷，许多高效、低毒农药在茶园推广使用。随着人们对环境及食品安全的重视，减少化学农药的呼声越来越高，但是全国主要茶区的防治仍以化学防治为主。近年来，国内外不断更新茶叶中农药残留限量标准，更新限用或禁用农药名单，加之茶园害虫已对部分农药产生较高抗性，因此茶园农药须注意更新换代。

（一）目前茶园农药使用面临的问题

1. 高水溶性农药的安全性问题

茶叶中同等残留量的高水溶性农药和脂溶性农药在水中的溶解度相差很大，因此溶解进入茶汤中的农药含量也相差很多。饮茶的方式决定了茶汤中的残留农药才是最终被人体摄入的量，因此水溶性农药在茶园长期使用对饮茶的消费者具有潜在的安全风险，须将水溶性农药有计划地撤出茶园。

吡虫啉和啶虫脒是目前茶园使用最多的代表性高水溶性农药。研究发现，这些农药的应用对环境具有很大的负面效应，对人体的危害也很大。2012 年 1 月 1 日起欧盟将水溶性农药作为出口欧盟茶叶的必检项目。2013 年 10 月 8 日欧盟食品安全机构在欧洲食品安全局（EFSA）刊物上发表论文报道了这两种农药对实验大鼠的大脑结构产生影响，并认为新烟碱农药可能对人类具有神经发育毒性。为此，须从安全和高效两方面考虑，对茶园农药进行更新换代，确保茶叶的生产安全和质量安全。

2. 茶园主要害虫的抗药性问题

不科学地使用化学农药是导致茶园害虫抗药性大幅度增长的重要原因，害虫对一种农药抗药性甚至可能在短短几年内增长到较高水平。茶小绿叶蝉和茶尺蠖是我国茶区的主要害虫，研究表明茶小绿叶蝉和茶尺蠖对许多化学农药已经产生了抗性。研究发现，生产茶区中茶小绿叶蝉对吡虫啉、啶虫脒等农药的抗性高于非施药茶园；部分地区茶尺蠖对溴氰菊酯和联苯菊酯等农药抗性较高；茶蚜也已经对有机磷和氨基甲酸酯类农药产生了严重的抗性。

（二）新农药品种介绍

1. 茚虫威

茚虫威（Indoxacarb）是美国杜邦公司开发的新型二嗪类杀虫剂，水溶解度很低（0.2mg/L，25℃）。茚虫威是钠离子通道阻碍剂，为低毒杀虫剂，以胃毒作用为主，兼具有触杀活性，与菊酯类、有机磷、氨基甲酸酯类农药无交互抗性，且对鱼类、天敌安全。目前茚虫威已经在茶树上完成登记，为国内茶园防治茶小绿叶蝉比较理想的农药，建议在虫量达防治指标且呈上升趋势时，按 180~330mL/hm² （用水量为 675~900kg/hm²）均匀喷施树冠进行防治。联合国国际食品法典农药残留委员会（CCPR）、欧盟和我国制定的茚虫威茶叶中的最大残留限量标准均为 5mg/kg。

2. 虫螨腈

虫螨腈（Chlorfenapyr）是德国巴斯夫公司开发的新型吡咯类广谱杀虫杀螨剂，水溶解度为 0.12~0.14mg/L （25℃）。虫螨腈是氧化磷酸化反应的解偶联剂，有一定的内吸活性，兼有胃毒和触杀作用，对哺乳动物和鱼类毒性低，对作物安全且已经登记在茶树上使用，其对茶小绿叶蝉和茶树螨类表现出良好的防效，建议在虫量达防治指标且呈上升趋势时，按 375~450mL/hm² （用水量为 675~900kg/hm²）均匀喷施树冠进行防治。欧盟的 MRL 限量标准为 50mg/kg，日本最大残留限量标准为 40mg/kg，我国的最大残留限量标准为 20mg/kg。

3. 唑虫酰胺

唑虫酰胺（Tolfenpyrad）为新型吡唑杂环类杀虫杀螨剂，水溶解度为 0.087mg/L （25℃）。其作用机理为阻碍线粒体的代谢系统中的电子传达系统复合体 I，使昆虫不能提供和贮存能量，被称为线粒体电子传达复合体阻碍剂（METI）。日本农药株式会社、美国默赛技术公司和福建省德盛生物工程有限责任公司均临时登记在茶树上防治茶小绿叶蝉。唑虫酰胺对茶小绿叶蝉等刺吸式口器害虫表现出十分优秀的防效，建议在虫量达防治指标且呈上升趋势时，按 150~300mL/hm² （用水量为 675~900kg/hm²）均匀喷施树冠进行防治，但害虫对此药较易产生抗性，因此在田间使用应注意轮换。联合国国际食品法典农药残留委员会（CCPR）制定的茶叶中最大残留限量标准为 30mg/kg，日本最大残留限量标准为 20mg/kg，但欧盟目前规定为 0.01mg/kg，因此使用时应注意。

除上述 3 种新农药外，如联苯菊酯、高效氯氟氰菊酯等几种低水溶性的菊酯类化学农药，苦参碱、茶皂素、短稳杆菌等生物农药也可用于防治茶树害虫。

(三) 使用建议

以上 3 种新农药杀虫谱基本覆盖茶园几种主要害虫，而且经过田间药效试验的验证，防治效果良好，适宜在茶园大面积推广使用，但是有以下几个问题必须注意。

（1）应注意与其他农药轮换使用，或与生物防治及物理防治措施结合，防止害虫抗药性快速提升。

（2）应根据国内外农药残留标准的变化，继续筛选几种防效良好的低水溶性农药，增加茶农的选择性。

（3）日本尚未制定茚虫威的标准，所以出口茶叶农药残留按一律标准（0.01mg/kg）要求，标准十分严苛，建议内销茶园和出口欧盟茶园使用，出口日本茶园暂时不要使用。

（4）唑虫酰胺目前在欧盟还是按照一律标准（0.01mg/kg）要求，因此建议内销茶园和出口日本茶园使用，出口欧盟茶园暂时不要使用该农药。

思考题

1. 茶园农药的毒性、毒力、药效和持效是指什么？它们之间有何相关性？
2. 植物激素的种类有哪些？在农业生产上应用如何？
3. 茶园生态防控的原理及方法有哪些？
4. 茶树自毒作用及其影响因素是什么？
5. 农药的种类、性质是什么？目前茶园农药使用所面临的问题有哪些？
6. 茶园污染物的种类及农药污染的控制方法有哪些？

参考文献

[1]陈宗懋，姜亚萍．欧食品安全局对吡虫啉和啶虫脒的新评价[J]．中国茶叶，2014，36(2)：1.

[2]罗宗秀，苏亮，陈宗懋．茶园农药须注意更新换代[J]．中国茶叶，2018(3)：36-38.

[3]谭济才．茶树病虫害防治学[M]．2版．北京：中国农业出版社，2011.

[4]李合生．现代植物生理学[M]．3版．北京：高等教育出版社，2012.

[5]彭萍，谢金志，李品武，等．茶树的化感作用研究[J]．西南农业学报，2009，22(1)：67-70.

[6]李治鑫，李鑫，范利超，等．外源油菜素内酯对茶树光合特性的影响[J]．茶叶科学，2015，35(6)：543-550.

[7]韩熹莱．农药学概论[M]．北京：中国农业大学出版社，1995.

[8]对新修订的国家标准 GB 2763—2019 中涉茶农药最大残留限量的解读[J]．中国茶叶加工，2019(3)：79.

[9]岳川，曾建明，章志芳，等．茶树中植物激素研究进展[J]．茶叶科学，2012，32(5)：382-392.

[10]邹锋康，王秋红，周建朝，等．生长素调节植物生长发育的研究进展[J]．中国农学通报，2018，34(24)：34-40.

[11]黎家，李传友．新中国成立 70 年来植物激素研究进展[J]．中国科学：生命科学，2019，49(10)：1227-1281.

[12] OUYANG J, SHAO X, LI J. Indole－3－glycerol phosphate, a branchpoint of indole－3－acetic acid biosynthesis from the tryptophan biosynthetic pathway in *Arabidopsis thaliana*[J]. Plant J, 2000, 24：327-334.

[13] LIU K, CAO J, YU K, et al. Wheat TaSPL8 modulates leaf angle through auxin and brassinosteroid signaling[J]. Plant Physiol, 2019, 181：179-194.

第七章 生态茶园建设

生态系统结构是指生态系统各种成分在空间上和时间上相对有序稳定状态，包括形态和营养关系两方面的内容：一方面是由生物种类、种群数量、种群的空间配置（水平分布、垂直分布）、种的时间变化（发育）等构成的生态系统的形态结构。如一个茶园生态系统，其中动物（人、家禽）、植物（茶树、间套作作物）、微生物的种类，以及每一生物种类的生物数量在一定的时间内相对稳定。在空间（三维）结构上，自上而下有明显的层次现象，如高层有乔木，中层有灌木，中下层有草本植物，地面有苔藓、地衣类，地下有根系；另一方面是生态系统的营养结构，即生态系统各组成成分之间建立起来的营养关系。这就构成了生态系统的营养结构，是生态系统中能量和物质流动的基础。生态茶园是以茶树作为生态系统中主要物种，按照社会、经济和生态效益协调发展，以生态学和经济学原理为指导，结合茶树生长规律，因地制宜地在园区内合理配置不同物种，配备完善的相关设施，科学施肥、绿色防控，建设而成的生态系统稳定、可持续利用的茶园。要建立一个形态和营养关系两方面兼顾、生态系统稳定的生态茶园，就要在物种类型（与茶树相生）的选择、数量的控制等方面下足功夫，要能体现让茶树回归"原生环境"理念，因此，在生态茶园的建设中我们有必要对生态茶园的主体-茶树的生物学特性和茶树对生境的要求要有足够的认识和充分的了解。

第 一 节 茶树生物学基础

一、茶树植物学特性

茶树原产于我国，属山茶科（Theaceae）、山茶属（*Camellia*）、茶种（*Camellia sinensis*）植物，其学名为 *Camellia sinensis*（L.）O. Kuntze。在长期的历史变迁中，经过长期自然选择和人工选择，茶树形成了自己独特的植物学特性。了解茶树的植物学特性，掌握其生长发育规律，是科学运用各项农业技术措施，实现优质、高产和高效栽培的理论基础。

一株完整的茶树，通常可分为地上和地下两大部分（图 7-1）。地上部分由芽、叶、茎、花、果实等器官组成，又称树冠；地下部分由长短、粗细和颜色各不同的根

图7-1 实生茶树苗

组成，又称根系。连接地上部与地下部的交接处，称为根颈。茶树的各个器官是有机的统一整体，彼此之间密切联系，相互依存。

（一）根系

茶树根系担负着固定植株、吸收土壤养分、运输、合成、贮藏营养和水分以及气体交换等主要功能。茶树根系由主根、侧根、须根（吸收根）和根毛构成（图7-2）。

茶树种子的胚根生长形成主根，实生繁殖（种子繁殖）茶苗主根明显，而扦插繁殖的茶苗则没有明显的主根。

(1)实生茶苗根系　　　　　　(2)扦插茶苗根系

图7-2 茶树根系

侧根着生在主根上，大致呈横向生长，多数分布在20~50cm土层内。主根和侧根分别呈棕灰色和棕红色，寿命较长，主要用来固定茶树，并将须根从土壤中吸收的水分和矿物质营养输送到地上部分。须根，又称吸收根，呈白色透明状，其上密生根毛，吸收水分、无机盐和少量CO_2，寿命短且不断更新中，未死亡的则发育成侧根。

茶树根系在土壤中的分布，依树龄、品种、种植方式与密度、生态条件以及农业技术措施等而有异。吸收根一般分布在地表下5~45cm土层内，集中分布地于表下20~30cm的土层内。茶树根有趋肥性、向湿性、忌渍性和向土壤阻力小的方向生长的特性，故有时根系幅度和深度不一定与树冠幅度和高度相对应。根系分布状况与生长动态是茶园施肥、耕作和灌溉等作业的主要依据。"根深叶茂、本固枝荣"揭示了培育好根系的重要性。

（二）茎

茎是联系茶树与叶、花、果的轴状结构，包括主干、分枝和当年生的新枝。主干系指根颈至第一级侧枝的部位，由胚轴生育而成。着生叶片的茎为枝条，是由叶芽发育而成，初期未成熟的称为新梢，新梢发育木质化，由青绿变浅黄到红棕，即称为枝条。枝条老化由浅灰色进而呈暗灰色。由主干上长出的侧枝称一级侧枝，从一级侧枝分生出的侧枝称为二级侧枝，依次类推。茶树分枝有单轴和合轴分枝二种形式，自然生长的茶树一般在二、三龄期呈单轴分枝，以后转为合轴分枝。

　　主干和枝条构成树冠的骨架，担负着输导、支持和贮藏等作用。自然生长的茶树按照茎分枝习性（主要是一级侧枝高度）的不同通常分为乔木型、半乔木型和灌木三种类型（图7-3）。乔木型茶树，植株高大，主干明显，分支从主干上部抽生，多为古茶树（含野生型和栽培型），抗寒性较弱，在我国云南、贵州、广东等省份的热带和亚热带的原始森林、古茶山有分布，上述地区也有少量栽培；半乔木型茶树植株较高，虽然有明显的主干，但分枝部位距地面较近，在我国华南和西南茶区栽培较多；灌木型茶树植株比较矮小，没有明显主干，枝干大多从靠近地面的根颈处长出，呈丛生状态，耐寒性较强，适宜在我国江北和江南茶区生长。

(1)乔木型茶树

(2)半乔木型茶树

(3)灌木型茶树

图7-3　茶树类型

　　树冠形状因分枝角度不同而分为直立状、半开展（半披张状）状和开展状（披张状）三种（图7-4）。

(1)直立状

(2)半开展状

(3)开展状

图7-4　茶树树冠状态

（三）芽/叶

芽是叶、茎、花果的原始体，可以分为叶芽和花芽两种。叶芽为营养芽，其发育成枝条；花芽发育为花。叶芽按照着生部位分为定芽和不定芽。定芽又分为顶芽和腋芽。位于枝条顶端的芽称为顶芽，着生在枝条叶柄与茎之间的芽称为腋芽。顶芽和腋芽都有固定的位置，统称为定芽；顶芽停止生长而形成"驻芽"，驻芽与尚未活动的芽统称为休眠芽（图7-5）。

图7-5　茶树芽的位置

1—对夹叶　2—顶芽（驻芽）　3—腋芽

不定芽又称为潜伏芽，是指肉眼难以发现的，隐藏在树干或根颈部树皮内的芽，通常情况下，潜伏芽常呈休眠状态，只有当茶树树干砍去一部分或全部时，剩余部分的潜伏芽才会萌发生长（图7-6）。人们常利用茶树的这种特性，采用重修剪或台刈的方法改造构冠，复壮茶树。

图7-6　不定芽/潜伏芽的萌发生长状态

芽的大小、形状、色泽以及着生茸毛的多少与茶树品种、生长环境、管理水平有关。一般对绿茶品种来说，芽叶重、茸毛多、有光泽的，是茶树生长健壮、品种优良的重要标志。

叶是茶树重要的营养器官。茶树生长所需要的有机物质主要是叶片光合作用合成的。叶片也是茶树蒸腾和呼吸作用的主要场所。因此，叶片在茶树生命活动中占有很重要的地位。栽培茶树的目的主要是采收幼嫩的芽、叶和茎。生产实践中，必须处理好采茶与留叶的关系，做到既要采茶能多收，又要留叶养好树，实行合理采茶。

茶树叶片是不完全叶。完全叶在植物学上是指包含叶柄、叶片和托叶的叶。茶树的叶片只有叶柄和叶片，但没有托叶，所以为不完全叶。茶树叶片在枝条上为单叶互生，着生的状态依品种而异，有直立的、半直立的、水平的、下垂的四种。在同一枝条上，上部新生叶较直立，随叶龄增长，自上而下，叶片渐趋平展。

茶树叶片有鳞片、鱼叶和真叶之分。鳞片是幼叶的变态，无叶柄，质地较硬，呈黄绿或棕褐色，表面有茸毛与蜡质，随芽体膨大开展而逐渐脱落，起保护芽和减少蒸腾的作用。茶树越冬后，春季到来，气温上升，在气温达到日平均10℃以上，连续5d，休眠芽即开始萌动生长，首先是鳞片张开，芽头露出，接着就萌发出第一片小叶子，称为鱼叶。鱼叶是颜色淡绿、叶面积较小，一般中小叶种鱼叶长不超过2cm。鱼叶是发育不完全的叶片，因形似鱼鳞而得名，叶柄宽而扁平，侧脉隐而不显，叶缘平滑无锯齿或前端有锯齿，叶尖圆钝。

图7-7　茶树的成熟叶片
1—叶尖　2—主脉　3—侧脉
4—叶缘　5—叶基　6—叶柄

茶树的叶一般指真叶（图7-7），为发育完全的叶片。叶片形状有椭圆形（长宽比1.5~2）、卵形（长度比1.5~2，最宽处靠近叶基）、长椭圆形（长宽比3~4）、披针形（长宽比3~4，最宽处靠近基部）、倒卵形（叶的中部以上最阔，以下渐狭，类似倒置的卵形）、圆形（近圆，或叶尖微凹）等（图7-8）。其中，以椭圆形和卵形居多。

(1)近圆形　　(2)卵形　　(3)椭圆形　　(4)长椭圆形　　(5)披针形

图7-8　叶片形状

叶缘大都平展，但也有波浪形或向背翻转的，后两种叶缘也是叶质较柔软的特征。叶缘上有锯齿，锯齿的大小和疏密受环境影响较大，一般为 16~32 对。按叶缘形状可分锯齿形（叶缘呈尖锐的锯齿状，齿端向前）、重锯齿形（叶缘的大锯齿上有小锯齿）、齿牙形（叶缘的齿端呈等腰三角形）、缺刻形（叶缘缺刻较深，或呈三角形）。锯齿的腺细胞脱落以后，叶缘上留下褐色的疤痕，这也是茶树叶片的特征之一。无论叶片的形状如何，叶缘锯齿都是上部明显，下部逐渐趋平滑。

叶片的叶尖有急尖（叶尖较短而尖锐）、渐尖（叶尖较长，呈逐渐尖斜）、钝尖（叶尖钝而不尖）和圆尖（叶尖近圆形）之分。叶尖的形状也是茶树分类的重要形态特征之一。

茶树叶片为网状脉，具有明显的主脉，并向两侧发出许多侧脉，侧脉间又分出几条细脉。主脉和侧脉成 45°~80° 角，侧脉伸展至边缘 2/3 处即向上弯曲呈弧形，与上方侧脉相连，构成封闭式的网状系统，这是茶树叶片的又一个鉴别性特征。侧脉的对数随茶树品种而异，一般 8~9 对，多的 10~15 对，少的 5~7 对。

叶片大小变异很大，叶长，短的为 5cm，长的可达 20cm；叶宽，窄的为 2cm，宽的可达 8cm。叶片大小一般以定型叶为标准，用 0.7 系数法计算其面积，即叶面积（cm^2）= 叶长（cm）×叶宽（cm）×0.7。叶片大小的划分，通常以叶面积在 60cm^2 以上的为特大叶，40~60cm^2 的为大叶，20~40cm^2 的为中叶，20cm^2 以下的为小叶。

茶叶可塑性高，易受环境和栽培技术的影响而发生变化，但就同一品种而言，叶片形态特征（尤其是无性繁殖的茶树）变化较小。在生产上，叶片大小、色泽和着生角度等，可作为鉴别品种和确定栽培技术的重要依据。

(四) 花

茶树的花芽由当年生新梢上叶芽基部两侧的数个花原基分化而成。茶树花芽的形态一般比叶芽肥大，有一个较长的细柄。茶树的花着生有单生、对生、丛生和总状四种类型。花轴上的顶部芽不能分化为花芽，故属假总状花序。茶树无专门的结果枝，花芽与叶芽同时着生于叶腋间，着生数 1~5 个，甚至更多。茶花为两性花，即同一朵花内既有雌蕊，又有雄蕊。茶花一般为白色，少数呈淡黄或粉红色。花的大小不一，大的直径 5~5.5cm，小的直径 2~2.5cm。由花柄、花萼、花冠、雄蕊和雌蕊五个部分组成（图 7-9）。茶树花虽然很多，但要依靠昆虫才能授粉，所以结实率只有 5% 左右，因此人们常用自然杂交和人工授粉相结合的方法，来提高结实率，以选育良种。

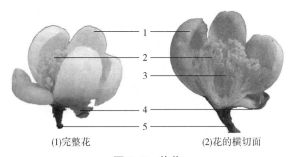

(1)完整花　　　　　　　(2)花的横切面

图 7-9　茶花

1—花冠　2—雄蕊　3—雌蕊　4—花萼　5—花柄

花萼是花的最外一轮变态叶，分两轮排列，外轮 3 片，内轮 2 片，萼片长、宽 0.4~0.6cm，色绿，先端圆，或呈倒卵形，有膜质，有毛或无毛，均为茶树分类的特征。授粉后，萼片向内闭合，保护子房，直到果实成熟而不脱落。凡开花后萼片闭合的，为已受精的标志。

花瓣色白，通常 5~7 瓣，基部连合。在花萼与花瓣之间有副瓣，比花瓣小，但比萼片大，中部保持绿色。花瓣大小随品种而异，长、宽分别约为 1.5cm 和 2.0cm，通常为椭圆形或倒卵形。花冠直径 4~5cm，最大可达 7~9cm。

雄蕊由花丝和花药组成，一般每朵花有 200~300 枚雄蕊，称雄蕊群，3~5 个花丝结合成一组。雄蕊分两轮排列，外轮比内轮高。花丝外形细长，上端呈现椭圆形，基部扁平，外披角质层，有较强的抗弯能力。花药为囊状结构，着生于花丝顶端。每一花药内含两个花粉囊，每囊两个药室，由药隔分开。花粉囊中着生花粉粒。

雌蕊位于雄蕊群的中央，由子房、花柱和柱头三部分组成。子房由 3~5 个心皮组成，一个心皮构成一室，以心皮边缘紧贴与轴连接，在中轴上每室着生有 4 个胚珠，故称为中轴胎座。花柱上接柱头，下通子房，中间有一个"丫"形孔道，分别与顶端柱头孔道相通，孔道下端连子房，当花粉在柱头上萌发后，芽管经孔道进入子房，花柱长 3~20mm。柱头有各种形状，有 2~6 个分叉，一般为 3 个分叉，呈"丫"字形，这是山茶属茶组植物花柱分裂的重要特征。

由受精至果实成熟，约需要 1 年零 4 个月，在此期间，同时进行着花与果的形成过程，这种"带子怀胎"也是茶树的特征之一。

(五) 果与种子

茶树果实属于宿萼蒴果类型，果实通常有五室果、四室果、三室果、双室果和单室果等 (图 7-10)，这是山茶科植物的特征之一。果实的大小因品种而不同，直径一般在 3~7cm。较原始的树种其果实直径一般在 5cm 以上。果实的形状与内含种子粒数有关，每果 1 粒的呈圆形、2 粒的近长椭圆形 [图 7-10 (2)]。幼果为绿色，成熟后呈现各种色彩，这与品种有关，如湘波绿果实为绿色，紫笋果实带紫红色，江华苦茶果实黄绿而有杂斑色等。果实一般为三室，少有四五室。果实的正中有一条背缝线，由心皮主脉演化而成。果实成熟时，自背缝线裂开，也有自背缝线的基部开裂的。果皮由子房壁发育而成。

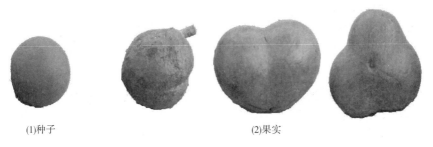

(1)种子　　　　　　　　　　(2)果实

图 7-10　茶树成熟的种子和果实

茶籽大多为棕褐或黑褐色，有近球、半球和肾形等［图7-10（1）］。一室2粒的种子呈半球形，相邻的一侧为扁平。一室3~4粒的种子，夹在中间的呈压扁状。因此当用种子特征鉴定品种时，必须以一室1粒的种子为依据。种子大小相差悬殊，种子千粒重，轻的500g左右，重的可达2000g，多数在1000g左右。正常采收和储存条件下，种子的发芽率为75%~85%。茶树种子属顽拗型种子，因此它不宜在低水分含量和低温下贮藏。茶子由种皮和种胚构成，种皮有外、内种皮之分；种胚由胚根、胚芽、胚茎和子叶等部分组成（图7-11）。

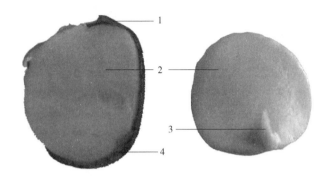

图7-11　茶树的种子结构
1—外种皮　2—子叶　3—胚　4—内种皮

二、茶树生物学特性

茶树是我国主要的经济作物之一。茶树的生长和发育，既受自身的生物学特性支配，还受环境条件的影响。两者相辅相成，生长是发育的基础，发育只有在一定的生长基础上才能进行。

茶树是多年生叶用木本植物，一次种植可数十年收获，生产具有长期性和连续性。茶树为常绿植物，分枝能力和再生能力强，营养生长旺盛。年周期中，茶芽能多次萌发生长，每年可以多次采收。经多年采收，茶树生机减退，树势衰老后，通过台刈更新，能复壮生长势，重新恢复生产能力。它一生中既有幼苗期、幼年期、成年期、衰老期的发育时期（总发育周期，图7-12），又有历时较短多次循环的一年中春、夏、秋、冬四季的年发育阶段（年发育周期）。茶树的每个生长阶段既有各自独立的一面，又有相互联系及相互制约的一面，并且每一个阶段的生物学特性都直接影响着其产量和质量的发挥。

茶树的一生，包括从生到死的全部生命过程，可以长达上百年，甚至几百年，但茶树最有经济价值的栽培年限一般只有50~60年。茶树的生命活动严格来说是从茶花内受精卵形成产生种子开始的，但就一株完整的茶树而言，不论是实生繁殖还是扦插繁殖的茶树，在其生长发育过程中大致可以分为四个时期，即幼苗期、幼年期、成年期、衰老期。

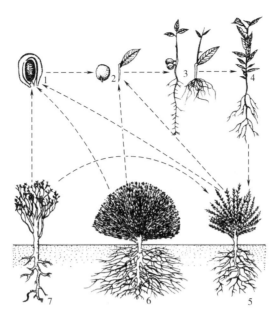

图 7-12 茶树的总发育周期

1—合子 2—茶子及插穗 3—幼苗期 4—幼年期 5、6—成年期 7—衰老期

(一) 茶树的总发育周期

1. 幼苗期

从种子萌发、幼苗出土到第一次生长结束形成驻芽，为幼苗期（图 7-12 中第 3 阶段）。这段时间，要经过 4~8 个月。

茶籽播种后，吸水膨胀，茶籽内（主要是子叶）的贮藏物质，趋向水解，供给胚生长、发育所需要的营养物质。种壳胀破以后，胚根首先生长，并向下伸展。这段时间，由于胚芽尚未出土，它生长、发育所需要的养分，主要来源是依靠种子中贮藏的物质水解供给的。

茶苗出土后，鳞片首先展开，然后是鱼叶展开，最后才展开真叶。这一阶段，茶苗出土后，叶片很快形成了叶绿素，根系又从土壤中吸收营养元素，这些茶苗自身就可以进行同化作用，制造生长、发育所需要的有机物质。地上部分的生长速度加快，但此时地下部分的根系生长仍然优于地上部分，向土壤深处伸展，从而可以吸收较深层的水分和营养物质。所以这一时期除了对水分、温度和空气有一定的要求，还要求土壤有丰富的养分供根系吸收。

目前，由于无性系良种化的推广和微繁技术的不断完善，扦插苗已成为农户发展茶园生产的首选。茶树的一部分离开母体后，能在适宜的条件下重新产生一个独立生活的植株。人们利用这一特性将茶树的茎叶拿来扦插。扦插苗在生根以前主要依靠茎、叶中贮藏的营养，发根后从土壤中吸收养分。

幼苗期的茶树容易受到恶劣环境条件的影响，特别是高温和干旱，茶苗最容易受害。由于此时期茶苗的角质层薄，不耐强光，根茎细弱，芽叶量少，转化积累有机物质的能力弱，水分容易被蒸腾，同时根系伸展不深，直根系吸收面积小，一旦遇到不良的环境条件，就容易发生生育机能减弱，并导致地上部茎短、叶小、发芽能力差，地下部根系分布区小、吸收力弱，轻者生长缓慢，难以进入采摘投产期，重者会出现枯死。因此，茶树的幼年期是一段适应自然环境较差时期，也是需要重点培育的时期。在栽培管理上要适时适量地保持土壤有一定的含水量。

2. 幼年期

当真叶展开 3~5 片时，茎顶端的顶芽，形成了驻芽，开始第一次生长休止。从第一次生长休止到茶树第一次开花结实，历时 3~4 年，称为幼年期。幼年期时间长短与栽培管理水平、自然条件有着很密切的关系。这阶段是茶树生理机能活跃的时期，根系和地上部迅速扩大，营养生长十分旺盛。因此幼年茶树，孕育花蕾少，落花、落蕾多，即使是 4 年生幼年茶树结实也不多。

茶树幼苗在正常的培育、修剪、采摘下，经 3~4 年后，它的营养生长和生殖生长均进入旺盛期。茶树这阶段的形态发育特点是，由单轴分枝发展为合轴分枝。在修剪的情况下，其分枝层次可达 12 级以上；根系也由直根系发展为分枝根系类型。因此，地上部树冠覆盖度增加，分枝茂密，树姿开张，结构逐渐固定；地下部根系的深度与幅度超过地上部，根深叶茂，开花结实渐趋高峰，茶叶品质、产量迅速提高，茶树开始进入定型阶段。这时相应的栽培技术，应以建立宽阔的树冠和强大的根系为主。

茶树幼年期是发育阶段生命力蓬勃上升的时期，此时对自然环境的抗逆能力也强，较容易培养成高产优质的树冠。研究表明，幼年期的茶树，地上部的枝干和地下部的根系，均有旺盛的生命力，并且其各个器官的细胞分生性很强；能够产生快速的分生作用。所以在这个时期应采取必要的栽培措施进行人为控制。茶树的幼年期是有关栽培措施重点培育时期，尤其是修剪技术，是促进其快速达到高产优质不可缺少的重要措施。

3. 成年期

茶树自定型后至第一次出现自然更新为止，为茶树成年期。这一时期内，茶树生长极为旺盛，开花结果达到高峰，同时，茶树对肥、水及光、温等条件的要求也更为迫切，这是茶树一生中最有经济价值的时期。这一时期的茶树特征是，树冠分枝密集，芽多而密，花果增多，生长发育旺盛。因此，栽培管理的任务是要尽量延续茶叶高产优质年限，最大限度地提高经济效益。为此，要特别注意肥培管理，加强茶树营养，合理修剪，防止病虫危害，保持茶树旺盛生命，使茶树成年期持续年限达到 20~30 年，甚至更长。

茶树的成年期，不仅是主要投产时期，而且也是较旺盛的生长阶段。此时茶树的株丛，枝干和根系均很强壮，生产总量多，吸收同化面积大，积累有机物能力强。但是由于经过多年的连续芽叶采摘后，树冠面上的细弱分枝渐多，"对夹叶"大量出现，顶梢的休止芽也提早出现，故而会导致产量和品质逐渐有不稳定。所以为了提高茶树成年阶段的生活力，延长其持续丰产期，在保证营养条件下，运用适当的轻、重轮回修剪措施，更新树冠顶部衰弱枝梢，推迟休止芽的出现期，提高有效芽的密度，同时保证芽重、芽壮是形成持续丰产优质的必要条件。

4. 衰老期

茶树随着年龄的增长，生长势渐趋衰退，这一阶段称为衰老期；主要表现为树冠面上新梢节间缩短，芽叶变小，"对夹叶"大量出现，"鸡爪枝"与枯枝不断产生，从而促使下部枝条与根颈处的潜伏芽前发，"地蕻枝"相继生长，逐步取代衰老枝，开始出现"自然更新"现象。

同时地下部根系也开始萎缩、更新，侧根与吸收根减少，吸收水肥的营养面渐小，根颈处陆续生出不定根群，分担茶树衰老根系的吸收功能。这阶段茶树外貌逐渐呈现衰老状态，如枝干灰白光滑，着叶稀少，生机衰退，落花、落蕾增多，产量品质明显下降。

茶树的衰老期，不仅地上部枝梢衰弱，发芽能力差，"鸡爪枝"和"对夹叶"大量形成，采叶量大幅度减少，而且地下部根系老化，主根量大，侧根量小，吸收转化力弱。在茶树的衰老期，尽管加强养分供给以及创造良好的生态环境，由于自身生长力弱，也难以达到持续丰产优质。所以对于衰老期的茶树，应进行地上部和地下部综合改造，才能使之返老还童，重新进入高产优质期。

通常对于老年期的地上部分改造，要按照茶树衰老程度，运用重修剪或台刈措施剪掉那些衰老细弱枝条，促进重新萌发粗壮的新梢。对于地下部的根系改造，一般是采取深挖改土，增施各种营养元素，给茶树根部创造一个良好的生长环境；促使大量萌发新的根系群，更新老化根系，增长茶树吸收转化能力，使地上部和地下部同时重新展现旺盛的生机。此后经一定年限或人为的多次修剪、采摘、培育后，再次衰老，又进行第二次更新。如此往复循环，经多次更新后，复壮效果锐减，新生枝越来越少，复壮间隔的时间也越来越短。当经过反复人为更新，即使加强肥、水等培育管理，也无法增加产量时，则应挖除老茶树，进行换种改植，重新建园。

依据茶树不同发育阶段的生物学特征分析，其形成持续丰产优质的规律可概括为四点：一是茶树幼年阶段最易受环境条件的影响，然而幼年期生长势的强弱，直接关系着成年期的产量高低和持续丰产期的长短。二是茶树成年阶段是有利于建立健壮树势的关键时期，在这一阶段的树干树冠和根系生长势，是构成高产优质的基础。通常生长势强，不仅表现高产优质，而且持续丰产期也长，如果较弱则反之。三是茶树壮年阶段，既是生产性能综合反应的时期，也是不断更新生育衰弱因素的形成时期。一般情况下，衰弱因素少，丰产优质的年限就长，衰弱因素多，丰产优质的年限就较短。所以茶树成年期，是高产优质与低产劣质相互交替时期，也是茶树生育机能表现较为复杂时期。四是茶树衰老期，不仅是茶树生长力和生长势衰弱时期，而且也是产量和品质不断下降时期。在这一阶段如果采取更新改造措施，重新培育树势，促进生长力旺盛，仍可导致其丰产期再次延长，直至达到一段较稳定的高产、优质投产期，并能获得较高的经济收益。

（二）茶树的年发育周期

茶树年发育周期是茶树总发育周期的一部分。年发育周期是茶树各器官在外界条件下生长发育的周期性。茶树的生长有一定的周期性，每一个器官或器官的某一个部分从生长开始到休止期间，总是表现为生长初期速度缓慢，随后逐渐加快，随后又减缓，趋向一定的水平，最后生长相对休止。

茶树各器官昼夜生长具有节奏性，一般在昼夜长短和光波的影响下，夜间生长快，白天生长慢。不同季节之间，茶树新梢昼夜生长有差异，春季末期（5月上旬）白天生长快于夜间，但夏季相反。这是由于春季雨水多，光照适当，气温较低，湿度高，既可顺利地进行光合作用，又有利于组织分化，合成物质能及时分解转化供应生长之用，而夏季日照长，光较强，气温高，在短波光（蓝、紫）影响下，细胞伸长受到抑制，因此夜间生长快于白天。

一年四季随季节气候而变化的生长为季节周期。生长在潮湿热带的茶树，一年四季均能持续生长，没有明显休眠期，或者休眠期很短。世界大部分地区因受季节气温的高低，日照长短，降雨多少等条件的影响而有不同长短时间的休眠。我国大部分茶区秋末气温逐渐下降，日照时数转短，茶树就进入越冬休眠，体内水分减少，总糖量增加，抗低温能力增强。茶树在休眠期间，新陈代谢水平下降，呼吸强度弱，生长极为微弱。从冬季到初春，休眠逐渐加深；到春季气温逐渐回升，日照时间延长才恢复生长。在正常的生长过程中，茶树叶常有短暂的休眠且生长速度的快慢受当地气候条件所制约。

茶树在发育周期中，树体的增加全年都在进行，但以4~11月份增加较大。从不同部位来看，4~6月份，叶与秆的增加程度大致相仿；7~8月，叶的增加最大，占总增加量的60%，其次是根；九月则以秆为主，占50%，叶和根也有所增加；10~11月份根的增加约占总量的70%，其次是枝秆占20%、叶占10%；12~3月是各时期中的最低值，但增加量占总量的7%，其中以根的增加比例最大，10月份以后至翌年3月份根的增加比率最大。

就全氮量的变化而论，叶片的全氮量以发芽初期为多，成熟硬化后减少；从季节看，从秋到冬，尤其是入春以后逐渐减少。从秋季到翌年春季茶芽萌发时，全氮量逐渐下降，至7~8月份又升高，这一变化趋势不仅全氮量如此，而且可溶性氮和不溶性氮的含量也呈相同趋势。茎的全氮量为0.8%左右，变化较少，以后增加，至8~9月份最高。这种变化是以可溶性氮为主体的。

（三）茶树各器官形成过程的生理变化

1. 茶籽的萌发

茶籽在茶树上发育到霜降前后成熟，大致在10月中旬前后即可采收。茶籽的寿命在常温条件下贮存，不足1年。茶籽采收以后冬季立即播种的，经4~5个月于翌年春季开始萌发；茶籽经过贮藏春季播种时，在土壤中经过一个多月后萌发。茶籽萌发的过程也是子叶中干物质消耗的过程。在适宜的温度和水分条件下，茶籽首先吸水膨胀，随着茶籽内部水分的增加，生理活动趋于旺盛。胚细胞开始分裂伸长，继而长出胚根和胚芽，而后成为幼苗。茶籽萌发过程必需的三个基本条件，充足的水分（50%~60%）、适宜的温度（25~28℃）和新鲜的空气。

2. 茶树新梢的生长

茶树的嫩梢是栽培采收的对象。枝梢生长始于茶芽萌发，在一定的温度和水分条件下，芽体开始膨大伸长，随后鳞片、鱼叶和真叶相继开展。至展叶末期，伸长速度减缓，转向粗大发展。梢上的顶芽随展叶数增加逐渐变小，最终形成驻芽而休止，成为成熟新梢。自然生长的茶树新梢生长和休止，一年有4轮，即越冬萌发→第一轮生长→休止→第二轮生长→休止→第三轮生长→休止→第四轮生长→冬眠。第一轮生长的新梢称为春梢，第二轮生长的新梢称为夏梢，第三和第四轮生长的称为秋梢。

春夏之间常有鱼叶。开采期的早迟与新梢生育期的长短有着密切的关系，表现出生育具有"轮性"的特征。越冬芽萌发生长的新梢称为头轮新梢，头轮新梢采摘后，在留下的小桩上萌发的腋芽，生长成为新的一轮新梢，称为第二轮新梢，二轮新梢采摘后，在留下的小桩上重新生育的腋芽，形成第三轮新梢，以此类推。每一轮的芽是否生长、发育都取决于水分、温度和施肥情况。新梢生长的叶片数及其成熟程度不同，它的物质代谢活动和所含物质的量有着密切的关系。随着叶片的衰老，粗纤维、淀粉等物质的含量大幅增加。

我国大部分的茶区，全年可生长 4~5 轮新梢，少数地区或栽培管理良好的，可以发生 6 轮新梢。在生产过程如何增加全年发生的轮次，特别是增加采摘轮次，缩短轮次间的间隔时间，是获得高产的重要环节。

3. 茶树根系的发育

茶树根系是地下部全部根的总称。茶树根系从土壤中吸收水分和养分，供地上部分同化和生长，同时起到支持和固定的作用。根系吸收的养分主要是矿质盐类，以及部分有机物质，如维生素、生长素等，但不吸收不溶于水的高分子物质如蛋白质、脂类、多糖等有机化合物。根系可从土壤空气和土壤碳酸盐溶液中吸取 CO_2，输送到叶片中供光合作用。同时，根系具有合成某些有机物质的能力，如酰胺类；茶叶中特有的茶氨酸也是在根部合成的。

根系和地上部分生长和休止期有相互交替进行的现象。当地上部分生长休止时，地下部分生长最活跃；地上部分生长活跃时，地下部分生长就缓慢或休止。5~6 月份，地上部分新梢生育比较缓慢时，根系生育则相对比较活跃，10 月份前后地上部渐趋休眠，此时根生育达到最活跃时期。这种根—梢交替生长的现象是由于根系和新梢生长对糖类需求平衡造成的。新梢发育生长期间，叶片通过光合作用合成的糖类主要供地上部的消耗，对根的输送就少；当新梢生育停止后，多余的糖类可供给根系生长，从而出现根-梢交替生长的现象。根系的死亡更新主要是在冬季的 12 月至翌年 2 月休眠期内进行。茶树的吸收根每年都要不断地死亡，同时也在不断地生长，这种更新现象的发生使茶树能保持旺盛的吸收能力。

第 二 节 茶树适生条件

早在唐代陆羽所著的《茶经》（成书于公元 780 年左右）里就对茶树的适生条件或环境有这样的描述："其地，上者生烂石，中者生栎壤（原注：栎字当从石为砾），下者生黄土。……。野者上，园者次。阳崖阴林，……；……。阴山坡谷者，不堪采掇，性凝滞，结瘕疾。"这段描述涵盖了茶树适生的土壤条件、生态条件、地形条件。

现代的研究结果也表明，茶树与外界条件是统一的，它的生存、生活都离不开光、温、水、气、热等生境条件的综合影响，因此，要建立茶树与周围环境和谐相生，且有利于茶叶品质提高的生态茶园，就必须对茶树生境有充分的认识和理解。综合现有的生产实践结果，影响茶树优质丰产形成的主要生境因素有：一是茶园土壤状况，包括土层深度、酸度、物理性状、营养状况以及主要化学物质的构成等；二是生态气候条件，主要包括地理环境、海拔、纬度、温湿度、光质、光照强度等；三是栽培技术措施，主要包括优良品种的选择、施肥技术、修剪技术、耕作技术、采摘技术以及综合管理技术等。这三大影响因素是制约茶树持续丰产主要因素，生态茶园的建设就是充分发挥上述三大因素的优势，构建茶树与自然共生的生态系统，实现茶叶优质、高效、有机、高产的目标。

一、茶树对土壤的要求

土壤环境条件包括物理环境、化学环境和生物环境三个方面。物理环境是指土壤厚度、土壤质地、结构、密度、容重和孔隙度，以及土壤空气、土壤水分和土壤温度等因素。化学环境是指土壤的吸收机能、土壤酸碱度以及土壤养分因素。生物环境是指人类的活动以及动植物、微生物对土壤形成和肥力的影响。影响茶树生育的这些土壤环境因素，其实质就是土壤肥力。我国茶区的土壤主要包括红壤、黄壤等。由于气候、地形、岩石和母质、植被等成土因素的不同，以及农业活动影响的差异，各类土壤的环境条件均不一致。为此，在茶树种植前，应根据茶树生育的基本要求，妥善选择茶园土壤。

(一) 土壤物理环境

土壤物理环境能直接和间接影响茶树根系生存的基本条件，所以土壤的好坏对茶树生育、产量、品质都有很大影响。茶树要求土层深厚，有效土层最好达 1m 以上，表土层或耕作层的厚度要求有 20~30cm，直接受耕作、施肥和茶树枯枝落叶的影响而形成。在这层土壤中布满了茶树的吸收根，与茶树生长关系十分密切。亚表土层或称亚耕作层在表土层以下，这层土壤在种茶之前，经过土地深翻施基肥和种植后耕作施肥等农事活动，使原来较紧实的心土层变为疏松轻度熟化的亚表土层，厚度为 30~40cm。其上部吸收根较多。往下为心土层和底土层，这两层受人为影响较少。心土层要求 50cm 以上，底土层无硬结层和黏盘层，应具有渗透性和保水性。

茶园土壤质地和结构与土壤松紧度有关，是影响土壤中固相、液相、气相三相比率的重要因子，也是影响土壤水、肥、气、热和微生物状态的重要因子。茶树生长对土壤质地的适用范围较广，从壤土类的砂质壤土到黏土类的壤质黏土中都能种茶，但以壤土最为理想。若种在砂土（保水性差）和黏土（排水性差）上，茶树生长比较差。土壤结构以表层土多粒状和团块状结构，心土层为块状结构为好。土壤松紧度要求表土层 10~15cm 处孔隙率为 50%~60%；心土层 35~40cm 处容重为 1.3~1.5g/cm³，孔隙率为 45%~50%。土壤的三相比为固相 40%~50%、液相 30%~40%、气相 15%~25%较适宜。茶园土壤质地与茶园土壤的水分状况有密切的关系。一般来说，砂性土壤通透性及排水性良好，但蓄积水分的能力较差；黏性土壤蓄水性好，而通透性及排水性较差。

茶园土壤空气组成的变化，主要决定于土壤的温度和湿度。夏茶期间，由于温度高，湿度大，加上茶园土壤的"呼吸"现象比春茶期强，结果恶化了土壤和大气间的气体交换。采用施有机肥、将修剪枝叶铺于行间等，可以改善土壤总孔隙率和透水性等特性，以促进土壤与大气的气体交换。

（二）土壤化学环境

土壤化学环境对茶树生长的影响是多方面的，其中影响较大的是土壤酸性、土壤有机质含量和无机养分的含量。茶树是喜欢酸性土壤的植物，土壤适宜 pH 为 4.0~6.0，茶树生长最适 pH 为 4.5~5.5。茶园土壤的有机质含量对土壤的物理化学性质有极大的影响，有机质含量是茶园土壤熟化度和肥力的指标之一。王红娟等通过对茶园土壤养分状况的评价，总结出了如表 7-1 所示的茶园土壤养分的分级标准，并结合 NY/Y 853—2004《茶叶产地环境技术条件》，将茶园土壤的肥力分为三级，Ⅰ级表示肥力优良、Ⅱ级表示肥力尚可、Ⅲ级表示肥力较差；依据优质、高效、高产茶园土壤营养诊断指标，将茶园土壤微量元素的丰缺分为三级，Ⅰ级表示元素过量、Ⅱ级表示元素适中、Ⅲ级表示元素缺乏，将茶园土壤 pH 分为三级，Ⅰ级表示酸化、Ⅱ级表示适中、Ⅲ级表示不适宜。

表 7-1　　　　　　　　　　　茶园土壤养分分级标准

养分种类	土壤养分分级标准		
	Ⅰ级	Ⅱ级	Ⅲ级
pH	<4.5	4.5~5.5	>5.5
有机质/(g/kg)	>20	15~20	<15
碱解氮/(mg/kg)	>100	80~100	<80
速效磷/(mg/kg)	>20	5.0~20	<5.0
速效钾/(mg/kg)	>100	60~100	<60
交换性镁/(mg/kg)	>50	20~50	<20
有效铁/(mg/kg)	>4.5	>4.5	<4.5
有效锰/(mg/kg)	>30	15~30	<30
有效锌/(mg/kg)	>2	0.5~2	<0.5
有效铜/(mg/kg)	>2	1~2	<1

二、茶树对温度的要求

茶树和其他植物一样，有其生育的最适温度、能忍受的最低温度和最高温度范围。影响茶树生育的温度主要是气温、地温和积温。

气温受到多种因素的影响，包括光辐射的变化、纬度、海拔、坡度、坡向、方位、海拔高度等。茶树耐最低临界温度在不同品种间的差异很大，一般灌木型的中、小叶种茶树品种耐低温能力强，而乔木型大叶种茶树品种则耐低温能力弱。如灌木型的龙井种、鸠坑种和祁门种等能耐 -16~-12℃ 的低温，小乔木型的政和大白茶只能耐-10～-8℃的低温，而乔木型的云南大叶种在-6℃左右便受伤害。所以茶树生长最低气温界定为-10～-8℃，而大叶种定为-3～-2℃。生存临界最低温度可能更低，同一品种不同年龄耐低温能力不同，幼苗期、幼年期和衰老期的耐低温能力较弱，而成年期的耐低温能力强。同一茶园的茶树冬季的耐寒性往往强于早春的耐寒性，这也是为什么倒春寒会降低茶叶产量的原因。高温对茶树的生育的影响和低温一样，处于高温的时间的长短决定茶树的受害程度。一般而言茶树能耐最高温度是34～40℃，生存临界温度是45℃。实践证明，当低温或高温突然发生时，对茶树的伤害往往最大。茶树的最适温度是指茶树生育最旺盛最活跃的温度，大约是25℃。茶树的生物学起始温度即茶树开始萌发的温度为10℃。

地温即土壤温度，它与新梢生长呈现显著正相关，14～20℃地温为茶树新梢生育的最适宜地温。同时，茶芽开始萌发的起始地温为9℃。

积温是指积累温度的总和。积温分为活动积温和有效积温两种。活动积温是指植物在某一生育时期或整个年生长期中高于生物学最低温度的温度总和。有效积温是指植物某个生育期或整个年生长周期中有效温度之总和。有效温度是活动温度和生物学最低温度之差。当有效积温到一定程度时，就可以指挥采摘、锄草、除虫。由于茶树的生物学最低温度为10℃，所以，春茶采摘期前，大于或等于10℃的积温越高，则春茶开采期越早，产量越高。积温的大小可以预测春茶采摘期和产量。

三、茶树对光照的要求

光是光合作用的能源，光对茶树生长发育的影响，主要从光质、光照强度和光照时间三方面体现，光质、光照强度和光照时间不仅影响茶树次生物质的代谢情况，而且也会影响其他生理过程和发育阶段。

茶树对光质的反应较敏感，在相同辐射能下，茶树叶片光合速率高低为黄光>红光>绿光>蓝光>紫光；在相同光量子通量密度下，则为红光>蓝紫光>黄光>绿光。生长在不同光质光下的茶树叶片，其光合速率有很大差别。茶叶品质成分如茶多酚、氨基酸和咖啡因等也因光质不同而异。阎意辉等利用黑色遮阳网覆盖遮阳处理的方式，设置50%和75%遮阳度大棚覆盖遮阳、50%直接覆盖茶树遮阳和无遮光露地对照的处理方式，研究了不同遮阳度、不同遮阳方式和遮阳天数对云抗10号茶树良种春梢生化成分累积的影响，结果表明，与无遮光露地对照相比，遮阳处理的春梢叶片叶绿素相对含量（SPAD值）、新梢咖啡因含量、氨基酸含量都呈显著增加的趋势，与之相反，茶多酚含量和非酯型儿茶素EC和EGC的含量趋于减少；50%遮光度直接覆盖茶树遮阳处理7d对上述生化成分的累积影响较为显著，与对照相比，新梢第1叶和第2叶的叶绿素相对含量分别增加了78.94%和52.33%，咖啡因含量增加了13.6%，氨基酸含量增加了21.18%，茶多酚含量减少了16.57%，EC和EGC分别减少了33.73%和31.36%。遮阳处理降低了酚氨比，利于春茶绿茶品质的提高。日本采用黑色寒冷纱、尼龙纱网、无纺布、不同颜色（黄、黑、银灰）尼龙纤维混织纱网，进行覆盖，春茶提前开采，夏、秋茶产量、品质明显提高（图7-13）。不可见光部分的辐射有紫外线和红外线，也对茶树的生育有一定的影响。紫外线在波长为290～400nm时对新梢生育和化学成分有影响。有研究发现，在 365nm 紫外线处理下，能促进茶树新梢的生长，碳代谢旺盛，茶多酚和还原糖等含碳物质明显增加，而含氮物质有所减少。260nm 以下波长的紫外线对茶树伤害较大。红外线中 1200~1600nm 波长范围内对茎的延长生长有一定的意义。

图 7-13　日本覆下栽培茶园

从唐末韩鄂《四时纂要》"此物畏日，桑下，竹阴地种之皆可"和宋徽宗赵佶《大观茶论》"植茶之地，崖必阳，圃必阴""今圃家植木以资茶之阴"的描述一样，茶树是喜散射光、漫射光、光饱和点与补偿点低的耐萌叶用经济作物，光照强度直接影响茶叶的品质。因而改善光照强度，减少直射光，增加散射光、漫射光，从而达到提高茶叶品质的目的。在空旷的全光照条件下生育的茶树和在荫蔽条件下生育的茶树，器官形态上和生理上有很大的区别。叶片在强光下生长叶形小、叶片厚、节间短、叶质硬脆。而生长在林冠下的茶树叶形大、叶片薄、节间长、叶质柔软。遮阳对茶叶品质因素构成的调控作用，有利于茶叶品质的提高。一年四季光照强度各不相同，以夏季光照强度最大，秋季次之，春季最低。对全年三季各轮不同时期新梢一芽二叶蒸青样化学成分含量进行分析，氨基酸决定茶叶鲜爽味并影响茶叶香气，三季节中以春季茶叶氨基酸总量最高。茶多酚含量以夏季最高，秋季次之，春季最少。由此可见，季节不同其光照强度不同，茶叶品质也随之不同，春季光照强度最低，绿茶品质好；夏季光照强度高，绿茶品质则差；秋季各项指标介于两季之间。从酚氨比来看，夏、秋两季适合制红茶，因而在品种安排上最好种植红绿兼制的品种。

四、茶树对降雨量的要求

水分既是茶树有机体的重要组成部分，也是茶树生育过程中不可缺少的生态因子。茶树喜湿怕涝，因此适宜栽培茶树的地区的年降雨量必须在 1000mm 以上。一般认为茶树栽培最适宜的年降雨量为 1500mm 左右，中国茶区年降雨量 1200~1800mm，北方与南方的差异也较大，其中山东部分茶区仅 600mm。对水分的考虑除了降雨量以外，还有水分的消耗量，如蒸发、蒸腾量、土壤流失和下渗量等。

空气湿度也是影响茶树生育的主要气候因子，常以相对湿度来表示。在茶树生长活跃期相对湿度以 80%~90% 为宜；小于 50%，新梢生长受抑制。40% 以下时将受害。春季，空气湿度对茶树影响不大，夏秋季应适当喷施水分，随着湿度的增加，产量增加。这是由于湿度大，漫射光增多，蓝紫光增加，有利于氮代谢，同时减缓了地表散失水分，降低了茶树的蒸腾作用。

除了上述光、热、水等主要气候因子外，风、冰雹和大雪等气候因子对茶树生育也会有一定的影响

五、茶树对地形的要求

茶树对地形的要求包括经纬度、海拔、坡向、地形、地势等，这些因子主要是对气候因子有影响，从而综合地影响茶树的生育和茶叶品质。所谓"高山出好茶"指的就是高海拔茶区，其气候因子有利于优良品质形成。

地理纬度不同，其光照强度、时间、气温、地温和降水量均不同。我国茶区南自北纬 18° 的海南省三亚市吉阳区，北至北纬 38° 附近的山东省烟台市蓬莱区。一般而言，纬度偏低的茶区年平均气温高，往往有利于碳素代谢，多酚类的积累较多；但含氮物质如蛋白质、氨基酸、咖啡因含量较低，纬度高的地区则相反。

海拔不同，各种气候因子也有很大的变化。总的来说，海拔越高，气压与气温越低，而降水量和空气湿度在一定高度范围内随着海拔的升高而升高，超过一定高度又下降。山区云雾弥漫，漫射光有利于促进茶叶中氨基酸的形成，同时高海拔地区昼夜温差大，白天积累的物质在晚间被呼吸消耗得少。因此，高山茶具有香气馥郁、滋味鲜爽的特点。据研究，随着海拔的增加，茶多酚呈现出下降的趋势，而氨基酸则逐渐增加。

坡向是影响茶叶氨基酸含量的一个重要因素。因为东南向和西南向的茶园，在早晨和傍晚空气湿度高、气温较低时受到较多的漫射光照射，这些条件都有利于茶中氨基酸的合成和积累，其中又以东南向为最佳。而正南向的茶园主要受中午前后强直射光，此时空气湿度低、气温较高，植株易形成水分亏失，不利于茶叶品质成分的积累，在强光下茶氨酸趋向分解，氨基酸总量相对较低。

第三节　茶树品种选用与生态茶园建设

茶树品种经人类培育选择创造的、经济性质及农业生物学特性符合生产和消费要求，具有一定经济价值的重要农业生产资料，是茶叶产业化和可持续发展的基础。茶树栽培品种选择的正确与否、合理与否，与生态茶园建设、茶叶产量和品质以及茶产业经济效益密切相关。近年来，面对不断增长的人类对粮食等生活必需品的需求，以大量使用化肥和农药的现代农业应运而生，对环境造成了严重的污染。同时，由于高产抗性作物品种的推广应用并大面积单一种植，导致大量地方传统品种逐渐消失，作物基因资源流失严重，农业生物多样性大大降低，作物遗传背景日渐狭窄，病原菌易滋生和蔓延，造成作物病害爆发的周期缩短，作物病害危害加重等一系列问题对人类

健康和粮食安全构成了极大威胁。因此，探索和发展环境友好的农业发展新出路已经成为全球性的战略问题，人们开始对过去在资源与环境方面采取的战略和措施进行反思，并逐渐认识到农业的发展既要增加农作物产量，又不能破坏土地的持续生产力和生态环境，这就是可持续农业发展战略。在可持续发展日益成为世界各国的共识之际，人类再次把目光投向了农作物多样性种植研究，以求探索发展可持续性生态农业的道路。

一、我国主要的茶树栽培品种数量

我国是茶树的原产地，是最早利用和栽培茶树的国家，经过长期的自然选择和人工选择，形成了丰富的茶树种质和品种资源，这实际上也是生物多样性的一种形式，一是不同品种组合，如福鼎大白茶与福安大白茶、政和大白茶等不同品种的随机组合；二是不同茶类品种组合，如适制乌龙茶的铁观音、大红袍与适制红茶的品种云南大叶种、英红1号和适制绿茶的品种鸠坑种等组合；三是特异茶树资源搭配，如安吉白茶与紫娟、黄金茶、中茶142和武夷山白鸡冠、奇曲等。截至目前，共有经国家审（认、鉴）定的茶树品种134个，其中育成品种104个，省级审（认、鉴）定的茶树品种超过200个，获得植物新品种权67个，取得登记新品种54个，如中黄1号、白叶1号、紫娟、金观音、丹霞2号、中茶302等（表7-2）。

表 7-2　　　　　　　　　　　　　茶树部分品种简介

品种名称	原产地	主要特征
福鼎大白茶	福建省福鼎市点头镇柏柳村	小乔木，中叶，早生，适制红、绿茶和白茶
福安大白茶	福建省福安市康厝乡	小乔木，大叶，早生，适制红、绿茶和白茶
梅占	福建省安溪县芦田镇	小乔木，中叶，早生，适制乌龙茶和红、绿茶
毛蟹	福建省安溪县大坪乡	灌木，中叶，中生，适制乌龙茶和红、绿茶
铁观音	福建省安溪县西坪镇松尧村	灌木，中叶，晚生，适制乌龙茶
黄金桂	福建省安溪县虎丘镇罗岩美村	小乔木，中叶，早生，适制乌龙茶和红、绿茶
佛手	福建安溪县虎丘镇	灌木，大叶，中生，适制乌龙茶、红茶
政和大白茶	福建政和县铁山镇	小乔木，大叶，晚生，适制红、白茶
肉桂	福建武夷山市马枕峰	灌木，中叶，晚生，适制乌龙茶
大红袍	福建武夷山市九龙窠	灌木，中叶，晚生，适制乌龙茶
福建水仙	福建南平市建阳区小湖乡大湖村	小乔木，大叶，晚生，适制乌龙茶和红、白茶
黄观音（105）	福建省茶科所	小乔木，中叶，早生，适制乌龙茶
金观音（204）	福建省茶科所	小乔木，中叶，早生，适制乌龙茶
八仙茶	福建诏安县	小乔木，大叶，特早生，适制乌龙茶和红、绿茶

续表

品种名称	原产地	主要特征
白芽奇兰	福建平和县	灌木，中叶，晚生，适制乌龙茶
凤庆大叶种	云南凤庆县	乔木，大叶，早生，适制红茶和普洱茶
勐海大叶种	云南勐海县南糯山	乔木，大叶，早生，适制红茶和普洱茶
云抗 10 号	云南省茶科所	乔木，大叶，早生，适制红茶和普洱茶
紫娟	云南省茶科所	小乔木，大叶，中生，紫色，花青素含量高
英红 1 号	广东省茶科所	乔木，大叶，早生，适制红茶
英红 9 号	广东省茶科所	乔木，大叶，早生，适制红茶
凤凰单丛	广东潮州市	小乔木，中叶，早生，适制乌龙茶
黄金茶	湖南保靖县	灌木型，中叶类，特早生，氨基酸含量高，适制名优绿茶
上梅洲	江西婺源县梅林乡上梅洲村	灌木，大叶，早生，适制绿茶
大面白	江西上饶市广信区上沪乡洪水坑	灌木，大叶，早生，适制绿、红茶
宁州种	江西修水县	灌木，中叶，中生，适制绿、红茶
龙井 43	中国农科院茶叶研究所	灌木，中叶，特早生，适制绿茶
中茶 142	中国农科院茶叶研究所	灌木，中叶，中生，适制烘青和扁形绿茶
迎霜	杭州市茶科所	小乔木，中叶，早生，适制绿、红茶
安吉白茶	浙江安吉县山河乡	灌木，中叶，中生，芽叶玉白色，成叶转绿，适制绿茶
鸠坑种	浙江淳安县鸠坑乡	灌木，中叶，中生，适制绿茶
乌牛早	浙江永嘉县罗溪乡	灌木，中叶，特早生，适制绿茶
平阳特早	浙江平阳县敖东镇	小乔木，中叶，特早生，适制绿茶
凌云白毛茶	广西凌云、乐业等县	小乔木，大叶，中生，适制绿、红茶
舒茶早	安徽舒城县	灌木，中叶，早生，适制绿茶
槠叶齐	湖南省茶科所	灌木，中叶，中生，适制绿、红茶
白毫早	湖南省茶科所	灌木，中叶，早生，适制绿茶
江华苦茶	湖南江华瑶族自治县	小乔木，大叶，中生，适制红茶
信阳 10 号	河南信阳市	灌木，中叶，中生，适制绿茶
台茶 12	台湾茶业改良场	灌木，中叶，中生，适制乌龙茶
台茶 13	台湾茶业改良场	灌木，中叶，中生，适制乌龙茶

二、茶树品种的选用与搭配

中国茶树种质和优良品种资源十分丰富，为各地区开展茶叶生产提供了丰富的种质资源。但是，在茶叶生产中我们不能盲目地选用品种，而是要结合当地的气候条件和地理环境，当地的市场需求，品种的适制性，发芽的早、中、晚，品种的抗性等品种的特性做到合理搭配。

（一）不同生育特性品种的搭配

不同品种由于生育特性的差异，春茶的萌发开采期迟早有明显的差异，甚至可相差1个月以上。根据茶类生产和工厂设备规模合理配置早、中、晚生品种，既可以错开春茶开采期，多采高档名优茶，提高单位面积茶园的经济效益，又可缓解春茶洪峰，充分利用现有生产设备，减轻劳动力紧张的矛盾。对于多数生产绿茶的茶厂，特早生品种应占50%以上，早生和中生品种40%，晚生品种10%左右。不同品种搭配还可增加生物多样性，减轻病虫害和气象灾害的危害，促进无公害茶叶生产。

（二）不同适制性品种的搭配

在一个生产单位或一个生产条件大体相似的较小地区内，虽然气候条件基本相似，但由于海拔、地形、地势、土质和其他如肥料、劳力、农机具等生产条件的不同，为丰富茶叶产品的花色，应有主次地搭配种植各具一定特点的几个优良品种，即根据品种的适制性合理搭配品种，使之地尽其力，种尽其能，达到全面增产、增收，提高生产和经济效益的目的。

1. 鲜叶色泽与茶树品种适制性

色泽常有深绿、浅绿、黄绿、紫色等不同色泽，其变化主要与茶树品种、施肥、日照长短等有关系，鲜叶色泽不同，内在化学成分含量组成也不同，对制茶品质也有不同影响。一般深绿色的粗蛋白质含量高，多酚类化合物、咖啡因含量低，适合加工绿茶；浅绿色叶却相反，粗蛋白质的含量低，多酚类、咖啡因含量高，适合加工红茶。

2. 芽叶茸毛与茶树品种适制性

芽叶茸毛富含茶多酚、咖啡因羰基类化合物，羰基类化合物对茶叶香气的形成具有重要的作用，普遍认为有茸毛的茶树品种制成的红茶优于无茸毛的品种制成的红茶。一般来说，芽叶茸毛对红茶品质的影响大于绿茶。茸毛多的茶树品种加工白茶品质优良。

3. 主要化学成分与茶树品种适制性

茶多酚总量与儿茶素含量高的茶树品种适制红茶。现有的研究表明，除酚氨（茶多酚/氨基酸）比外，绿茶儿茶素品质指数 = $100 \times (EGCG + ECG)/EGC$，也是判断红、绿茶适制性的一个重要指标，儿茶素品质指数可以作为茶叶品质早期鉴定的一个指标。即在鲜叶中 EGCG 和 ECG 有一定含量的基础上，EGC 含量与红茶中茶黄素含量有极显著相关，EGC 含量可作为适制红茶的指标。

氨基酸是茶叶的主要化学成分之一，茶叶中氨基酸的组成、含量以及它们的降解产物和转化产物直接影响茶叶品质，是构成茶叶品质极其重要的成分之一。从现有的研究结果来看，适制绿茶品种的氨基酸含量高于适制红茶的品种，绿茶品种普遍高于红茶品种 6%~13%。

普遍认为酚氨比高适于加工红茶，反之适于加工绿茶。一般酚氨比小于 8 适制绿茶，8~15 兼制红绿茶，大于 15 适制红茶。Morita 等以阿萨姆变种的无性系品种 DT-1 和以中国品种的数北种为材料研究香气前体，结果表明，两品种的糖苷部分经水解后，几乎产生完全相同的香气组成成分，但在生成量上存在较大差异。适制红茶的 DT-1 中，芳樟醇及其氧化产物、苯甲醇及水杨酸甲酯的香气前体物质含量较高，而适制绿茶的数北种中则以苯甲醇、香叶醇、（顺）-3-己烯醇及 2-苯乙醇的香气前体物质含量较高。王华夫等比较了祁门楮叶群体种及其亲缘中安徽 7 号在加工过程中香气形成的动态，结果表明，前者香气物质形成总量高于后者，特别是作为祁门红茶香气特征的香叶醇高出 30 倍以上。因此，对茶树资源进行鉴别评价是一个值得研究的课题。

廖书娟等分析了不同茶树品种香气前体-脂肪酸和糖苷类物质的组成及含量，结果表明，不同茶树品种脂肪酸组分种类一致，均含有月桂酸、豆蔻酸、棕榈酸、亚油酸及亚麻酸 5 种脂肪酸，但含量存在显著差异；不同茶树品种糖苷类香气前体配体组成特点均以萜烯醇类为主，金观音、黄观音、青心乌龙、黄玫瑰等适制乌龙茶的品种中糖苷类总含量较高，迎霜、早春毫、福鼎歌乐等适制绿茶的品种中糖苷类含量较低，因而，可以初步推断出糖苷类香气前体物质可以作为一种品种适制性的新指标。利用乌龙茶品种制作的绿茶和红茶，具有良好的香气感官品质，已在生产实践中得到应用。

三、生态茶园的建设

生态茶园是一个开放的系统，其功能的充分发挥，离不开良好的宏观生态环境，而保持茶园生物多样性是建设生态茶园的基础。生态茶园要求生态环境优越。为此，在生态茶园的建设中要充分融入"绿水青山就是金山银山"的理念，应对茶区原有的山、水、林、田、河、湖、草、路等做全面规划，合理布局，尽量保护茶区原有的树林、植被，不宜植茶的陡坡、山顶、山脊、山脚、沟边及空隙地等大力植树造林，茶园四周、风口设置防护林带等，以不断改善宏观环境条件，创造一个适宜茶树生育的生态环境，真正做到"让茶树回归其原生环境"。同时促进农、林、牧、渔的平衡发展。本节对近年来各地普遍采用和刚兴起的生态茶园的建设模式作一介绍，为今后发展生态茶园提供实践经验。

（一）茶-林/果生态茶园

农作物间套（混）种植在我国农作史上有着悠久的历史，是我国传统精细农艺的精华，在世界农作史享有很高的盛誉。为了充分利用土地，中国古代就有茶-林间作、茶-粮间作茶园。近年来，为了提高土地利用率、充分利用光、温、水、气和能量资源，提高茶叶品质和经济效益，以茶园间作高大经济林（果）等方面开展了许多有意义的研究。冯耀宗报道，胶-茶复合茶园的辐射吸收量比单作茶园平均高 5%；黄晓澜等报道，茶树-乌桕复合园可有效调节茶园小气候，使之适合茶树正常生长代谢，尤其是夏秋季节。蔡丽等研究报道，樟-茶间作茶园比单作茶园的有机质含量明显增高，但土壤碱解氮、速效磷和有效钾等含量均表现为间作茶园低于单作茶园。刘相东等研究了栗茶间作与覆草对茶树生长环境和茶叶品质的影响，结果表明，栗茶间作降低了风度和光照强度，提高了环境温度、湿度；覆草提高了土壤有机质及有效 N、P、K 的含量。张正群等研究了茶园间作芳香植物罗勒和紫苏对茶园生态系统的影响，结果表明，芳香植物间作区土壤中铵态氮、有效磷和速效钾的含量高于绿肥间作区和对照；茶园间作芳香植物能在一定程度上促进茶树生长、培养幼龄茶园的树势和树冠、增加茶叶产量。

一些茶叶生产企业，为提高经济效益、提高茶园土壤养分和迎合目前兴起的"茶+旅游"项目，在原来的茶叶生产链中融入了新的内容，茶园套作果树即为一种。熊飞总结认为山区茶园套种落叶果树好处多，一是茶树生长对环境条件要求较高，尤其是名优茶对温湿度、光照等条件要求更高，茶园套作果树能改善茶园小气候；二是茶园生物种类单一，容易导致病虫爆发成灾。套种果树后，可吸引雀鸟及其他有益生物，增加茶园害虫天敌的种类与数量，丰富茶园生物多样性，改善茶园生态平衡，进而减轻茶园病虫危害；三是茶树树形低矮，根系分布较浅，果树树形高大，根系分布较深，两者互补性较强。果树可以吸收茶树无法利用的土壤深层养分，然后通过落叶回归到地表。落叶腐烂后，可以增加茶园土壤有机质含量，疏松、改良、培肥茶园土壤；四是在茶园套种部分果树（图 7-14），春季繁花似锦，秋季果实累累，既可美化茶园环境，还可增添游客采摘体验的内容；五是能直接增加果品销售收入。由于果树间行距较大，通风透光良好，果品的产量高、品质佳、卖相好。另外，山区大部分茶园目前以采摘春茶为主，茶园的主要收益来自于春茶。在茶园套种落叶果树，果树春季发青较迟，不会对春茶产量造成明显影响，对夏、秋茶生产也是利大于弊。刘腾飞等研究了不同间作模式对茶园土壤和茶叶营养品质的影响，结果表明，东山茶产区的两种果茶间作（枇杷—茶、杨梅—茶）可提高土壤中铜、锌、锰和铁元素的含量，有效改善表层土壤中的全氮、全磷、有效氮、速效钾、碱解氮含量。

图 7-14　茶树与梨树间作生态茶园

（二）茶—绿肥（蔬菜）模式生态茶园

按目前人工复合茶园生态系统的建设理念，在新建茶园和改造茶园中，其地上部大致可安排三层，即高大乔木—灌木层（茶树）—草本层。下层可以种植绿肥、饲料或某些块根类蔬菜，以增加茶园有机肥，改良茶园土壤。杨海滨等研究报道，间作绿肥有利于幼龄茶园土壤有效锌含量的提高，且在埋青后1个月提高效果明显，依次为绿豆>黄豆>"茶肥1号">花生；间作绿肥提高了幼龄茶园土壤碱解氮、有效磷和速效钾的含量。陈李林等针对茶园中有害生物猖獗、治理难等问题，开发了印楝—茶树—圆叶决明立体间套作控制茶园有害生物的方法，于4~6月份在茶园茶行间间作圆叶决明，7~10月份在茶园茶行间、山顶、山冈、道路旁、水沟旁和四周立体间套作印楝，构成"印楝—茶树—圆叶决明"三层结构。在茶园间套种印楝和圆叶决明，改善了茶园的生态条件，提高了土壤肥力，保护、利用和恢复了茶园生物多样性。并且可持续控制茶园有害生物，明显提高茶叶品质，增加茶叶产量，带来了良好的经济效益、生态效益和社会效益。云南昆明十里香茶叶公司为了克服云南冬季和初春旱季降雨量少带来的茶园土壤含水量低，对茶叶生产造成的不利因素，开展了在茶园行套作萝卜（图7-15），并让萝卜自行在行间腐烂的试验研究，目的是为维持茶树正常生长发育和茶树冬芽的形成提供充足的水分，研究结果表明，套作萝卜茶园的土壤含水量比没有套作的提高20%~30%，春茶萌发期提前3~5d。

图7-15 茶园套作萝卜的茶园生态系统

（三）茶—中草药模式生态茶园

利用多种生物共生，提高茶产业经济和生态效益是生态茶园建设的目标之一。近年来，有些地方将茶产业和地方优势产业结合，围绕茶树、茶园催生了很多产业，延长了茶产业链，利用茶—中草药生态茶园发展中草药就是成功的案例之一。如西双版纳州土肥站充分利用"州院合作"平台，与中国科学院西双版纳热带植物园、云南省农科院茶叶科学研究所两大科研单位合作，共同开展"低产茶园套种大叶千斤拔生态效应"（图7-16）项目研究，以改善园区生境、保持水土、提升土壤肥力为手段促进茶园提质增效。研究结果表明，茶园套种大叶千斤拔改造模式成效明显：一是茶园土壤质地疏松，通透性好；二是茶园春茶萌发期比一般茶园提前半个月；三是茶园害虫喜欢吃大叶千斤拔的嫩枝叶，大大减轻了茶叶虫害的侵袭；四是大叶千斤拔枝叶富含粗蛋白，可作为牲畜饲料资源，可供茶农饲养鸡、鸭、鹅、猪等家禽（畜），牲畜粪便又可腐熟施入茶园，可形成生态经济循环链。

图7-16 茶园套作大叶千斤拔的茶园生态系统

（四）茶—食用菌复合生态茶园

茶树为多年生叶用作物，随着栽种时间的延长，茶园施肥、茶树的凋谢物归还给土壤及根系分泌物，会造成土壤微生物类群的变化，导致茶园土壤物理现状发生一些变化，如土壤板结、土壤团粒结构变大、酸化严重、有机质贫缺、土壤生物性状差及养分供应能力低且不平衡等问题。从对微生物群落功能影响来看，与单作相比，间作能够提高作物根际细菌群落多样性，间作根际土壤细菌种群类型有显著变化。茶树和食用菌复合栽培模式（图7-17），就是充分利用茶园内茶树树冠以下的空间环境和土壤环境，按食用菌覆土栽培的技术要求，有目的地选择、驯化一些有价值的木腐型、草腐型食用菌菌种，在茶园内进行复合种植，食用菌属于返生态野生栽培。杨云丽等研究报道，茶树与食用菌的复合栽培模式下，土壤微生物中细菌数量和放线菌数量的变化情况为：对照组>2年>1年；随着降雨量的变化情况为：细菌数量持续增多，放线菌数量是旱季>雨季>雨季初期、真菌数量是雨季初期>旱季>雨季；显著提高了土壤有机质含量和pH。菌包是一个巨大的水源，回田可以培肥茶园土壤，选择适宜的食用菌品种进行套作，为改变茶园种植模式单一改善茶园环境、为提高茶园综合效率提供了依据。李振武等以福建红壤丘陵区1年生幼龄茶园生态系统为研究对象，通过连续4年的冬季茶株行间套种大球盖菇的田间小区对比试验，研究套种对茶园土壤环境及春茶萌发期、产量的影响。结果表明，幼龄茶园冬季套种大球盖菇、菌渣回田作有机肥这一茶园套种模式降低了土壤容重，提高土壤有机质、pH、全氮、水解氮、速效钾的含量；对福建少雨、低温的越冬期茶园土壤具有明显的保水保温效果，0～20cm、20～40cm 土层土壤含水量在 10 月至次年 2 月分别提高 9.22%、6.11%，5cm、10cm、15cm、20cm 土壤温度在 12 月至次年 2 月分别提高 0.90℃、0.77℃、0.67℃、0.50℃；保证了幼龄茶树的安全越冬，与清耕茶园相比，春茶萌发期提早了 4.3d，春茶产量提高了 11.0%。

图 7-17　茶园套作食用菌的茶园生态系统

(五) 茶—家禽/畜牧模式生态茶园

　　一个茶园生态系统，其中动物（人、家禽）、植物（茶树、间套作作物）、微生物的种类，以及每一生物种类的生物数量在一定的时间内要保证相对稳定。茶园养鸡生态种养模式（图 7-18），是在传统的种植业生产中增加了养的环节，因此，能较好地协调了产业互动关系，使各类资源得到充分利用，茶园生境得到了一定优化，提高了土壤肥力，较好地控制了病虫杂草发生为害，有效地节省了生产成本和劳工投入，起到了节本增效的积极作用。据张丽芬的调研结果，以在茶园内每年放养 2 批鸡群，每批生产成年商品鸡 8 只/亩，年产商品鸡 16 只/亩，每只鸡 2.5kg，当地野外放养优质鸡产地价 100 元/kg 计算，一年中养鸡茶园可比纯作茶园新增养鸡产值 4 万元/亩；养鸡茶园生长环境得到了一定的改良，为茶树健康生长创造了条件，相对于施用化肥茶园而言，不仅可以提高单位产量，并对茶叶品质产生有益的影响；相比化肥区，可新增干茶产量 1.52kg/亩，新增产值 1064.00 元/亩，两项合计可新增产值 4.1 万元/亩。

图 7-18　茶园养鸡

潘慕华研究报道，采取"养羊-圈格放牧-食草-控草系统工程技术"构建的茶园放牧与茶叶生产的技术融合的生态系统（图7-19），能发挥"羊粪肥茶"生态和经济效益，据统计，一只成年羊年产生有机肥0.5t，可供应一亩茶园的肥园需求，网格化养羊吃草，能把对茶园危害较大的杂草吃掉，特别是蕨类、蔷薇科、马齿苋科、十字花科等较难处理的草类。在羊群吃草的基础上，辅助以人工铲草，就能较显著地处理茶园杂草危害问题。养羊控草的实施可直接降低投入成本，可节省328元/亩，节约比例达34.5%；控草作用明显提高，杂草对茶树的危害影响受到明显减轻；产出接近提高1倍，茶叶鲜叶和成品质量都明显提高，效益显著。

图 7-19　茶园养羊

(六) 茶—观光模式生态茶园

近年来，随着经济的发展，人民生活水平的提高和城镇化进程的加快，以修心养性、康体养生、享受生活，体现生命价值的文化和休闲的消费越来越受到大众的欢迎和追捧。走进茶山、体验茶事、品审茶文化所蕴涵的价值和人文精神的茶文化旅游在各地蓬勃发展的，方兴未艾。茶文化旅游是现代茶业与现代旅游业交叉结合的一种新型旅游模式，属于旅游产品分类中主题文化旅游的一种，将茶叶生态环境、茶生产、自然资源、茶文化内涵等融为一体进行综合开发，是具有多种旅游功能的新型旅游产品。因此，要保证茶文化旅游的可持续发展，作为茶文化旅游核心要素的观光生态茶园的建设就显得尤为重要。

建设美丽茶园，打造生态茶业，发挥茶产业优势，促进地方经济发展，是建设美丽中国的题中之意，也是发展现代茶业发展的必由之路。如云南南涧县按照"大生态、大美丽、大发展"的理念，以万亩茶园为依托，打造"美丽茶园+经济"的农业休闲旅游模式，按照"山上建基地、路边活流通、园区搞加工、山外拓市场"的产业发展思路，对茶-观光模式生态茶园的建设作了大胆尝试，由建设花园式美丽茶园转向经营美丽茶园，以美丽环境催生"美丽经济"，取得了较好经济和社会效益（图7-20）。

图 7-20　云南省南涧县樱花谷生态茶园

四、生态茶园建设的注意事项

生态茶园建设，要充分考虑以下几个方面。

1. 生态位配置合理

作为以茶为主的茶园生态系统，在垂直结构上，可形成两个或两个以上物种组分的生态位，形成"乔—灌"两层结构，或"树木—茶树—矮秆作物（豆科绿肥）"的"乔—灌—草"三层结构。这样可使光能得到充分利用，土壤营养也可在不同层次上被利用，提高环境资源的利用率，同时起到上层树木调控下层作物生态因子的积极作用。当然也要注意在水平结构上不能过度遮阳，以防光照不足造成茶树减产，降低效益。间作时要注意种间结合、互生互利，如阳性树种、耐阴树种及阴性树种的结合，以充分利用光能；深根性与浅根性树种的结合，使各自吸收不同层次的土壤水分与营养等。

2. 保证间作树种与茶树无明显化感抑制作用

间作树种的适生条件应与茶树基本一致，特别是要避免对茶树有明显化感抑制作用的植物。田洪敏等试验研究报道，茶树-核桃树间作的茶园，随着核桃树种植年限的延长，间作茶园土壤 pH 呈增加的趋势，核桃树种植年限为 30 年的土壤 pH 接近或大于 7.0；核桃树间作年限为 30 年的间作茶园土壤有机质、碱解氮和速效磷均显著小于单作茶园中的含量；随着核桃树间作年限的延长，间作茶园土壤中的速效钾、交换性钙、交换性镁的含量都显著高于单作茶园。上述研究结果表明，核桃树对茶树有明显的化感抑制作用，会导致茶树不能较好生长和茶叶品质下降。因此，像核桃树等对茶树有明显化感抑制作用的树种虽然对茶企或地方经济效益明显，但不宜作为茶园间作树种，或者作为遮阳树利用。

3. 保证间作树种与茶树互生互利

间作树种适应气候和土壤条件要以茶树一致，并在生物学上与茶树互生互利，或对茶树有利而对间作树种无害，应选择有利提高土壤肥力或不至过多掠夺土壤肥力和水分、与茶树没有共同病虫害的树种。此外，还可考虑经济效益和生态效益兼顾树种，以达到茶、林副产品双丰收。当间作树种的树冠过大，根系亦庞大，对茶树产生影响时，要及时对间作树木地上部分适当修枝，保持树冠郁闭度30%~35%，这样既可为茶树创造良好的通风透光条件，又保持一定的遮阳面积。对树木周围的茶树要多施肥，以满足两树种的共同需要。目前在全国主要茶区试验成功各种适合于当地的茶园人工复合生态系统。

第 四 节　生态茶园设施栽培与污染控制

我国茶区幅员辽阔，生态气候复杂多变，各种不利于茶树生长发育的环境条件时有出现，这给茶叶正常生产带来了不少障碍。设施栽培技术的出现使得人们可以对茶叶生产进行人工干预调节，使其完全或部分摆脱自然环境因素的制约，进而获得品质较佳的茶树鲜叶。近年来，随着茶园设施栽培技术的普及、发展，因设施建造、使用带来的环境污染问题日趋严重。

一、生态茶园设施栽培

生态茶园设施栽培主要是利用塑料大棚、地膜、灌溉等手段为茶树的生长发育创造有利的外部环境条件，进而人工干预茶叶生产。

(一) 茶园灌溉设施

1. 茶园喷灌

茶园喷灌能在茶园形成湿润的小气候环境，避免土壤板结及肥水的流失，能在干旱时期保证茶树的正常生长发育，进而提高茶叶产量与品质。

茶园喷灌系统一般由水源工程、首部工程、输配水管系统和喷头组成。水源工程为保证喷灌所需的水量及水质要求所选择的水源及其相应的配套设施，如蓄水池、泵站等；首部工程即喷灌开始前包括加压设备、计量设备、控制设备、安全设备及施肥设备等在内的设施集合；输配水管系统包括众多的干管、支管和竖管等，其主要作用是将经过水泵加压或自然有压灌溉水流输送到喷头上去；喷头是喷灌系统中的关键设备，主要负责将管道系统输送来的水通过喷嘴喷射到空中，形成细小水滴，均匀地洒落在茶园之中。

目前茶园中的喷灌设施主要有固定式、移动式和半固定式3种类型。固定式喷灌系统的全部设备常年固定不动；移动式设备则采用移动管道而喷灌其他设备或工程则不动；半固定设备，则除支管和喷头可移动外其他设备不动。

2. 茶园滴灌

滴灌是一种省水、高效的灌溉设施，它利用具有一定压力的水，通过茶园中的管道系统，以水滴的方式均匀而缓慢地滴入土壤中，满足茶树生育需要的水分要求。滴灌系统由水源、首部枢纽、输配水管网和滴水器（滴头）四大部分组成。首部枢纽主要含水泵、动力、水源、过滤器、肥料罐等设施。输配水管网由干管、支管、毛管及部分连接与调节设备组成。茶园滴灌系统分固定式、半固定式和移动式等类型。固定式滴灌的各级管道和滴头的位置固定，干、支管一般埋在地下，毛管和滴头固定布置在地面；移动式滴灌的各级管道均可移动；半移动式滴管的干管、支管固定于地下，毛管和滴头可移动。

喷灌、滴灌的干、支管多采用聚乙烯管、聚氯乙烯管和聚丙烯管等材料，滴管一般为高压聚乙烯加炭黑制成。

(二) 茶园塑料大棚栽培

塑料大棚主要利用塑料薄膜的温室效应提高棚内温度，避免茶树遭受冬季霜冻及春季"倒春寒"的危害，同时也能促进茶树萌发期的提前。研究表明，塑料大棚生产的春季名优茶其产量可比露地茶园增加 16%～35%，亩均净收益是露地栽培的 2 倍以上。目前塑料大棚在我国江北、江南茶区被广泛使用。

1. 塑料大棚园地选择

塑料大棚茶园应选择土壤肥沃、地势平坦、背风向阳，用水、用电方便的地块，其栽种的茶树要求覆盖度在 90% 左右，多为产量高，名优茶适制性好的早生种。

2. 塑料大棚建造

较为实用的塑料大棚主要为简易竹木结构大棚和钢架结构大棚两种。

（1）竹木结构大棚　以毛竹为主建材，立柱顶部用竹竿连成拱形，上覆塑料薄膜。一般跨度为 10～12m，长度为 30～60m，脊高 2.0～2.2m，两侧肩高 1.5～1.7m。此种大棚取材方便，制作成本低，但因棚内立柱较多，遮光严重，使用寿命较短，一般不超过 3 年。

（2）钢架结构大棚　钢架结构大棚以钢筋、钢管为主建材，拱架是用钢筋、钢管或两者结合焊接而成的平面桁架，上覆塑料薄膜，一般跨度为 8～12m，高度为 2.6～3.0m，棚内无柱，透光性好，室内宽敞，使用寿命较长，一般 6～10 年，但建设成分较高。

（3）塑料大棚的棚膜要求　塑料大棚使用的棚膜一般为透光性好，不易老化，厚度为 0.05～0.10mm 的聚氯乙烯（PVC）塑料薄膜。

3. 塑料大棚茶园管理技术

（1）搭棚与揭膜

①搭棚：江北茶区一般在 10 月下旬搭棚、江南茶区需搭棚的地区一般在 12 月底至翌年 1 月上旬搭棚。

②揭膜：一般在 3 月底或 4 月初无寒潮和低温危害时揭膜，北方地区在 4 月下旬揭膜。揭膜前一周需每天开启通风口让茶树适应外部环境，直至完全揭膜。

（2）肥水管理

①施肥：早施重施以有机肥为主的基肥，及时追肥，追肥以尿素、硫酸铵等氮素化肥为主或速效氮肥和茶树专用肥混合施用；配合施用 CO_2 气肥和喷施叶面肥。化学肥料的施用严格按照无公害茶、绿色食品茶和有机茶施肥的规范操作。

②水分管理：一般情况下棚内土壤含水量低于露天茶园，当气温在 15℃ 左右时，每隔 5～8d 需灌水一次，气温在 20℃ 以上时，每隔 3d 灌水一次，以沟灌和喷灌为主。北方低温茶区应减少灌溉次数，避免大水漫灌。

（3）修剪与采摘 为使开采期提前，大棚茶园宜春茶结束后进行轻修剪，当年秋季后期结合封园进行一次轻剪与边缘修剪。每隔2~3年进行一次深修剪，5~8年进行一次重修剪，控制树高在80cm左右。

(三) 茶园遮阳网覆盖

夏季阳光强烈，适当遮阳，为茶树创造适宜的光照，改善温湿度环境将有利于茶树的生长及品质的提高。此外，适度遮光有利于茶树的氮代谢增加茶叶中的氨基酸含量，减弱茶树的碳代谢进而使得茶多酚代谢减弱，新梢持嫩性增强，并在一定程度上提高绿茶产量与品质。茶园一般在夏秋季"小满"至"白露"期间覆盖遮阳网，多采用农用黑色遮阳网，遮光率为40%~95%，宽幅1.8m，每公顷需6750m，可重复使用3~5年；幼龄茶园、成龄茶园遮阳网的遮阳度分别为60%、40%。

(四) 地膜覆盖育苗

目前，越来越多的茶区在扦插育苗时采用农用地膜覆盖的方式整理苗畦。一般方式为在扦插圃用黑色地膜覆盖整个畦面，膜上打扦插孔，扦插时，插穗插在地膜下的泥土里，叶片与叶柄露出地面，直至次年5月至6月初，气温渐高时揭膜。此法能有效提高地表温度，促进茶苗插穗剪口提早愈合与发根，同时抑制杂草生长，减少水分蒸发及管理用工。

二、茶园农膜污染与控制

我国是世界上最大的农膜生产国和使用国，农膜的主要成分为聚乙烯等高分子化合物。土壤中的残留农膜在自然状态下的降解一般需耗时200~300年，且降解过程中会不断释放有毒、有害物质。茶园中使用的农膜多为黑色聚乙烯地膜，白色大棚塑料覆盖膜等，随着茶园设施栽培技术的普及，残留农膜污染问题日趋严重。

(一) 茶园残留农膜的危害

1. 破坏土壤结构，降低土壤肥力、造成茶树减产

土壤中的残留农膜会直接破坏茶园耕作层的土壤结构，改变土壤固、液、气三相比，降低土壤孔隙度，透气性和透水性，阻碍茶树根系的伸展及对水肥的吸收，进而造成茶树减产。研究表明对于土壤结构破坏最大的是面积大于16cm²的水平状残膜，只有面积小于4cm²的残膜才不会对茶树生长形成威胁，但普通农膜无法在自然状态下降解成如此小的碎片。

2. 对茶园生态的破坏

茶园中的残留农膜可能会被茶园的小动物误食，造成其死亡，同时阻碍茶园土壤中蚯蚓的活动，影响土壤微生物特别是茶树根际微生物的生存与活动，进而对茶园的生态造成破坏。

3. 影响茶园农机操作、造成视觉污染

当对茶园进行机械耕作如深耕施肥时，茶园中的农膜可能会缠绕在翻土机械上，影响机械的正常运行，甚者可能会造成机械损坏。此外，茶园的残膜无论是留在地里还是被风刮到树上、电线杆上或其他肉眼可见的地方均会让人觉得不舒服，产生视觉污染。

（二）茶园农膜污染的控制措施

根据目前我国茶园农膜污染的现状，控制农膜污染的措施主要包括如下几方面。

1. 加强宣传引导

通过多种形式在茶农中广泛宣传废旧农膜污染的危害，增强茶农的环保意识；同时各级茶叶生产监管部门特别是基层农业干部在日常工作中应调动广大茶农的积极性随时随地清理回收茶园残余、废旧农膜，并指导其安全处理，避免残余农膜的直接焚烧。

2. 推广可降解农膜或农膜替代品

在茶区广泛推广新型绿色环保农膜或农膜替代品，这些农膜一般为天然产物或农作物秸秆类纤维生产，在一定时间内可自然降解。如纸质地膜，现已包括经济合理型、纤维网型、有机肥料型、生化型、化学高分子型等五种类型。纸质地膜具有一定的耐水性、透气性和机械强度，能控制地温、土壤水分、抑制杂草生长，被降解后又能变成肥料，滋养土壤和植物，且其生产原料易得，因而具有很好的推广前景。

3. 建立农膜回收机制，推广残膜机械回收方式

茶区农业主管部门应制定相应的农用残膜的清理回收机制，划定片区、明确责任，做好监督。在管辖茶区、茶园实施"谁污染，谁治理，谁使用，谁清理"的规定，并制定相应的处罚措施。同时引入和推广残余农膜清除机具，研究农机配套技术，力争在翻地施肥的过程中去除 $16cm^2$ 以上的残余片膜。

三、茶园遮阳物污染与控制

夏季或者是在茶树的特殊生长阶段利用遮阳网对茶树进行遮阳处理降低棚内光照强度、温度为茶树创造良好的生长环境条件是茶叶生产过程中常用的设施手段。市售遮阳网以黑色、银灰色为主。黑色遮阳网遮光率高、降温快，多用于茶园的遮阳处理；灰色遮阳网遮光率稍低，多用于喜光蔬菜栽培。

遮阳网的生产材料主要有两种，一种是石油化工所得的聚乙烯、高密度聚乙烯、聚氯乙烯等，另一种是废旧遮阳网或塑料等回收料再加工制得。一般原生料制得的遮阳网较为耐用，而回收料制得的遮阳网手感硬、多有刺鼻气味，使用寿命短。近年来，我国各茶区均在大量使用遮阳网，随之而来的问题是废旧遮阳网的处理不及时、不合理，导致了茶园的"黑色污染"。

（一）茶园废旧遮阳网的危害

1. 污染环境、影响生态

废旧遮阳常被丢弃于茶园的田间地头，或乱挂于茶树枝丫上或堆积在路边、背沟中，影响农业生态环境。遮阳网碎片会随地表径流进入水体，污染水源，同时影响茶园动物、微生物的生存、生活进而影响茶园生态。

2. 影响土壤理化性质，降低肥力

残留遮阳网难以降解，会长期影响土壤中的水、肥、气、热活动，降低土壤的通透性，破坏土壤团粒结构的形成，影响施入土壤的有机肥养分的分解和释放，降低肥效。

3. 影响人体健康

遮阳网的生产过程中大多会添加增塑剂（邻苯二甲酸二丁酯）等助剂或含有铅、镉等重金属的有毒添加剂，这些物质具有很大的毒性，且有明显的富集特征。当废旧遮阳网碎片混入茶园土壤、水体后，上述有毒物质会向土壤、水体中迁移、渗透，进而被茶树富集，最终影响饮茶者的身体健康。此外，堆积的废旧遮阳网不及时处理会成为蛇虫鼠蚁的栖息、繁殖场所，成为传染疾病的根源。

4. 成为茶园火灾隐患

废旧遮阳网几乎都是可燃物，在天然堆放过程中会产生甲烷等可燃气体，遇明火或自燃易引起火灾事故。

(二)茶园遮阳网污染的防空措施

1. 加强宣传教育，统一思想认识

各级各部门特别是基层农业部门要在茶区大力开展宣传教育，提高茶农废旧遮阳网、残留农膜等污染物的危害认识。教育、引导茶农、茶叶生产者们养成良好的农用物资使用习惯，在自身严格遵守环保法规的同时，积极制止身边的不良行为。

2. 制定法律法规，强化管理

制定颁布相应的政策、法规，明确遮阳网、农膜等生产者、销售者和消费者在生产、流通、使用上述农用物资中的权利和义务，对造成环境污染的要有相应的处罚条例、措施。

3. 加强废旧遮阳网的回收利用

增强茶农责任意识做到茶园废弃遮阳网谁使用、谁清理原则，清理出园的废旧遮阳网不得原地焚烧，需送相关机构回收。

四、日光温室茶园与污染控制

日光温室茶园一般是指由阳光采集、保温维护等结构组成，以透明塑料薄膜覆盖，在寒冷季节主要依靠蓄积太阳辐射能进行茶叶生产的单栋温室茶园。日光温室茶园能明显提高园内气温与地温，防治冬春季的寒、冻伤害，促进茶叶提早开采，具有显著提高茶叶生产效益的作用，适用于我国北方茶区，特别是山东省。

(一)日光温室茶园的建造与管理

1. 园地选择

以背风向阳、土壤肥沃、水源条件良好、交通便利的平地或缓坡地为适宜地块。茶园应尽可能种植"特、异、优、早品种"，树冠覆盖度在85%以上。

2. 建造

日光温室的棚长随地形而定一般30~50m，跨度8~10m，琴弦式结构。除南面外其余三面建墙，墙体厚0.6~0.8m，脊高2.8~3m，后屋面的倾斜角度≥45°。覆盖物料多为0.08mm以上的聚氯乙烯长寿无滴膜，以及厚度大于4cm、宽度为1.2m的草苫。

3. 日光温室茶园的环境因子控制

（1）温度　日光温室茶园的室内日温一般保持在20~28℃，夜温≥10℃，中午室温超过30℃时需通风直至室内温度降至24℃为止。

（2）空气湿度　日光温室茶园一般需通过地面覆盖、通风排湿等措施将室内的相对湿度控制在白天为 65%~75%，夜间为 80%~90%。

（3）光照　以及时清洁覆盖薄膜，揭开草苫、室内后墙悬挂反光幕布等方式增加室内光照强度。

（4）CO_2 气肥　一般在晴天上午的 9:00—11:00 时，采用碳酸氢铵加硫酸反应法产生 CO_2 施用，使用剂量为碳酸氢铵 3~5g/m^2，以促进茶树的光合作用。

（二）日光温室茶园的主要污染形式

1. 土壤酸化、次生盐渍化、地下水污染严重

日光温室茶园的产量比露地茶园高，对营养的需求较大，土壤养分供给往往跟不上植物需求，以致人们需大量施用肥料满足茶树的正常生长。由于长期过量使用氮肥，土壤中酸根离子大量沉积，造成土壤严重酸化、板结，通透性降低。与此同时，各种速效肥的大量施用使得土壤盐分急剧增加，但棚内缺少露天状态下的雨水淋溶作用，在温度较高时土壤下层沉滞的盐分随毛细管蒸发上升而富集于土壤表层，造成土壤的次生盐渍化。此外，棚内施用的化肥、畜禽粪肥中的重金属硝酸盐、激素类等不仅污染种植层土壤，而且会继续向下渗透，直接造成地下水污染。

2. 农药残留超标

日光温室茶园具有良好的控温控湿功能，茶树全年生长周期较长，一年施用的肥料和农药数量也会远远高于露天茶园。长期使用的日光温室茶园棚内土壤中的残留农药或重金属会不断蓄积、增多，渗入土壤通过根系被茶树吸收，富集于不同器官，造成农药残留超标。

3. "白色污染"严重

日光温室茶园较多地使用了聚氯乙烯、聚乙烯无滴膜，在茶园的日常管理过程中更换下的废旧无滴膜常被堆放在棚内边缘，或园内沟渠边，形成视觉污染，同时，堆积的废旧膜在降解过程中会不断释放有毒有害物质，并成为蛇虫鼠蚁的栖息地，危害生态环境。

（三）日光温室茶园的污染防控

1. 合理施肥减少土壤、水体污染

根据茶树生长规律、长势及土壤养分状况，进行测土配方、适期适量施肥，尽量选用茶树专用有机肥、复合肥、活性菌有机肥（酵素菌等），并对用作基肥的畜禽粪肥进行重金属和激素检测，避免将不合格肥料施入茶园土壤。

2. 综合防治、合理用药、避免农药残留

日光温室茶园应实行病虫害综合防治，尽量使用生物性农药、信息素等生物防治方法以及灭虫灯、黄板、人工捕杀等物理或机械防治措施进行病虫害的综合防治，避免化学农药所带来的污染与毒害。如确需使用化学农药的，应选择适用于生态茶园、实效性高、毒性小、低残留的农药针对性用药并科学施用。

3. 加强宣传，提高茶农环保意识，及时处理废旧无滴膜

加强宣传，提高茶农环保意识，不随便丢弃废旧无滴膜、不随意焚烧废旧塑料薄膜，做到无滴膜谁使用、谁清理，避免茶园的白色污染。

思考题

1. 什么是生态系统结构？它主要包括哪些方面的内容？

2. 什么是生态茶园？

3. 茶树根系在土壤中是如何分布的？茶树根系在土壤中的分布受哪些因素影响？

4. 茶树的一生可划分为几个时期？不同时期各有哪些特点？不同时期栽培上要做好哪些管理措施？

5. 如何利用茶树根—梢交替生长的特性做好茶园施肥管理？

6. 影响茶树优质丰产形成的主要生境因素有哪些？

7. 如何做好茶树品种的合理选择和搭配？

8. 针对近年来各地普遍采用和兴起的生态茶园建设模式，你有何看法？谈谈你的思考。

9. 茶园塑料大棚的栽培管理要点是什么？

10. 防止茶园遮阴物污染的途径及措施各是什么？

11. 日光温室茶园的主要污染形式是什么？该如何控制？

参考文献

[1]骆耀平．茶树栽培学[M].5版．北京：中国农业出版社,2015.

[2]王红娟,龚自明,高士伟,等．湖北省茶园土壤养分状况评价[J]．华中农业大学学报,2009,28(3):291-294.

[3]韩文炎,阮建云,林智,等．茶园土壤主要营养障碍因子及系列茶树专用肥的研制[J],茶叶科学,2002(1):70-74;65.

[4]杨冬雪,钟珍梅,陈剑侠,等．福建省茶园土壤养分状况评价[J]．海峡科学,2010(6):129-131.

[5]阎意辉,袁文侠,关文玉,等．遮荫处理对云抗10号茶树春梢生化成分含量的影响[J]．西南大学学报:自然科学版,2013,35(10):10-14.

[6]冯耀宗．从胶茶群落的可喜成果看多层多种人工群落在热区开发中的意义[J]．中国科学院院刊,1986(3):60-63.

[7]黄晓澜,丁瑞兴．亚热带丘陵区茶林复合系统小气候特征的研究[J]．生态学报,1991,19(1):7-12.

[8]蔡丽,夏丽飞,陈枚,等．樟茶间作对土壤养分及重金属含量的影响研究[J]．茶叶科学技术,2013(2):9-12.

[9]刘相东,毕彩虹,谭建平,等．栗茶间作与覆草对茶树生长环境和茶叶品质的影响[J]．安徽农业科学,2016,44(34):26-27.

[10]张正群,田月月,高树文,等．茶园间作芳香植物罗勒和紫苏对茶园生态系统影响的研究[J]．茶叶科学,2016,36(4):389-395.

[11]熊飞.山区茶园套种落叶果树好处多[J].中国茶叶,2017(7):39.

[12]刘腾飞,董明辉,张丽,等.不同间作模式对茶园土壤和茶叶营养品质的影响[J].食品科学技术学报,2017,35(6):67-76.

[13]杨海滨,李中林,徐泽,等.间作绿肥对幼龄茶园土壤锌及养分含量的影响[J].中国农学通报,2018,34(17):99-103.

[14]陈李林,尤民,施龙清,等.印楝-茶树-圆叶决明立体间套作控制茶园有害生物的方法:CN201410261943.X[P].2015-12-02.

[15]贾乾义.食用菌覆土栽培新技术[M].北京:中国农业出版社,1992.

[16]黄伟.浅谈食用菌返生态野生栽培[J].中国食用菌,2008,27(5):33-34.

[17]杨云丽,马剑,王睿芳.茶菌间作模式对大叶茶土壤微生物类群的影响探析[J].南方农业,2017,11(2):13-16.

[18]李振武,韩海东,陈敏健,等.套种食用菌对茶园土壤和茶树生长的效应[J].福建农业学报,2013,28(11):1088-1092.

[19]张丽芬.茶园养鸡综合效益简析[J].世界热带农业信息,2016(2):11-14.

[20]潘慕华.山区茶园养羊对茶园草害控制的效应——以浙江奇尔茶业有限公司为例[J].茶叶,2018,44(2):81-83.

[21]洪敏,罗美玲,杨雪梅,等.茶树-核桃树间作模式对茶园土壤养分的影响[J].热带作物学报,2019,40(4):657-663.

[22]骆耀平.茶树栽培学[M].北京:中国农业出版社,2015.

[23]张恒,康建明,张国海,等.黄淮海地区农膜污染现状及对策分析[J].中国农机化学报,2019,40(1):156-161.

[24]张启利,钟国花,凌冰,等.平地新建茶园覆盖黑地膜控草技术[J].中国茶叶,2019,41(8):47-48.

[25]张宗武.山区茶苗地膜栽培配套技术[J].现代农业科技,2015(21):37;41.

[26]徐玉宏.我国农膜污染现状和防治对策[J].环境科学动态,2003(2):9-11.

[27]巩雪峰.不同栽培模式对茶园生态环境及茶叶品质的影响[D].杨凌:西北农林科技大学,2008.

[28]曹文静.茶鲜叶主要茶用物质的初步研究[D].扬州:扬州大学,2014.

[29]毕彩虹.设施栽培条件下优质绿茶的品质变化研究[D].重庆:西南大学,2007.

[30]姚元涛,宋鲁彬,田丽丽.茶树的设施栽培技术及其效应[J].落叶果树,2009,41(3):36-37.

[31]阚君杰,崔乐玖,李兆红,等.茶园"一棚多用"技术在日照茶区的应用[J].中国茶叶,2018,40(9):33-34;37.

[32]于海军,张明勇,王芳,等.海阳市茶树设施栽培技术[J].中国茶叶,2017,39(1):26.

[33]郑旭芝.日光温室茶园栽培技术[J].农民科技培训,2012(10):35.

第八章　茶叶加工与清洁化生产

第 一 节　茶叶加工环境与设备安全评价

一、茶叶加工环境安全评价

环境与茶叶加工质量安全关系密切，影响茶叶质量安全的加工环境因子包括茶叶加工厂区环境、茶叶厂房设计与装修、茶叶加工烟尘及粉尘等。茶叶加工过程应对加工环境安全有一定要求，从而保障茶叶加工过程以及茶叶质量的安全。

（一）茶叶加工厂区环境安全评价

茶叶加工产区环境包括茶叶加工厂周边环境、厂房周边环境以及加工车间环境，茶叶加工产区环境对茶叶质量安全以及加工人员健康安全均有一定影响，在建厂时需要充分考虑产区环境，科学建厂、确保安全。结合我国食品、农产品及茶叶加工有关政策要求以及相关国家、行业和地方标准的规定，可从以下几个方面评价茶叶加工厂区环境安全（表8-1）。

表8-1　　　　　　　　　茶叶清洁化生产加工环境安全评价主要内容

评价对象	评价内容
茶叶加工厂区环境	厂区选址、厂区环境质量、厂区与污染源距离远近、厂区潜在地质灾害等
茶叶加工厂房环境	厂房所处地势、各功能区独立性、厂区水电交通安全、厂区绿化、厂房设计构造安全、厂房装修装饰材料安全等
茶叶加工车间环境	加工车间布局、加工设备设施结构安全、车间水电安全、加工机具燃料安全、加工粉尘安全等

1. 产区周边环境安全评价

茶叶加工厂所处的大气环境不能低于 GB 3095—2012《环境空气质量标准》中规定的三级标准要求。它必须是远离有三废排放的工业企业，避开垃圾场、畜牧场、化粪池、居民区等场所 50m 以上，离开经常喷施农药的农田 100m 以上，保证厂址周边生态和环境条件良好。加工厂的周围地区禁用气雾杀虫剂、有机磷、有机氯类或氨甲基酸酯等杀虫剂。根据《中华人民共和国环境保护法》的要求，除了保证厂区处于无污染的环境外，还要求茶厂本身也不会污染周围环境，如茶厂废料茶灰、茶末等，要及时清理、妥善处理，茶厂使用的能源和燃料及其排放要符合环境方面的要求。考虑到茶厂原料、成品的进厂出厂，初制厂最好设在茶园中心或附近，便于鲜叶及时付制，保证毛茶品质。精制厂址也应该选择在交通、通信以及生活方便的地方，无异味、无农药、无污染，地势高燥、地下水位低、阳光充足，并有电源的地方。厂区周围生态环境良好，没有尘土飞扬。

综述所述，茶叶加工厂在选址建设时应充分考虑厂区周边环境安全，加工厂选址通常应选择距离茶园较近、交通便利、给排水正常、水电供应正常、地势较平坦的地带，四周环境清洁卫生。加工厂区周边不得有物理、化学和生物等污染源，无害虫滋生。加工厂应远离居民生活区以及地质灾害易发生或者有潜在发生危险的地区。

2. 厂房周边环境安全评价

茶叶初制厂的厂房建筑包括：生产车间（指贮青、杀青、萎凋、揉捻、发酵、干燥、动力等车间）、辅助车间（指毛茶仓库、机修车间、配电房、材料及工具保管室等）、生活用房（指办公室职工宿舍、厨房、食堂、厕所等）、附属建筑物（变压器、输电线路等）。清洁化的茶叶加工厂应做到厂区规划有序，加工区、办公区、生活区由于其功能各不相同，因此应相互独立，严格分区，避免相互干扰。产区与外界应设置有隔离设施，避免生物及物资交叉影响。

厂区力求平坦宽阔，有良好的排水系统，保证下大雨也能迅速排出积水，厂区内地面无积水、烂泥及其他污秽物。厂内道路采用无污染的硬质路面，道路保持畅通，以便各种物资、原料和产品运输流畅。茶叶加工使用的燃料及残渣应独立场所存放，且处于下风口。厂区内设置垃圾存放设施并置于生产车间外的通风透气处，避免产生异味。厂区内空地全部绿化，尽可能多种花草树木，避免尘土飞扬。

3. 加工车间环境安全评价

加工厂房应结合厂址地理位置合理设计朝向、采光和通风，建筑物应符合 GB 14881—2013《食品安全国家标准 食品生产通用卫生规范》的规定。厂房车间不宜过于紧凑密闭，影响通风降温和除尘防虫。车间内有条件应分别设置人员通道和物料通道，或设置人员消杀设备设施，防止交叉污染。如有设置卫生间，也应设置于下风口处。

加工区车间的平面布置要按照制茶工艺流程，合理地安排制茶机械、动力成为流水作业的生产线，以达到生产效率高、劳动强度低、生产安全、厂房建筑节约、降低成本的目的。如根据生产工艺顺序，按鲜叶原料、半成品茶、成品茶流转的连续性布置设备；避免原料和成品、清洁茶叶与污染物的交叉污染。通常按上述顺序单直线或双直线排列，但有时限于茶机特殊结构（如附有炉灶），则可采取"口"形或"U"形布置，应尽量避免迂回倒转。小型茶叶加工厂可将各工序合并安排在一栋厂房内，以利于生产操作，节省劳力和减少厂房建筑面积。中型、大型茶叶加工厂由于茶叶加工机械多，需要面积大，不可能全部安排在一栋厂房内，则可根据茶机的特性和动力情况，分别安排在数栋厂房内，各个厂房则按制茶工艺流程进行布置。

（二）茶叶厂房设计与装修安全评价

茶叶厂房是茶叶加工、包装、贮藏的主要场所，厂房的设计建造及装修装饰应满足技术先进、经济适用、安全可靠的要求，并符合茶叶加工工艺、环境保护、节约能源和卫生安全的要求。

厂房首先应根据不同茶类的生产加工需求和工艺特点进行设计，其设计必须符合《中华人民共和国食品卫生法》《工业企业设计卫生标准》《中华人民共和国消防法》等有关规定，并按食品加工的规范和要求进行。厂房的设计建造应符合分区、分流、按风向设计以及与工艺程序、加工设备相匹配的设计要求。厂房设计建造应为施工安装、维护管理和安全运行创造必要的条件。在满足加工工艺和空气洁净度要求的条件下，厂房内各种设备设施的布置还应合理考虑环境和"防火、防爆、防水"的要求。

茶叶加工厂房建筑要牢固、整洁，墙壁多为白色或浅色。在厂房的内部设计上，鲜叶进入车间后，在加工全过程中茶叶尽可能不落地面，以减少茶叶污染。厂房设计要规划通风除尘设施、照明设施、清洁设施和消毒设施。厂房内所有地面均应由耐水、耐热、耐腐蚀材料铺成，要求坚硬、平整、光滑，以便于清洁或清洗，且应有一定的坡度以便排水。墙壁要被覆一层光滑、浅色、不渗水、不吸水的材料。相应车间要有阻止蚊蝇、昆虫进入的车间纱门纱窗，并定期进行清洗。

装修材料的品种、性能和质量对茶叶加工车间环境及茶叶质量安全影响很大。厂房装修装饰材料选型应充分考虑无异味、无挥发性气味成分、防火、防潮、防霉变、易保洁等安全卫生生产要求，厂房所用门窗、墙壁、顶棚、地面的构造和施工缝隙，应采用可靠的密闭措施，选择在温度和湿度变化时变形小的材料，使用密封材料应无毒、无臭、耐高温、耐老化，有良好的隔热性和防潮性；装修材料的燃烧性能应符合GB 50222—2017《建筑内部装修设计防火规范》的规定。

（三）茶叶加工烟尘及粉尘安全评价

茶叶加工过程是一个高耗能的过程，需要消耗大量的热能。茶叶加工机械如杀青、干燥等设备大多附带燃烧炉灶，需要使用和燃烧一些生物质燃料（木材、植物秸秆等）和天然气燃料，茶叶加工厂大多建在茶园集中处，因燃烧燃料产生的烟尘飘散和漂移，会对加工茶叶的质量安全产生不利影响，对加工人员的健康也有危害，同时对茶园和茶树鲜叶均会产生污染。因此，茶叶加工应使用清洁化能源设备或电能功能设备，避免产生烟尘污染。

茶叶加工过程产生的粉尘主要有茶尘和非茶尘两类（表8-2），茶尘指的是茶叶加工过程中由于茶叶与机械以及茶叶之间相互作用致使茶叶破碎产生的粉末、脱落的茸毛以及茶叶夹带的泥尘等粉尘。

表8-2 茶厂粉尘的种类及来源

茶尘		非茶尘	
种类	来源	种类	来源
粉态茶	制茶机具	泥灰	初精制环境带入
茸毛茶	嫩芽叶片断碎	煤灰	初精制环境产生
叶表层	鲜叶运送挤压	煤屑	燃烧环境带入

续表

茶尘		非茶尘	
种类	来源	种类	来源
碳化灰	工艺流程产生	泥土	外部环境带入
纤毛	揉切	纤维	盛茶器具产生
		植物碎屑	内外部环境产生

二、茶叶加工设备安全评价

(一) 加工设备及材质安全评价

1. 加工设备安全评价

首先，在制茶机械设备设计及生产时，设备及机具表面要清洁，边角圆滑，无死角，不宜积垢，不漏隙，否则加工茶叶后容易累积茶叶、茶末。这些茶叶吸水回潮霉变后，既影响茶叶质量，也腐蚀茶机。其次，制茶机械设备组装或装配过程如果不能保证完全清除焊接、紧固小的零配件，或者设备陈旧老化、腐蚀生锈，则在机具使用过程中，配件、绣片、螺栓、螺帽等容易剥落，从而造成茶叶中磁性物的污染危害。再次，设备用电及燃料的线路、管道的安装布置应符合安全、防火、防爆的安全管理要求以及相关标准，不得违规私牵线路和管道。最后，设备的使用需制定完善的使用管理制度，强化和规范设备的安全使用操作，避免设备长时间、高强度使用，加强对设备运行维护和维修的重视。

此外，以煤、燃油作燃料的大型杀青和烘干设备的热源发生装置应单独建于车间外，并尽可能建在车间的下风向。保证加工厂环境整洁、干净、无异味。加工厂的面积要宽敞，不少于设备占地面积的 8 倍；同时具备与加工产品和数量相适应的原料、辅料、半成品、成品的仓储用房。茶叶仓库应具备密闭和防潮功能，最好是使用温度 4~5℃的冷库贮存茶叶成品（表 8-3）。

表 8-3　　　　　　　　茶叶清洁化生产加工设备安全评价内容

评价对象	评价内容
设备	设备的功能、搭配、保养、维修；设备材质；设备能耗等
设备辅助用品	设备保养维护用品、设备零配件等
加工噪声	设备噪声
加工工艺	工艺配置能耗、工艺参数设计、工艺废气和废物等

2. 设备材质

茶叶机械的材料用料不当，往往对茶叶造成严重的污染。如果与茶叶直接接触的金属材料和非金属材料用了食品生产机械不允许使用的材料，这些材料中往往可能含有有害成分，则可能直接污染茶叶。使用有异味的材料制造的茶叶加工机具，也容易造成茶叶吸收异味而带来质量安全隐患（表8-4）。

表 8-4　　　　　　　　　　　　茶叶清洁化生产的其他评价内容

评价对象	评价内容
原辅材料	毒性、可再生性、可回收利用性、生态影响、能耗程度
产品	卫生质量安全、功能性、重复利用性、环境危害性
废弃物	废气、废物、残渣
人员	操作规范性、安全责任意识
制度	清洁化生产加工制度、质量管理制度

（二）加工设备辅助用品安全评价

茶叶加工设备辅助用品主要为润滑剂（油），润滑剂（油）是指用以降低摩擦副的摩擦阻力、减缓其磨损的润滑介质。润滑剂（油）对摩擦副还能起冷却、清洗和防止污染等作用。为了改善润滑性能，一些润滑剂中还会加入合适的添加剂。在机械设备中，润滑剂（油）大多通过润滑系统输配给各需要润滑的部位。根据来源不同，润滑剂（油）可以分为矿物性润滑剂（如机械油）、植物性润滑剂（如蓖麻油）和动物性润滑剂（如牛脂）。此外，还有合成润滑剂，如硅油、脂肪酸酰胺、油酸、聚酯、合成酯、羧酸等。根据性状不同，可以分为油状液体的润滑油、油脂状半固体的润滑脂以及固体润滑剂。根据用途可分为工业润滑剂（包括润滑油和润滑脂）、人体润滑剂。

茶叶加工机械由不同零配件组装而成，零件之间存在不同程度的摩擦，因此机械的使用运转必须使用润滑剂（油），从而起到减少机械零件摩擦损耗、散热、除锈、减振、降噪并延长机械使用寿命等作用。茶叶机械添加和使用润滑剂（油）不当，可能引起滴漏和外渗，从而造成茶叶的污染。

大多数润滑剂（油）化学组成复杂，存在一些有毒有害物质，使用不当会对茶叶造成污染，带来质量安全隐患，因此在选择和使用润滑剂（油）时应谨慎，严格按照操作规范，对于加工在制叶有直接接触的机械部件，通常选用食品用润滑剂（油），其他不与在制叶接触的零部件，也尽量选择安全级别较高的润滑剂（油），从而保障和降低茶叶安全风险。

（三）加工设备噪声安全评价

茶叶机械设备在运转中会产生不同程度的噪声。噪声会对人体造成损害，引起人体听力损伤、精神损伤、视力损伤，并诱发多种疾病，因此要控制茶叶加工机械设备在使用时产生的噪声在相关标准要求以下，要求要选择采购生产质量合格的加工机械设备，还应注意定期维护茶叶加工机械设备，确保机械设备运转顺畅稳定，及时淘汰更新老旧、存在使用安全隐患、噪声超标的机械设备，从而避免茶叶加工过程中的噪声污染，确保人体安全。

（四）加工工艺安全评价

在茶叶加工过程中所采用的工艺技术、设置的工艺参数能够很大程度决定茶叶加工过程中产生的废弃物类型和数量，较为先进的技术能够极大提高茶叶加工过程中原材料和辅助材料的利用效率，以至减少废弃物的产生。实现茶叶清洁化生产的重要途径之一就是改进茶叶加工技术，采用先进的制茶工艺。如果使用的是先进的制茶工艺和完善配套的制茶设备，那么必然会提高原料和辅助材料的利用率，同时降低能量消耗和物质消耗，从而减少了污染。而只有完全了解了茶叶加工工艺的水平和设备配套之后，才能充分判断所采用的工艺和设备是否是最为先进的。

工艺过程控制在许多工业生产过程中具有重要的地位。比如化工或者是炼油以及其他类似的工业生产的过程，控制过程的工业参数，可以优化生产的过程或者提高环保型物质的产出率，从而获得较高的产率以及理想产物的产率，从而降低了废物的产量，实现了茶叶清洁化的生产。

第二节　茶叶加工过程污染与控制

一、茶叶加工过程的重要性

茶产业是我国传统的、具有独特优势的产业，也是我国出口贸易的重要特色经济农作物之一，茶叶加工是茶叶产业增值的重要过程，也是产业转型升级的重要途径，我国茶叶加工业也处于世界领先水平，加工工艺多样化，工艺研究系统深入。长期以来，茶叶的卫生质量问题已经成为影响我国茶叶生产的首要难题，在茶叶进行加工的过程，因为受到制茶周遭环境、制茶机械设备、加工方面等因素的影响，容易致使茶叶遭到再次污染。加工过程是涉及茶叶质量安全的重要环节，必须引起足够的重视，分析我国茶叶加工过程中的质量安全问题，提出相应的对策，是不断提升我国茶叶质量安全水平的有效手段，也是保护消费者的利益、推进茶叶产业的持续发展的有力保障。

二、茶叶加工过程的污染问题

(一) 茶叶加工过程中产生污染的根本原因

我国茶叶加工企业以中、小规模为主体，加工企业数量巨大，但是各加工企业之间的管理水平、硬件条件、质量意识良莠不齐，加之茶叶加工链条较长，涉及生产、加工、包装、贮藏、运输和销售等过程，化学污染、物理污染以及生物污染在加工过程中都有可能发生，而对每个加工企业都进行有效的监管往往较为困难。目前茶叶加工业的产业结构特性，使得对茶叶质量安全进行统一规范的控制较难实施。个别茶叶生产经营者受经济利益的驱使，加工过程中违规使用色素、香精等物质，以提升茶叶的商品价值，导致茶叶中混有不明的成分，增加了加工过程茶叶质量安全的隐患和风险。

(二) 茶叶加工过程中的主要污染源

目前我国茶叶加工过程中存在的可能产生污染的来源主要包括重金属污染、微生物污染、不洁机械和器具接触污染、非茶异物与粉尘污染以及包装等污染。

1. 重金属污染

茶叶加工过程中茶叶与加工机具发生摩擦和碰撞，机具表面金属材料的磨损容易混杂入或沾染茶叶，常见加工机具重金属成分有铜、铅、铬、镍等。加工过程茶叶与地面接触，容易受到灰尘等的污染，灰尘中铅的含量最高可达 $17.02\sim28.53mg/kg$，如茶叶与地面接触，将会增加茶叶中铅、砷等含量，在地面上窨制的茉莉花茶，砷含量高于其他茶类。此外，黑茶加工的发酵和陈化工序，以及加工人员不良卫生习惯容易引起大肠菌群等有害微生物的污染。加工用燃煤如果防护不当，会引起硫、磷等元素的污染。茶叶与机械设备直接接触是茶叶加工过程中重金属污染的重要来源。茶叶造型加压压力和加压时间与茶叶中重金属含量也有一定的正相关关系。

2. 微生物污染

综合目前茶叶检测结果来看，我国茶叶中有害微生物主要表现为大肠杆菌、沙门杆菌等肠道沾染细菌超标，出口茶叶中大肠杆苗、黄曲霉毒素偶有检出。茶叶中有害微生物超标主要是影响茶叶出口。

茶叶中有害微生物污染通常容易发生在以下环节。

（1）人工采摘过程　在茶叶的采摘过程中，微生物污染主要来自茶园和人工。在茶叶种植的施肥过程中主要有致病菌、真菌的污染，产生真菌毒素，细菌毒素。尤其是菌肥中可能含有真菌毒素和细菌毒素。人工采集的过程中，茶叶微生物污染指标迅速增加，主要是因为人所携带的各种病菌，以及茶叶装运器具不干净带来的致病菌污染。

（2）茶叶加工过程　我国主要茶品种有绿茶、乌龙茶、白茶、黑茶、黄茶、红茶这六大基本茶类，在这几种茶的加工过程中随加工工艺不同而受到微生物的污染的环节不同。在茶叶萎调、发酵过程中的温度、湿度都利于微生物的繁殖。而在茶叶制作的烘干、杀青和复火等过程由于高温和茶叶水分低可有效杀灭和降低有害微生物，但是有一些诸如细菌真菌毒素并不能清除。

从表8-5可以看出，如果操作不当，不论何种茶都会在其加工的不同环节可能受到不同程度的微生物的污染。采摘过程中如不注意可能会受到大肠杆菌、沙门菌、金黄色葡萄球菌、霉菌的污染。绿茶、黄茶、黑茶要经过高温杀青，这个工序能有效地杀灭大量的有害微生物，然而接下来的摊凉、揉捻过程有害微生物的潜在威胁又会因环境、人工的原因可能增长。

表 8-5　　　　我国六大基本茶类容易产生卫生污染的主要加工工艺环节

茶类	主要微生物污染工艺环节	茶类	主要微生物污染工艺环节
绿茶	采摘、揉捻	乌龙茶	采摘、萎调、做青、揉捻或包揉
白茶	采摘、萎调	红茶	采摘、萎调、揉捻、发酵
黄茶	采摘、揉捻、闷黄	黑茶	采摘、揉捻、渥堆

红茶、乌龙茶、白茶在萎调过程中主要产生的可能微生物污染是霉菌的滋生以及采摘过程中人工带入的大肠菌群和一些致病菌，产生霉菌毒素和细菌毒素。全发酵的

红茶、黑茶，半发酵的铁观音、乌龙茶和微发酵的黄茶，都要经过不同程度的发酵，而这个发酵的过程主要是通过微生物进行，在茶叶制作发酵过程中如果控制不当，则可能产生芽孢杆菌、霉菌等污染，尤其是嗜热菌、镰刀菌、黄曲霉菌的污染。

（3）茶叶包装、仓储、运输和销售过程　在包装过程中，包装机械以及操作人员的不洁净会导致茶叶在高温干燥灭菌后微生物的二次污染。经过高温干燥后的茶叶水分很低，茶叶本身的蛋白质含量也较低，是属于不太容易滋生微生物的食品，但是由于仓储、运输化及销售环境的变化，如温度、湿度等导致茶叶中的霉菌、真菌和细菌滋生繁殖，造成污染。当茶叶包装破损或者淋雨潮湿时，更容易受到微生物的污染。

3. 不洁机械、器具接触污染

为了提高茶叶加工机械传动部件的使用寿命，通常在机械工作前或工作一段时间后，必须对其传动关键部件如轴承、传动链条等加注润滑油，这些加注润滑油的机械部件，由于密封性不好或加注不当，容易发生泄漏，这就会导致在茶叶加工过程中有可能使茶叶接触到泄漏的油污而被污染。此外，在茶叶加工过程中所有接触到茶叶的材料，如有害的金属材料、橡胶输送带、不洁的篓器、包装物及其他不洁工具等材料也可能造成茶叶污染。

4. 非茶异物与粉尘污染

茶叶物理危害大部分都来自于茶叶中非茶异物，在很多国家已经明文规定茶叶中不可以检查出非茶异物，是因为非茶异物不仅影响茶叶的卫生质量，而且对生态环境与人体健康等都有不利的影响。一般来说茶叶的加工过程是这些非茶异物的主要来源，不清洁的茶叶加工环境会让茶叶混入尘土、煤渣、金属碎片等，在加工过程中使用不清洁的篓器、橡胶输送带等都有可能增加茶叶中的非茶异物。

5. 食品包装污染

包装材料的安全性尚未引起广泛重视，目前生产茶叶包装材料的企业很多，但这些企业的卫生状况值得关注。国际上许多国家都已将生产食品包装材料的企业要求等同生产食品企业来对待，而我国还没有这方面的规定。此外，国内许多生产复合包装材料的企业，在生产过程中滥用印刷油墨、稀释剂、黏合剂等物质，致使许多包装材料带有强烈的异味，这些包装材料不仅对茶叶形成二次污染，而且破坏了茶叶原有的香气和滋味。

三、提高茶叶加工过程安全的控制措施

（一）从根源上控制茶叶加工污染的源头

1. 加大对茶叶加工厂的升级改造

必须加大对原有加工厂的改造和升级，优化改造加工环境，按食品加工要求设计布局厂房、仓库，配套相应的卫生设施；选用符合食品加工要求的设备，添置一些贮存和摊放环节的设备或工具，尽量采购连续化加工设备，完善管理制度，把好鲜叶进厂关，记录鲜叶的来源、等级和数量，对加工全程影响质量安全的关键环节进行预防控制，防止加工设备、加工厂房、仓库、包装材料、燃料、人员对茶叶的物理性污染和有害微生物的污染，禁止加工过程中添加任何非法添加物，培训从业人员，提高个

人卫生意识、质量安全意识和质量跟踪意识，形成茶叶清洁生产的标准化、制度化，提高茶叶卫生质量。

2. 进一步完善茶叶质量安全标准体系建设

针对当前茶叶质量标准状况，我国应着重加强开展国内外标准比对与采标研究，加大对国外新提出茶叶质量安全指标与分析方法的实验验证，提高应对国外标准更新的能力。与发达国家相比，我国茶叶中的农药残留标准较少，一些在茶树上普遍使用的农药没有限量。此外，标准与法规之间缺乏有效的统一和协调，存在系统性和结构性的问题，为茶叶监管带来了难度。加快现有标准的更新速度，开展茶叶饮用安全性研究，按照科学的风险评估制度，适当增加一些检测项目及限量指标（如水溶性强、残留量高的农药），研究修订切实可行且有效的出口茶标准，逐步构建完善我国茶叶主要农药残留物和污染物的安全限量标准体系，以应对国外茶叶贸易技术壁垒。主动跟踪并积极参与国际标准的制定，争取标准制定的话语权，切实维护我国产茶大国的权益。

(二)针对茶叶加工过程产生的重金属、微生物污染的控制措施

从机具设计的选材优化角度考虑，与茶叶接触的部位材料避免使用重金属材料，而是必须选择符合食品卫生生产标准的材料。从能源角度考虑，选用清洁化能源比如太阳能、电能，一方面，减少能源自身对茶叶加工过程的污染；另一方面，减少对茶厂周围环境和茶厂内部环境的污染。茶叶加工过程要全面实现全程连续化操作，不能有人工接触茶叶，也不能有茶叶落地生产现象，这是严格控制好微生物以及其他杂物对茶叶污染的一个重要环节。

采用全程监控系统，应用传感器技术与反馈系统技术进行自动控制，对茶叶加工过程进行全程监控，并建立专家系统对反馈数据进行处理，通过自动控制系统控制茶叶的输送速度、输送量、加热的温度以及整形的压力，采用最优化的控制参数，对茶叶加工全过程的各种技术参数进行全程优化配置。推广和应用机械化采摘技术、全程机械化不落地生产技术、微波或热风或远红外加热技术等，优化组合茶叶清洁化、连续化加工机械设备，大力应用系统集成技术和自动化控制技术。

(三)针对茶叶加工过程产生的不洁机械、器具接触污染的控制措施

就国内而言，不洁机械、器具接触污染主要源于润滑油的使用，因为机械内部部分部件必须加润滑油，从而导致润滑油、机油在烘干箱内蒸发并对茶叶造成污染，因此，需要对加工机械内容的需要添加润滑油的传动、滚动部件进行改进，还可以通过应用高分子材料制成的无须润滑油滚子取代现用的滚子，解决润滑油及机油带来的污染。

(四)针对非茶异物、成品茶包装污染的控制措施

采用封闭式生产技术，尽量减少加工过程中非茶异物的污染，借鉴国际流水线生产工艺，减少人工参与以减少非茶异物的带入。参考国外标准茶叶包装采用食品级材料，尤其是要加强对包装材料的控制和管理，使用食品级的包材，使用绿色环保油墨和黏结剂，保证产品的质量安全，同时提升自身清洁化生产水平，增强行业竞争力。

第三节　茶叶清洁化生产

一、清洁生产的提出

20 世纪 70 年代中后期，西方工业国家开始探索在生产工艺过程中减少污染，并逐步形成废物最小量化、源头削减、无废和少废工艺、污染预防等新的污染防治战略。1989 年，联合国环境规划署为促进工业可持续发展，在总结工业污染防治正反两方面经验教训的基础上，首次提出清洁生产的概念，并制订了推行清洁生产的行动计划。1990 年在第一次国际清洁生产高级研讨会上，正式提出清洁生产的定义。1992 年，联合国环境与发展大会通过了《里约宣言》和《21 世纪议程》，会议号召世界各国在促进经济发展的进程中，不仅要关注发展的数量和速度，而且要重视发展的质量和持久性。大会呼吁各国调整生产和消费结构，广泛应用环境无害技术和清洁生产方式，节约资源和能源，减少废物排放，实施可持续发展战略。清洁生产正式写入《21 世纪议程》，并成为通过预防来实现工业可持续发展的专用术语。从此，清洁生产在全球范围内逐步推行。

二、清洁化生产的定义与特点

根据联合国环境规划署（UNEP）提出的"清洁生产"的概念：清洁生产是一种创造性的思想，该思想将整体预防的环境战略持续应用于生产过程、产品和服务中，以增加生态效率和减少人类及环境的危险。

《中华人民共和国清洁生产促进法》（以下简称《清洁生产促进法》）关于清洁生产的定义如下：清洁生产是指不断采取改进设计、使用清洁的能源和原料、采用先进的工艺技术与设备、改善管理、综合利用等措施，从源头削减污染，提高资源利用效率，减少或者避免生产、服务和产品使用过程中污染物的产生和排放，以减轻或者消除对人类健康和环境的危害。

从清洁生产的定义可以看出，实施清洁生产的途径主要包括五个方面：一是改进设计，在工艺和产品设计时，要充分考虑资源的有效利用和环境保护，生产的产品不危害人体健康，不对环境造成危害，能够回收的产品要易于回收；二是使用清洁的能源，并尽可能采用无毒、无害或低毒、低害原料替代毒性大、危害严重的原料；三是采用资源利用率高、污染物排放量少的工艺技术与设备；四是综合利用，包括废渣综合利用、余热余能回收利用、水循环利用、废物回收利用；五是改善管理，包括原料管理、设备管理、生产过程管理、产品质量管理、现场环境管理等。

从环境保护的角度而言，清洁生产审核最大的作用是引导企业实施清洁生产，而技术改进等涉及较深行业知识的层面，则需要外部力量的帮助。清洁生产作为一种全新的思维模式和污染控制模式，其根本出发点就是保护环境。清洁生产系统将污染物消除在生产过程中，对于一般的不含综合利用的末端治理，其污染物主要是产生后再处理，具有很大的弊端；清洁生产全过程注重对产品生命周期全过程的控制，卫生质量较为稳定，产污量明显减少，排污量也明显减少，资源利用率增加，资源耗用量减少，产品产量增加，产品成本降低，经济效益明显增加，基本没有污染转移情况，企业清洁生产对全社会、对人民居住都有益。

三、茶叶清洁化生产

(一) 清洁化茶园环境的选择

环境与茶叶清洁化生产关系密切，影响茶叶清洁化生产的环境因素包括大气、土壤、水体等。为防止茶园空气污染，茶树种植地宜选择远离城市、远离工业厂区、远离居民点、远离公路主干道的山区半山区，可有效防止城市垃圾、废气、尘土、汽车尾气及过多人群活动给茶园带来的污染。同时，在茶园四周、沟边路旁或茶园内适当间作具有较强净化空气能力的植物，是防治茶园空气污染的一种经济有效的措施。植物是空气的天然过滤器，蒙尘的树叶经雨水淋洗后，能够恢复吸附、阻拦灰尘，使空气得到净化。植物的光合作用释放出氧气，吸收二氧化碳，因而林木有调节空气成分的功能。有研究显示茶园中间作不同经济林树种对茶鲜叶铅含量均有降低作用，降低值范围在 1.3% 和 80.5%，平均值为 45.0%，降低的程度依茶园与公路的距离、间作树种树冠覆盖率大小而异。对于土壤扬尘、大气飘尘与气溶胶污染较严重的地区，可以根据产地条件采取相应措施，除在茶园周围建设防护林外，采摘期可覆盖大棚，采摘前可用清水喷淋等。在茶叶的种植过程中，茶树体内铅、铜等的累积不仅来自土壤，还来自大气污染，茶叶叶面扬尘、飘尘、气溶胶等附着物的累积对叶片重金属富集起重要作用，因此，茶鲜叶加工前，清洗鲜叶可使茶叶表面有相当一部分的铅和其他重金属洗脱下来。

(二) 清洁化茶园管理

茶园管理是茶叶生产中的一个重要环节，茶园管理中许多措施，如农药的施用、肥料的施用、茶园机械的使用、灌水等，都对茶叶清洁化生产起到至关重要的影响。

1. 农药与茶叶清洁化生产

化学农药的产生、发展和使用为解决人类温饱、增强社会稳定、促进人类文明进步做出了重要的贡献，可以说今天人类的社会生活发展离不开农药，农药的历史是人类与农作物病虫害长期做斗争的历史。随着社会的不断进步和农业现代化、集约化程度的不断提高，人类社会对农药的需求量也不断提高。但是随着农药的多次使用，尤其是不合理的使用，农药对环境的污染，对人类健康的影响，以及对农业生产成本的提高，都带来了许多负面的影响。因此，只有掌握农药的特性，了解农药的变化发展，才能做到合理使用农药，保证农业生产的清洁化。科学合理使用农药促进茶叶清洁化生产要做到以下几点。

(1) 选用最适合的产品和剂型的农药 农作物病、虫、草害种类很多，其发生、危害规律和特点有很大差异。各类农药的产品又很多，其防治对象和作用特点也不相同，所以必须根据防治对象的种类和特点，选用最有效的农药产品，才能达到最佳的防治目的，如抗蚜威对麦蚜、菜蚜等多种蚜虫有很好的防治效果，但对棉蚜防治效果差。农药剂型中以乳油农药残留量较大，乳粉和可湿性粉剂次之，粉剂较低。

（2）适时用药 适时用药要考虑到有害生物的发生规律和农药的特性。不同发育阶段的病、虫、草对农药的抗药力不同，要抓住有害生物发育过程中的薄弱环节和使用农药的特性来确定施药时机。如完全变态的害虫卵和蛹期抗药力比幼虫和成虫强；同一种幼虫，一般 3 龄前幼虫抗药力弱，3 龄以后抗药力显著增强；害虫体重大的比小的抗药力强；同一种害虫雌虫抗药性比雄虫强；越冬幼虫比其他时期的幼虫抗药力强。病原菌休眠孢子抗药力强，孢子萌发时抗药力减弱。杂草在萌芽和初生阶段，对药剂较敏感，以后随生长抗药力逐渐增强。所以，在使用农药时必须根据病、虫、草情，天敌数量的调查和预测预报，达到防治指标时用药防治。

（3）掌握药剂标准使用剂量，要严格用药 农作物上的农药残留量是随着施药浓度、用药量和次数的增加而增大。低于标准剂量会影响防治效果，增加会造成农药的浪费、农残超标和污染环境，甚至使农作物受害。

（4）施药方式 乳油、水剂、悬浮剂、可湿性粉剂等农药剂型可加水喷雾；粉剂、颗粒剂、胶囊剂适用于拌种和撒施。

（5）合理轮换交替用药，防止有害生物产生抗药性 在使用农药时，必须合理轮换、交替用药，正确混配、混用，防止出现在一个地区长期单一地使用一种农药，从而使病、虫、草产生抗性的局面，否则，会造成农药施用量的增加和农药残留的加剧。

（6）严格遵守农药使用安全间隔期的有关规定 施药时间距农作物收获期越近，残留量越高，因而可根据安全间隔期规定，提前在农作物的生长前期和害虫幼龄期或病原菌初侵染时用药，既能提高对病虫害的防治效果，又能减少农药残留量，使收获后的农产品中农药残留量符合标准规定。

（7）推广使用高效、低毒、低残留的环保型农药 从长远看，应积极开展高效、安全、经济的新农药如生物农药、高效低毒农药的研究，逐步消除和根本解决农药残留及环境污染问题。

2. 肥料及生长调节剂与茶叶清洁化生产

（1）肥料与茶叶清洁化生产 施肥在茶叶生产中具有十分重要的作用。由于肥料在提高茶叶产量和品质中的特殊地位，施肥已成为茶园管理最重要的常规技术之一。但是我国茶园施肥也存在一些问题，影响茶叶产量、品质以及清洁化生产。为此，了解施肥对水体、大气、土壤等环境以及茶叶清洁化生产的影响，推广茶叶清洁生产的施肥技术，对于提高茶园施肥技术水平，促进我国茶叶生产的发展具有一定的意义。

化学肥料对水体、大气、土壤等环境，以及人、畜健康的影响主要表现在：第一，在肥料中混杂的有害成分，被作物吸收而贮存在茶叶中，通过饮用影响人的健康。第二，长期过量或者不当使用化肥，会减少茶园有机质，破坏土壤的理化性状，破坏土壤的团粒结构和土壤营养结构的平衡，造成作物产量增幅减缓、品质下降。第三，肥料成分，特别是氮肥自土壤渗入地下水或流入池塘、江河、湖海，造成水体污染。控制化肥对清洁化茶叶的生产主要从以下几方面展开：

①大力推广应用精制有机肥、生物有机肥：由于传统的有机肥料堆制、施用费时、费工、有恶臭，且虫卵、病菌、杂草种子等杀灭不完全，不适宜在茶叶清洁生产中应用。应将传统的有机肥料及其他有机废弃物经无害化处理（堆制腐熟、高温发酵等）、

机械化加工和商品化包装后，制作为有效养分含量高、肥效持久、使用方便的精制有机肥。

②推广应用缓、控释肥料：缓释、控释肥料代表着化学肥料的发展方向，研究控释氮肥能明显延长氮在土壤中的留存时间，与普通尿素相比，NH_4^+—N 浓度明显提高并能持续较长时间，而 NO_3^-—N 变化不大；土壤中 NO_3^-—N 占总无机态氮的比例显著低于普通尿素处理。

③采用茶树养分管理技术，推广应用系列专用肥：茶树养分管理技术通过在合适的时间把适当的肥料品种以合理的数量施用到正确的土壤位置，来提高肥料利用效率，降低肥料的损失和对土壤的污染以及温室气体排放。

④优化施肥方法：化肥深施是提高肥料利用率最直接而有效的关键措施之一。首先，我国氮肥品种中施用数量最多的是碳酸氢铵，而碳酸氢铵最易挥发损失，深施才能减少挥发，利于根系吸收。磷在土壤中极易固定，有效磷的水平和垂直移动范围分别仅 $1\sim2cm$ 和 $2\sim3cm$，所以磷肥必须深施到根系附近，才易被茶树吸收利用。

⑤适当施用石灰性物质：针对茶园酸化现象严重的问题，适当施用石灰性改良剂，包括石灰、硅酸钙炉渣、钢渣、粉煤灰等碱性物质或配施钙镁磷肥、硅肥等碱性肥料。

⑥科学种植绿肥：绿肥是无公害茶园主要肥料来源之一，尤其是对幼龄茶园、改造茶园，更要做好此项工作。绿肥除了豆科作物外，还可考虑选用一年生的高光效可多次刈割的牧草，如美洲狼尾草、美国饲用甜高粱、墨西哥玉米、苏丹草等，这种类型的草年生长量大，可以产出较多的绿肥。

（2）生长调节剂与清洁化生产　我国是世界上植物生长调节剂应用最广泛的国家之一。植物生长调节剂在调节农作物的生长发育、提高产量和改良品质方面，为我国农业生产和发展做出了重要贡献。据有关报道，20 世纪末，我国每年施用植物生长调节剂的面积位居世界之首。然而，植物生长调节剂与其他人工合成的农药一样，也具有一定的毒性。盲目、超量使用植物生长调节剂，可能引起人畜的急、慢性中毒。导致疾病的发生，特别是近年来，由于植物生长调节剂的滥用及使用不当而导致的食品安全问题逐渐增多，引起了人们的关注。

在实际生产中，科学使用生长调节剂，要注意安全使用植物生长调节剂，根据使用目标来选择植物生长调节剂的类型，选用高效、低毒、低残留和对环境友好的植物生长调节剂品种，严格控制浓度、施用方法、时间、次数和安全间隔期，从而充分发挥植物生长调节剂的效果。强化和规范使用技术，强化使用过程的监督检查，确保科学、安全、合理使用。在保证达到调节植物生长发育的前提下，以最安全的用量获得最大的调节效果，做到既经济用药，又减少残留量，降低对环境的污染，保证人类的安全。

（3）茶园机械的清洁化生产　在 20 世纪 70 年代以前，我国的茶园栽培管理一直是手工作业，工效低，技术含量低，经济效益差。70 年代以后，我国在一些国营茶场开始了茶园管理机械的试验、示范和推广工作，80 年代后期到 90 年代茶园机械管理水平进一步提高。进入 21 世纪，随着我国科学技术的发展，茶区各地都掀起了全程机械化的研究高潮，茶园机械化也取得了很大的进步，大大降低了生产成本，提高了经济效益。茶园机械依据茶园的栽培管理如中耕、除草、施肥、喷药、灌溉、采摘、修剪、防霜等可以分为五类。分别是耕作机械类、植保机械类、灌溉机械类、采摘机械类、防霜机械类。

茶叶清洁化生产是一项系统工程，茶园的机械化管理是茶叶清洁化生产的一个重要环节，是提高茶叶产量、质量和经济效益的前提和基础。茶园机械化水平的提高，对茶叶的生产发展起到很大推动作用。反过来，茶叶清洁化生产的发展也对茶园机械的应用，包括茶园机械的燃料和润滑油应用提出一定要求。目前我国茶园机械的燃料多是采用汽油和柴油。在茶园的耕作和采摘过程中，动力机械设备的汽油和柴油燃料及其排放物，不得对茶园环境和茶园生态造成危害，燃油必须盛放在密闭的金属容器内，避免翻倒溢出污染茶园；加注燃料时不得在茶树行中进行，以防止燃油污染茶树；必须使用无铅汽油做燃料，以防止铅污染；保持机具清洁、卫生，防止机油污染鲜叶。另外，为减少环境负荷，保护环境可持续发展及减少 CO_2 排放，应大力开发使用清洁能源的茶园机械，例如使用太阳能蓄电池"绿色能源"，减少石化资源使用和废气排放。

（4）茶园土壤管理与茶叶清洁化生产　土壤是茶树生长的基础，在茶树生长发育过程中需要的水分和养分主要依靠土壤来供应，茶园土壤的好坏与清洁化生产关系密切。清洁化茶园宜多施有机肥料，化学肥料与有机肥料应配合使用，避免单纯使用化学肥料和矿物源肥料，宜施用茶树专用肥和表 8-6 中的肥料。

表 8-6　　　　　　　　　　　　清洁化茶园宜施用的肥料

分类	名称	简介
农家肥料	堆肥	以各类秸秆、落叶、人畜粪便堆制而成
	沤肥	堆肥的原料在淹水条件下进行发酵而成
	家畜粪尿	猪、羊、马、鸡、鸭等畜禽的排泄物
	厩肥	猪、羊、马、鸡、鸭等畜禽的粪尿与秸秆垫料堆成
	绿肥	栽培或野生的绿色植物体
	沼气肥	沼气池中的液体或残渣
	秸秆	作物秸秆
	泥肥	未经污染的河泥、塘泥、沟泥
	饼肥	菜籽饼、棉籽饼、芝麻饼、花生饼
商品肥料	商品有机肥	以动植物残体、排泄物等为原料而成
	腐殖酸类肥料	泥炭、褐炭、风化煤等含腐殖酸类物质的肥料
	微生物肥料	含有细菌、真菌、藻类等菌类的菌肥
	根瘤菌肥料	能在豆科作物上形成根瘤的肥料
	固氮菌肥料	含有自生固氮菌、联合固氮菌的肥料
	磷细菌肥料	含有磷细菌、解磷真菌、菌根菌剂的肥料
	硅酸盐细菌肥料	含有硅酸盐细菌、其他解钾微生物制剂

分类	名称	简介
商品肥料	复合微生物肥	含有两种以上有益微生物，它们之间互不颉颃的微生物制剂
	有机无机复合肥	有机肥、化学肥料或（和）矿物源肥料复合而成的肥料
	化学和矿物源肥料（氮肥、磷肥、钾肥、钙肥、硫肥、镁肥）	尿素、碳酸氢铵、硫酸铵、磷矿粉、过磷酸钙、钙镁磷肥硫酸钾、氯化钾、生石灰、熟石灰、石膏、硫黄、硫酸镁、白云石
	微量元素肥料	含有铜、铁、锰、锌、硼、钼等微量元素肥料
	复合肥	二元、三元复合肥
	叶面肥料	含各种营养成分。喷施于植物叶片的肥料
	茶树专用肥	根据茶树营养特性和茶园土壤理化性质配置的茶树专用的各类肥料

（三）茶叶清洁化加工

茶叶清洁化加工概念：茶叶清洁化加工是指使用清洁的能源和原料，采用先进的设备、工艺与管理技术，提高产品利用率，减少或者避免加工过程中污染物的产生和排放，以减轻或者消除对人体健康和环境的危害。

1. 加工厂选址清洁化

茶厂址宜选地势较高、平整开阔、干净卫生、交通方便、水电供应便利、茶园相对集中的位置，具体要求如下。

（1）大气环境　不能低于 GB 3095—2012《环境空气质量标准》中规定的三级标准。

（2）水源情况　通常茶叶加工厂需要用水。绿茶、乌龙茶加工过程用水量相对较少，红碎茶加工过程需要用水冲洗加工设备和厂房，紧压茶生产还需要发水回潮后进行发酵，因此加工厂对水质的要求较高，必须达到 GB 5749—2006《生活饮用水卫生标准》。

（3）交通位置　在交通方便的地方，但要离开交通主干道 20m 以上，没有尘土飞扬。初制厂最好设在茶园中心或附近，便于鲜叶及时付制。精制厂厂址也应该选择在交通、通信以及生活方便的地方。

（4）周边环境　要避开污染源，避开垃圾场、畜牧场、化粪池、居民区等场所 50m 以上，离开经常喷施农药的农田 100m 以上。保证厂址周边生态和环境条件良好，无污染。加工厂的周围地区禁用气雾杀虫剂，有机磷、有机氯类或氨甲基酸酯等杀虫剂。

（5）电力情况　有三相电，且电力充足，以利于加工。

（6）外排物品　根据《中华人民共和国环境保护法》的要求，除了保证厂区处于无污染的环境外，还要求茶厂本身也不对周围环境造成污染，茶厂废料、茶灰、茶末等要及时清理，妥善处理。

（7）厂区周边 厂区周围不得有粉尘、烟雾、灰沙，有害气体、放射性物质及其他扩散性污染源，不得有昆虫大量滋生的潜在场所。生产区建筑物与外缘公路或道路之间应有 15~20m 的防护地带。

2. 生产车间清洁化

生产车间清洁化包括生产车间、质检室、仓库、包装间等，其中生产车间是加工区的主体，初加工车间包括消毒及更衣间、贮青间、加工间、柴火间、辅料库等，精制车间包括更衣间、原料库、加工间、柴火间、半成品和成品仓库、辅料库等（图 8-1）。

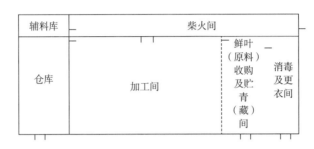

图 8-1 茶叶初加工和精加工车间标准化布局结构简图

3. 茶叶加工设备清洁化

（1）设备材质 直接接触茶叶的设备和用具需用无毒、无异味、抗腐蚀、不吸水、不变形、不污染茶叶的材料制成，一般用食品机械许可使用的材质。提倡尽可能用不锈钢材料的茶叶加工机械，尤其是接触茶叶的零部件中定要用不锈钢制造。不宜使用含铅较高的铜材及铝材等。

（2）设备燃料 燃料应使用清洁燃料，最好是石油液化气、天然气、柴油、电等。

（3）润滑油 润滑油应用食品级机器润滑油，或封闭需要润滑的零件，使润滑油不泄漏，也可以改用非金属材料制造机器零件，或以有机材料代替钢材等。

（4）设备清洗 生产设备、工具、容器、场地等在使用前后均应彻底清洗、清毒、维修，设备、工具、管道表面要清洁，边角圆滑无死角，不易积垢，无缝隙，便于拆卸清洗和消毒。

4. 卫生管理和加工人员要求清洁化

①茶叶加工过程的卫生操作程序、操作工人的个人卫生要按照 GB 14881—2013《食品企业通用卫生规范》来进行。加工厂应有卫生行政部门发放的卫生许可证，制定并明示相应的卫生管理制度。茶叶加工及有关人员应持有效的健康检查证书。

②加工人员进入车间应换工作装，戴工作帽，净手，换鞋。精制、包装车间工作人员还要求戴口罩上岗。

③严禁穿工作服、鞋进厕所或离开生产加工场所，严禁手接触脏物，进厕所、吸烟、用餐后都必须把双手洗净才能进行工作。

④直接与原料、半成品和成品接触的人员不准戴耳环、戒指、手镯、项链、手表，

不准浓艳化妆、染指、喷洒香水进入车间。

⑤禁止厂房内使用蜡烛、蚊香之类易污染物品，禁止在茶叶加工过程中使用糖、淀粉等任何添加剂。

5. 茶叶包装的清洁化

茶叶包装是茶叶在流通过程中为保证其产品的使用价值和商品价值的顺利实现而采用的一个具有特定功能的系统。作为饮品的茶叶，其商品的价值要流通到消费者手里才能实现，所以对其包装的最基本的要求是密封、避光、避湿，因此阻隔性好的包装材料可大大延长茶叶的保质期，但材料的选择也要根据产品的性能、包装少成本、保质期等多因素进行考虑，在满足使用性能的前提下，做到经济效益最优。

（1）包装材料　根据 GH/T 1070—2011《茶叶包装通则》、SB/T 10035—1992《茶叶销售包装通用技术条件》规定，茶叶包装的外包装胶合板箱的箱体应端正、整洁、牢固、美观；瓦楞纸箱的要求应符合 GB/T 6543—2008《运输包装用单瓦楞纸箱和双瓦楞纸箱》的规定；牛皮纸箱的箱体应平整，箱内四角成直角，切口光滑均匀，对口齐整；茶叶内包装材料应选用牛皮纸、白光纸、无光黄纸。包装用纸应拉力强，不易破损，无异气味，卫生指标符合 GB 4806.8—2016《食品安全国家标准　食品接触用纸和纸板材料及制品》的规定；牛皮纸应无异气味，用无毒、无味黏合剂黏合。茶叶包装材料塑料袋、塑料罐和内衬塑料薄膜的卫生指标应符合 GB 4806.7—2016《食品安全国家标准　食品接触用塑料材料及制品》的规定；茶叶包装用塑料袋宜采用厚度为 0.04~0.06mm 的聚乙烯吹塑薄膜制作的；茶叶包装用塑料罐宜采用聚乙烯或聚丙烯树脂注塑制作，罐壁厚度宜为 0.4~1.0mm。

（2）包装方式　在茶叶包装过程中为了保障其清洁化过程，应该尽量减少包装工序和人工操作。包装的整个过程尽可能地使用机械包装，从而使整个包装过程简便、迅速、卫生。常用的茶叶小包装方式主要有以下几种：金属罐包装、纸盒包装、塑料成型容器包装、复合薄膜包装、纸袋包装、竹编工艺包装。

（3）包装设备　茶叶包装是吸引消费者购买和保证茶叶品质的重要环节。以往茶叶的包装完全由人工来完成，随着科学技术和人民生活质量的不断进步，清洁化自动化包装设备将成为茶叶清洁化生产的重要组成部分。目前，一些食品包装机械陆续应用于茶叶包装中，一些茶叶专用包装机械也相继问世，应用于生产。国外茶叶包装机械之的袋泡茶机械朝着高效率、自动化的方向发展。国内一些企业结合我国国情开发的茶叶包装机械，其价格和服务具有较大的竞争优势，替代了一些进口产品，扩大了包装机械的选择范围。

（4）包装件贮存环境　茶叶中主要含有茶多酚、氨基酸、咖啡因、糖类等化学成分，在水分、温度、氧气、光照等条件下各种化学成分易发生氧化劣变，其中水分和温度是茶叶变质的最主要因素。长期的生产实践和科学实验已经证明，茶叶虽然属于干燥食品，具有一定的保存期限，但容易受到外界条件的影响发生陈化劣变，失去原有的新鲜风味，造成商品价值的大幅下降。因而，茶叶贮藏过程中，茶叶水分含量和环境因素应得到合理控制。

6. 茶叶贮藏的清洁化

（1）绿茶的贮藏　绿茶是越新品质越好，价值越高，主要原因是绿茶难存贮易变质，所以绿茶进行贮藏时，要尽可能地保持制造时的香味，冷藏温度以 0～5℃ 作为贮藏的最低温度。高档绿茶如冷藏并抽气充氮，保持品质的效果则更佳。外销绿茶，由于途中运输时间长，要通过高温地带，尤应注意贮藏茶叶的含水量要低，以防高温高湿变质。

（2）红茶的贮藏　红茶是全发酵茶，宜常温贮藏，利于后熟作用，但贮藏温度不宜过高，并应防止吸湿变质，相对绿茶变质较慢，更容易贮存。一般可前放置在密闭干燥容器内，放在阴暗、干燥的环境保存即可。

（3）乌龙茶的贮藏　乌龙茶贮藏一般而言，发酵度越轻的乌龙茶，其叶绿素破坏程度低、茶多酚的保留量高，感官品质更容易受保存环境温湿度影响而失去应有的色香味，因而越需要冷藏保存。乌龙茶与其他茶品种要分开存放，一般用冻库或者冰箱保存。

（4）白茶的贮藏　白茶贮藏白茶保存的理想温度为 4～25℃，常温保存即可。但若消耗速度慢，特别在夏日，建议冷藏密封保存。白茶极易吸收异味，需密封冷藏保存，方能保证色、香、味俱佳。茶叶从冰箱取出后，切勿立即启封，待自然升温，茶叶与外界温度相当时再启封，启封后应尽快饮用。

（5）普洱茶贮藏　普洱茶保存容易，茶性转换富变化，从某种意义上来说，普洱茶是"活的有机体"，茶叶中的活性成分将不断与空气接触氧化，放置时间越长口感越醇厚，不同陈期、不同存放地点的普洱茶所拥有的风味也不尽相同。清洁的空气有利于普洱茶品质的形成和保持，因此贮藏普洱茶的环境非常重要。贮藏普洱茶的周围环境不能有异味，否则普洱茶会吸附异味而变质；普洱茶放置的温度不可太高或太低，最好保持在 20～30℃，太高的温度会使茶叶氧化加速，有效物质减少，影响普洱茶的品质。光照能使普洱茶内部的某些化学成分发生变化，当普洱茶受日光照射后，其色泽、滋味都会发生显著的变化，失去其原有风味和鲜度，所以普洱茶一定要避光贮藏。湿度是普洱茶品质形成的重要因子，良好普洱茶品质的形成需年平均相对湿度控制在 75% 以下，故普洱茶的贮藏更应注意及时开窗通风，散发水分。因此，普洱茶贮藏一般要有专门的贮藏室，室内避免阳光直射，避免雨淋，温度保持在 25℃ 左右为宜，相对湿度控制在小于 75%，室内要通风，切忌与其他有异味的物品摆放在起。

7. 茶叶运输的清洁化

鲜叶采摘、加工、产品贮藏过程中由于种种原因忽视了茶叶的保鲜工作，致使茶叶的保质期急剧缩短，产品在出厂的时候就已经失去了当年新茶的特有风味。原因主要有三点。第一为车辆污染，是由使用未经洗刷或洗刷不干净的污染车辆装运造成的污染；第二为站场污染，是由使用已被污染的站场、货位、仓库堆放而造成的污染；第三为混装污染，是由与有毒物品、污秽品混装而造成的污染。

成品茶的运输考虑茶叶吸湿性、吸味性、陈化性、怕热性等特性。应注意以下问题：运输工具、运输站台、运输人员的洁净；控制湿度；隔离异味物质。

（四）企业清洁生产加工的审核标准

　　企业清洁化生产加工是企业发展自身条件需加以改善的前提，清洁化生产加工离不开制度和审核标准的约束，企业应根据自身条件和清洁化生产加工指标来确定审核标准，建立清洁化生产加工模式。清洁生产可以从相对性原则、污染预防性原则、生命周期预防性原则、企业生产定量化原则确定指标制定的基本原则。

　　随着我国工业的发展，技术的不断更新，以及企业的变动情况（国家的宏观调控），特别是与企业清洁化生产加工审核重点有直接关系的物料资源输入和输出关系的操作变化，已经进行企业清洁化生产加工标准，当然得加强审核通过力度。表 8-7 综合了企业清洁化生产加工的审核标准，该审核标准从企业自身能力和服务质量上进行约束，达到清洁化生产加工的目的。

表 8-7　　　　　　　　　　　　　　企业清洁生产加工审核标准

企业清洁生产加工环节方面	研究内容
技术层面	研究提高原材料的利用率、污染物回用的技术，研究新型材料的使用，研发清洁能源等
管理层面	如何按照既定制度有效组织安排生产，如何高效管理企业员工的生产流程与作息安排
制度层面	设计制度，合理组织生产，减少生产过程中不必要的物料和能源消耗，有效避免和减少制度带来的偷工减料、产品任意使用、废物任意排放的行为
对服务	要求将环境因素纳入设计和所提供的服务中，以优质的服务环境迎合顾客
对产品	要求减少从原材料提炼到产品最终处置的全生命周期的不利影响，产品绿色，含较少的工业污染
对生产过程	要求节约原材料和能源，淘汰有毒原材料，减少和降低所有废弃物的数量和毒性，加强能源的利用，使用新型的可再生无污染的能源，推动企业清洁化生产

　　从表 8-7 可看出，清洁化生产加工在于减少排污量、降低生产成本，而清洁生产加工审核的目的是实现污染物源头控制，而不是所谓的"末端治理"，从而在一定程度上实现企业环境效益和经济效益的结合，通过清洁化生产加工发展，可以有效地为企业的可持续发展提供基础性保证，也可以发展有效的企业环境效益统计方法，不仅可以充分保护环境带来的收益，也会为企业增加实行清洁生产加工的动力。如果企业未能充分地通过企业清洁化生产加工的要求，就容易出现卫生污染和质量安全问题。以清洁生产加工促进生成良好的审核标准，合理的监督质量，在一定程度上是行之有效的方法。

　　我国现行企业数量发展较快，大多数是中小型企业，这些企业忽视了环境问题的存在，大力发展自身的技术、自身的工业产值，不管企业的内部清洁化、产品的绿色化、服务的绿色化，一味追求高产值的价值观阻碍了企业的清洁化生产加工的进程。我国工业企业应该大力发展自身产权，通过引进和吸收外来技术，使自身技术装配水平提升，具有一定的开发能力，深度提升资源加工利用，推广使用现行的高新技术，实现企业的清洁化生产加工。政府部门应该协调企业各级部门，负责好企业清洁化生产加工的审核标准，真正监督企业逐渐适应目前的清洁化技术。

除此之外，清洁化生产加工具有产污量低、排污量低、资源利用率高等特点，极大减少了产品的成本，企业应该综合利用企业的清洁化生产加工，让其更好地符合审核标准。

第四节　茶叶清洁化生产控制体系与认证机制

一、茶叶清洁化生产控制体系

茶叶质量安全直接涉及消费者的健康，因而也是当前茶叶科学研究和市场关注的热点。随着消费者质量安全意识的不断提升以及国际贸易市场以质量安全为基础设置的技术壁垒的日趋严峻，茶叶产品的内销和出口的卫生质量也面临日益严格的标准和法规限制。

实施清洁化生产是实现茶叶向质量管理和环境管理模式转变、保持资源和能源的永续利用、维持产业与环境协调和可持续发展的最佳方式。推行清洁化生产技术模式已成为世界大多数国家发展经济和保护环境的一项基本策略。

执行严格、科学的质量管理控制体系是清洁化生产的重要特征之一，SC（食品生产许可证）、GAP（良好农业规范）、GMP（良好操作规范）、HACCP（危害分析与关键控制点）、ISO9000 国际质量体系、ISO14000 国际环境体系等质量管理认证体系在清洁化生产模式中也得到了越来越多的应用。

我国现行的食品质量管理控制体系中，茶叶质量安全认证主要分为产品认证和体系认证两种认证类型。产品认证主要包括绿色食品茶叶和有机茶认证，认证体系主要有 SC、GAP、GMP、HACCP 和 ISO 认证等。不同的质量管理控制体系认证的内容、特点、标准、机构以及程序等方面都有所不同，科学高效的认证有利对茶叶产品质量管控，对保障和提高茶叶清洁化生产水平有积极促进作用。

（一）食品生产许可（SC）管理控制体系

1. SC 简介

在我国境内从事食品生产活动，均需依法取得食品生产许可，办理食品生产许可证认证。SC 认证的前身为质量安全（QS）认证，我国从 2015 年 10 月 1 日开始正式实施新版《食品安全法》，新的《食品生产许可管理办法》也于 2020 年 3 月 1 日起正式实施，在此之前实行的 "QS" 认证制度和使用的 "QS" 标识将被新的 "SC" 认证制度和 "SC" 标识取代（图 8-2）。

食品生产许可证编号由 "SC"（"生产" 的汉语拼音首字母缩写）开头，再与 14 位的阿拉伯数字组合形成（图 8-3）。

图 8-2　SC 认证标志

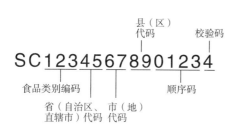

图8-3 食品生产许可证编号及其意义

2. SC 的定义、特点及要求

食品生产许可证制度是工艺产品许可证制度的一个组成部分，是为保证食品的质量安全，由国家主管食品生产领域质量监督工作的行政部门制定并实施的一项旨在控制食品生产加工企业生产条件的监控制度。

申请食品生产许可证的食品生产加工企业保证环境条件、生产设备条件、加工工艺及过程、原材料要求、产品标准要求、人员要求、贮运要求、检验设备要求、质量管理要求、包装标志要求等十个方面的内容符合产品质量要求。

3. 茶叶 SC 的基本内容和作用意义

食品生产许可证制度规定从事食品生产加工的公民、法人或其他组织，必须具备保证产品质量安全的基本生产条件，按规定程序获得食品生产许可证，方可从事食品的生产。没有取得食品生产许可证的企业不得生产食品，任何企业和个人不得销售无证食品。

实施食品生产许可证制度是国务院的有关要求，是提高食品质量、保证消费者安全健康的需要，是保证食品加工企业的基本条件和强化食品生产法制管理的需要，也是创造良好经济运行环境的需要。

（二）良好农业规范（GAP）管理控制体系

1. GAP 简介

GAP 是 Good Agricultural Practices 的缩写，意指良好农业规范，是一套主要针对初级农产品生产而设计的操作规范，是涵盖初级农产品生产加工全过程质量安全的控制体系，成为当前世界农产品质量管理的主导质量管理标准。GAP 管理控制体系关注农产品的种植、采收、加工、包装和贮运过程中有害物质和有害生物的控制及防避能力，保障农产品质量安全，同时也关注生态环境、职业健康等方面的保障能力。

GAP 的基本思想是通过建立规范的农业生产经营体系，强调农产品安全、环境保护和员工健康协同管理，在保证农产品产量和质量安全的同时，更好地配置资源，需求农业生产和环境保护之间的平衡，实现农业的可持续发展。

2. GAP 的定义、特点及要求

GAP 是一套适用于农产品质量管理的方法和技术体系，通过采用经济的、生态的和可持续发展的措施来保障食品安全和食品质量。

GAP 是一套非法规性的标准，可供政府、社会组织、农业企业和农业生产者采用，也可用于对规定要求的符合性评价和认证的目的，GAP 认证遵循自愿性原则。

GAP 标准以"内容调控的控制点"的形式提出符合性要求，将控制点分为三级（表8-8）。1 级控制点是基于"危害分析与关键控制点（HACCP）"的食品安全要求，以及与食品安全直接相关的福利方面的要求；2 级控制点是基于 1 级控制点要求的环境保护、员工福利等的基本要求；3 级控制点是基于 1 级和 2 级控制点要求的环境保护、员工福利等持续改善措施要求。

表 8-8　　　　　GAP 认证控制点级别划分原则（GB/T 20014.12—2013）

等级	级别内容
1 级	基于危害分析与关键控制点（HACCP）和与食品安全直接相关的所有食品安全要求。
2 级	基于 1 级控制点要求的环境保护、员工福利的基本要求。
3 级	基于 1 级和 2 级控制点要求的环境保护、员工福利的持续改善措施要求。

3. 茶叶 GAP 的基本内容及作用意义

2006 年 3 月欧盟发布世界上第一例茶叶 GAP 标准，该标准遵循了 EurepGAP 的基本原则，内容涵盖了茶叶生产从种植到消费的全过程的质量控制，特别是生产管理中的记录保存、茶树保护、工人健康和安全环境保护等关键因素。标准中共列出 243 个控制点，其中一级控制点 72 个、二级控制点 130 个、三级控制点 41 个。

2008 年 4 月我国首次颁布茶叶 GAP 标准 GB/T 20014.12—2008《良好农业规范第 12 部分：茶叶控制点与符合性规范》，标准要求茶叶生产加工各关键控制点的操作程序可追溯，建立茶叶产品质量可追溯体系，保证茶叶终端产品的食品质量安全。标准中列出总控制点数 248 个，其中一级控制点 79 个、二级控制点 127 个、三级控制点 42 个。

GAP 认证的意义在于实行全程质量管理，更安全、更健康；可提升产品竞争力，提升企业形象，提高企业效益，促进可持续发展。通过 GAP 认证的产品，可以形成品牌效应，从而增加认证企业和生产者的收入；稳固与采购商的合作，并拓宽新市场，为长期的发展奠定坚实的基础；提升管理系统，改善与员工的关系，从而提高生产力与效益；有利于增强生产者的安全意识和环保意识，有利于保护劳动者的身体健康；最小化潜在的商业风险；开发新市场和客户；有利于保护生态环境和增加自然界的生物多样性，有利于自然界的生态平衡和农业的可持续发展。

（三）良好操作规范（GMP）管理控制体系

1. GMP 简介

良好操作规范是一种特别注重制造过程中产品质量和安全卫生的自主性管理控制体系。GMP 是良好操作规范（Good Manufacturing Practices）的缩写，食品 GMP 是保证食品具有高度安全性和优质性的良好生产管理体系，其宗旨是确保食品在生产制造和包装贮运过程中，相关人员、建筑和设备设施均能符合良好的环境条件要求，防止食品处在卫生安全没有保障的条件下，或在可能引起污染的环境中，从而保证食品安全和质量稳定。

2. GMP 的定义、特点及要求

良好操作规范（GMP）是一套以现代科学知识和技术为基础、应用先进的技术和管理方法解决产品生产的质量问题和卫生安全问题的管理控制体系。GMP 的特点是以预防为主，从产品生产全过程入手，将保证产品质量安全的工作重点放在成品上市前整个过程的各环节中，实施全过程质量管理。因此 GMP 并不仅仅是针对生产企业进行

的质量控制技术，还是涉及和覆盖原料生产、产品加工、包装贮运、销售使用全过程的质量管理控制体系。茶叶 GMP 是茶叶产品优良品质和安全卫生的保证体系，它要求茶叶生产企业必须具备可靠的原料供应、良好的生产设备、合理的生产过程、完善的卫生与质量管理制度和严格的检测系统，从而确保茶叶的安全性和卫生质量符合标准。

3. 茶叶 GMP 的基本内容及作用意义

GMP 根据美国食品药品管理的法规，分为总则、建筑物与设施、设备、生产和加工控制 4 个部分。GMP 适用于所有食品企业，是常识性的生产卫生要求，GMP 基本是涉及的是与食品卫生质量有关的硬件设施的维护和人员的卫生管理。符合 GMP 的要求是控制食品安全的第一步，其强调食品的生产和贮运过程应避免微生物、化学性和物理性污染。

（1）茶叶 GMP 的基本内容　茶叶 GMP 的主要包括以下内容：

①确保各种原辅材料和每一工序中间产品和最终产品的安全性；

②采取有效措施避免茶叶产品中附着和混入夹杂物、重金属、残留农药、有害微生物、细菌及病原菌等有毒有害物质，切实防止来自原辅材料、设备设施、加工环境和操作无人员等带来的污染危害；

③强化工艺技术管理，实行双重检查，建立各工艺的检验制度、质量管理制度和对误差的防除措施；

④进行产品商标管理和管理记录的保存。

GMP 实际上是一种包括 4M 管理要素的质量保证制度，即选用规定要求的原料（Material）、使用符合标准的厂房设备（Machine）、任用可靠胜任的人员（Man）、实行科学安全的方法（Method），以此生产制造出品质稳定、安全卫生的产品的质量管理体系。

（2）茶叶 GMP 的目的与意义　茶叶企业实施 GMP 管理控制体系的主要目的和意义有以下几点：

①促进生产者对茶叶质量安全高度负责和重视，消除生产商的不规范的操作，促使茶叶企业对原料、辅料、包装材料用的要求更为严格，提高企业应用科学规范的生产加工技术和设备的能力，从而确保茶叶质量；

②提高茶叶产品的品质与卫生安全，保障消费者与生产者的权益，强化茶叶生产者的自主管理体制，促进制茶工业的健全发展；

③建立完善科学的质量管理体系，降低茶叶制造过程中人为的错误，防止茶叶在生产制造过程中遭受污染或品质劣变。

(四) 危害分析和关键点控制（HACCP）技术体系

1. HACCP 概况

HACCP 是"危害分析和关键点控制（Hazard Analysis Critical Control Point）"的英文缩写，HACCP 体系被认为是控制食品安全和风味品质的最好、最有效的管理体系，是一种保证食品安全与卫生的预防性管理体系。HACCP 是以科学为基础，通过系统性地确定具体危害及其控制措施，以保证食品安全性的系统。HACCP 的控制系统着眼于预防而不是依靠最终产品的检验来保证食品的安全。

2. HACCP 的定义、特点及要求

HACCP 是用于对食品生产、加工过程进行安全风险识别、评价和控制的一种系统方法，是食品生产、加工过程中通过对关键控制点实行有效预防的措施和手段，有助于使食品的污染、危害因素降低到最小程度。HACCP 体系以预防食品安全、降低食品危害为基础，其宗旨是将以产品检验为基础的控制观念转变为生产过程控制其潜在的危害的预防性方法，是对生产过程中的每一个关键点都严格控制，以保证产品质量。

HACCP 作为科学的预防性食品安全体系，具有高效性、通用性、科学性、预防性、可操作性、全面性、协调性等特点。HACCP 方法强调以风险评估和预防为主，它通过安全风险评估和危害分析，预测和识别在食品的生产、加工、流通、食用和消费的全过程中，最可能出现的风险或出现问题将对人体产生较大危害的环节，找出关键控制点，采取必要有效的措施，减少病毒侵入食品生产链的机会，使食品安全卫生达到预期的要求。HACCP 方法应用于食品产出到食品生产的全过程，是防止食品危害和食品污染的一种控制方法。

3. 茶叶 HACCP 的基本内容及作用意义

（1）茶叶 HACCP 体系包括以下基本内容

①分析危害，提出预防措施：分析并确定茶叶生产、加工、贮运和销售全过程可能会发生的生物、化学和物理性质的危害，提出预防和控制这些危害的措施。

②确定关键控制点：基于危害分析确立能够危害茶叶质量的关键控制点。

③建立和确定关键控制点的临界值：每个关键控制点需要确定并设置会对茶叶质量产生危害的安全临界值。

④建立监控关键控制点的体系：建立能够有效监控全过程、各环节关键控制点的技术体系。

⑤确定纠正偏差的措施：分析并建立预防、保护和控制的措施和计划，当监测到的关键控制点数值超过临界值，能够恢复或纠正偏离的关键控制点临界值。

⑥建立记录保存程序保存记录：要把与茶叶 HACCP 相关的数值变化、控制措施等信息和数据完整的记录保存。

⑦建立验证程序：建立技术过程系统以验证 HACCP 系统的正确运行。

（2）茶叶 HACCP 的作用意义　HACCP 作为一种与传统食品安全质量管理体系截然不同的、崭新的食品安全保障模式，它的实施对食品企业、消费者、政府保障食品安全具有广泛而深远的作用和意义。

对茶叶工业企业而言，实施 HACCP 有利于增强消费者和政府的信心，减少法律和保险支出，增加市场机会，降低生产成本，提高产品质量的一致性，有利于全员参与，可降低商业风险，增强企业竞争力和出口机会，加强管理，改善公司形象且提高企业的社会效益。

对消费者而言，实施 HACCP 可减少食源性疾病的危害，增强卫生意识，增强对茶叶供应的信心，提高生活质量，对促进社会经济的良性发展具有重要意义。

对政府而言，实施 HACCP 可改善公众健康，更有效、有目的地进行茶叶质量监控，减少公众健康支出，确保贸易畅通，提高公众对茶叶供应的信心，增强国内企业竞争力。

(五)国际标准（ISO）管理控制体系

1. ISO 概况

ISO 是国际标准化组织（International Organization for Standardization）的简称，ISO 是世界上规模最大、认可度最高的标准化组织。国际标准化组织是由各国标准化团体（ISO 成员团体）组成的世界性联合会。制定国际标准工作通常由 ISO 的技术委员会完成。ISO 的主要功能是为人们制定国际标准达成一致意见提供一种机制。

2. ISO 的定义、特点及要求

ISO 组织已制定发布各类国际标准近万项，其中涉及质量管理体系认证的标准主要是 ISO9000 系列标准。ISO9000 系列标准是指由国际标准化组织质量管理和质量保证技术委员会（ISO/TC176）制定的所有国际标准，该系列标准包括一系列关于质量管理的正式国际标准、技术规范、技术报告、手册和网络文件。

ISO9000 系列标准具有以下 6 个特点：

（1）通用性　通用性指标准可适用于所有产品类别、不同规模和各种类型的组织，并可根据实际需要删减某些质量管理体系要求。

（2）相容性　相容性强调了质量管理体系是组织其他管理体系的一个组成部分，便于与环境管理体系、职业健康安全管理体系等其他管理体系标准相容。

（3）有效性　标准是建立在过程基础上的质量管理体系模式，不仅强调过程，更注重质量管理体系的有效性和持续改进，减少对形成文件程序的强制性要求。

（4）适度性　文件化要求适度，不过分强调文件的制约，而强调对过程进行有效策划、运行、控制的能力和实际效果。

（5）协调一致性　协调一致性指将 ISO9001 和 ISO9004 作为协调一致的标准使用。

（6）逻辑性　采用以过程为基础的质量管理体系模式，强调了过程的联系和相互作用，逻辑性更强，相关性更好。

3. 茶叶 ISO 的基本内容及作用意义

ISO9000 系列标准是质量管理和质量保证标注中的主体标准，共包括"标准选用、质量保证和质量管理"三类五项标准（表 8-9）。

表 8-9　　　　　　　　　　　　ISO9000 系列标准信息

序号	标准名称	标准主要内容
1	ISO9000 质量管理和质量保证标准	主要内容是质量管理体系通用的要求和指南
2	ISO9001 质量体系	主要内容是从开发设计、生产、安装直到售后服务全过程的质量保证模式
3	ISO9002 质量体系	主要内容是从生产到安装阶段的质量保证模式
4	ISO9003 质量体系	主要内容是最终检验和试验的质量保证模式
5	ISO9004 质量管理和质量体系要素	主要内容是为企业按自身的需要建立质量管理体系提供指南的管理标准

ISO9000 指的是《质量管理和质量保证》系列标准，又称 ISO9000 族系列标准，五项标准中，ISO9001、ISO9002、ISO9003 是企业要向顾客证明自己的质量保证体系，以使顾客对企业的质量能力建立信任的外部质量保证要求的标准，从质量保证水平上看，ISO9001 高于 9002 高于 9003。ISO9001 不是指一个标准，而是一类标准的统称，是由 TC176（TC176 指质量管理体系技术委员会）制定的所有国际标准，是 ISO12000 多个标准中最畅销、最普遍的产品。

茶叶企业实施 ISO9000 系列认证的目的具有如下意义。

（1）促进茶叶企业相关制度的完善，大力提高管理水平　目前我国茶叶企业普遍存在的管理问题是整体管理水平不高、管理制度不够规范、管理方法不够先进。ISO9000 系列认证是以过程为基础的质量管理体系，实施该认证有利于茶叶企业建立和实施科学的管理体系、完善管理制度，提高管理效率。

（2）加快茶叶企业接轨国际市场，拓展贸易领域　随着我国茶业在国际贸易领域的日渐深入和扩大，茶叶企业面临的市场竞争也更加激烈，在获得机遇的同时也面临着严峻的挑战。为了更好地适应国际市场，必须提高企业管理的科学化、先进化水平，ISO9000 系列质量管理体系标准是目前世界上应用最多、认可度最高的质量管理体系模式，通过 ISO9000 族质量管理体系将极大地提高茶叶企业的知名度，也有利于促进我国茶叶企业更好地融入世界贸易市场，拓展国际贸易领域。

（3）强化企业质量管理，保障和提高茶叶产品质量　ISO9000 系列质量管理体系迎合当前质量管理的要求，该体系的重点就是质量管理和质量保证，所有工作开展的前提是最终提供符合顾客要求的产品和服务。产品质量是茶叶企业生存和持续发展的根本，以过程为基础的 ISO9000 系列质量管理体系能很好地保证茶叶产品质量。

二、茶叶清洁化生产认证机制

(一) 茶叶 SC 认证机制

1. 茶叶 SC 认证的管理部门与机构

国家市场监督管理总局负责监督指导全国食品生产许可管理工作。县级以上地方市场监督管理部门负责本行政区域内的食品生产许可监督管理工作。

2. 茶叶 SC 认证的办理流程

茶叶 SC 认证办理流程如图 8-4 所示。

（1）茶叶 SC 认证的申请与受理

①申请者应具备的条件：

a. 申请食品生产许可，应当先行取得营业执照等合法主体资格。企业法人、合伙企业、个人独资企业、个体工商户、农民专业合作组织等，以营业执照载明的主体作为申请人。

b. 申请食品生产许可，应当按照茶叶及相关制品的食品类别提出申请。国家市场监督管理总局可以根据监督管理工作需要对食品类别进行调整。

c. 申请食品生产许可，应当符合下列条件：

具有与生产的食品品种、数量相适应的食品原料处理和食品加工、包装、贮存等

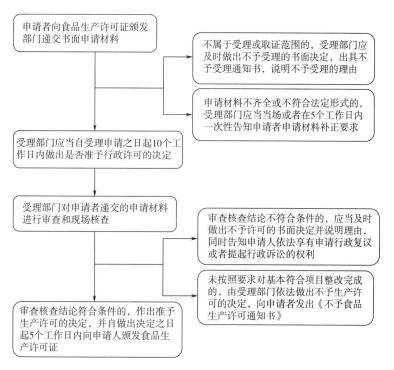

图 8-4　食品生产许可证办理流程

场所，保持该场所环境整洁，并与有毒、有害场所以及其他污染源保持规定的距离；

具有与生产的食品品种、数量相适应的生产设备或者设施，有相应的消毒、更衣、盥洗、采光、照明、通风、防腐、防尘、防蝇、防鼠、防虫、洗涤以及处理废水、存放垃圾和废弃物的设备或者设施；保健食品生产工艺有原料提取、纯化等前处理工序的，需要具备与生产的品种、数量相适应的原料前处理设备或者设施；

有专职或者兼职的食品安全专业技术人员、食品安全管理人员和保证食品安全的规章制度；

具有合理的设备布局和工艺流程，防止待加工食品与直接入口食品、原料与成品交叉污染，避免食品接触有毒物、不洁物；

法律、法规规定的其他条件。

②申请材料：

a. 申请食品生产许可，应当向申请人所在地县级以上地方市场监督管理部门提交下列材料：

食品生产许可申请书；

食品生产设备布局图和食品生产工艺流程图；

食品生产主要设备、设施清单；

专职或者兼职的食品安全专业技术人员、食品安全管理人员信息和食品安全管理制度。

b. 申请人应当如实向市场监督管理部门提交有关材料和反映真实情况，对申请材料的真实性负责，并在申请书等材料上签名或者盖章。

③受理意见：

a. 县级以上地方市场监督管理部门对申请人提出的食品生产许可申请，应当根据下列情况分别做出处理：

申请事项依法不需要取得食品生产许可的，应当即时告知申请人不受理；

申请事项依法不属于市场监督管理部门职权范围的，应当即时做出不予受理的决定，并告知申请人向有关行政机关申请；

申请材料存在可以当场更正的错误的，应当允许申请人当场更正，由申请人在更正处签名或者盖章，注明更正日期；

申请材料不齐全或者不符合法定形式的，应当当场或者在 5 个工作日内一次告知申请人需要补正的全部内容。当场告知的，应当将申请材料退回申请人；在 5 个工作日内告知的，应当收取申请材料并出具收到申请材料的凭据。逾期不告知的，自收到申请材料之日起即为受理；

申请材料齐全、符合法定形式，或者申请人按照要求提交全部补正材料的，应当受理食品生产许可申请。

b. 县级以上地方市场监督管理部门对申请人提出的申请决定予以受理的，应当出具受理通知书；决定不予受理的，应当出具不予受理通知书，说明不予受理的理由，并告知申请人依法享有申请行政复议或者提起行政诉讼的权利。

（2）审查与决定

①审查：

a. 县级以上地方市场监督管理部门应当对申请人提交的申请材料进行审查。需要对申请材料的实质内容进行核实的，应当进行现场核查。

b. 市场监督管理部门开展食品生产许可现场核查时，应当按照申请材料进行核查。对首次申请许可或者增加食品类别的变更许可的，根据食品生产工艺流程等要求，核查试制食品的检验报告。试制食品检验可以由生产者自行检验，或者委托有资质的食品检验机构检验。

c. 现场核查应当由食品安全监管人员进行，根据需要可以聘请专业技术人员作为核查人员参加现场核查。核查人员不得少于 2 人。核查人员应当出示有效证件，填写食品生产许可现场核查表，制作现场核查记录，经申请人核对无误后，由核查人员和申请人在核查表和记录上签名或者盖章。申请人拒绝签名或者盖章的，核查人员应当注明情况。

d. 市场监督管理部门可以委托下级市场监督管理部门，对受理的食品生产许可申请进行现场核查。特殊食品生产许可的现场核查原则上不得委托下级市场监督管理部门实施。

e. 核查人员应当自接受现场核查任务之日起 5 个工作日内，完成对生产场所的现场核查。

②决定：

a. 除可以当场作出行政许可决定的外，县级以上地方市场监督管理部门应当自受理申请之日起 10 个工作日内做出是否准予行政许可的决定。因特殊原因需要延长期限的，经本行政机关负责人批准，可以延长 5 个工作日，并应当将延长期限的理由告知申请人。

b. 县级以上地方市场监督管理部门应当根据申请材料审查和现场核查等情况，对符合条件的，做出准予生产许可的决定，并自做出决定之日起 5 个工作日内向申请人颁发食品生产许可证；对不符合条件的，应当及时做出不予许可的书面决定并说明理由，同时告知申请人依法享有申请行政复议或者提起行政诉讼的权利。

c. 食品生产许可证发证日期为许可决定做出的日期，有效期为 5 年。

d. 县级以上地方市场监督管理部门认为食品生产许可申请涉及公共利益的重大事项，需要听证的，应当向社会公告并举行听证。

e. 食品生产许可直接涉及申请人与他人之间重大利益关系的，县级以上地方市场监督管理部门在做出行政许可决定前，应当告知申请人、利害关系人享有要求听证的权利。

f. 申请人、利害关系人在被告知听证权利之日起 5 个工作日内提出听证申请的，市场监督管理部门应当在 20 个工作日内组织听证。听证期限不计算在行政许可审查期限之内。

（3）许可证管理

①食品生产许可证分为正本、副本。正本、副本具有同等法律效力。

②国家市场监督管理总局负责制定食品生产许可证式样。省、自治区、直辖市市场监督管理部门负责本行政区域食品生产许可证的印制、发放等管理工作。

③食品生产许可证应当载明：生产者名称、社会信用代码、法定代表人（负责人）、住所、生产地址、食品类别、许可证编号、有效期、发证机关、发证日期和二维码。

④副本还应当载明食品明细。

⑤食品生产许可证编号由 SC（"生产"的汉语拼音字母缩写）和 14 位阿拉伯数字组成。数字从左至右依次为：3 位食品类别编码、2 位省（自治区、直辖市）代码、2 位市（地）代码、2 位县（区）代码、4 位顺序码、1 位校验码。

⑥食品生产者应当妥善保管食品生产许可证，不得伪造、涂改、倒卖、出租、出借、转让。

⑦食品生产者应当在生产场所的显著位置悬挂或者摆放食品生产许可证正本。

（4）监督检查

①县级以上地方市场监督管理部门应当依据法律法规规定的职责，对食品生产者的许可事项进行监督检查。

②县级以上地方市场监督管理部门应当建立食品许可管理信息平台，便于公民、法人和其他社会组织查询。

③县级以上地方市场监督管理部门应当将食品生产许可颁发、许可事项检查、日常监督检查、许可违法行为查处等情况记入食品生产者食品安全信用档案，并通过国

家企业信用信息公示系统向社会公示；对有不良信用记录的食品生产者应当增加监督检查频次。

④县级以上地方市场监督管理部门及其工作人员履行食品生产许可管理职责，应当自觉接受食品生产者和社会监督。

⑤接到有关工作人员在食品生产许可管理过程中存在违法行为的举报，市场监督管理部门应当及时进行调查核实。情况属实的，应当立即纠正。

⑥县级以上地方市场监督管理部门应当建立食品生产许可档案管理制度，将办理食品生产许可的有关材料、发证情况及时归档。

⑦国家市场监督管理总局可以定期或者不定期组织对全国食品生产许可工作进行监督检查；省、自治区、直辖市市场监督管理部门可以定期或者不定期组织对本行政区域内的食品生产许可工作进行监督检查。

⑧未经申请人同意，行政机关及其工作人员、参加现场核查的人员不得披露申请人提交的商业秘密、未披露信息或者保密商务信息，法律另有规定或者涉及国家安全、重大社会公共利益的除外。

（二）茶叶 GAP 认证

1. 茶叶 GAP 认证的管理部门与机构

《中华人民共和国认证认可条例》规定，良好农业规范（GAP）认证机构应当依法设立，具有《中华人民共和国认证认可条例》规定的基本条件，通过国家认证认可监督管理委员会批准，具有符合中国合格评定国家认可委员会要求的良好农业规范认证的技术能力，方可从事 GAP 茶叶的认证。目前，我国有 16 家认证机构认可业务范围包含"GAP 认证-植物类"，GAP 茶叶认证主要有浙江省杭州市的杭州中农质量认证中心和北京的农业农村部优质农产品开发服务中心等机构。

2. 茶叶 GAP 认证的程序

中国良好农业操作规范（ChinaGAP）认证程序一般包括认证申请和受理、检查准备与实施、合格评定和认证的批准、监督与管理这些主要流程。申请人向具有资质的认证机构提出认证申请后，应与认证机构签订认证合同获得认证机构授予的认证申请注册号码；检查人员通过现场检查和审核所适用的控制点的符合性，并完成检查报告；认证机构在完成对检查报告、文件化的纠正措施或跟踪评价结果评审后做出是否颁发证书的决定。

（1）认证申请和受理

①良好农业规范的认证申请人包括农业生产经营者和农业生产经营者组织。

②农业生产经营者可以是个人、独立农场、以租赁土地方式从事农业生产的公司或个人；是代表农场的自然人或法人，并对农场出售的产品负法律责任。

③农业生产经营者组织是农业生产经营者联合体，该农业生产经营者联合体具有合法的组织结构、内部程序和内部控制，所有注册成员按照良好农业规范的要求登记，并形成清单，其上说明了注册状况。农业生产经营者组织必须和每个农业生产经营者签署协议，并有一个承担最终责任的管理代表，如农村集体经济组织、农民专业合作经济组织、农业企业加农户组织。协议内容至少包括：明确加入和退出的程序，做出

中止的规定，同意遵守中国良好农业规范对注册成员的要求。

④申请人可按照下列两种认证方式之一申请认证。

a. 农业生产经营者认证；b. 农业生产经营者组织认证。

⑤农业生产者如果想申请 GAP 认证，首先确定申请人是以单一的生产者身份申请还是以农业生产经营者组织的身份申请认证，从而确定认证选项。

⑥作为农业生产经营者组织申请认证，需要按照《良好农业规范认证实施规则》的相关要求建立质量管理体系，组织内部要有符合要求的内部审核员和内部检查员。

⑦组织的注册成员按照组织的质量管理体系统一运作，质量管理体系的内容涉及以下方面：管理和组织结构、组织和管理、人员能力和培训、质量手册、文件控制、记录、抱怨的处理、内部审核/内部检查、产品的可追溯性和隔离、罚则、认证产品的召回、认证标志的使用、分包方 13 个方面的内容。

⑧注册成员的农事操作仍然要按照与认证产品相适应的良好农业规范的控制点及符合性规范的标准要求执行良好农业规范的相关标准。

⑨作为单一的生产经营者申请认证，不需要建立质量管理体系，只要农场的管理符合相关良好农业规范的控制点及符合性规范的标准要求即可。

⑩在确定申请人的认证选项后，认证的申请人需要向认证机构提出注册申请，需要在收获前进行申请注册。

⑪在认证前，需要提供三个月的记录来证实符合良好农业规范的相关要求。认证机构在接到注册申请后，会评估申请人的合法身份，决定是否受理申请。

⑫注册和受理必须在检查发生前完成。

（2）检查准备与实施

①对于生产经营者组织的认证检查，认证机构会对组织的质量管理体系实施审核，对组织的注册成员按照成员数量进行抽样检查，抽样的数量是注册成员数量的平方根。

②对于生产者的认证，满足相关控制点和符合性规范的要求即可获得证书。

③在认证检查过程中发现的不符合项，申请人需要在规定的期限内提供整改证据，只有整改证据在规定的期限得到认证机构的认可后，证书才能颁发。

④证书范围与产品的生产地点有关。

⑤非注册生产地点的产品不能认证；反之，在注册地点生长的非注册产品也不能认证。

⑥一旦有制裁，制裁适应于产品和地点。

⑦只有生产者才能申请产品认证。

（3）合格评定和认证的批准

①批准认证的条件：同时符合下列条件的，可批准颁发认证证书。

a. 申请人具有自然人或法人地位，并在认证过程中履行了应尽的责任和义务；

b. 产品经检测符合相应认证标准；

c. 经检查现场符合规定的要求；

d. 文件齐全；

e. 申请人缴纳了有关认证费用。

②ChinaGAP 的证书分为一级证书和二级证书。

③一级认证要求符合适用良好农业规范相关技术规范中所有适用一级控制点的要求；至少符合所有适用良好农业规范相关技术规范中适用的二级控制点总数 95% 的要求。

④不设定三级控制点的最低符合百分比。

⑤二级认证要求应至少符合所有适用良好农业规范相关技术规范中适用的一级控制点总数 95% 的要求。

⑥但能导致消费者、员工、动植物安全和环境严重危害的控制点必须符合要求。

⑦不设定二级控制点、三级控制点的最低符合百分比。

⑧认证机构根据发证数量的多少，会对通过认证的生产经营者进行不通知检查。

⑨对生产经营者组织的注册成员也进行抽样的不通知检查。

（4）监督与管理

①申请人在获得证书后，应保持证书的有效性，符合良好农业规范的相关要求。

②良好农业规范的证书有效期为一年，证书有效期截止日期之前，证书持有人应向认证机构提出再注册申请。

③认证机构接到申请后会在证书有效期前进行检查。

④在后续检查发现的不符合问题，认证机构可能会对申请人进行处罚，包括警告、证书暂停、证书撤销等。

⑤保持认证的条件：同时符合下列条件的，可继续持有认证证书。

a. 认证有效期之内，获证产品通过需要时进行的产品抽样检测（农场、仓库、市场），证明符合相应的标准。

b. 认证更改时，按《产品认证更改的条件和程序》的要求办理了相关手续。

c. 在认证有效期之内，没有违背《良好农业规范认证实施规则》第 9.2 条款要求和《产品认证证书暂停、恢复、撤销、注销的条件和程序》的情况。

d. 申请人缴纳了有关认证费用。

(三) 茶叶 GMP 认证的程序

1. 茶叶 GMP 认定的管理部门与机构

现今和茶叶行业密切相关的 GMP 认证是在茶叶出口企业推行的按照国家市场监督管理局总（原国家质量监督检验检疫总局）颁布《出口食品生产企业卫生注册登记管理规定》，进行《出口食品生产企业卫生注册登记》。

2. 茶叶 GMP 的认定程序

食品 GMP 认证工作程序包括申请受理、资料审查、现场勘验评审、产品抽验、认证公示、颁发证书、跟踪考核等步骤。食品企业 GMP 认证首先应递交申请书，申请书包括产品类别、名称、成分规格、包装形式、质量、性能，并附公司注册登记复印件、工厂厂房配置图、机械设备配置图、技术人员学历证书和培训证书等。申请认证主要是向所在地的直属检验检疫局提出申请，提出申请后认证方对提交的申请和文件进行审核，并到申请单位或企业现场评审，进判定合格后再对审核合格企业发证，发证后统一监督管理。

（四）茶叶 HACCP 认证的程序

1. 茶叶 HACCP 认证的管理部门与机构

HACCP 认证不仅可以为企业生产的茶叶质量安全控制水平提供有力佐证，而且将促进茶叶企业 HACCP 体系的持续改善，尤其将有效提高顾客对企业茶叶质量安全控制的信任水平。在国际贸易中，越来越多的进口国官方或客户要求供方企业建立 HACCP 体系并提供相关认证证书，否则产品将不被接受。

在我国，认证认可工作由国家认证认可监督管理委员会统一管理，其下属机构中国合格评定国家认可委员会（英文缩写为：CNAS）负责 HACCP 认证机构认可工作的实施，也就是说，企业应该选择经过 CNAS 认可的认证机构从事 HACCP 的认证工作。

2. 茶叶 HACCP 认证的认定程序

HACCP 认证流程如图 8-5 所示。

HACCP 体系认证通常分为四个阶段，即企业申请阶段、认证审核阶段、证书保持阶段、复审换证阶段。

（1）企业申请阶段

①企业申请 HACCP 认证必须注意选择经国家认可的、具备资格和资深专业背景的第三方认证机构，这样才能确保认证的权威性及证书效力，确保认证结果与产品消费国官方验证体系相衔接。

②认证机构将对申请方提供的认证申请书、文件资料、双方约定的审核依据等内容进行评估。

③认证机构将根据自身专业资源及 CNAS（国家认证机构认可委员会）授权的审核业务范围决定受理企业的申请，并与申请方签署认证合同。

④在认证机构受理企业申请后，申请企业应提交与 HACCP 体系相关的程序文件和资料，申请企业还应声明已充分运行了 HACCP 体系。

⑤认证机构对企业提供和传授的所有资料和信息负有保密责任。

⑥认证费将根据企业规模、认证产品的品种、工艺、安全风险及审核所需人天数，按照 CNAB 制定的标准计费。

（2）认证审核阶段

①认证机构受理申请后将确定审核小组，并按照拟定的审核计划对申请方的 HACCP 体系进行初访和审核。

②审核小组通常会包括熟悉审核产品生产的专业审核员，专业审核员是那些具有特定食品生产加工方面背景并从事以 HACCP 为基础的食品安全体系认证的审核员。

③必要时审核小组还会聘请技术专家对审核过程提供技术指导。

④申请方聘请的食品安全顾问可以作为观察员参加审核过程，HACCP 体系的审核过程通常分为两个阶段。

⑤第一阶段是进行文件审核，包括 SSOP 计划、GMP 程序、员工培训计划、设备保养计划 HACCP 计划等。这一阶段的评审一般需要在申请方的现场进行，以便审核组收集更多的必要信息。审核小组将听取申请方有关信息的反馈，并与申请方就第二阶段的审核细节达成一致。

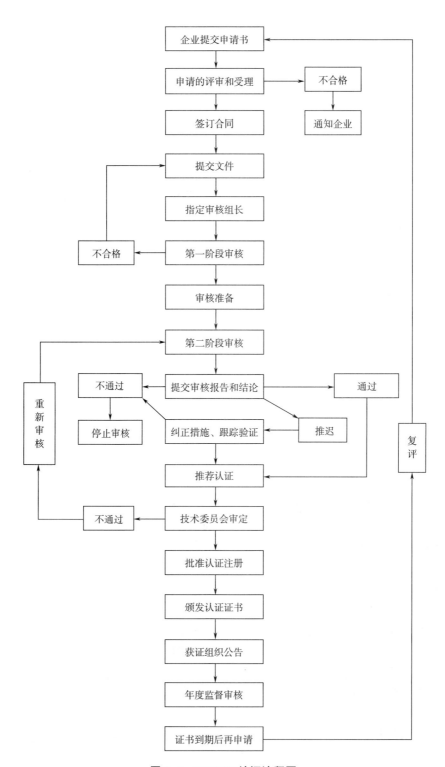

图 8-5　HACCP 认证流程图

⑥第二阶段审核必须在审核方的现场进行，审核组将主要评价 HACCP 体系、GMP 或 SSOP 的适宜性符合性、有效性。

⑦现场审核结束，审核小组将最终审核结果提交认证机构做出认证决定，认证机构将向申请人颁发认证证书。

（3）证书保持阶段

①HACCP 是一个安全控制体系，因此其认证证书有效期通常最多为一年，获证企业应在证书有效期内保证 HACCP 体系的持续运行，同时必须接受认证机构至少每半年一次的监督审核。

②如果获证方在证书有效期内对其以 HACCP 为基础的食品安全体系进行了重大更改，应通知认证机构，认证机构将视情况增加监督认证频次或安排复审。

（4）复审换证阶段

①认证机构将在获证企业 HACCP 证书有效期结束前安排体系的复审，通过复审认证机构将向获证企业换发新的认证证书。

②根据法规及顾客的要求，在证书有效期内，获证方还可能接受官方及顾客对 HACCP 体系的验证。

（五）ISO9000 认证的程序

1. 茶叶企业实行 ISO9000 认证的管理部门、机构及条件

根据茶叶企业自身条件，目前实施 ISO9000 系列质量管理体系认证主要是向国家正规的质量认证机构或中心申请认证，在专业人员的协助下完成相关工作。

茶叶企业申请产品质量认证必须具备四个基本条件：

①中国企业持有工商行政管理部门颁发的"企业法人营业执照"；外国企业持有有关部门机构的登记注册证明；

②产品质量稳定，能正常批量生产。质量稳定指的是产品在一年以上连续抽查合格。小批量生产的产品，不能代表产品质量的稳定情况，必须正式成批生产产品的企业，才能有资格申请认证；

③产品符合国家标准、行业标准及其补充技术要求，或符合国务院标准化行政主管部门确认的标准。这里所说的标准是指具有国际水平的国家标准或行业标准。产品是否符合标准需由国家质量技术监督局确认和批准的检验机构进行抽样予以证明；

④生产企业建立的质量体系符合 GB/T 19000-ISO9000 族中质量保证标准的要求。建立适用的质量标准体系（一般选定 ISO9002 来建立质量体系），并使其有效运行。

具备以上四个条件，企业即可向国家认证机构申请认证。

2. 茶叶企业实行 ISO 认证的程序

（1）认证前的准备　茶叶企业进行认证要根据自身的具体情况，按照认证的要求进行规划，做好认证前的准备工作，具体应包括建立质量管理体系的总体规划员工知识培训及内审员培训组织人员编写《质量手册》和《程序文件》组织按编写文件要求运行，并作内部质量审核进行管理评审。

在准备阶段企业应该考虑如何选择申请产品认证或质量体系认证如何选择国内或国外的认证机构如何选择咨询机构。

（2）ISO9000系列体系认证的实施

①提出申请：企业按照规定的内容和格式向体系认证机构提出申请，并提交质量手册和其他必要的信息。

②体系审核：体系认证机构指派审核组对申请企业进行文件审核和现场审核。

③审批发证：体系认证机构审查审核组提交审核报告，对符合规定要求的企业批准认证，向申请者颁发体系认证证书，证书有效期三年，对不符合规定要求的也应书面通知申请者。体系认证机构应公布证书持有者的注册名录，其内容应包括注册的质量保证、标准的编号及其年代号和所覆盖的产品范围。

④监督管理：企业在获得认证证书后还要对体系进行监督管理，包括标志的使用监督审核监督后的处置等内容。

思考题

1. 如何进行茶叶加工设备与环境安全的评价？

2. 茶叶加工过程中影响清洁化生产的污染源有哪些？污染茶叶的机制是什么？

3. 控制茶叶加工过程的清洁化生产加工的主要措施有哪些？

4. 清洁化生产的定义与特点是什么？

5. 如何进行茶叶的清洁化生产与加工？

6. 茶叶清洁化生产的控制体系主要有哪些？各个体系的定义和特点是什么？实施茶叶清洁化生产控制体系对茶产业有什么意义？

参考文献

[1]刘新，张颖彬，潘蓉，等．我国茶叶加工过程的质量安全问题及对策[J]．食品科学技学报，2014，32（2）：16-19．

[2]肖宏儒，朱建一，钟成义．绿茶加工过程中的污染因素及控制技术研究[J]．茶叶科学技术，2009（4）：39-41．

[3]张梅．加工过程对茶叶卫生质量的影响与控制对策[J]．大众科技，2013，15（1）：72-73；64．

[4]刘新，张颖彬，潘蓉，等．我国茶叶加工过程的质量安全问题及对策[J]．食品科学技术学报，2014，32（2）：16-19．

[5]凌甜．我国茶叶质量安全现状与控制对策分析[D]．长沙：湖南农业大学，2014．

[6]王守兰．清洁生产理论与实务[M]．北京：机械工业出版社，2002．

[7]王学军，何炳光，赵鹏高．清洁生产概论[M]．北京：中国检察出版社，2000．

[8]张凯，崔兆杰．清洁生产理论与方法[M]．北京：科学出版社，2005．

[9]陈永焦．浅谈我国水污染现状及治理对策[J]．科技信息，2010（11）：797-798．

[10]戴燕宁．大气污染对农作物的影响[J]．辽宁科技学院学报，2011，13（1）：

15-17.

[11]董树国.有机茶的冷藏保鲜技术[J].农业工程技术·农产品加工,2008(1):54.

[12]方元超,刘湄,姚忠铭.茶叶保鲜新技术的探讨[J].食品研究与开发,1999(5):54-57.

[13]傅腾腾,朱建强,张淑贞,等.植物生长调节剂在作物上的应用研究进展[J].长江大学学报:自科版·农学卷,2011,8(10):233-235.

[14]郭桂义,袁丁,孙慕芳.茶叶清洁生产与茶园施肥[J].信阳农业高等专科学校学报,2008,18(2):110-112.

[15]郭俊婷,李桂香,吴蓓,等.探讨减少肥料污染向有机农业发展的思路[J].现代农业,2012(5):74-75.

[16]何鹏.土壤污染现状危害及治理[J].吉林蔬菜,2012(9):55-56.

[17]胡维军,连之新,刘学才,等.崂山风景区公路边林茶间作对茶鲜叶铅含量的影响[J].山东林业科技,2006(5):30-31.

[18]黄跃荣.GB/T 6543—2008《运输包装用单瓦楞纸箱和双瓦楞纸箱》标准应用心得[J].印刷技术,2010(6):50-51.

[19]霍建聪,李湘利.茶叶陈化机理及保鲜技术研究进展[J].四川农业科技,2005(4):40-41.

[20]刘建亲,花日茂.微生物降解农药的研究进展[J].安徽农业科学,2008(24):10663-10664;10667.

[21]刘磊,肖艳波.土壤重金属污染治理与修复方法研究进展[J].长春工程学院学报:自然科学版,2009,10(3):73-78.

[22]刘庆巍.化肥对土壤的污染及防治对策[J].养殖技术顾问,2011(9):240.

[23]倪德江.茶叶清洁化生产[M].北京:中国农业出版社,2016.

[24]骆耀平.茶树栽培学[M].北京:中国农业出版社,2008.

[25]马燕,张冬莲,苏小琴,等.茶叶中真菌毒素污染的国内外研究概况[J].中国食品卫生杂志,2014,26(6):627-631.

[26]石磊,汤凤霞,何传波,等.茶叶贮藏保鲜技术研究进展[J].食品与发酵科技,2011,47(3):15-18.

[27]石元值,马立锋,韩文炎,等.汽车尾气对茶园土壤和茶叶中铅、铜、镉元素含量的影响[J].茶叶,2001(4):21-24;34.

[28]时春喜.农药使用技术手册[M].北京:金盾出版社,2009.

[29]谭济才.茶树病虫害防治学[M].2版.北京:中国农业出版社,2011.

[30]唐小林.茶叶清洁化生产的问题与对策[J].中国茶叶加工,2011(4):18-20;36.

[31]汪玉秀,常君成,王新爱,等.大气中化学污染物对植物危害作用机制的探究[J].陕西林业科技,2001(4):57-61.

[32]王合理,白体坤.植物生长调节剂的使用技术和使用误区[J].植物医生,

2011, 24(6)：51-52.

　　[33]王欣.浅谈茶叶保鲜[J].科技创新导报,2011(14)：231.

　　[34]王帅,王楠主.土壤肥料学[M].长春：吉林大学出版社,2017.

　　[35]吴永刚,姜志林,罗强.公路边茶园土壤与茶树中重金属的积累与分布[J].南京林业大学学报：自然科学版,2002(4)：39-42.

　　[36]孙威江.无公害茶叶[M].北京：中国农业大学出版社,2002.

　　[37]孙威江.茶叶质量与安全学[M].北京：中国轻工业出版社,2020.

　　[38]曹竑.食品质量安全认证[M].北京：科学出版社,2019.

　　[39]胡克伟,任丽哲,孙强.食品质量安全管理[M].北京：中国农业大学出版社,2017.

　　[40]程静,李兰英.名优茶的全程清洁化生产[J].福建茶叶,2009,31(4)：26-28.

　　[41]丁勇,黄建琴,胡善国.茶叶深加工的技术研究进展[J].中国茶叶加工,2005(3)：22-24;29.

　　[42]丁勇,徐奕鼎,雷攀登,等.茶叶精制主体设备的技术特性与应用[J].中国茶叶加工,2012(1)：31-35.

　　[43]权启爱.茶厂建设程序与厂区的规划设计[J].中国茶叶,2008(6)：10-11.

　　[44]唐小林.我国茶叶加工技术装备现状分析与对策研究[J].中国农机化,2010(2)：20-23;30.

　　[45]周仁贵,冯小辉,郑树立.茶叶安全清洁化生产与茶厂规划[J].茶叶,2011,37(1)：41-44.

第九章　茶叶包装贮运与生态环境

茶叶包装贮运通过生产和消费包装材料不断地改变着周围环境质量，环境质量的变化又不断地反馈作用于茶叶的生产流通。人类利用和改造环境的活动，会产生良好的效果，又可能产生不良、甚至严重不良影响，引起环境质量下降，而不利、甚至危害人类生产、生活和健康。

据调查，我国食品包装中金属包装占 8%~10%，纸类包装占 32%~35%，玻璃包装占 4%~6%，而塑料包装占 50% 以上，每年一次性塑料包装消耗超过 100 万 t，触目惊心的数据要求绿色环保材料必须快速发展壮大。如今，绿色环保材料已经得到大量使用，在茶叶包装中也成为发展趋势。随着环保意识的增强与生活方式的改变，更多的消费者注重产品包装材料的优质性与安全性，茶叶包装的科技含量不断增加，包装向简洁实用、绿色环保的方向发展，目前，茶叶包装已突破了原有的传统模式，出现了无污染纸质包装、天然有机材料、可降解塑料等。但包装废弃物的数量与日俱增，过度包装与材料浪费现象依然存在。

在国外，一些发达国家早已意识到绿色环保材料的重要性，这也均得益于法律的控制，目前国际上绿色环保材料的应用已经成为设置绿色标准的主要内容之一。茶叶包装也因此要求更简洁实用，绿色安全，大多数的茶叶包装切实实行轻量化的复合包装以及可循环利用的罐装包装，减少材料的消耗与环境污染，改变消费者对包装废弃物的认识。但不是所有的包装材料都如此，环境污染与包装废弃物泛滥依然是国际问题，循环利用与可回收性也仅仅局限在一些发达国家。

第 一 节　茶叶包装贮运的环境行为

环境行为，是指环境法律关系主体包括国际组织、国家、企业事业单位和公民个人对环境直接和间接施加影响的活动之总称。依活动与环境的关系分为直接环境行为和间接环境行为，前者指主体的行为直接作用于客观环境及其要素，如排放废水、捕猎珍稀动物；后者指主体的行为不直接作用或触及客观环境，而该行为通过影响直接环境行为而对客观环境及其要素产生作用，如环境决策活动、环境立法活动、环境司法活动等。

茶叶包装贮存行为规范包括关注生态环境、节约能源资源、践行绿色消费、选择低碳包装贮运、减少污染产生、呵护自然生态、参加环保实践、共建美丽中国。也可以说茶叶包装贮存行为与周围环境同处在一个相互作用的生态系统中，茶叶包装要能自觉地、有目的地作用于他周围的环境，同时受到客观环境的影响和制约，在改变茶叶促销市场的同时，也改变了自己，树立了企业文化。

一、包装文化与企业文化

包装文化是有关包装科学发展和艺术思维的总和。从技术上看，新的包装材料、包装机械、包装印刷等不断涌现；从人文上看，新的设计理念、消费观念、营销策略等都在发生革命性的变化。这些都迫使包装企业不得不对包装文化引起高度的重视。

企业的发展离不开对包装文化的深刻理解，包装既保护了茶叶产品的质量，也是企业品牌和经营理念的窗口。因此，茶叶企业在进行产品的包装策划时，无论是对包装的技术设计还是对包装的艺术设计，都应该站在文化的高度来思考。把企业文化注入包装设计的整个过程，使消费者在消费产品的同时，还感受到浓厚的企业文化气息与人文关怀，从而企业的品牌效应也得到了大幅提升。

二、包装与市场

在市场经济条件下，只要有了商品，包装就如影随形。也可以说，没有包装就没有市场。

当今是一个商品极其丰富、高节奏生活的时代，消费者面对的是琳琅满目、应接不暇的商品，人们在实体或虚拟市场上对单个商品的关注时间非常之短，只有商品的包装能够综合利用颜色、造型、材料等元素，同时表现出产品、品牌等企业的内涵和信息，突出了产品与消费者的利益共同点，对于消费者形成较为直观的视觉冲击，进而影响到消费者对产品和企业的印象，使产品醒目地摆放在货架上，有效地完成吸引消费者的目的。为此，针对茶叶包装对市场环境的影响因素做以下几点说明。

(一) 茶叶产品的保护因素

茶叶产品进入流通环节，需要有严谨、周密的包装策划，它包括针对特定的茶叶或不同等级的茶叶、不同的消费群体、到达的目的地，以选择不同的材料、封装开启方式，使茶叶产品得到有效的保护，从而完整、原质地进入消费终端。

(二) 茶叶企业的品牌因素

品牌的力量是无限的，包装就是品牌宣传最直接的方式。许多消费者购买茶叶商品往往就是冲着"品牌"来的，那是因为某个品牌已经形成了固有的价值观念，它极大地满足了现代消费者的消费个性需要与精神需求。因此，其包装的外在表现必须突出"品牌特征"，将其品牌元素以最直接的方式展现出来。

(三) 茶叶包装的装潢设计因素

茶叶包装的装潢设计主要是指销售包装的外观设计，包括包装的造型、色彩、图案、文字以及携带方式等。著名的杜邦定律指出，大约三分之二的消费者是根据商品的包装盒装潢进行购买决定的。在设计时要充分考虑到消费对象、销售环境。

（四）茶的文化因素

不同的国家、地域、民族有着不同的文化传统。在全球经济的今天，中国是一个制造大国，世界各地无不流通着大量的"中国制造"，我们的茶叶包装也必须立足本国、面对全世界。对全球各民族文化、风俗习惯、禁忌等应进行充分、全面的了解，使我们的茶叶商品既承载着我们的传统文化，又与世界各民族文化和谐相处，从而使我们的茶叶商品增强国际竞争力。

总之，茶叶包装策划的好坏，直接关系到市场营销。茶叶产品包装既是对市场营销的预期，又决定了市场营销的结果。因此，我们需要一个与茶叶产品、茶叶企业及其精神氛围相统一的具有鲜明个性的茶叶包装，达到"科学、经济、牢固、美观、适销"的目的，使我们的茶叶包装符合市场需求，立于不败之地。

三、包装与环境

包装材料由于使用量大，材料的种类多，废弃后又难以降解，对城市环境和生态造成了严重影响。据统计，我国每年产生约 1600 万 t 包装废弃物，每年还在以超过 10% 的速度增长，回收情况除啤酒瓶和塑料周转箱比较好外，其他包装废弃物的回收率相当低，整个包装产品的回收率还是达不到包装产品总产量的 20%。包装物的生命周期对生态环境的影响几乎涉及大气、水体、土壤、森林和海洋等各个方面。包装采用的原料如纸制品、玻璃、塑料、泡沫等对环境的影响有目共睹。尤其是塑料包装由于不可降解，对生态环境造成极大污染。而且包装物的生产同样污染环境，纸质包装在制造过程中，严重污染环境，制浆造纸企业的废水排放量约占全部工业废水排放量的 10%。塑料工业、玻璃工业将排放出大量有毒有害气体，如二氧化碳、硫化物等，对大气造成严重污染，这既是对资源的消耗，又是对环境的破坏。近年来，我国包装废弃物的回收工作在国家和地方政府主管部门有关政策和法规的指导下，虽然取得较大进步，但总体形势不容乐观。

我国是森林资源贫乏的国家，由于国民经济的高速发展，森林资源的可持续发展与包装的原材料——木材供需矛盾日益尖锐，森林工业不得不长期处于过度采伐的境遇，从而导致可采资源枯竭，使得我国包装行业也处于非常尴尬的境地。

为了实现茶叶包装与环境的和谐发展，以科学发展观的思路来解决茶叶包装废弃物与对环境影响的矛盾，实现茶叶包装与环境的和谐发展，茶叶包装从业人员应从以下几个方面考虑。

（一）茶叶包装的环保化设计

加强科学的设计意识，将资源、能源、对生态环境的影响以及废弃物循环使用等进行综合考虑，最终做出最佳设计方案。

可以结合编织、木工等非遗传统手工艺进行包装结构的设定，图 9-1 为一款由中国台湾当地竹编大师手工编织的竹篓茶叶包装。竹篓的概念延伸出新鲜天然之意，也由此展现出原产地的特色，在提升台湾茶的文化和创新价值的同时，其精致耐用的外包装还可以用于存放其他物品或被当作非遗文创产品收藏。设计者通过赋予茶叶包装更高层次的审美价值和更丰富的文化内涵，提高茶叶包装的附加价值，体现民族文化特色，使消费者对其产生浓厚的赏玩品鉴之情，以通过收藏陈列的方式实现对茶叶包装的重复。

图9-1 中国台湾高山茶茶叶礼盒包装

（二）关注新材料、新技术

科学技术的进步带动了新材料、新技术的不断涌现，特别是那些对环保型、可降解型的材料以及通过改变材料的物理结构能产生节约效益的，应特别关注。如可食性材料、高降解型材料和对材料结构重新组合、排列后增加其强度和利用率的材料。

茶叶的特殊性要求茶叶包装具有更完善的功能。茶叶包装的功能不仅是方便茶叶的封装贮运，更重要的是保障茶叶流通过程中的安全，因此，一些新的包装技术应运而生（图9-2）。这些技术的出现很好地保障了茶叶的质量，对茶叶包装行业在茶业市场环境中的发展起到了积极的作用。

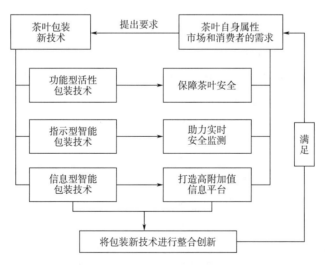

图9-2 茶叶包装新技术的应用

（三）倡导绿色包装

绿色包装，是指在产品包装的全生命周期内，既能经济地满足包装的功能要求，同时又对生态环境不产生污染，对人体健康不产生危害，能够回收和再利用，满足可持续发展的要求。绿色包装要求实现包装减量化、重复利用化、循环利用再生化、可以降解腐化原则，即通常的 3R1D 原则，它充分考虑包装的整个生命周期过程对资源、能源及生态环境的影响，着力降低包装材料的环境负载，实现包装功能性和环境适应性的平衡和统一。据专家预测，未来 10 年内绿色茶叶将主导世界市场，绿色茶叶必须要有绿色包装，积极研究和开发"绿色包装"是包装行业面对未来的必然选择。

德国于 1992 年公布《德国包装废弃物处理法令》，日本于 1991 年、1992 年发布并强制推行《回收条例》《废弃物清除条例修正案》，美国也规定了废弃物处理的各项程序。这些"绿色包装"法规都是为了有利于人类的生存环境而制定的保护措施。倡导绿色包装，是现代人所必须具备的基本素质。它不仅仅保护了人类自身的生存环境，提高了生活质量、使人们的生活更加安全、舒适。同时也为了茶叶产品进入国际市场，扫清"绿色壁垒"的限制。

在绿色包装方面，茶叶包装贮运不仅仅关注包装材料的质量，更加关注包装上的生态设计风格，例如它的色彩、文字、图案等都要满足绿色环保设计原则与消费者基本消费理念。因此，我国政府专门制定了《绿色食品包装通用准则》，结合最新规定对绿色食品的环保包装设计提出了相关卫生标准与包装材料设计标准。这也就要求茶叶企业不得使用单一材质的材料进行绿色环保包装设计，而是鼓励采用复合材料，结合废弃物品回收与可生物降解材料进行绿色环保包装设计，深度结合当前人类所追崇的绿色环保理念、技术美学与商品美学，在深度分析消费者行为后深度体现茶叶产品包装应用价值与审美价值。

第二节　茶叶包装材料、设备及容器安全标准

包装技术是一门综合性的学科，它涉及科学技术、艺术修养和财经贸易各个领域。由于茶叶产品品种繁多，性能各异，要求也各不相同，对不同的茶叶产品就应有相应的包装，在进行包装贮运时应做到科学、安全、经济、实用、美观、无公害、易处理。茶叶包装要根据茶叶的特点（如怕潮、怕异味、怕光等）来选用安全的包装材料，才能达到保护茶叶品质的目的。现在经济生活中，所有商品都要经过包装，才可以进入流通、消费的领域。而在整个包装行业中，茶叶包装材料及容器的发展速度也是非常快的，目前在我们生活中接触的茶叶包装材料已有几百种，在众多的包装材料中，如何选用安全的包装材料，以及如何使用符合安全标准的包装材料、设备及容器，已成为广大茶叶生产者和消费者十分关注的问题。

一、茶叶包装材料

（一）陶瓷材料

陶瓷是中国五千年文化的传承，早在约公元前的新石器时代就出现了。茶叶极易受潮、气味容易挥发，陶瓷材料的包装刚好弥补了这一缺陷，此类茶叶包装也是茶文化和陶瓷文化的完美结合。陶瓷材料一般硬度较高，但是可塑性较差，易破碎不易回

收，密封性也欠佳。

（二）金属材料

金属材料的茶叶包装是最常见的包装，包括金属食、金属罐等，金属材料有较好的防潮性与密封性，可以阻隔紫外线，因此短期内不会引起茶叶的变质、褪色等。金属材料通常用镀锡薄钢板或者铝合金薄板制造，相对而言方便运输，不易破损。

（三）纸质材料

纸质包装本身成本低、印刷方便、重量轻、可折叠，是常用的包装材料。纸质茶叶包装通常分为外包装与内包装，外包装通常用白板纸等经过印刷模切之后成型纸盒，内包装则直接包装茶叶。实际上，纸质材料的密封性不强，防潮性低，不适合长时间存储茶叶，且纸质材料在生产初期就对环境有所污染，加上商家为了减少茶叶香气的挥发，通常将塑料包装与之结合，致使茶叶包装更加复杂。

（四）塑料材料

由于塑料包装占据的市场空间较大，也是较为便捷的包装材料，所以茶叶包装在销售量较大的情况下，塑料包装就显得尤为重要。塑料的密度小，密封性强，对茶叶可以长时间保存，所以获得了较高的使用率。但塑料包装往往存在着甲醛等有害物质，废弃物不易降解，对环境污染严重，也是绿色环保材料面临的最大问题。

（五）其他材料

除此之外，茶叶包装还有天然材料、复合材料、纺织材料、玻璃等，多种多样的包装材料为商品服务、保护茶叶的特性。天然材料运用最多的是木质、竹质包装（图9-3），复合材料多为复合塑料包装，纺织材料多为布袋麻袋，玻璃常见于玻璃瓶等，都是茶叶包装设计中常见的包装材料。

图9-3 四种类型的竹材包装

二、茶叶常见包装种类

常见的茶叶包装分为软包装、半硬包装和硬包装三种类型，根据顾客需求的不同，材料和材料本身的成本也存在差异。软包装主要是以纸袋、塑料食品袋、复合袋为材料。硬包装通常以竹盒、木盒、铁盒、玻璃瓶等材质为材料。不同类型的包装材料对其包装内所保存的茶叶和消费人群以及使用目的来进行划分。

（一）塑料食品袋、复合袋包装

塑料食品袋、复合袋为主的包装材料具有方便、质量轻、易携带等特点，对茶叶的防潮防异味等方面具有良好的功效，适用于大多数品类的茶叶。对于大多数的商家来说，也是销售量比较高的类型。此类软包装茶叶，由于其包装的简易型，多用于顾客购买后自己食用，所以消费者更加注重的是包装本身的功能性和价格。

（二）纸袋类型包装

备受年轻人喜爱的纸袋包装类型的茶叶，也占有较大的市场份额。纸袋包装的茶叶具有简便、易清理等特性，可以直接放入茶具中进行冲泡。对材料的选择要求较高，而且包装成本较高。面向的人群以当下年轻人为主，包装的主要种类也多以袋泡茶或保健茶等功能性茶叶为主。

（三）硬包装

硬包装对于茶叶的包装提供了更加多样的可能性。不同的材质也为茶叶提供了更合理的保存空间，而且在美观程度上增加了多样性。

金属盒、竹盒、木盒、纸复合罐等类型的茶叶包装，具有易造型、易印刷、易雕刻等特点，经常被用于礼盒包装，价格较高，大多数消费者选择此种类型作为礼品赠予亲朋好友。但由于其密封效果较差，因此经常搭配铝箔覆膜带来进行包装。

目前市场上常见的金属盒包装材料是以镀锡薄钢板材质为主，有圆形和方形两种形态。由于金属材质的可塑性高，多用于礼盒包装中。而且金属材质的包装罐具有密封、防潮和防破损等优点，因此是较为理想的茶叶硬包装材料。但是利用金属材料作为包装材料的成本较高，一方面材料本身成本较高，另一方面由于其体积较大，在运输过程中也产生了大量的费用。导致最终产品的价格较高，因此高档礼盒的包装多以金属为主，面向的是具有较高消费能力的顾客。

三、茶叶包装材料的安全性

（一）塑料包装材料的安全性

塑料包装材料的安全性主要表现为材料内部残留的有毒有害物质迁移、溶出而导致内部茶叶的污染，其主要来源有以下几个方面：树脂本身具有一定毒性；树脂中残留的有害单体、裂解物及老化产生的有毒物质；塑料制品在制造过程中添加的稳定剂、增塑剂、着色剂等助剂的毒性；塑料包装容器表面的微生物及微尘杂质污染；非法使用的回收塑料中的大量有毒添加剂、重金属、色素、病毒等对茶叶造成的污染。

（二）纸包装材料的安全性

我国目前纸包装材料占总包装材料的 40% 左右，主要安全问题：一为原料本身的问题，如原材料本身不清洁、存在重金属、农药残留等污染，或采用了霉变的原材料使用品染上大量霉菌，甚至使用社会回收废纸作为原料，造成化学物质残留；二为生产过程中添加了荧光增白剂；三为含有过高的多环芳烃化合物；四为包装材料上的油墨污染等。

（三）金属、 玻璃和陶瓷包装材料的安全性

金属包装材料化学稳定性较差，当环境湿度大时易生锈，如果茶叶直接接触，会影响茶叶的品质安全。玻璃作为包装材料，其存在的主要安全问题是：重金属超标；有色玻璃中着色剂的毒性；盛放含气茶饮料时发生的爆瓶现象，等等。大众普遍认为陶瓷包装容器是无毒、卫生、安全的，不会与所包装茶叶发生任何不良反应。但长期研究表明：釉料，特别是各种彩釉中所含的有毒重金属如铅、镉等易造成污染，对人体产生危害。对于以饮用为主的茶叶产品来说，直接接触包装或贮藏，也有安全方面的隐患。

四、茶叶包装材料安全标准

茶叶包装应选择安全、卫生、环保、无味的包装材料，与茶叶接触的材料应符合相应食品安全国家标准及产品标准要求。

内包装材料必须具有牢固、无毒、防潮、遮光等作用；外包装则要有形态、抗压等功能，便于装卸、运输。直接接触茶叶的包装材料必须是食品级的，不得使用聚氯乙烯、混有氯氟碳化合物的膨化聚苯乙烯等有毒物质作为包装材料，不得使用油墨印刷的纸张，不使用盛装过其他物品的食用袋包装茶叶，不得使用含有荧光染料的材料。各类材料使用安全参考标准如下。

（一）塑料、 复合袋类

薄膜应采用聚乙烯或聚丙烯材料制作，复合袋应采用复合材料制作。

（二）纸类

初始包装纸袋宜采用大于 $28g/m^2$ 的食品级包装纸，内包装纸袋宜采用大于 $50g/m^2$ 的牛皮纸制作，纸盒宜采用大于 $120g/m^2$ 的纸和纸板制作，纸罐/筒宜采用厚度为 $0.6\sim1.5mm$ 的纸板或大于 $100g/m^2$ 的牛皮纸卷制而成。

（三）金属类

铝罐采用金属铝带卷制（或冲压）制作，罐壁厚度宜为 $0.4\sim1.0mm$。铁罐采用镀锌或镀锡的马口铁皮卷制，罐壁厚度宜为 $0.3\sim0.8mm$。锡罐采用金属锡熔铸而成，罐壁厚度宜为 $0.5\sim1.2mm$。

五、茶叶包装机械设备

包装机械设备是提高包装工作效率与包装质量的重要手段，是促进商品生产与流通的积极措施。包装机械设备包括的范围很广、种类较多，如装包、装盒、裹包、封口、捆扎等各种机械。这些包装设备尽管包装工艺、包装材料、包装的物料不同，但

它们都具有一部分共同的结构和一部分特殊结构。各种包装设备都具有的共同的结构称为包装设备的基本结构。而包装设备的基本结构由动力部件、传动机构、进给机构、计量装置、控制系统、输送装置和机身7个部分组成。包装设备的种类很多，用于茶叶的包装机械有制袋充填包装机、袋泡茶包装机、真空充气包装机、封口机、捆扎设备、托盘薄膜裹绕机和茶叶自动包装机（图9-4）等。

我国茶叶包装机械工业历史短，总体技术水平和生产能力还比较低，虽然近年来在国内外茶叶包装市场需求的促进下，并受到国外先进技术的影响，发展速度很快，包装自动化技术水平有了明显提高，但茶叶作为直接饮用或食用的产品，其包装机械设备应该建立相应的安全标准，此方面有待于进一步规范化和标准化。

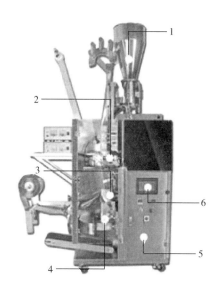

图9-4 一种茶叶自动包装机
1—316不锈钢储料斗 2—内袋封口结构
3—汽动机械手结构 4—外袋成型结构
5—整机不锈钢材质 6—控制面板

六、茶叶包装容器

包装、盛放茶叶的制品，如塑料包装袋、玻璃瓶、金属罐、纸盒、纸箱等。而茶叶包装容器应清洁、干燥、无毒、无异味，最好采用可回收的材料作为茶叶包装物。常见茶叶包装容器的安全标准如下。

（一）塑料包装容器的标准

塑料箱的材质要求，制成箱后，其强度。耐折度要超过纸箱标准的5~10倍。用编织袋的，其强度不应低于麻袋；用作食品包装的薄膜，除了必须无毒、无异味外。若真空充气，还要求气密性好或耐油等。

（二）金属包装容器的标准

马口铁罐表面应清洁无锈斑，封口完整不漏气，卷边处无铁舌，罐盖无突角，罐身应没有凹瘪等变形现象。

（三）木材包装容器的标准

对于木箱的质量，国家粮食和物资储备局颁发了木箱技术条件。对木箱的规格、结构和适应范围，以及木板厚度和宽度、木材的缺陷、箱板或箱框的结合，衬条板的形式等均做了详细的规定。

七、茶叶包装材料优化与升级

茶叶包装实行包装瘦身以来，也相继出现新的设计理念和设计方法，对包装材料进行探索式的优化与升级。打破以往的茶叶包装形式，加强材料的可降解性和可回收性、注重材料的无毒无害性，如将传统的塑料包装改为塑料复合材料包装、铁盒等金属包装改成可降解的铝制罐装等。茶叶包装材料的安全性是重中之重，以纸质包装为例，在包装材料优化升级的背景下，原本生产纸的过程中需要消耗大量的木材与水资源，于是出现了新的造纸技术——石头纸，顾名思义就是用石头制作纸张，将石头中的碳酸钙研磨成微粒后吹塑成纸，该技术的出现不仅仅解决了资源浪费的问题，还减少了原本纸制品中的漂白物质对身体的有害性。除此之外茶叶包装材料中纸质材料进行优化升级的最关键一点是减少了包装内部的塑料薄膜层使用，减少了黏合剂的使用，以此加快降解时间，减轻了生态负担。茶叶包装设计中包装材料的优化升级取得了一定的发展成果，但普及力度远远不够，在一些知名品牌中运用较多，散装茶叶的包装材料还有待改善和升级。

第三节 茶叶产品安全贮运

包装与茶叶及其周围环境构成了一个整体，如图 9-5 所示，通过包装外部环境、茶叶与内部环境的相互关系，构建茶叶产品的安全贮运。

茶叶作为在整个消费环节中都拥有广泛消费人群的一种产品，有关茶叶质量安全的问题，除了影响茶叶本身所具有的保健作用外，同样因为存在质量问题和安全问题带来的健康隐患，因而对整个消费区域茶叶的产销规模都会产生影响。茶叶产品的质量安全要依据茶叶的特性，在运输过程中如何贮存茶产品，处理好贮藏与运输的关卡，从而促进茶产品安全贮藏与安全运输方面的健康发展。

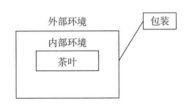

图 9-5 茶叶/包装/环境系统

一、茶叶的贮藏

(一) 茶叶的特性

如何妥善贮藏茶叶与茶叶的特性是密不可分的，了解了茶叶的特性才更有利于茶叶的安全贮藏。

1. 茶叶具有吸湿性

因为茶叶存在着许多亲水性的成分，如糖类、多酚类、蛋白质等，同时茶叶组织又是多孔性的，所以茶叶具有很强的吸湿性，为了防止茶叶水分的增多，在贮运过程中必须注意环境的相对湿度。

2. 茶叶具有吸味性

茶叶中含有棕榈酸、烯萜类等物质以及其组织结构的多孔性，茶叶具有吸收异味的性能，会很快就吸收其他物质的气味改变或掩盖茶叶本来的气味。在茶叶的运输保管中，不能与其他带有异味的货物放在一起，以避免使茶叶变味和污染。

3. 茶叶具有陈化性

茶叶的陈化就是茶叶随保管时间的延长而质量逐渐变差，如色泽变暗、香气减半、滋味平淡等。出现这种现象的主要原因就是氧化作用。因此，在包装上要用密封贮存的方法来保存茶叶。

4. 茶叶具有怕热性

温度对茶叶的香气、颜色、滋味等都有很大的影响，温度过高会使茶叶很快变质，会使得绿茶不绿，红茶不鲜，花茶不香。因此要维持或延长茶叶的保质期，应采用低温保存。

(二) 茶叶变质的外因

茶叶的特性决定了茶叶的品质必然会由优变劣，由好变坏。但是，这一变化过程是在一定的外界条件下起作用的。在合适的环境条件下，可以延缓这一质变过程，在不适合的环境条件下，也会加速这一质变过程。生产实践和实验结果表明，影响茶叶变质的环境条件主要是温度、水分、氧气和光。

1. 温度

茶叶变质过程就是茶叶内含物质的化学反应过程。温度对茶叶的氧化反应影响很大。温度越高，氧化反应的速度就越快，实验表明，温度每升高10℃，茶叶色泽褐变的速度增加3~5倍；如果茶叶在10℃条件以下存放，可以较好地抑制茶叶褐变的进程；在-20℃条件下冷藏时，几乎可以完全防止茶叶陈化变质。

2. 水分

水是化学反应的介质，也是微生物繁殖的必要条件之一。含水量越高，化合物自动氧化作用就越强，茶叶变质就越快。研究表明，当茶叶含水量在3%以下时，可以较好地阻止脂质的氧化变质，当茶叶含水量在6%以下时，茶叶内开始缓慢的化学反应，当茶叶含水量达到7%以上时，其内部化学变化就相当激烈了。

3. 氧气

茶叶中各种成分的自动氧化，都是空气中氧气直接参与的结果。茶叶中儿茶素的自动氧化、维生素C的氧化、茶多酚的氧化以及茶叶中其他一些物质的氧化缩合与聚合，都与氧气的存在有关，脂类氧化产生陈味物质也是在氧气的直接参与和作用下进行的。

4. 光

光不仅直接影响干茶的色泽，还影响香气和滋味。光的本质是一种能量，由于光线照射可使能量水平提高，对茶叶贮藏产生极为不利的影响。光能加速各种化学反应的进行，促进植物色素或脂质的氧化，特别是叶绿素极易受光的照射而导致茶叶褪色，其中受紫外线的照射而使茶叶褪色更为明显。

(三) 茶叶变质的内因

在茶叶贮藏中，受外界条件的影响，茶叶中的叶绿素、茶多酚、维生素C、类脂物质、氨基酸香气等成分，会随时间的延长而变化，使茶叶质量变劣。

1. 叶绿素

叶绿素是形成绿茶色泽的重要成分，叶绿素又是一种很不稳定的物质，在光和热的作用下极易分解，尤其在紫外线的照射下分解更快。叶绿素的减少，使绿茶失绿产生褐变现象。

2. 茶多酚

茶多酚是决定茶汤色泽和滋味优劣的主要成分，茶多酚易发生氧化，生成醌类物质，从而使茶汤变褐，如这种氧化产物再与氨基酸进一步反应，就会使滋味变劣。

3. 维生素 C

维生素 C 不但是茶叶所含的营养保健成分之一，而且是决定茶汤滋味是否鲜爽的重要成分。维生素 C 是一种极易氧化的物质，被氧化后生成脱氢维生素 C，脱氢维生素 C 易于氨基酸反应，形成氨基羰，既降低了茶叶的营利价值，又使颜色发生了褐变，同时还使茶汤变得不鲜爽。在绿茶品质中，当维生素 C 含量减少 40% 以上时，茶叶品质就明显下降。

4. 类脂物质

类脂物质置于空气中的氧缓慢地发生氧化反应，生成醛类和酮类物质，从而产生酸败臭气味，茶叶在贮藏过程中游离脂肪酸的含量不断增加，茶叶香味减少，出现陈味，汤色加深。

5. 氨基酸

氨基酸是赋予茶汤鲜爽宜人滋味的主要物质，在茶叶存放期间，氨基酸与茶多酚类自动氧化的产物结合，生成暗色的聚合物，致使茶叶既失去收敛性，又丧失了新茶原有的鲜爽度，变得淡而无味，贮藏时间越长，氨基酸含量下降越多。

6. 香气成分

茶叶在贮藏过程中，原有的香气成分会逐渐丧失，而会产生一些新的陈味物质，从而使新茶特有的清香逐步散失，陈味日益显露，新茶变为陈茶。

二、茶叶的入库贮藏

根据《茶叶卫生管理办法》，茶叶在贮存过程中要注意防潮、防霉防污染。处于生产和流通过程中的名优茶必须贮存在专用仓库中，仓库要干燥、通风、隔热，要按品名、等级单独成堆。有条件的生产和经营企业，最好建立专用的高标准的名优茶仓库。

(一) 入库贮藏前

茶叶在入库前应备好仓房，清扫并进行消毒。仓房必须保持干燥，有干燥法和吸湿机除湿两种方法。

(二) 入库贮藏后

茶叶入库后的管理是关键。引起茶叶劣变的主要因素有光线、温度、水分或湿度、氧气、微生物和异味污染等。

其中微生物引起的劣变受温度、水分、氧气等因子的限制，而异味污染则与贮存环境有关。因此要防止茶叶劣变必须对光线、温度、水分及氧气加以控制，包装材料必须选用能遮光者，如金属罐、铝箔积层袋等，氧气的去除可采用真空或充氮包装，也可使用脱氧剂。

茶叶贮存方式依其贮存空间的温度不同可分为常温贮存和低温贮存两种。因为茶叶的吸湿性颇强，无论采取何种贮存方式，贮存空间的相对湿度最好控制在 50% 以下，贮存期间茶叶水分含量须保持在 6% 以下。

贮藏方式的多样化为茶叶提供一定的贮藏环境和相应的措施，以抑制微生物、害虫等的危害，并延缓茶叶的品质变劣过程。按照贮藏原理及采取的相应措施通常分为常规贮藏、温控贮藏、气控贮藏、物理贮藏、化学贮藏、地下贮藏以及露天贮藏等方式。

三、茶叶的运输包装

鉴于茶叶的运输包装是极其重要的。它起到保质作用，同时也便于搬运和仓储。目前茶叶运输包装的类型主要有箱装、篓装、袋装等。

不论何种运输包装，其材料的选用，必须对茶叶起防潮、绝气、遮光的作用。由于各种包装材料的透湿、透气等物理性能不一，防止茶叶变劣的效果也就大不相同。在防潮方面，可使用防潮性能好的材料，如铝箔或铝箔蒸镀薄膜为基础材料的复合薄膜为包装材料进行防潮包装；在防氧化方面，可采用真空包装技术；在光线问题上，可以采用遮光包装技术。

总而言之，茶叶企业在选择运输包装材料时，应有以下几点基本要求：第一包装材料应干燥、清洁、无异气味，不影响茶叶品质。盛茶容器和使用方法上要尽可能密闭，减少与空气接触，要求存放干燥、清洁、无异味的地方；第二，茶叶的运输包装必须牢固、防潮、整洁、美观、无异味，便于装卸、仓储和集装化运输；第三，同一批次、同一花色品种的茶叶应采用相同的包装。

四、茶叶的通用贮藏方法

(一) 茶叶贮藏的国标法

为了规范我国茶叶的贮藏，2013 年我国发布了 GB/T 30375—2013《茶叶贮存》。该标准规定了各类茶叶产品贮存的要求、管理、保质措施、试验方法，适用于我国各类茶叶产品的贮存。

1. 要求

（1）产品　产品应具有该类茶产品正常的色、香、味、形，不得混有非茶类物质，无异味，无霉变。水分含量应符合其相应的产品标准。

（2）库房　库房周围应无异味，应远离污染源。库房内应整洁、干燥、无异味。地面应有硬质处理，并有防潮、防火、防鼠、防虫、防尘设施。应防止日光照射，有避光措施。宜有控温的设施。

（3）包装材料　包装材料应符合相应的卫生要求。包装用纸应符合 GB 4806.8—2016《食品安全国家标准　食品接触用纸和纸板材料及制品》的规定。聚乙烯袋、聚丙烯袋或复合袋应符合相应食品用标准。

2. 管理

（1）入库　茶叶应及时包装入库。入库的茶叶应有相应的记录（种类、等级、数量、产地、生产日期等）和标志。入库的茶叶应分类、分区存放，防止相互串味。入库的包装件应牢固、完整、防潮，无破损、无污染、无异味。

（2）堆码　堆码应以安全、平稳、方便、节约面积和防火为原则。可根据不同的包装材料和包装形式选择不同的堆码形式。货垛应分等级、分批次进行堆放，不得靠墙，距墙不少于 200mm。堆码应有相应的垫垛，垫垛高度应不低于 150mm。

（3）库房检查

①检查项目：货垛的底层和表面水分含量变化情况。包装件是否有霉味、串味、污染及其他感官质量问题。茶垛里层有无发热现象。仓库内的温度、相对湿度、通风情况。

②检查周期：每月应检查1次，高温、多雨季节应不少于2次，并做好记录。

（4）温度与湿度控制

①温度：库房内应有通风散热措施，应有温度计显示库房内温度。库内温度应根据茶类的特点进行控制。

②湿度：库房内应有除湿措施，应有湿度计显示库内相对湿度。

（5）卫生管理　应保持库房内的整洁。库房内不得存放其他物品。

（6）安全防范　应有防火、防盗措施，确保安全。

3. 保质措施

（1）库房　库房应具有封闭性。黑茶和紧压茶的库房应具有通风功能。

（2）包装　包装应选用气密性良好且符合卫生要求的塑料袋（塑料编织袋）或相应复合袋。黑茶和紧压茶的包装宜选用透气性较好且符合卫生要求的材料地。

（3）温度和湿度　绿茶贮存宜控制温度10℃以下、相对湿度50%以下。红茶贮存宜控制温度25℃以下、相对湿度50%以下。乌龙茶贮存宜控制温度25℃以下、相对湿度50%以下。对于文火烘干的乌龙茶贮存，宜控制温度10℃以下。黄茶贮存宜控制温度10℃以下、相对湿度50%以下。白茶贮存宜控制温度25℃以下、相对湿度50%以下。花茶贮存宜控制温度25℃以下、相对湿度50%以下。黑茶贮存宜控制温度25℃以下、相对湿度70%以下。紧压茶贮存宜控制温度25℃以下、相对湿度70%以下。

（二）茶叶贮藏通则

2011年，我国供销合作总社发布了GB/T 1071—2011《茶叶贮存通则》。该标准规定了茶叶贮存的要求、管理、保质措施、试验方法，适用于我国各类茶叶的贮存。

1. 要求

（1）产品　应具有该类茶产品正常的色、香、味、形，不得混有非茶类物质，无异味，无霉变。污染物限量应符合GB 2762—2017《食品安全国家标准　食品中污染物限量》和GB 2763—2019《食品安全国家标准　食品中农药最大残留限量》的规定。水分含量应符合其相应的产品标准。

（2）库房　周围应无异味，应远离污染源。库房内应整洁、干燥、无异气味。地面应有硬质处理，并有防潮、防火、防鼠、防虫、防尘设施应防止日光照射，有避光措施。各类茶应在相对独立的空间存放，不得混放。

（3）包装材料　包装材料应符合相应的卫生要求。包装用纸应符合GB 4806.8—2016的规定。聚乙烯袋、聚丙烯袋和复合食品包装袋应符合GB 4806.7—2016《食品安全国家标准　食品接触用塑料材料及制品》、GB 9683—1988《复合食品包装袋卫生标准》的规定。编织袋应符合GB/T 8946—2013《塑料编织袋通用技术要求》的规定。

2. 管理

（1）入库　茶叶应及时入库，入库的茶叶应有相应的记录（种类、等级、数量、产地、生产日期等）和标识，检查其是否符合入库规定。入库的茶叶应分类、分库存放，防止相互串味。入库的包装件应牢固、完整、防潮，无破损、无污染、无异味。

（2）堆码　堆码应以安全、平稳、方便、节约面积和防火为原则。可根据不同的包装材料和包装形式选择不同的堆码形式。货垛应分等级、分批次进行堆放，不得靠柱，距墙不少于500mm。堆码应有相应的垫垛，垫垛高度不低于200mm。

（3）库检

①项目：货垛的底层和表面水分含量变化情况；包装件是否有霉味、串味、污染及其他感官质量问题；茶垛里层有无发热现象；仓库内的温度、相对湿度、通风情况。

②检查周期：每月应检查一次，高温、多雨季节应不少于两次，并要做好记录。

（4）温、湿度控制

①温度：库房内应有通风散热措施，应有温度计显示库内温度。库内温度应根据茶类的特点进行控制。

②湿度：库房内应有除湿措施，应有湿度计显示库内相对湿度。库内相对湿度应根据茶类的特点进行控制。

（5）卫生管理　应保持库房内的整洁，库房内不得存放其他物品。

（6）安全防范　应有防火、防盗措施，确保安全。

3. 保质措施

（1）库房　库房应具有较好的封闭性，黑茶和紧压茶的库房应具有较好的通风功能。

（2）包装　包装宜选用气密性良好，且符合卫生要求的塑料袋（塑料编织袋）或相应复合袋。黑茶和紧压茶的包装宜选用透气性较好，且符合卫生要求的材料。

（3）温度和湿度　绿茶贮存宜控制温度10℃以下，相对湿度50%以下；红茶贮存宜控制相对湿度50%以下；乌龙茶贮存宜控制相对湿度50%以下，轻发酵乌龙茶宜控制温度10℃以下；黄茶贮存宜控制温度10℃以下，相对湿度50%以下；白茶贮存宜控制相对湿度50%以下；花茶贮存宜控制相对湿度50%以下；黑茶贮存宜控制相对湿度70%以下；紧压茶贮存宜控制相对湿度70%以下。

第 四 节　茶叶陈放过程与质量安全

近年来，追求陈茶的人越来越多，市场就像滚雪球一样，一路看涨。人们最开始追求陈茶的原因是健康、韵味、升值空间，那么陈茶是否"越陈越健康、越陈越有韵味"呢？这是一个耐人寻味的问题。"陈"字背后反映的是时间长度，很多事物加上时间的长度之后会有另一种效果，尤其在人们的印象里，老物件不仅代表着某种情怀，而且一般都还值钱，陈茶又正好迎合了很多喜欢老物件的人的兴趣特点。本节从茶叶陈放过程中内含物质的变化的角度，介绍黑茶（普洱茶为代表）和绿茶两种茶类贮藏过程中内含物质的变化来分析茶叶产品质量安全的问题，从茶叶陈放过程中的品质成分变化规律与环境因子方面思考茶叶产品的安全贮藏。

一、普洱茶贮藏过程中内含物质的变化

"越陈越香"是从普洱茶引出的。由于越陈越香说法的兴起,等同于越陈越增值,加上宣传的保健功效和药用价值,自然也就容易引人关注。普洱茶滋味是在渥堆和干燥下形成的。多酚类物质、氨基酸、咖啡因和糖类化合物等在微生物分泌的胞外酶的酶促作用和湿热作用下,发生氧化、聚合、降解、分解、转化,其儿茶素和氨基酸的总量、组分发生改变,嘌呤碱内部相互转化,有机酸含量提高,鲜、甜、酸、涩、苦、醇味物质综合协调,形成了其陈醇微涩的独特口感。

(一)贮藏过程中多酚类物质的变化

茶多酚是茶叶中一种主要的活性物质,是多种酚性化合物的总称。

普洱茶在贮藏过程中,因受到水分、温度、氧气、光线以及包装材料的影响,多酚类含量继续发生变化。周才琼研究表明,沱茶贮藏过程中,多酚类、儿茶素含量及组成均发生改变,经压制、干燥、贮放 6 个月的成品沱茶多酚类、儿茶素保留量分别为原料的 82.2% 和 72.3%。同时由于儿茶素组成也发生改变,儿茶素苦涩味指数下降,形成醇厚、甘和的滋味。但若继续贮放于自然条件下长达 1 年,多酚类、儿茶素自动氧化,致使其含量仅为原料的 71.9% 和 49.9%,苦涩味指数上升,而多酚类含量剧降,使茶味变淡,收敛性下降,鲜爽度下降,产生陈味、霉味。

邵宛芳等对不同年代普洱茶的研究表明,随贮藏时间的延长,普洱茶茶叶中的多酚类物质加快自动氧化,致使其含量下降;茶叶中的茶红素含量随贮藏时间的延长而提高,因而发酵过程形成的普洱茶的茶红素含量较高,而黄酮糖苷含量较低,各种经长期贮存的普洱茶均不含有茶黄素。

(二)贮藏过程中氨基酸的变化

氨基酸是影响茶叶色、香、味的重要化学成分,低温贮藏有利于阻止普洱茶氨基酸的降解和转化。

周红杰等对凤庆茶厂生产的散茶 7 级、沱茶和下关茶厂生产的普洱砖茶进行研究,结果表明无论在低温下还是在高温下贮藏,氨基酸含量均呈下降趋势。同一茶样随着温度升高其氨基酸含量下降幅度也增大,以 45℃ 下降幅度最大。贮藏过程中氨基酸含量的变化呈波浪形曲线,贮藏前后其总量基本不变,但组分却发生了变化。龚淑英等研究表明:在贮藏过程中,贮藏温度与存放时间、氨基酸含量之间存在极显著差异;而含水量与氨基酸含量差异不显著;随着贮藏时间的延长,氨基酸总量趋于减少。在同一含水量下,随着贮藏温度的提高,普洱茶中氨基酸含量下降幅度增大。但常温与 37℃ 下氨基酸含量下降较缓慢,这可能与氨基酸的氧化降解及其与其他物质聚合成不溶性物质有关;在贮藏前期氨基酸含量还会升高,这可能与可溶性蛋白的分解有关。

(三)贮藏过程中糖类化合物的变化

周红杰等对普洱茶进行了冷冻、冻藏、常温、45℃ 贮藏处理,研究表明这 4 种处理可溶性糖含量均提高,其中 45℃ 贮藏处理的可溶性糖含量提高的幅度略大。由于茶叶本身原料及其加工工序不同,故不同茶样可溶性糖含量提高的幅度不一。在水热作用下,一部分大分子糖类物质能进一步裂解成单糖,使可溶性糖含量有所提高;同时可溶性糖还可与氨基酸、多酚类化合物相互作用生成色泽悦目、具有花香的物质，因此可溶性糖含量在定湿热条件下是动态变化的。周才琼研究表明，普洱茶在贮藏 6 个月之内可溶性糖含量上升。

(四) 贮藏过程中水浸出物含量的变化

周红杰等研究表明，水浸出物的含量随着年代的增加而提高。而陈香普洱茶的水浸出物含量明显高于其他普洱茶。陈香 10 年普洱茶水浸出物含量为 42.94%；贮存年代最久（16 年）的普洱茶水浸出物含量为 41.56%。陈香普洱茶在口感上优于其他普洱茶是由于它富有较高含量的水浸出物。

二、绿茶贮藏过程中内含物质的变化

(一) 贮藏过程中多酚类的自动氧化

多酚类是构成绿茶滋味的主要化学成分，多酚类物质本身就是种抗氧化剂，在空气中易自发氧化而变黑。在一定条件下，多酚物质之间也容易发生络合反应而形成红褐色的产物，从而使茶汤色泽改变，鲜爽味消失。多酚类物质的微量变化可导致一系列生化转化，下降 5% 时，反映在茶叶品质上，就表现出滋味变淡，汤色变黄，香气变低；当下降到 25% 时，茶叶基本失去原有品质特点。在茶叶贮藏过程中，以多酚类保留量作为绿茶品质变化的化学指标。

(二) 氨基酸的变化

贮藏过程中，首先约有 50% 的茶氨酸大量降解，其次对品质起主导作用的谷氨酸、天冬氨酸和精氨酸等被大量氧化。阮宇成等研究认为，在贮藏期间，增加的氨基酸多数来源于水溶性蛋白质的水解，但它们不能改善茶叶品质。

(三) 维生素 C 的自动氧化

新鲜茶中所含的维生素 C 是人体所需要的主要营养成分之一，它在绿茶中含量不足 1%，对茶叶感官品质影响不大，但在贮藏过程中维生素 C 的变化与茶品质变化的关系最为密切，其含量将会因氧化还原、水解褐变等一系列反应而减少，从而降低茶叶营养价值，并使绿茶色泽变暗，丧失原有的新鲜感。研究认为贮藏过程中维生素 C 的下降率大于品质的下降率，当维生素 C 保留量的下降率在 10%~15% 以内时，品质几乎没有变化。

(四) 叶绿素的氧化降解

新绿茶中含叶绿素 1% 左右，是决定绿茶色泽翠绿的主要色素。叶绿素是不稳定的色素，在水、光、温度的作用下容易发生脱镁反应而褐变。因此，长期贮藏的绿茶色泽会变暗变褐。当绿茶中叶绿素转化为脱镁叶绿素的转化率在 10% 以下时，绿茶的翠绿色泽虽然受到影响，但仍能保持其绿色；当转化率超过 70% 时，就会使绿茶的色泽出现显著褐变。贮藏过程中，环境水分增加和温度升高都会加速叶绿素的脱镁褐变。

(五) 脂类物质的氧化

脂类物质的氧化是引起绿茶陈化和香气劣变的主要原因。茶叶中含有甘油酯、糖脂、磷脂等不稳定的脂类成分，是茶叶香气的主要前体物质。研究表明，在绿茶贮藏过程中，随着品质下降，软脂酸、硬脂酸、亚油酸、油酸量呈增加趋势，而这些成分氧化生成的低分子醛、酮、醇类构成了陈茶的气味，这些相对较小分子质量的物质主要是 1-戊烯-3-醇、顺-2-戊烯-1-醇以及 2,4-庚二烯醛等，其余组分则相反。原因可能是十六烯酸（棕榈油酸）和含 3 个不饱和键的十八烯酸（亚麻酸）在贮藏过程中容易发生氧化而减少致使其他脂肪酸组分增加。随着脂质的水解和自动氧化，陈味物质及其含量增多，而对品质有利的香味物质如异丁醛、异戊醇、芳樟醇及其氧化物和苯乙醇等的含量显著减少。此外，类胡萝卜素、β-胡萝卜素氧化后生成有异味的 β-芷香酮也能影响茶叶品质。日本有研究认为绿茶的变质气味与脂类氧化生成醋酸关系密切。

（六）香气的变化

各种类型的茶叶在加工成成品后都形成其固有的茶香。在贮藏过程中，茶叶的香气成分会明显减少，使茶叶出现陈变。名优绿茶冷藏后虽可保持干茶亮绿的色泽，但经冷藏后原先游离的香气成分会凝集成大基团，使茶叶在冲泡时溶解于茶汤的芳香物质减少，令香气低沉。茶叶中含有的高分子棕榈酸和萜烯类化合物等物质生性活泼，广交异味，与有异味的物品同时贮藏会吸附异味而导致香气消失。

由于茶叶加工工艺的不同，茶叶陈放后其内含物质的变化规律也不尽相同，因而茶叶对于包装材料和贮藏环境有着较高的要求。

三、茶叶产品的安全贮藏

茶叶作为一种人们喜爱的饮料，其品质的优劣是通过"色、香、味、形"来反映的。然而茶叶，尤其是绿茶，在存放过程中极易发生品质劣变，从而降低其饮用价值和商品价值。贮藏过程中茶叶品质劣变，主要是由于许多内含成分发生一系列化学变化所致。影响这些化学变化的环境条件虽然很多，但主要的因素是水分、氧气、温度、湿度、光线和包装材料等。对这些环境因素进行有效控制，能减缓贮藏茶叶品质劣变，起到保鲜茶叶的效果。

（一）茶叶的陈放与安全贮藏

茶叶的陈放，指的就是将茶买回后存放 1 年甚至 5 年或者更长的时间，力求将茶的品性变得更加醇和。人们将陈放 1 年的茶叶称为短期陈放，起到的是降低茶的青味与寒性的功效。一些常见的绿茶或不焙火的茶叶品种，往往要采取这种陈放的方式，提高茶叶的品质味道。但是在陈放的时候，对环境的干燥度要求是非常严格的，至于陈放三五年以上的茶叶，应算作中期陈放的范畴，主要是为了使茶叶的品质、特性变得更加醇厚朴实。基本上适合用于轻火制作的茶叶品种。至于陈放 10 年以上的，是长期陈放之列，主要是完全彻底地改造茶叶的品格和风味，有着老茶那样的独特风味，基本上选用于轻火以上茶叶或者一些后发酵茶之类的茶叶产品。

在陈放茶叶的时候，要注意把茶叶放到阴干的没有杂味的地方，要用能够不透光也不透气的材料进行保障，不应该采取抽真空或者冷藏的方法来进行。不可以在湿度太高的时候开封启用，也不要经常性地开封，有些时候难免要受潮，但可以再用低温干燥或高温干燥的两种方式，根据茶叶的品种采取相应的办法。一般来说，用于陈放的茶叶品质要高一些、好一些。在陈放的时候，可以用比较温和的热度进行烘焙。所以一些陈放的老茶是很讲究其品质的。

（二）茶叶仓储的硬件要求

茶叶的大宗产品，多数是贮存在常温下的仓库之中，贮藏茶叶的仓库必须做到清洁卫生、干燥、阴凉、避光。在仓库方位上来说，长以东西向，宽以南北向最好，地势要位于高处，不要陷于低洼，仓库与仓库之间可以建造天棚，提供装卸茶叶的便利。茶叶仓库周围必须绿化，没有异味产生，四周排水要畅通，还要保持环境清洁卫生。离仓库附近不能有水汽，有毒气体、液体根本不能排放，将垫仓板和温、湿度计及排湿度装置安装在仓库里，以便随时检测。

茶叶贮藏对仓储保管有如下要求：采购好的茶叶必须按包装批次分别堆放，填写卡片，注明品名、数量、重量和进仓日期。堆放应与地面相距25cm，与墙相距60cm，中间要留出通道，便于取货装货。货品进出仓应轻装轻卸，一旦发现包装破损的茶叶及时更换和修整，包装受潮的茶叶要另行存放，及时处理。茶叶贮藏期间要定时检查和记录仓库内的温度和湿度。保持相对湿度在60%以下最佳。抓好防虫、防鼠工作，要定期进行消毒和清扫，保持清洁。茶叶应专库专储，不得与其他物品杂乱存储。运输工具必须按照卫生标准来进行清洁消毒，运输农药、化肥等车船不能装运茶叶，以免毒素进入茶品中，损害人体健康。也可以将已经包装好的茶叶堆放在0~10℃的空间中，低温冷藏，要保持其色、香、味，保持新茶标准。这些都是茶叶仓储最好的方式，茶叶店、茶楼、茶馆和家庭广泛采用，冰箱、冷藏室是冷藏茶叶最合适的设备。采用冷库或冰箱贮存茶叶，茶叶应盛装在一个密闭的包装容器内，避免与其他有异味的物品存放一起，以免串味而影响茶叶品质。

思考题

1. 如何解决茶叶包装废弃物对环境的影响？
2. 简述茶用包装材料的安全性。
3. 试分析茶叶产品变质的因素有哪些。
4. 绿茶贮藏过程中品质成分发生了哪些变化？
5. 简述茶叶产品的安全贮藏方法。

参考文献

[1]范垚. 茶叶包装的材料选择与外观设计[J]. 绿色科技，2018(5)：224-225.

[2]洪缨，熊思奕. 茶叶包装的可复用性设计探索[J]. 包装工程，2019，40(16)：62-66.

[3]周潇. 茶叶包装设计中绿色生态理念的应用研究[J]. 福建茶叶，2019，41(2)：83-84.

[4]顾石秋. 基于"生态+"思维模式下的低碳设计理念研究——以茶叶包装为例[J]. 福建茶叶，2019，41(5)：101-102.

[5]王玉明，孙媛媛. 基于生态理念的茶叶包装设计研究[J]. 福建茶叶，2019，41

（11）：86-87.

[6]卞证．绿色包装设计理念在茶叶包装中的应用[J]．福建茶叶，2018，40（3）：145.

[7]周福泉．剖析绿色理念在茶叶包装设计的应用[J]．福建茶叶，2017，39（10）：115-116.

[8]郁波．融合本土竹材的宁波绿色生态茶叶包装设计探讨[J]．宁波工程学院学报，2017，29（3）：48-52.

[9]汪璐．绿色设计在茶叶包装设计中的应用研究[D]．南昌：南昌大学，2019.

[10]单秋月，赵燕．茶叶包装的材料选择与外观设计[J]．福建茶叶，2015，37（6）：76-77.

[11]欧小军，蒋立茂，徐涵秋，等．浅谈茶叶包装材料应用现状及其选择要点[J]．四川农业与农机，2016（2）：30-31.

[12]黄亚平．茶叶包装机械化的必要性[N]．中华合作时报，2014-10-28（B08）.

[13]吴冰琪．茶叶包装设计中绿色环保材料的应用研究[D]．北京：北京服装学院，2019.

[14]蔡惠平，鲁建东，张笠峥，等．包装概论[M]．北京：中国轻工业出版社，2018.

[15]陈梅秀．基于质量安全的农产品贮藏与运输对策研究[J]．海峡科学，2016（11）：66-68.

[16]陈畅．揭阳茶叶的质量安全监控研究[D]．广州：仲恺农业工程学院，2018.

[17]敬延桃．茶叶常用贮存方法与应用[J]．茶叶通讯，2007（4）：31.

[18]饶军，余志成，王萍萍．茶叶加工、贮藏、保鲜问题研究[J]．江西农业，2016（21）：36；49.

[19]吴桂玲，罗德尉．茶叶的品质影响因素及贮藏保鲜技术研究进展[J]．广州化工，2015，43（16）：19-20；78.

[20]石磊，汤凤霞，何传波，等．茶叶贮藏保鲜技术研究进展[J]．食品与发酵科技，2011，47（3）：15-18.

[21]孙书静．茶叶的贮藏与保鲜[J]．蚕桑茶叶通讯，2009（6）：33；36.

[22]谭兴和．蔬菜茶叶贮运保鲜技术[M]．长沙：湖南科学技术出版社，2015.

[23]吕才有，赵红永．不同含水量对普洱茶贮藏过程中品质变化的影响[J]．广西农业科学，2009，40（5）：559-563.

[24]周才琼．沱茶贮藏中品质变化分析[J]．茶叶通讯，1993（4）：9-11.

[25]邵宛芳，蔡新，杨树人，等．云南普洱茶品质与化学成分关系的初步研究[J]．云南农业大学学报，1994（1）：17-22.

[26]周红杰，郭红芳，曾燕妮，等．陈香普洱茶品质特点分析[J]．茶叶，2001（3）：31-34.

[27]周红杰，高艳红，秘鸣．普洱茶不同温度贮藏过程中品质变化浅析[J]．茶苑，2003（1）：6-8.

[28]龚淑英,周树红.普洱茶贮藏过程中主要化学成分含量及感官品质变化的研究[J].茶叶科学,2002(1):51-56.

[29]朱丹实,刘贺,张慜.不同温度、湿度和包装条件对茶叶干品贮藏的影响[J].食品工业科技,2009,30(4):300-303.

[30]黎小萍,陈华玲.茶叶的质变及其影响因素[J].贵州茶叶,2003(4):18-19.

[31]宋婷婷.绿茶贮藏过程中品质因子的变化研究[D].杭州:浙江大学,2010.

[32]樊丽丽.茶叶知识与茶叶店经营全攻略[M].北京:中国经济出版社,2007.

第十章　茶叶生产与可持续发展

第 一 节　茶叶生产可持续发展的意义与要求

可持续发展思想的出现受历史因素的影响。从 20 世纪后期，经济快速发展导致一系列的生存和发展问题，随之而来的就是人口剧增、水土流失严重、物种灭亡加剧以及全球气候恶化，这些都已经成为当前社会的重大问题。可持续发展思想的出现为人类提供了一种新的发展方向。我国对于可持续发展的研究主要集中在农业、农村和农民的问题上，这是我国可持续发展战略中的首要问题。农业可持续发展作为一种绿色的农业发展观，其核心思想是农业发展应建立在生态可持续、社会可持续和资源可持续的基础上。茶叶的生产也当遵循可持续发展的原则，栽培茶树就是为了从茶树上得到数量更多、质量更优的芽叶，而这依赖于人们的社会活动和茶树的生长发育环境。若想要掌握茶树优质高产的规律，熟练运用先进的农业科学技术，达到茶树优质高产的目的，必须协调好人与社会和自然之间的关系，并深入研究茶树生产可持续性和发展的可能性。本章就可持续发展思想，介绍茶区资源的合理开发利用、茶树栽培可持续发展的主要途径。

一、可持续农业思想的形成与发展

从生产力发展的历程看，人类经历了三种社会形态：一是农业社会，历时万年左右；二是工业社会，历时仅为 300 年左右；三是现今即将迈入的信息社会。从农业发展的历程来看，人类经历了三个阶段：一是原始农业，历时 7000 年左右；二是传统农业，历时 3000 年左右；三是现代农业，尚不到 200 年。知识的积累和技术的进步是推动人类社会向前发展的动力，使得人类在农业上取得了巨大的成就。然而，现代农业所带来的巨大成就背后是能源的大量投入和消耗，其消耗又以石油为主。所以，现代农业对石油能源的过分依赖，使其在一定程度上变成了"石油农业"。石油农业带来的负面影响同样是巨大的，资源消耗过度、生态系统被破坏、土地减少、环境污染、水土流失、生物遗传多样性的减少等。对此，人们进行了深刻的反省和思考，未来的农业发展方向和道路成为人们首要考虑的问题。世界各国也陆续提出了创新性的替代现代农业的理论和实践，从而形成了现代农业发展的一个新的对策和模式，即农业可持续发展模式。农业的可持续发展为农业顺应时代的变革拉开了序幕，从此，"可持续发展"走进了大众的视野。

在漫长的人类进化历史长河中，猿人时期大约存在了300万年，以采集为生的原始人时期大约存在了50万年，而以种植业和养殖业为生的人类社会仅为1万年左右。在尚无农业的旧石器时期，人们只能靠采集和渔猎自然界中现有的动植物来维持生存，并学会制作粗糙的石器工具和用火烧烤食物。旧石器时期之后人类步入了新石器时期（距今4000~8000年），此时人们已经能制作出经过打磨的石器工具，并从漫长的采集和渔猎过程中学会了种植植物和驯养动物，形成了原始的种植业和畜牧业，标志着原始农业社会的开始。原始农业是人类农业生产历史的早期阶段，此阶段的生产水平相当落后，多以石器、棍棒为生产工具，采用轮垦种植或者刀耕火种的耕作制度，广种薄收，完全自给自足，缺乏社会分工，这种只能利用自然而不能改造自然，农业生产活动完全受制于自然的方式，没有物质和能量的人为循环，更多的是直接从土地上掠夺物质和能源。对野生动植物的驯化是原始农业时期最为突出的成就，现代人类种植的农作物如小麦、水稻、玉米等，饲养的家畜如猪、牛、狗、鸡等，都是原始农业阶段驯化的产物，再加上对铜制农具的使用和灌溉方法的发明，使当时的人们有了改造农业生产基本条件的能力。春秋战国时期，铁器逐渐代替铜器成为主要的农具，铁质农具的使用也使得原始农业迈入了传统农业的阶段。与原始农业相比，传统农业进一步对生产工具进行了研究，除了铁制和木制的农具，还有对风力（风车）和水力（水磨）的使用，并在此基础上发明了耕犁，利用畜力作为牵引动力，从事农牧业生产。另一方面，人类利用有机肥进行人工施肥提高土壤肥力；发明农作物优选和牲畜良种的方法提高农作物产量和品质，改善牲畜的性状；创立了间作、套作等耕种技术增加土地生产率。传统农业阶段技术进步虽然缓慢，但对于人们的生活需求还是可以基本保障的，而且这些技术的进步多适合当地的自然条件和自然资源状况，具有科学性和合理性，基本维持了自然的生态平衡。

现代农业与传统农业相反，现代农业广泛应用现代科学技术、现代工业提供的生产要素和科学管理方法的社会化发达农业，属于农业的最新最高阶段。现代农业是西欧和美国农业技术革命的产物。18世纪末英国首先使用了马拉的条播机、中耕机，并逐渐传播至欧洲大陆，使欧洲出现了农业技术的改革。1850—1920年的蒸汽动力时代，各种畜力农具（棉花播种机、玉米播种机、谷物收割机、割草机等）和蒸汽机（蒸汽脱粒机、蒸汽拖拉机）被发明和推广，1920年后，用汽油的内燃机代替了蒸汽机和畜力，用工业技术装备农业，使用现代的生产工具，提高了农业生产力水平，同时，改进耕作技术和耕作制度，改粗放为集约，轮作制转为专业化自由种植；良种选育，肥料推广，农药应用提高了土地产出率，使农业社会向更为专业化、商品化、社会化的方向发展，为人类提供了更为丰富和多样化的农产品及工业原料。根据以上内容，可以将现代农业的基本特征概括为：技术科学化，操作机械化，产销社会化，生产高效化。但是，由于现代农业的高度工业化，化肥、农药、机械等大量物质的投入，对自然环境和农业发展也产生了负面影响。

一是对能源的过分依赖，现代农业的工业性投入如机械、化肥、农药以及现代化的加工、贮藏、运输等都需要消耗大量的能源，现代能源资源又以石油为主体，石油是不可再生能源，现今世界的能源供给潜力无法承受现代农业的高能耗；二是环境的污染严重，机械作业排放的大量废气造成了空气污染，化学药品的大量投入，污染了地下水资源，也危害了农产品质量和人类的身体健康；三是水土流失严重，现代农业大面积的连年种植以及化肥、除草剂的大量使用，再加上长期的机械耕作，造成了严重的土壤流失，全世界近 100 年内有 2 亿 km² 土壤遭到侵蚀，每年流失大约 250 亿 t 表层土壤；四是土壤肥力下降，土壤结构板结，有机质含量降低；五是农业生产成本的提高，大幅度增加了农业补贴，财政负担加重。

以前，人们还未意识到自然界是人类赖以生存的基础，只有人与自然环境和谐相处，才能互惠互利，协调发展。人们总是下意识地认为自己可以向自然界无限索取资源，无论如何使用都不会破坏自然界的功能，更考虑不到所带来的后果，最终危及自身，影响人类的生存和发展。人类一直忽略周围生态环境系统的变化，忽视大自然的提醒和警告，随着人类干预自然的广度和深度的不断发展，人类生存发展的环境和资源遭到越来越严重的破坏，人类已经不同程度地尝到了环境破坏的苦果。20 世纪 60 年代以来人们逐渐意识到问题的严重性，1962 年美国生物学家、女作家卡逊（Rachel Carson）通过大量的调查研究，历时三年撰写了《寂静的春天》一书，书中利用大量的事实明确指出了现代农业中农药对于自然生态环境的巨大破坏力，卡逊警示道："在掠夺大自然方面，我们已经走得够远的了。"

从此，人们开始意识到人和自然是互帮互助，相辅相成的关系，自然资源是有限的，而非是取之不尽，用之不竭的，对于自然资源的利用和保护，关系到人类千秋万代的发展和幸福，人类应当担负起合理管理地球环境的责任。20 世纪 70 年代，在一些农业发达的国家已经开始寻求所谓的替代农业，提出了有机农业（Organic Agriculture）、生态农业（Ecological Agriculture）、自然农业（Natural Agriculture）、生物农业（Biological Agriculture）等。

1972 年，以英国经济学家沃德和美国微生物学家杜博斯为首组成的委员会发表了《只有一个地球》的著作，探讨了全球的环境问题，呼吁各国人民重视维护人类赖以生存的地球，文中首次提出了人类与地球应建立伙伴关系的观点。同年 6 月，联合国在瑞典的斯德哥尔摩市召开人类环境大会，发表了《人类环境宣言》，强调人类应重视资源环境和自然和谐。

1985 年美国的加利福尼亚州会议通过了《可持续农业研究教育法》；1986 年明尼苏达州会议通过了"可持续农业"法案；1991 年 4 月，联合国粮农组织在荷兰召开农业环境国际会议，形成了《关于可持续农业和农村发展（SARD）的丹波宣言和行动纲领》；1992 年，世界环境与发挥在那委员会在巴西召开的环境与发展会议上通过了著名的《21 世纪议程》，至此，农业可持续发展已经成为农业发展的新思潮，在全球范围内达成共识，并逐渐转化为具体行动。

在中国，可持续性的理念源远流长，老子的《道德经》中提到"人法地，地法天，天法道，道法自然"；庄子强调的"与天为一""天与人不相胜，是之谓真人"；孔子的"不时不食，钓而不纲，弋不射宿"；孟子的"竭泽而渔，岂不获得？而明年无鱼，焚薮而田，岂不获得？而明年无兽"都或多或少的反映了可持续发展的思想内容。20

世纪 80 年代以来，我国十分注重农业生态环境建设和农业的可持续发展，并建立了许多生态农业示范点。

1994 年 5 月，国务院讨论通过了《中国 21 世纪议程》，其中第 11 章 "农业与农村可持续发展" 着重提到：中国的农业与农村要摆脱困境，必须走可持续发展的道路，其目标是保持农业生产率稳定增长，提高食物生产和保障食物安全，发展农村经济，增加农民收入，改变农村贫困落后状况，保护和改善农业生态环境，合理、永续地利用自然资源，特别是生物资源和可再生能源，以满足逐年增长的国民经济发展和人民生活的需要。

在上述的大环境和大背景下，茶叶生产的可持续发展逐步形成。茶叶种植的发展与当地气候、水文、土壤、地形等因素休戚相关，而茶叶种植业的发展也会对当地环境，经济，社会造成影响。从最开始的原始茶树与高大乔木共处，到集约化经营，再到现今提出的茶园的可持续发展，在生产发展过程中，我们也会遇到诸多违背了规律的生产活动，不利于茶叶生产在发展。同其他农作物一样，我们需要考虑茶区社会、环境、经济的整体发展来保障茶树的可持续生产的顺利进行。

二、可持续发展的内涵

可持续发展的思想，是人类关于发展的新的战略思想。作为一种新的发展思想和发展战略。可持续发展主要包括资源和生态环境可持续发展，经济可持续发展和社会可持续发展三个方面。可持续发展不是一个封闭的概念，随着时间的推移，它将会有越来越丰富的内涵，可持续发展观作为全人类共同的选择和一面时代的旗帜，是一个包含内容丰富的概念。

生态环境的恶化对实现农业可持续发展构成了严重的威胁。从资源和生态环境方面来说，历史上已经发生了很多悲剧，是由于生态环境恶化而造成的农业不能持续发展。如印度的哈拉帕文化、中东的古巴比伦文明、北非的古罗马遗址、中国黄河流域的水土流失等。在现代世界范围内，荒漠化严重，耕地范围缩小，水土不断流失，污染持续加剧，这是世界持续发展战略与持续农业最突出的问题。1987 年世界环境与发展委员会在《我们共同的未来》报告中第一次阐述了可持续发展的概念，得到了国际社会的广泛共识。

公平性、持续性、共同性是可持续发展的基本原则。公平性是指机会选择的平等性，具有三方面的含义：一是指代际公平性；二是指同代人之间的横向公平性，可持续发展不仅要实现当代人之间的公平，而且也要实现当代人与未来各代人之间的公平；三是指人与自然，与其他生物之间的公平性。各代人之间的公平要求任何一代都不能处于支配地位，即各代人都有同样选择的机会空间；持续性是指生态系统受到某种干扰时能保持其生产率的能力。资源的持续利用和生态系统可持续性的保持是人类社会可持续发展的首要条件。因此，人类应做到合理开发和利用自然资源，保持适度的人口规模，处理好发展经济和保护环境的关系；共同性则是指虽然各国可持续发展的模式不同，但公平性和持续性原则是共同的。共同性原则同样反映在《里约宣言》之中："致力于达成既尊重所有各方的利益，又能保护环境与发展体系的国际协定，认识到我们的家园——地球的整体性和相互依存性。"只有全人类共同努力，才能实现可持续发展的总目标，从而将人类的局部利益与整体利益结合起来。

农业可持续发展的定义于19世纪80年代初被西方发达国家的科学家提出，在大量论文和专著的推动下，农业可持续发展作为一种农业思潮在全球范围内传播，并迅速得到各国政府的重视。1980年3月联合国向全世界发出了"确保全球持续发展"的呼吁；1983年成立了世界环境与发展委员会WECD（World Commission on Environment and Development）；1985年，美国加利福尼亚议会通过的《可持续农业研究教育法》正式提出了可持续农业发展的概念；1987年美国农业部可持续农业研究与教育计划SARE（Sustainable Agricultural Research and Education）正式提出了可持续农业发展的模式。联合国粮农组织1991年关于可持续农业与农村发展（SARD）中提出：可持续农业是指"采取某种使用和维护自然资源的基础方式，以及实行技术变革和机制性改革，以确保当代人类及其后代对农产品需求得到满足，这种可持久的发展（包括农业、林业和渔业）维护土地、水、动植物遗传资源，是一种环境不退化、技术上应用适当、经济上能生存下去以及社会能够接受的。"从定义上看，可持续农业包含三个层次的内容：一是强调农业发展的条件是要合理利用资源，不仅使环境不退化，而且要进一步改善环境；二是提高产品产量，以满足人口增长的需求；三是要强调这种发展所采用技术是适当的、技术的、合乎人类伦理道理的，是节省资源的、经济可行的、能够为社会所广泛接受的。

经济可持续性、社会可持续性、生态可持续性、生产可持续性是可持续农业发展的目标特征。经济可持续发展是指在经济上可以自我维持，自我发展。农业经营的经济效益和获利状况，直接影响到农业生产是否能够维持和发展下去。经济可持续性是可持续发展农业必不可缺少的。社会可持续性是指能满足人类衣食住行的基本需求和农村社会环境的良性发展。可持续农业发展的一个主要目标就是持续不断的。提供充足优质的粮食等农产品。社会可持续性直接影响着农村社会的稳定和农业的可持续发展。生态可持续性指农业自然资源的永续利用和农业生态环境的良好维护。主要特征：维护可再生资源的质量，维持和改善其生产能力，尤其要保护耕地资源；合理利用非再生资源，减少浪费和防止环境污染；加强水利和农田基本建设，提高防灾抗灾能力。农业生产可持续性。指高产出水平的长期维持，着眼于未来生产率和力量。生产可持续性特征，适应社会食物安全的要求。农、林、渔各业的产出水平都应保持稳定发展。

经济良性循环、社会良性循环，自然良性循环是可持续农业发展的运行机制。农村要富起来，必须要搞产业化，就是把农业生产的产前、产中、产后联结起来，实行种养加、农科教、产供销、农工贸一体化经营，形成自我积累、自我发展的经济良性循环机制。社会系统的良性循环是指农业、农村、农民的社会系统的良性循环。要达到经济发展、社会进步、国家安全，就应该重视农业、重视农村、重视农民，这是一个大的社会问题，是经济发展、社会安定、国家自立的基础和根本。没有农村的稳定和全面进步就没有整个社会的稳定和全面进步。自然的良性循环包括了人口、资源、环境的良性循环。随着人口的不断增长和农业生产力的不断发展，人对自然资源和生态环境造成了严重破坏，形成了"人口—资源—环境"的恶性循环。应该摆正人与自然的关系，从对立、掠夺逐步走向和谐相处，抚育和培植资源，资源永续利用，土地越种越肥，生态环境越来越好的良性循环。

三、茶区可持续发展的意义与基本要求

茶树的种植能对生态环境带来益处，如能够涵养水源、稳固水土等。同时茶树的生长也需要一些特定的条件，如土壤环境、海拔、日照、雨水、生态环境等。所以在发展茶产业的同时应注重生态环境的保护，使得环境能永续地支撑茶产业的发展，要避免经济的发展是以对生态环境的破坏为代价，也要避免仅仅只注重生态环境的保护而阻碍了产业的发展。对茶产业可持续发展的研究的好处在于：能够促进农村全面、综合、协调发展，增加农村人口就业、增加农民收入、缩小城乡差距；有利于根据我国的国情，国家调整茶产业的发展战略以及方向，合理开发和利用现有资源，切实加强对生态环境的保护力度，从而实现茶产业的可持续发展，选择适合我国现状的茶产业发展道路。

进入 21 世纪以来，中国茶产业继续保持高速发展，茶叶面积和产量持续稳定增长。中国的茶叶在历史上不仅产量高，种类多，而且出口量大，甚至曾一度垄断国际市场，是真正意义上的茶叶强国。19 世纪 80 年代以后，由于战争等多种原因，茶叶的生产和出口逐渐衰败，但在此之前，茶叶的生产和出口仍居世界首位，在 20 世纪 40 年代，中国茶叶出口量降至历史最低，直到新中国成立后才逐渐恢复发展，国际市场份额开始逐渐增加，中国茶叶再次登上国际舞台。新中国成立以来，全国茶产业一直呈现持续增长势头，除 20 世纪 60—70 年代产量没有明显增加外，其余年份都是持续增产。进入新世纪以来，中国茶产业继续保持高速发展，茶叶面积和产量持续稳定增长。由此我们可以了解到，茶叶产业是促进农业产业结构调整，提高农副产品附加值，拓宽农民增收渠道的绿色产业，对促进农业的多样化发展有着非常重要的作用，符合"两型社会"发展的要求，是政策鼓励发展的项目。然而，由于生态意识薄弱及采用粗放型耕作模式，导致植被缺乏多样性、水土流失严重、病虫害日益猖獗等众多生态问题，阻碍了中国茶业的升级改造和可持续发展。现今，中国茶产业面临着以下问题。

(一) 茶园基础薄弱，持续发展能力弱

虽然近几年我国茶叶生产快速发展，建园基础较好，由公司、农户采用高标准建设。树势衰弱，产量下降；部分茶园因基础薄弱，机械化水平低，茶叶产量和品质不高。资金投入严重不足，水利设施欠缺，严重制约了项目区茶业的可持续发展。茶园老化严重，核心品种缺乏；良种比例较小，茶树品种单一；科技投入不足，管理落后粗放都影响着茶园的品质和发展。

(二) 品种结构不合理

中国很多地区的茶叶品种单一，单一的品种导致与之相关的采摘、加工等工艺单一，创新不足，茶叶品质得不到保障。没有经过深加工，茶产品档次低，无法满足消费者日新月异的需求。

(三) 产业发展水平低，龙头企业带动和示范作用有待提高

龙头企业的数量和质量制约了茶产业的带动力。加工企业"小、散、弱、低"，市

场竞争力不强，产品品牌多，知名品牌少，机械化水平不高，加工工艺落后，传统而原始的茶业交易方式和管理方式，致使茶业流通的规模化和产业化难以实现，大多是销售原料，产品附加值低。此外，产品创新能力及市场占有率影响了茶产业的综合竞争力。茶产业的现代化和产业化要求一定规模的交易市场来推动。茶叶原始的交易方式和管理方式，致使茶叶流通的规模化和产业化难以实现，产品创新能力低。

（四）标准化生产水平不高

茶叶卫生质量不容乐观，在茶叶生产加工中，许多企业没有按标准化生产，随意性大。另有一部分茶叶加工厂管理混乱、卫生条件差、工艺粗糙、设备陈旧，生产出的茶叶质量极低。

以上几个方面都是当代中国茶产业正在面临的问题，在进行茶产业发展，改良优化，发展茶区时，也应该考虑区域的可持续发展，使该区域内社会、环境、经济能持续发展，而不是单一作物的发展，茶区可持续发展的要求可分为以下几个方面的内容。

区域内的经济、社会、环境和资源相互协调是茶区可持续发展的基本诉求，经济的发展除了关注局部利益和眼前利益，更要兼顾与之相对的全局利益和长远利益，自然资源的长期供给能力和生态环境的承受能力也要纳入考虑范围，不能因小失大，损害了未来和全局的利益，要做到既能满足当代人的现实需要，又能足够支撑后人的潜在需要。理想中的茶区，既是郁郁葱葱的林海，宁静美丽，又是一个六畜兴旺的茶乡，繁荣昌盛。因此，茶叶的生产要因地制宜，农、林、牧合理布局。不能为眼前的利益而损害了人民的经济利益、社会生活需求、生态效益，诸如为求茶园大面积的集中成片，不顾山地的实际情况，毁林种茶，或以茶叶生产冲击其他农业生产，这都不能使区域的发展可持续地进行。

各个茶区由于自然条件、历史发展、文化背景和地理位置的差异导致发展不平衡，茶树品种、生产方式、适制茶类、饮用习惯、萌芽时期都有地域差异，茶区可持续发展应抓住各地特色，发挥优势，协调茶区间、产销区间的联系，切不可盲目跟从，生搬硬套其他地区的经验。在学习中吸收、消化先进生产方式，同时，依本地区实际进行创新、改革，这样才能有生命力。

茶区可持续发展过程中，要提前做好总体规划，并细化成阶段性规划，按规律分阶段实现，逐步发展。针对不同的发展阶段，我们要有相对应的发展措施和方法，灵活运用，懂得变通，切忌越阶采用不合理的发展线路。如在市场上还不能充分体现好茶好价的优势时，就强行推广良种，虽然良种也是一种很好的方法，但明显不适合现实情况，推广也比较难实现，因此要追根溯源，返现问题的根本，找到解决的方法，逐步、逐阶段的进行区域发展，实现最终的目标——持续发展。

农村教育的加强和新技术的宣传推广也是要求之一。自然实现茶园可持续发展是不可能的，这是一种理想化的生产模式，我们只有通过人为干预，在掌握了可持续发展规律之后，采取科学的行之有效的行政手段、经济手段、政策法制手段和技术手段，不断协调茶区内人口、资源、环境三个基本要素，对自然，经济、社会人文三个层次进行及时调整，茶区的可持续发展才能实现。而这些协调和调整是要付出代价的，是今后生产必须要做的，不是凭空就能够进行的。只有人们的思想认识提高了，观念转变了，新技术推广应用了，茶园生产可持续发展才能成为现实。

区域可持续发展的内容涵盖了区域社会发展中的方方面面。茶区发展茶叶生产，应该将区域内的人口、资源、环境等基本要素组合为一个整体，且这个整体在自然社会经济中所发挥出的作用不能等于或小于各个基本要素各自的功能和作用，而应通过整合使各要素发挥出比它们的作用之和大得多的作用，积极推动区域可持续发展。

第 二 节　茶叶生产的可持续发展

可持续发展观是科学发展观的核心内容，可持续发展是指既满足当代人的需要，又不损害后代人满足需要的能力的发展。茶叶可持续发展就是在保护自然资源的基础上，通过实行技术改革和机制创新，实现经济与资源、环境、人口、社会之间持续性的协调发展，从而既满足茶叶对资源的需求，完成经济发展的目标，又保护自然资源和生态平衡。我国人均资源相对不足，生态环境基础薄弱，就茶叶生产方面而言，为了追求短期效益，忽视了茶园生产可持续发展，大量开垦土地，水土流失严重，造成土地资源的极大浪费，同时破坏了生态环境，造成虫灾泛滥，农药使用超标，生态环境日益恶化，形成了一个恶性循环的茶叶生产体系。因此，选择并实施茶叶生产可持续发展战略是农民彻底摆脱贫困、创建高度文明的明智选择。

一、我国茶产业发展背景及不足

21 世纪以来，茶文化的研究和普及在全国兴起，有力地推动了茶产业的发展，使更多消费者了解茶叶不只是普通的饮料，还具有养心修性的作用。然而，尽管我国茶产业保持快速发展的态势，但从可持续发展来看还存在许多问题。

首先，就茶叶的市场价格来说，种植茶树的经济效益明显高于其他农作物，我国中西部地区因此大力发展新茶园，茶叶生产能力开始出现过剩，使得我国茶叶市场供过于求的矛盾更加明显。其次，与先进产茶国相比，我国茶叶科技贡献率还有待提高。我国茶园普遍存在种植不规范，茶园面貌差，管理不当，茶叶加工设备落后等问题。除此之外，我国茶产业结构仍属于零散型产业，虽然我国茶企数量大，但没有任何企业占有绝对的市场优势，也不能对整个茶产业的发展产生重要的影响。最后，我国茶产业的可持续发展还存在缺乏知名品牌的问题，虽然我国茶叶产业历史悠久，名茶丰富多彩，但是茶产业品牌创立滞后，品牌茶叶市场占有率相当低。因此将我国茶产业企业打造成家喻户晓，有较高知名度的品牌还需要付出更多努力。只有解决了这些问题，才有可能实现我国茶产业的可持续发展。

二、茶叶生产可持续发展的三个基本规律

除了存在的问题外，茶叶生产可持续发展需要遵循一定的发展规律，它不是简单的片面问题，而应从多方面考虑，它应包括社会效益可持续，经济效益可持续和生态环境可持续发展。

经济可持续性指经济上能获得盈利，可以自我维持、发展并具有一定生命力的经

济体系。因此，缺乏经济可持续性的农业不是可持续的农业。茶叶生产的可持续发展也必须遵循这个规律。社会可持续性指维持农业生产、经济、生态可持续发展所需要的农村社会环境的良性发展，具体主要包括人口数量控制在一定水平，人口素质的不断提高，农村社会财富的公平分配。生态可持续性指农业所依赖的生态环境的良好维持。在资源方面，包括土壤肥力的稳定提高，耕地总量的稳定或使用、开发动态平衡，水资源的可持续利用，农业所需石化能源的可持续利用，以及生物资源的保护和生物多样化的保护。在环境方面，是指保持良好的农业场内与场外的土壤、大气、地表水和地下水环境，农民工作环境的健康卫生以及农产品的安全无毒。这三个发展规律是茶叶生产可持续发展的基础，它们既相对独立又是相辅相成的。简言之，茶区的可持续发展就是使得茶区社会、经济、生态环境都处于良性发展的循环中。

（一）茶叶生产的社会效益可持续发展

茶叶生产社会可持续发展的前提是稳定的社会保障体系，它是指能稳定、持续、长期发展，并具有一定抗性的社会体系。

社会效益可持续发展包括人口数量控制在一定水平，人口素质的不断提高，农村社会财富的公平分配。人口数量的控制需要国家的政治支持，而茶叶生产的社会可持续发展还要注重农村社会财产的公平分配以及农民文化素质的培养。在茶树种植、茶叶加工、茶叶流通和销售等整个茶产业链中，茶树种植是最弱质的一个环节。我国茶叶产业普遍推进公司+农户的经营模式，茶农种植茶叶但没有自己的工厂，等到不能自己加工、只能出售的时候，茶农处在一个非常被动的立场，很难争取到自己合理的收益。茶农劳动与收获不成正比，而利润主要集中在生产和销售茶产品的公司，使得茶产业的利润分配非常不合理，因此，要使茶农能够得到合理的利润分配，必须重视扶持专业合作组织，在专业合作组织中，农民根据各自特长进行分工，分别从事茶园管理、茶叶加工和茶叶销售。这种创新茶产业的发展模式，不仅能提高农民能力资源利用率，还能加强茶企、基地与茶农之间的联系，推动茶产业走"公司+基地+农户""合作社+基地+农户"的现代农业发展之路。以茶园基地为链接，企业为农户提供装备和技术，茶农按企业要求组织生产和管理，建立茶叶标准园，使茶园基地真正成为企业的生产车间。企业和农户形成资源互补、利益共享、风险共担的合作关系，茶农获得绿色生产的鲜叶价格红利，企业得到茶叶原料品质的保障，依靠品质形成市场竞争中的优势。

向农民普及保护环境和绿色可持续发展的理念能加强农民文化素质的培养。在茶园实际管理过程中，如茶叶的栽培、植保、加工技术等研究也朝绿色可持续生产的方向发展。茶叶生产企业和茶农的绿色生产意识有了较大提高，茶园用肥、用药的类型和方式不断规范。除了茶叶的绿色可持续发展，由于人们环保意识的提高，茶叶加工各环节的低碳节能理念也开始深入人心，此外，农产品绿色物流、农业绿色产业集群发展等思想也为茶叶绿色生产提供了新的借鉴。这些环保的理念都有利于茶叶生产的社会效益可持续发展。

除此之外，茶叶生产的社会可持续发展要依赖茶业专业的技术人才。人才资源是提升茶产业竞争的关键，我国高度重视茶叶科技人才的培养，在茶学专业方面已经拥有了专科（高职）、本科、硕士研究生、博士研究生以及博士后等各个层次的专业人才培养体系。我国茶文化历史悠久，六大名茶丰富多彩各有千秋，茶学高等教育体系也是世界上独一无二的。茶学高等教育为茶叶行业培养出一大批人才，为我国茶产业发展做出了重要贡献。我国茶叶专业人才队伍虽庞大，但人才分布不合理。专业技术人才主要分布在高等院校、科研单位、县级以上的农业技术推广机构，而茶叶企业、基层缺乏茶叶专业技术人才。由于生产单位缺乏专业人才，导致科研成果转化率低，生产技术水平提高慢。因此，人才的合理分配是茶叶生产的社会可持续发展的前提。

(二) 茶叶生产的经济效益可持续发展

近年来，随着人口增长，人均生活水平的提高及科研人员对茶叶内含成分及药理功能的进一步研究，国内茶叶消费市场产生了很大的变化，消费者对茶叶品质的追求不仅限于传统的色、香、味、形，而是更加关注茶叶质量安全及其代表的健康成分，因此，为了提升茶叶经济的质量和数量，茶叶供给侧结构性改革形势紧迫。茶叶供给侧结构性改革主要分为生产和消费两方面。

在生产方面而言，生产可靠的农副产品，满足消费者的需要在茶叶供给侧结构性改革进程中尤为重要。而近年来流行的茶叶的绿色生产是保障茶叶质量安全，解决茶叶产品同质化问题，提高中国茶叶市场竞争力的有效途径。

在消费方面而言，不少居民有饮茶的欲望，但当现有茶叶产品的口味、功能不能满足他们的需求时，将导致部分潜在消费者不能成为真正的茶叶消费者。另外，部分有饮茶习惯的顾客由于自身身体状况的变化，不能再饮用现行茶叶产品，但又没有合适的替代茶叶产品，使他们不得不退出消费。如睡眠不好的消费者担心饮茶影响睡眠，而目前市场上没有品质较好的低咖啡因茶，使他们只能控制饮茶或不饮茶。因此，茶叶企业需要认真进行市场调研，对消费者市场进行细分。根据市场需求，加强新产品创新，开发出更多新产品，提高茶叶产品对消费者多元化需求的满足度。

尽管目前中国已是世界茶叶大国，但还不是茶叶强国，与世界其他主要产茶国相比有优势，也有差距。优势主要表现在茶园面积大，占世界总面积的50%以上；茶树资源和茶类丰富多彩；独特的白茶、黄茶及黑茶加工工艺及茶产品。在差距方面表现在如下几个方面。

1. 单产水平低

（1）茶园单产水平分析　茶园单产水平分析一是指茶园潜在的单产水平，二是指茶园实际单产水平。茶园潜在单产水平受茶园良种结构、茶树栽培技术水平、肥料投入，鲜叶采摘嫩度等因素影响，茶园实际单产水平除上述因素外，还受自然灾害、采收劳动力、茶叶加工能力、市场需求量等因素影响。上述因素中，茶园面积、茶园良种结构的变化较缓慢，肥料投入、鲜叶采摘嫩度、采摘劳动力易变化。

（2）茶园良种化比例的提高有利于单产提高　虽然当前重点推广的良种不是高产品种，而是优质品种，但良种的单产水平还是明显高于群体品种。我国良种普及率低，随着良种普及率的提高，茶园单产将会提高。

（3）茶树栽培技术水平的提高促进茶园单产提高　我国茶园栽培管理技术水平很

不平衡，大多数茶园管理仍较粗放，随着栽培技术的进步，茶园面貌改善，茶园单产将进一步提高。

（4）肥料投入与单产密切相关　当茶叶生产效益好时，茶农会加大肥料投入；当茶叶生产效益不好时，茶农会减少肥料投入。当施肥技术不变时，在一定施肥量范围内，肥料投入多，茶园单产高；肥料投入少，茶园单产低。

（5）鲜叶采摘的嫩度直接影响单产　鲜叶采摘越嫩，茶园单产越低。20世纪90年代以来，我国主要通过提高鲜叶采摘嫩度，制作名优茶，来解决茶叶生产过剩的问题。目前，名优茶占茶叶总产量的比重已接近40%，今后通过鲜叶嫩采调整产品结构、控制产量的潜力将不大。

（6）采摘劳动力缺乏对茶园单产具有双重影响　采摘劳动力缺乏促使一部分茶叶生产者放弃采摘，降低单产；促使另一部分茶叶生产者使用机采，使采摘嫩度降低，单产增加。茶叶生产者为尽可能减少损失，追求利益最化，大多选择后一种方案。

茶叶加工能力不会对茶园单产造成影响。近年来，茶叶加工的机械化、连续化程度不断提高，茶叶加工能力明显增强，不会发生原料来不及加工的问题。

2. 无性系的种植比例有待提高

无性系品种与有性系品种相比有很多优点，在同等环境条件和管理下，无性系良种比一般品种增产10%，无性系良种生长旺盛且整齐，芽叶粗壮密度大，采茶功效高并适合机械化作业。无性系品种的发展和推广改变了世界茶树种植业的面貌，推动了现代化茶园的建立，已被世界茶产业公认为茶园种植的发展方向。尽管近年来我国无性系种植发展较快，但由于中国是一个茶树种植历史悠久的国家，因此大面积旧茶园的改造要比发展新茶园难度更大。

3. 茶厂加工规模小、生产效率不高

由于我国茶厂规模小，生产设备老旧，生产效率低，每个茶厂的平均年生产能力与印度相比，差别很大。

4. 茶叶产品在规范化和标准上有待提高

我国茶产品种类丰富多彩，但存在产品规范化和标准化的程度低。如英国"立顿"茶是一个面向大众的中档茶，它的黄牌立顿茶销售量占世界总销售量的10%以上。它的最大特点是具有很高的产品一致性，其原因是在茶叶生产中贯彻了规范化和标准化管理。从我国茶产业可持续发展来看，特别是加强出口，必须加强加工的机械化程度，加强规范化和标准化的管理。

5. 茶叶精深加工技术转化率低，茶叶副产物利用率低，产品附加值低

茶叶深加工与综合利用是欧美日本等国家茶产业发展的主要方向，也是未来茶产业发展趋势主要内容之一，更是中国茶产业急需转变的方向。我国深加工产品数量少，特别是终端产品数量少，竞争力弱，多数属于低级、初级加工工业，与日本等先进茶加工国相距甚远。

实现茶叶生产经济效益可持续发展，应科学合理利用茶叶副产物，茶园主要经济来源是茶叶，但茶花粉、茶梗、茶渣也有很大的作用，茶园经济效益的长远发展还与茶树副产物的利用密切相关。

茶树花粉的开发利用，茶树花粉是一种高蛋白、低脂肪的优质花粉，具有解毒、抑菌、降糖、降脂、滋补、养颜、延缓衰老、防癌抗癌和增强免疫力等功效。是动脉硬化和肿瘤病人辅助治疗的首选花粉。

目前国内茶树花粉开发比较多的地方集中在浙江、台湾等省。茶树花粉不但可用于秋、冬蜜蜂的粉源，也可用于开发花粉饮料，还可作为保健食品的原料。

茶树修剪枝的开发利用，修剪的枝条可以直接埋在土里作为肥料，可以改善土壤通透性，防止土壤板结，促进植物生长外。有研究表明，茶树修剪枝中含有较多的茶多糖，利用被修剪的枝条提取茶多糖，可以大大提高资源的利用率，也可以把茶树剪下来的茎、叶，采用萃取的方法进行深加工，提取茶树中的 γ-氨基丁酸应用于生物、制药等领域。

茶渣的再利用，由于速溶茶粉生产过程中有大量茶渣剩余，可以根据不同产区、农药和重金属残留量不同，按食品、日用品的不同标准给予合理利用。例如将来自污染较少的高山绿茶、无公害绿茶的茶渣，由牙膏生产企业进行科学配方，利用绿茶的防龋齿、杀菌、抗过敏等功效，用于高级儿童牙膏的填充料，替代原牙膏中对人体健康不利的膨润土等填充料，避免了儿童误吞牙膏造成的不良后果；将来自普通产区的绿茶茶渣，与茶包纸和餐巾纸生产厂的包装纸边角料配比，制作茶香餐巾纸。

此外，茶渣中含有茶叶蛋白是具有多种保健功能的蛋白质。有研究发现，茶叶蛋白具有清除超氧阴离子的功能，可预防电离辐射所引起的突变；还有研究发现非水溶性茶叶蛋白有明显的降血脂效果，对于动脉粥样硬化及冠心病有一定的预防效果；黄光荣等研究了茶叶蛋白的功能性质表明，茶叶蛋白虽然吸水性、乳化性、发泡性不如大豆分离蛋白，但茶叶蛋白具有更高的吸油性和较高的乳化稳定性，是一种功能性良好的蛋白，在此基础上又将茶叶蛋白质应用于西式香肠，部分代替大豆蛋白是完全可行的，不但有茶叶蛋白的保健功效，还可以提升香肠的品质。

我国的茶叶种植面积居世界第一，茶叶未开发利用的副产物资源非常丰富。目前，我国大部分茶区的茶叶副产物未能得到充分开发利用，造成了我国资源的极大浪费。如果能将茶叶副产物进行深度开发利用，将大大提高茶叶生产的经济效益，壮大茶叶产业链，进一步拓展茶叶科学的研究领域。目前针对茶叶副产物的研究已成为茶叶研究的一个新的热点，开展对茶叶副产物的开发利用研究具有非常重要的现实意义。我国的茶叶资源开发利用程度很低，有些领域甚至还是一片空白。因此，加大对茶叶副产物的开发利用研究，不仅可以解决大量被废弃的茶叶副产物的出路问题，而且还可以获得丰厚的经济效益，前景十分广阔。

6. 人均消费量不高

据联合国粮农组织资料统计，茶叶生产国的消费量低于茶叶进口国。据 2021 年国际茶叶委员会（ITC）统计资料显示，2020 年全球茶叶人均消费量排名第一位的是土耳其，人均消费茶叶约 3.2kg，其次是利比亚的 2.64kg 和爱尔兰的 2.1kg。中国、印度等作为主要茶叶生产国，其茶叶生产量远超土耳其等国家，但人均消费量较低。2020 年中国大陆茶叶人均消费量为 1.64kg，仍具备较大的消费提升空间。因此，如何进一步提高我国国民的消费水平，增加茶叶消费量是一项重要的基础工作。

另外，质量安全是茶叶生产经济效益可持续发展的保证。随着科学技术的发展和消费者食品安全意识的日益提高，茶产品的质量安全问题越来越受到关注。茶叶产品中的质量安全包括外源性和内源性两大类。我国茶叶生产中质量安全主要存在以下 3 个问题：农药残留；重金属含量，主要是铅和氟的超标问题；其他污染物和磁性物以及夹杂物。其中农药残留、重金属铅和磁化物都属外源性污染；茶叶中的氨基酸和糖类在茶叶加工过程中的高温条件下形成的丙烯酰胺污染物。普洱茶在微生物参与的后发酵过程中形成的真菌毒素等属内源性污染物。还有其他由于环境污染和工业化社会带来的污染物以及人为的添加色素类物质等。上述外源性和内源性的污染物都会构成茶叶的质量安全问题。因此，在未来的产业发展中必须将茶叶产品的质量安全问题放在首要位置，以确保茶产业持续、健康地发展。

(三) 茶叶生产的环境可持续发展

1. 茶叶生产环境可持续发展的资源背景

茶业涉及种植、加工、贮运、贸易等各个领域，与各种资源，环境状况关系十分密切，虽然它在国内生产总值（GDP）中所占比重很少，但是，它是中国以至世界人民大众化的饮料，关系到亿万人的身体健康，同样也影响资源和环境，我们必须用生态文明的理念，用可持续发展观对待茶业，用循环经济的方法来估算茶业经济，用生态伦理价值观来审视茶业的发展和我们所有的茶事活动给资源和环境带来的影响，只有这样才能构建资源节约，环境友好社会。为此，我们必须倡导茶业生态经济理念和可持续发展茶业。

（1）茶业生态经济　茶业生态经济是茶叶生产、加工、销售活动及其相关产业链中的经济系统。由于资源被滥用、浪费，使生态环境恶化，危及我们的子孙后代甚至危及当代人。实施茶业生态经济，遏制生态环境的下滑，是我们每个茶人的责任和义务，我们必须在茶业资源的各个领域，按照生态经济的规律，调控茶业各个环节，为茶业可持续发展做出贡献。

（2）土地资源　茶树赖以生存生产的地方是土地，从土地开垦至茶树死亡要经历几十年甚至百年以上的时间，生产者在同一块土地上不断地耕作、修剪、施肥等一系列管理措施进行的同时，也在改变着土地的理化性状。如茶树从土地中吸收水分和营养，同时也把自己的产物（分泌物、枯枝落叶）带给了土地，生产者为了维持一定的产值，不断地给土地提供外来水资源和化肥等营养物质，由于土地吸收和溶解了部分化合物，土地的物理和化学性质也因此在不断地发生着变化，如茶园土壤由于长期施用化肥而变得板结，土壤孔隙度变低，土壤毛细管水变少及 pH 下降，肥力水平下降，微生物群落改变，吸水、保水、保温性能改变；由于土壤含有大量化肥等可能对生物不利的元素，土壤生物也遭到破坏；由于不合理开垦方式，使原本有机质含量高的土壤由于雨水冲刷，有机质含量变低，土地资源被严重破坏。另外，不同地域环境中茶的产量、品质都不相同，而我们的土地资源却是有限的，能否在有限的土地资源上，生产最优化的产品，在一定数量的土地上生产出最大化的产品，即在同一地域研究其农业种植的最优组合，正应是我们在调整农业产业结构时应当考虑的问题。

（3）水资源　水资源包括外来水与地下水，外来水来自降水和人工灌溉，另一方面是茶园本身所含有的地下水。外来水如果是降的酸雨，将对土壤 pH 造成损害，土壤 pH 过低将不适宜茶树的生长与发育，常会使幼嫩的芽叶枯萎；而人工灌溉水质可能含有大量化学合成物质从而带给茶树和土壤。再看土壤本身所含有的地下水，由于大量化肥农药的施加、通过雨水流入江河之中，使江河湖泊水质富营养化或具毒性，不仅危害水生生物的生命安全、也有可能通过生物富集最终危及人身安全；我国的淡水资源十分匮乏，这些受污染的地表水、地下水流入江河湖泊，有的甚至要多年才能分解，所造成的隐性危害目前是无法估算的。

（4）空气　茶树本身拥有净化空气的能力，但由于管理方式不当，反而可能危害空气。当给茶树喷洒某些农药化肥时，农药虽然可以防治病虫害，但也有可能随风飘散，污染空气，甚至带到更远的地方污染环境。虽然农药挥发在空气中得到稀释，但是对人类和其他生物种群仍然有很大的危害。

（5）生物　茶园开垦时势必会改变原有土地上的生物种群结构，当种植茶树或其他植物以后，必然会形成新的生物种群。目前，在一些高价名茶产区，大量砍伐原有林木，为了垦殖茶园甚至不惜卖掉名茶产区优越的生态环境，去换取一时的所谓经济效益，必将受到自然的报复；另外，种植茶园时购进茶苗、茶籽，施肥或种植绿肥带来的生物入侵现象也十分严重，给茶叶生产和其他农业生产带来了无可估量的生物入侵损失；很多地方引进良种的同时也带入了有害的生物如害虫、病原菌等，这些当地原本没有的外来生物种群在当地因为没有天敌的危害，大量繁殖，甚至形成了更适合当地环境条件的新的变异种，给当地的茶产业带来巨大的损害。

（6）化学物质　茶园管理与建设过程中，施用的化肥、农药、除草剂、植物生长调节剂，覆盖用塑料薄膜，耕作和采茶机械使用的燃料，生产者田间活动所带入的其他化学品，都会被吸收、固定、溶解，甚至在空气中漂移，在水中流动，尤其是一些剧毒性农药，在消灭害虫的同时，也给人类和其他生物带来危害。另外，由于我国茶叶加工厂仍处于分散经营状态，很多初加工为分散的农户自制，但也有部分小规模的加工厂机械制作，精制一般都是中型的加工厂，这些分散在各地的加工厂，能源使用的柴、煤燃料会对环境造成多大的影响，尚且没有精确计算过。仅以绿茶为例，每年约需柴、煤炭 100 余万 t，即使现在施行的"有机茶"标准和要求的清洁化生产，也只是不污染茶叶自身，而对环境的影响和资源的浪费却没有具体要求，因此应当考虑、研究更好地减少对稀缺的森林资源破坏和对环境减少污染的生产方法，保证在资源动态过程中最佳的利用方法，在建立茶叶加工厂厂房时，应当限制其对周围环境的污染和能耗量，如煤烟排放量、污水排放规定、能源种类及消耗量等。加工厂设备能源的浪费是很严重的，应当建设节约型加工厂及其设备。

（7）废物处理　由于我国大、中、小茶厂基数大，它们排放的粉尘量不仅对环境造成一定的危害，对生产者的健康也会有一定的影响。我们常看到一些加工厂地面及周边环境，污水流淌，塑料袋遍地，甚至机械用油也随意丢弃，严重污染了周边环境。虽然影响范围不是很大，但是我们从生态文明和生态价值观角度来衡量，应当引入茶业的成本核算。

（8）噪声　茶叶加工机械，大多数噪声严重，也没有相关的标准限制。对加工厂工人和周围居民所造成的环境问题，也应成为茶厂改善治理环境的重要项目。

（9）贮运 贮运主要涉及能源和物流资源的消耗，在考虑利用这些资源时，必须考查这些活动中的生态价值和生态经济。如冷藏库的耗电量、库存时间、运输时间与最短距离、运输工具与能耗等。

（10）包装 近年来由于人们生活水平的提高，茶叶包装发展很快，而且种类很多，越来越高档，尤其是纸质、铁罐等包装材料发展更快、更多。从单纯经济角度考虑，包装促进了销售，提高了商品价值，但是从生态经济观出发，我们在大量地浪费有限资源，而且浪费的多数是不可再生利用的资源，如铁罐、木盒、复合塑料、纸盒等被大量地扔进了垃圾箱，还要大量的人力、物力、能源去回收处理。因此在设计、制造茶叶包装时应当考虑这些资源的浪费和作为包装废弃物对环境造成的污染所带来的环境治理问题，考虑资源的循环利用问题。

（11）绿色营销 绿色营销是针对"善待自然，与自然和谐共处"生态文明理念而提出的营销模式，它是指茶叶企业以"有机、绿色、无公害茶叶"为先导，在可持续发展观的要求下，以承担社会责任、保护环境、充分利用资源和长远发展的角度出发，在茶叶生产、加工、销售的全过程中，为了引导和满足消费者的可持续消费，促进茶叶企业的可持续生产，实现企业营销目标，追求企业利润、消费者欲望和社会利益三方面平衡的营销模式。当然，绿色营销的实施需要企业、消费者和政府等多方面决策和调控，但是，它对于改善环境条件，构建生态文明是非常必要的。

（12）循环经济观 茶业界常说一些国家对我国的茶叶出口，实施"绿色壁垒"。这一方面反映了一些发达国家在国际贸易关系中，为了保护本国的企业、产品利益而采取的一种"保护"措施；另一方面也是这些国家在生态环境和资源利用方面给予了高度关注，他们不仅要求末端产品符合环保要求，而且规定从产品的研制开发、生产到包装、运输、使用、循环利用等各个环节都要符合环保标准，从而形成了"绿色壁垒"。如欧盟要求的"有机茶"，虽然它只是对末端产品进行检测，但却要求对产品生产、加工、销售的全过程进行跟踪监督。因此，茶叶企业应大力发展循环经济，推行清洁化生产，将经济社会活动对自然资源的需求和生态环境的影响降到最小，从而从根本上解决茶业经济发展与环境保护之间的矛盾。目前，一些茶叶企业已经有了很好的尝试，如在茶园放鸡、养蜂等，不仅能达到防治病虫害的目的，有的还可以利用其粪便、厩肥等有机肥料施入茶园改善茶园土壤肥力退化的状况，这些都为实现茶业的循环经济开创了途径。其他如茶叶机械设备的循环利用、茶副产品的循环利用等都是企业在循环经济理念下形成的实践。循环经济主要是发展清洁化生产和资源循环利用，它是建设节约型社会的根本出路，茶叶企业责无旁贷。

从上述各方面可以看出茶业生态经济是基于对资源与环境忧患意识，是对茶业可持续发展的深刻理解，是对生态文明理念的完全体现，是在对生态伦理价值观共识基础上构建的经济系统。它关系到茶业的发展方向，虽然目前还不成熟，还有许多领域需要在实践中研究、探索，但比起原有的"茶业经济"概念，肯定更加贴近构建节约型社会需要。全民关注资源与环境问题，建立和谐社会是今后发展的必由之路。

2. 低碳茶园发展理念

第一次工业革命至今，CO_2 排放量呈快速增加势头。如不采取有效措施，全球气候和生物平衡将会发生严重变化。由于地球上 CO_2 排放增加，温室效应加速，从而引起了一系列环境变化和不利于人类生存的不良后果。因此，近几十年来，世界各发达国家和发展中国家在发展自身经济，改善民生的同时不断研究和探索低碳技术。目前实现低碳的方法主要有两个途径，其一是如何减少人类活动中对 CO_2 的排放量，即"减排"，其二是如何把已排放出来的 CO_2 进行固定而封存，即"碳汇"。一般"减排"的任务更多的希望寄托于工业生产，而"碳汇"的任务更多的希望寄托于农业生产和林业，尤其是林业。

茶树作为一种多年生常绿作物，具有林业的许多共同点，在茶树生长过程中与其他林木一样也有碳汇功能，从这一角度来讲，种茶相当于造林和再造林，但茶树又是一种作物，茶叶生产作为一种农业活动同样也有碳排放过程，如何发挥茶树的碳汇功能，同时在其生产活动中如何减少其碳排放，是当前广大茶区茶叶生产技术转型和低碳茶叶生产的重要议题。发展低碳茶叶生产是当前茶叶生产紧迫的重要任务，也是当前中国农村经济发展必然趋势和历史赋予的使命。低碳茶园首先是生态茶园，这就必须人为地进行精心筹划和科学设计，因地制宜合理规划，这是低碳农业技术的重要内容。

低碳茶叶生产必须从茶叶生产基地建设开始，要按照农业生物学和环境生态学的原理，进行科学规划，通过规划该种茶的种茶、该种树的种树、该栽草的栽草、该养殖的养殖。因地制宜地建立一个生态良好的茶叶生产系统，保证系统内生物多样性，防止"茶海一片"生物很单一的茶园。这样可以提高茶园系统内生物对太阳能的固定率和利用率，可以提高茶园系统内对物质和生物能及 CO_2 的再利用和多层次的利用的能力，可以防止生产过程 CO_2 的过量排放。因此，通过因地制宜，合理规划，构建一个布局合理、生态平衡、生物多样、发展平衡的环境友好型茶园，才能有条件提高茶园土壤自肥能力来提高土壤肥力水平，才能有条件利用茶园系统内的自然调控机制控制病虫的暴发，才有可能少用化肥和少用农药，以减少外来能量的投入，保持可持续生产，才能有可能做到低能耗、低排放、低污染、高碳汇地进行生产。

3. 有机茶园发展理念

茶园环境可持续发展应在有条件的地方大力发展有机茶，自 1990 年浙江杭州市临安区裴后有机茶园获得国际认证，从此启动了中国有机茶生产，它以强大的生命力在全国各茶区生根发芽，并茁壮成长，至今已形成一个巨大的产业，成为中国茶产业的一个新的经济增长点，受到国人关注，并也带动了中国有机农业的发展。

众所周知，有机茶生产是遵循生物学和生态学原理及自然规律，采取不用人工合成化学物质的有机的循环农业技术来提高土壤肥力，保持茶叶生产可持续发展；主张建立和恢复良性生态系统和生物多样性，充分利用生态系统内的自然调节机制，控制病虫暴发，力求合理利用和保护自然资源，追求茶与自然协调和谐，友好共处，其基本理念就是低碳的理念，所取用的生产措施基本上也是一些最低碳的措施。无疑，有机茶是茶叶生产中低碳生产的代表，发展有机茶也等于发展了茶叶生产中的低碳农业，因此，建议在推进中国茶区低碳经济发展时必须在有条件的地方大力发展有机茶生产，不断总结、不断研究、不断改进，在低能耗、低污染、低排放的条件下，进一步提高有机茶的碳汇能力，为中国山区低碳经济发展做出贡献。

总之，随着社会工业化发展的不断演变，茶叶生产也受到了较大影响，大量现代农业机械设备和化肥、农药应用到茶叶生产中，虽然提高了生产效率和茶叶产量，但也给茶业的持续性发展带来了许多新的问题。基于此，我国在茶叶生产中应该坚持低碳经济发展理念，构建生态有机茶园，改善施肥技术、调整农药使用措施，保证茶园生态平衡，促进茶树的正常生长，进而保证茶叶生产的生态环境可持续发展。

三、因地制宜促进茶叶可持续发展

由于自然条件、历史背景和地理位置等多方面的差异，各茶区发展并不平衡，茶树品种、生产方式、适制茶类、萌芽时期都有地域差异，茶区可持续发展应抓住各地特色，因地制宜，发挥各地不同优势，协调茶区和产销区关系，切不可盲目跟风，生搬硬套其他地区的成功经验。在学习中吸收、消化先进的技术和生产方式，同时，根据本地区实际情况进行创新、改革，才能发展具有自身特色的茶叶产品。

茶区可持续发展过程中，应按规律分阶段实现，不同发展阶段应实行相应的发展措施，不能超越阶段限制采取不合理的发展线路。茶园生产可持续发展是一个理想模式，只有掌握了可持续发展规律，采取科学的行之有效的行政手段、经济手段、政策法制手段和技术手段，不断协调茶区内人口、资源、环境三个基本要素，对自然、经济、社会人文三个层次进行及时调整，茶区的可持续发展才能实现。这种协调和调整不是凭空进行的，而是要付出实际行动的，是实现茶叶生产可持续发展必须要做的。只有人们的思想素质提高了，观念转变了，新技术应用推广了，茶园生产可持续发展才能成为现实。

第三节　生态茶园建设与综合开发利用

茶园生态建设是利用现代科学技术，根据生态学原理对茶园与园区进行人工设计，使茶园建设成自然和人工高效和谐，实现环境、经济、社会效益的统一。对茶园生态认识越深刻，茶园生态建设越合理。

一、生态茶园概念解析

(一) 生态茶园的概念

生态茶园是指产地环境良好，光、温、水、土、气等生态因子相互协调，能充分满足茶树生长发育的需要；茶园园相优美，没有土壤侵蚀，与周围行道树、遮阳树等自然风光相互映衬，景色迷人；茶园管理绿色高效，少施或不施化肥和农药，土壤肥力和生物多样性不断提高；茶叶产品优质安全，经济效益高，可实现持续健康发展的茶园。

（二）生态茶园特点

生态茶园在种植方面利用多个层次、多个物种的高程度复合集约化模式经营，种植作物优先选择生态茶树，再综合当地土壤、水质、气候等因素，搭配其他物种，在生态环境上巧妙配合，短期内多个物种间可以共生，还可以长期互相滋养，进而构建往复循环的生态系统，进一步取得经济、环境与社会的均衡统一。

（三）生态茶园建设目的

建设生态茶园的目的主要是建成以茶树为主体，多种生物成分组成多层次群落的复合茶园；充分利用阳光和地力，提高茶园的生产力；建立平衡稳定的园区生态，减少病虫害的发生，降低农药的使用量，确保茶叶质量安全；保持水土、调节气候，改善农业生态环境。

按照"科学规划、梯层建园、梯壁护草、路旁绿树、水路配套"的原则，对"园、林、水、路"进行综合规划。因地制宜，利用当地自然条件，尽量保持原有生态环境，以水土保持为中心，对茶园、绿化树、防护林带、道路、排灌系统等进行整体设计，建立以茶为主、整体协调、循环再生的生态茶园。

（四）生态茶园的作用

通过种植林、果和梯壁留草或种草，能够恢复植被、涵蓄水分，牢固梯壁和道路，保持水土，形成"蓝天、青山、碧水"的美好家园；通过种植林、果，能够形成物种多样性，增加害虫天敌的栖身和繁衍，减少病虫害的发生和农药的使用，减少茶叶"农残"；通过种植林、果和茶园套种绿肥，能够改善茶园小气候，提高土壤肥力，促进茶树生长，提高茶青质量；通过实施各项建设内容，能够促进茶园水分、温度、光线、空气和土壤等生态因子的平衡，保持茶叶生产良性持续发展。

二、生态茶园建设要点

生态茶园的建设要求茶区园林化、茶树良种化、茶园水利化、管理科学化、生产机械化。

（一）茶园基地要选择自然条件优越的地区

生态茶园的建设选址须符合绿色食品产地的生态环境标准，考虑大气、土壤、水源等因素，要选择自然生态环境良好、森林植被覆盖率高、土壤肥沃、气候适宜的地方，有利于茶树生长。促进生态茶园项目的开发与建设，为生产安全、健康的绿色无公害茶叶提供基础条件。

（二）改进施肥技术，使用无公害肥料

生态茶园施肥以有机肥为主，严格控制无机肥的使用，避免土壤板结、肥力下降，影响茶树生长，破坏生态平衡。同时，鼓励使用生物活性肥，例如养殖蚯蚓来增肥，改善土壤结构等。生态茶园除草应禁止使用各种化学除草剂。

（三）生物防治措施

利用天敌昆虫、病原微生物、农用抗生素及其他生物制剂等来控制茶树病虫害，尽量减少化学农药的用量，保持生态平衡。

（四）建立人工复合生态系统

茶园人工复合生态系统的建立在垂直结构上可以采用"茶—林""茶—果""茶—草（肥）""茶—（林）—菌"等形式，上层乔木适度遮阳有利于茶树的生长，使光能得到充分利用，土壤也能在不同层次上被利用，提高环境资源的利用率，注意不要过度遮阳，以免光照不足造成茶树减产，降低效益。

三、生态茶园建设模式

构建生态茶园实质上是构建复合生态茶园。就其特性与内涵而言，复合生态茶园是茶叶生产与生态环境相适应的多元生物共存与人工循环系统。构建复合生态系统，要注重要素之间的生态型组合和生态价匹配，如茶树需要耐阴的生态型，而乔木型植物需要深根的生态型，地面植物则需要浅根的生态型等。

生态茶园模式是应用生态学基本原理和系统科学方法，把现代科技成果与传统农业技术精华相结合而建立起来的具有生态合理性及良性循环功能的一种现代化农业栽培方式。

构建生态复合茶园，对共生植物的选择与种植，首先在生态关系上理顺套种植物与茶树互利共生关系；其次要配套栽培管理技术，如树干分枝修剪；再次要筛选有固氮根瘤菌，且非茶树病虫的中间寄主的植物。

（一）茶—林复合型

茶—林模式适合于生态环境良好、茶园面积相对较大的地域。其配置形式是在林下套种茶叶，并要求茶园中的林木呈"头戴帽、腰绕带、脚穿靴"状。研究表明，林下套种可为茶树提供良好的生长环境。处于茶园上层的林木夏季能为茶树提供遮阳条件，防止暴晒，冬季可增温，防止茶叶受寒害或冻害。林内栖息的各种鸟类，成为茶树病虫害的天敌，能防止虫害发生。林木的深根系与茶树的浅根系形成友好型关系，不会导致对水分、养分、空间等的竞争。因此，这种模式有利于水土保持、水源涵养及土壤改良。

其优点是适应性广、不同小气候区可选树种多。在我国福建、台湾、贵州、四川、云南、江苏、江西、安徽、河南、湖南、湖北、广东、广西、浙江等省都有茶区采用此种模式。在各茶区多选用杉树、泡桐、百日青、马尾松、樟树、喜树（千丈）、杨树等高杆树木。还有大部分选用橡胶、油茶、乌桕、油桐、油樟、棕榈、千年桐、紫荆花等中杆经济林木，形成高、中、低三层茶园复合生态群落。

1. 模式特点

在茶园行间或外侧适当套种高层（乔木型）速生丰产林和经济林，形成多物种、多层次的复合立体结构。其优点是利用茶树与不同植物种群的生长特点，通过科学合理组合建立一个不同形式的立体结构，营造理想地域小气候，创造适合茶树生长自然环境，能够满足茶树生态习性需求，提高土壤、太阳能和生物能的利用率，丰富生物的多样性，增强系统稳定性和产出功能，保护生态环境，提高茶叶品质和提升整体效益。

2. 构建技术

茶林模式即每隔一行茶树间种行林木，沿茶园道路种植林木。树种要求与茶树无

互斥作用，并能为茶树造成荫蔽度适宜的环境，茶园间种可选用云南樟和光皮树等，茶园道路可选种杉树、桂花等。具体可分为

（1）茶—经济林果间作　在茶园中按适宜的密度和当地水肥条件，间作适生条件与茶树基本一致，能与茶树共生互利，没有共同病虫为害，分枝层次较高，春季展叶迟、生长快、效益好，投产快的果树或经济林木。如间作橡胶、香樟、桃、柿、柏树等，配置成乔—灌结构。经济林果间作不仅具有防护林的生态效益，而且能增加茶园收益。

（2）茶—防护林复种植　选择适宜当地地区种植的树种如杉松、湿地松、泡桐、合欢、椿树、香樟、山苍子树等。在茶园周边及茶园内布置成带状或网状的防护林带，以调节茶园小气候，增强茶树抵御灾害性天气的能力。如北方茶区每隔一设置一道防风林，植树 3~5 行，可有效地降低茶园风速，提高地表温度，减轻冬春季茶树冻害。南方茶区按 30%~35% 的荫蔽度在茶园中栽植遮阳树，具有降低茶园光照强度与温度，防止夏秋高温干旱季节茶树新梢叶片被灼伤的作用。山区依据地形在山顶山冈造林，山腰山洼种茶或在坡地茶园营造水平林带，是减缓地表径流，防止水土流失，建设保水保土保肥茶园的有效形式。

(二) 茶—果复合型

茶—果模式通过茶树和果树的有机结合，营造茶果飘香的生态茶园，茶–果模式在果树成熟季节，可与休闲采摘相结合，发展生态旅游。

1. 模式特点

在茶园间作不同的果树，利用茶树、果树的根系、树姿在空间分布上不处于同一水平面高矮结合的特点，改善了茶园的小气候环境，高效综合利用茶园的水、土、光、热、气，提高土地利用率、光能利用率。果树展开的树冠有利于抵御紫外线对茶树直接照射的伤害，减少茶园的蒸发、蒸腾作用，增加茶园的空气湿度，缓解茶园的环境胁迫。同时，茶果间作丰富了茶园生物群落，为天敌提供了良好的栖息环境，充分发挥其对害虫的自然调控作用，茶树主要害虫明显减少，从而有利于提高茶叶品质。

2. 构建技术

种植在茶园中的果树，应选择与茶树无共同病虫害，主干分枝部位较高，最好是冬季落叶、喜光性中小乔木，如梨、板栗、枣等。种植时株与株交错种植，避免穿过枝叶的阳光分配不均。种植密度应视树种的树冠而定，树冠大的种稀些，树冠小的种密些。间作的果树株、行距为 5~9m，一般果树覆盖度不要超过 40%，过密则影响茶树生长。但间作树下应留出 3~4m² 的面积不栽茶树，以便管理者操作。在选择好间作树种和合理种植的基础上，整枝修剪是管理好间作园的重要一环，且必须补给充足的有机肥料，以免果茶争夺养分。

(三) 茶—草（肥）复合型

1. 模式特点

在茶园行间、梯壁种植草本或绿肥作物，也可对茶园行间地面利用秸秆等植物材料进行人工覆盖，形成茶—草（肥）两层结构。其优点是增加表土层覆盖度，改善土壤结构，充分利用茶园空间提高碳汇能力，提高土壤有机质和氮素含量，从而提高土

壤肥力水平；有利于固土护坡，减轻水土流失；抑制杂草生长，节省成本；增加茶园生物多样性和改善小气候条件，减少害虫发生，增加天敌种群和数量；也可增加土壤微生物多样性，提高茶园土地利用率和产出效益。

2. 构建技术

套（间）种草本作物因地制宜地套（间）种适应当地区域经济、栽培环境、气候因素，与茶树无共生病虫害的草本绿肥作物。套种应根据不同品种、不同茶园而定。一般在幼龄茶园或重剪、台刈更新后的未封行茶园种植大豆、花生、紫云英、三叶草等有固氮作用豆科作物。种植时，作物与茶树之间保持适当距离，套种密度通常是一年生茶园种植 2~3 行，2 年生茶园种植 1~2 行，行距在 1.5m 以上的 3 年生茶园可种植 1 行。注意禾本科吸肥力强大，会与茶树争肥，不宜在茶园中使用。

（1）茶园梯壁种草留草　茶园护坡梯壁选择有驱避、引诱害虫或有利于天敌繁衍的植物种植，如爬地兰、白三叶草或百喜草等，投产茶园保留梯壁非恶性杂草，为茶园天敌提供繁衍和栖息场所。

（2）茶园行间铺草　可选择无病虫害的茶树修剪枝叶、秸秆、稻草、割青绿肥以及梯壁杂草等植物材料对茶园行间地面进行人工覆盖。一般每亩铺鲜草 1~3t，厚度 8~12cm，铺后不见土面，最好满园铺。

（四）茶—（林）—菌复合型

1. 模式特点

按照共生互利原则，人为创建条件，通过茶—（林）—菌优化组合、立体栽培，产生复合收入的一种多物种、多层次、多功能、多效益的高效、优质、持续稳定的复合种植模式。其特点是开发立体种植，提高复种指数，改善了茶园生态环境，培肥茶园土壤，提高茶树保水、茶园保墒能力，增加茶园产出与收入，提高茶叶品质与产量，节省劳力减少支出，提高茶园综合效益。

2. 构建技术

茶园选择 600~1400m 的高、中海拔山区，茶园环境无污染，不施化肥和农药，水源洁净，空气清新，自然植被丰富，具有独特的、相对稳定而封闭的自然生态平衡系统。以茶为主，以茶生菌，以菌养茶。在茶园四周种林木或间作，每亩种植 15 株左右，在茶棚下栽植食用菌，菌筒放摆的时间 8~9 月，每亩放摆 600~900 个。离茶树主茎 5~10cm 的行间，开挖沟深 10~15cm，宽 20~25cm 的食用菌种植沟。采收菌时间为当年 9 月至次年 4 月初，可采 3~4 轮，食用菌每亩单产 300~500kg（鲜菌）以上。

四、茶园生态旅游开发

（一）生态康养休闲娱乐型

在现代化生活当中，人们的生活节奏越来越快，生存压力越来越大，同时面临环境污染与人口老龄化等问题，人们越来越倾向于回归自然，期望在自然中进行身体与心理的双重净化。

具体可以从两个层面进行：一个是作为老人等的健康疗养场所所建设的康养生态茶庄。该类型的茶庄定位为高级康养会所，会所以茶园的自然环境为背景，并与医疗组织合作，提供健康环保的富硒食品和优质的富氧产品及完备的医疗服务；另一个是服务于寻常游客的日常休闲茶主题游览园。以复合型生态茶园为场所，并将茶园特有茶品牌纳入其中，因地制宜发展集茶游、茶饮和茶赏等为一体的主题园，同时还可引入一些户外运动类的游乐项目，丰富茶园生态游的娱乐功能。

（二）生产参与深度体验型

经济与产业价值的利用可以以"高度参与，深度体验"为核心开发生产参与深度体验型产品。体验型产品的开发是实现遗产价值与游客高度互动的有效手段，可以使游客在参与体验中获得自我满足感。如私家茶地，可为游客提供亲身参与到茶的栽植、培育、采摘、炒制、包装等各个阶段，为长期体验产品；而现采现制则是为游客提供的短期制茶体验产品。游客在采茶与制茶过程中体验原汁原味的茶农生活，以农家茶馆为载体，体验淳朴、厚重的茶园风情。

茶企观光房则是将茶厂现代制茶方式缩移到茶园中，使游客了解现代规模化制茶方式与手工技艺的差异，感受科技与传统的差异，进一步增强游客的互动性和体验感，提升体验型产品的趣味与活力。

（三）寓教于乐教育科普型

主要包括茶博物馆、茶歌茶俗欣赏室、栽培与制茶技艺课堂等。博物馆分为静态和动态两大类，其中静态类包括产茶农具、种质资源与茶史资料的展示，能极具说服力的向游客展示紫阳古茶园的历史与发展，同时还可以借助虚拟现实（VR）和全息投影等现代科技手段丰富展示形式。

动态类则是结合示范茶园采用半露天的灵活样式，真切的茶园景观和劳作中的茶农均是这一开放式博物馆的组成部分，进而达到对农业生态系统的科学展示。而欣赏室与讲解课堂则是游客了解茶文化的第一课堂，表演者与讲解者是紫阳茶歌茶俗和制茶技艺传承人，能将真正准确的茶文化带到游客面前，达到寓教于乐的目的

五、茶叶副产品价值的再利用与开发

茶叶的副产品包括茶籽、茶梗、茶花、修剪枝、茶末、茶渣等，但每年制茶过程中产生的副产品大部分都被当作废弃物丢掉。生产每吨红茶的副产品约为50kg，而生产每吨乌龙茶的副产品更是高达400kg，仅福建省每年丢弃的茶叶副产品就达到数万吨。在国家注重产业节能减排、合理利用资源的大环境下，合理充分利用茶叶生产的副产物，可以促进茶产业持续健康的发展。

（一）茶籽的开发利用

茶籽不仅可以制取茶籽油，还可生产茶酒、生物肥料、茶皂素等产品，也是食品、制药、化学等工业的天然上等原料。

茶籽油富含亚油酸，可用来防治皮炎、湿疹、水肿、皮下出血、脱发、神经功能下降等疾病，促进人体生长和胆固醇的正常代谢，提高人体免疫力。茶籽油除供食用外，还能作润滑油、制皂和制作化妆品等用油。茶籽生产茶油后的茶籽渣含有茶多酚、茶皂素、蛋白质等多种成分，其中茶多酚是优良的天然抗氧化剂；茶皂素是天然非离子型表面活性剂，起泡性好，洗涤效果也好，而且还有很好的湿润性；粗蛋白可作为

有机饲料和食品液态蛋白。茶籽渣提取茶皂苷，可作啤酒及清凉饮料的助泡剂，还可用来制药或做饲料添加剂；提取茶皂苷后的茶籽饼，经过发酵，可用来生产酒精，其残渣仍可喂猪。

根据许俊道的研究，茶油的保健功效众多，具有预防心血管疾病、抗氧化及调节免疫功能、美容护肤的功效。另外，茶油还被用于治疗重度的烧烫伤，帮助患者消炎消肿，迅速修复和再生皮肤。

在医药和食品行业，茶油富含角鲨烯、维生素E、多酚类物质、黄酮类物质等多种生理活性物质；其市场空间广阔，备受消费者青睐。茶油，茶油可以有效治疗婴幼儿尿疹、湿疹；孕妇在孕期食用茶油，可减少产后妊娠纹少、维持体形、增加母乳，也有益于胎儿的生长发育；茶油还具有抗紫外线、防止晒斑及去皱纹的功效。因此，开发以原茶油为基料生产的儿童专用油、孕妇专用油、护肤品等系列配方将会有广阔的发展前景。

从茶籽中提取的茶皂素是一种性能良好的天然表面活性剂，以茶皂素为原料生产的洗发香波，具有去头屑、止痒的功能，对皮肤无刺激。同时，茶皂素可应用于化工、农药、养殖业及建筑业等。

(二) 茶梗的开发利用

铁观音生产中最主要的副产物是茶梗。为了保证质量，销售前都会将梗挑出，在生产过程中称为"捡梗"。茶梗中化学成分的组成和含量与茶叶相比有其特点，其中茶多酚、儿茶素及咖啡因含量低于茶叶和茶片末，氨基酸和总糖等含量则高于茶叶和茶片末。因此，茶梗的丢弃是十分可惜的，现在有一些厂家利用茶叶叶梗的吸附性，将茶梗作为填料制作茶枕，利用茶梗制作的茶枕具有改善睡眠和杀菌、肃清异味等功效。利用茶梗制作的茶枕具有改善睡眠和杀菌、肃清异味等功效。

(三) 茶花的开发利用

很多研究表明，茶树花是一种附加值很高的副产物，可以用来制茶、生产饮料、酒类等产品。茶树花含有茶多糖、茶多酚、超氧化物歧化酶等有益成分和活性物质，这些成分对人体具有解毒、抑菌、延缓衰老和增强免疫力等功效。

根据高飞、禹云春等的研究，茶花中多酚多糖含量高，可作为原料泡制保健酒，其味道芳香醇厚，口感好。在实际操作中方便易行，值得推荐。

茶花花粉含量较多，适宜窨制红茶。窨制后的成茶，花蜜香浓爽持久，可使茶叶香气有较大提高。

(四) 茶树修剪枝的开发利用

大量的茶树修剪枝只能废弃茶园中。研究表明废弃的修剪枝中也含有丰富的内含物，可作为茶系列产品风味物和部分蛋白质提取的原料，梁月荣研究发现，将修剪叶施用于茶园，能显著增加土壤有机质含量，有利于促进根系的生长，同时还能降低土壤酸度和活性铝含量。因此茶树修剪枝条具有广阔的可再利用空间，若能进一步回收加工再利用，必将为茶叶种植带来可观的经济附加值。

根据柴红玲及李阳的研究，茶树修剪枝还可作为插穗进行无性繁殖；可作为畜牧饲料添加剂；可作为生产食用菌的培养基质；加工生产茶片、茶末；进行特色食品加工等。

（五）茶渣的开发利用

茶渣中含有纤维素、木质素、茶多酚、氨基酸、维生素、微量元素等大量有用成分，其在农牧业、工业、食品、医药和环保等领域具有广阔的应用前景。

茶渣一是作为鸡、牛、猪等动物的饲料，能够改善肉质，增加肉中的维生素、氨基酸等营养物质含量，增强抗病能力；鸡蛋中维生素含量增加，营养价值提高；保护牛的瘤胃蛋白，促进牛生长，增加产奶量；提高猪只血液中白蛋白、总蛋白以及免疫球蛋白 IgG 的含量，增强免疫力，提高胰脏和十二指肠中消化酶的活性。二是利用环境生物技术原理将茶渣转化为有机肥，能够促进植物生长。用于油冬菜和玉米后，发现油冬菜的生长速度和生物量显著提高，玉米的单株直径、高度和生物量也有提高。三是茶叶因具有错综复杂的内表面微孔结构，能够将杂质吸入到孔径中；茶渣含有不少的柔水胶体，容易吸附水分等液体；茶渣中的一些物质（如茶多酚、咖啡因）能够与其他物质（如甲醛）发生反应。这使茶渣能作为吸附剂材料，用于吸附甲醛、重金属等物质。四是在日常生活中，茶渣有杀菌作用，可以用来泡脚；可以作为枕芯制成枕头，具有安神作用；可以用来洗锅，去油污；茶渣味道浓时，可以煮茶叶蛋。

六、拓展茶叶精深加工产品

（一）茶饮料的开发利用

随着人们生活水平的提高和生活节奏的加快，解渴、方便、快捷的茶饮料作为一种天然饮料，正逐渐替代部分碳酸饮料。调查数据显示，截至 2019 年，中国茶饮料市场过去三年的复合增长率约为 15.2%，成为增速最快的饮料品类之一。茶饮料为三大软饮料之一，2019 年在软饮料中的行业市场份额为 21.1%，排名第二。另据统计，2019 年中国茶饮料（不含凉茶）市场规模达人民币 787 亿元。

此外，伴随消费升级，茶饮料领域催生出一个新的消费风口——新式茶饮。2019年，中国现制茶饮（包括传统奶茶、传统茶饮、新式茶饮、咖啡现饮及其他鲜榨果汁、鲜奶、酸奶等）市场规模达到 1405 亿元。

2014—2019 年，我国茶饮料市场规模从 653 亿元增长到 787 亿元，年复合增长率达到 3.8%。预计未来几年我国茶饮料行业市场规模将以年复合增长率为 3.5% 的速度增长，到 2025 年，我国茶饮料行业市场规模预计将接近千亿元。中国茶饮料行业的发展时间很短，市场开发集中在大中型城市，而小城市和农村市场的开发尚处于起步阶段，未来发展前景广阔。

（二）茶食品的开发利用

茶食品是指茶叶先加工成超细微茶粉、茶汁、茶天然活性成分等，然后与其他原料共同制作而成的含茶食品。

目前我国的茶食品主要有茶菜、茶主食、茶零食、含茶饮料等。

茶食品将茶和食品结合在一起，这种吃茶的方式，不但保留了茶叶内所含的营养成分，如茶多酚、维生素、氨基酸、糖类等，可以完善食品的营养结构，因此比普通食品具有更丰富的健康元素。文海涛认为面包中添加茶叶不仅改善了面包的色、香、味，而且延长了面包保质期和增加了营养价值；李家华以葵花子、绿茶、甘草和食盐为原料研制出品质、风味俱佳的茶香瓜子；孙科祥以碧螺春和绿豆粉为原料研究了茶香绿豆糕的加工工艺，并制定了质量标准。

七、附加产品的增值

茶文化旅游（即茶旅）是近年来茶叶行业的热门话题。茶旅是现代茶业与现代旅游业交叉融合的一种新型旅游模式，属于旅游产品分类中主题文化旅游的一种，将茶叶生态环境、茶生产、自然资源、茶文化内涵等融为一体进行综合开发，是具有多种旅游功能的新型旅游产品。

利用茶园发展林下养殖业。现已有大量研究证明在茶园进行生态鸡的养殖，鸡在茶园捕虫食草，树荫为鸡避雨、挡风、遮阳，可生产优质无公害鸡；同时鸡粪作为茶园肥料，能够保持茶园良好的生态环境。

利用茶园发展林下种植业。现有研究主要集中在种植天麻、木耳、食用菌等喜阴作物。冈永辉等研究发现在茶棚下土层中种植天麻可提高土壤肥力，改善土壤物理性状，促进茶树生长，提高茶叶品质，防止水土流失，而且经济效益明显高于纯茶园。

杨国育等在茶园套种香菇和黑木耳发现可以提前茶树采摘期，且发芽整齐，芽头肥壮、持嫩性较好，适合生产名优绿茶。同时，食用菌采摘后的废菌筒可用于转化为有机肥，提高土壤肥力，减少了茶园培肥投入，节约成本。

李振武认为在幼龄茶园套种大球盖菇，不仅可以提高土壤有机质含量、茶叶产量和质量。并且提高幼龄茶园土壤温度，保证了幼龄茶园安全越冬。

思考题

1. 简述实现茶树栽培可持续发展的意义。
2. 茶业可持续发展主要包括哪几个方面？
3. 茶业可持续发展主要包含哪几个方面？
4. 茶叶生产可持续过程中人类发挥着怎样的作用？请简述。
5. 简述生态茶园的建设要点。
6. 简述生态茶园的建设模式及特点。
7. 茶叶副产品都有哪些开发方式？

参考文献

[1]高寒，李伟玮．环境可持续发展的环境生态学研究[J]．中国资源综合利用，2020，38（8）：169-170.

[2]姬诺，王佳蕊，徐美琪，等．安康市茶产业可持续发展对策[J]．农村经济与科技，2019，30（13）：187-188.

[3]王奕晨．安溪县茶叶种植业的可持续发展研究[D]．福州：福州大学，2018.

[4]张新武．宁化县生态茶园建设及茶叶产业可持续发展的探讨[D]．福州：福建农林大学，2017.

[5]李晶．茶产业经济可持续发展对策研究[J]．福建茶叶，2016，38(5)：6-7.

[6]安伟洁，李琳．依靠科技创新促进茶产业可持续发展[J]．福建茶叶，2016，38(3)：292-293.

[7]陈涛林．古丈县茶产业发展现状及可持续发展策略研究[D]．长沙：湖南农业大学，2015.

[8]陈晓艳．大田县茶产业发展现状与可持续发展对策[J]．海峡科学，2015(2)：34-35.

[9]高楠．农药残留影响与茶产业可持续发展模式研究[D]．呼和浩特：内蒙古大学，2013.

[10]牛文元．中国可持续发展的理论与实践[J]．中国科学院院刊，2012，27(3)：280-289.

[11]牛文元．可持续发展理论的内涵认知——纪念联合国里约环发大会20周年[J]．中国人口·资源与环境，2012，22(5)：9-14.

[12]任力．低碳经济与中国经济可持续发展[J]．社会科学家，2009(2)：47-50.

[13]姜太碧．城镇化与农业可持续发展研究[D]．成都：西南财经大学，2003.

[14]杨玉林．农业可持续发展与农业机械化[D]．北京：中国农业大学，2001.

[15]周兴河．中国农业可持续发展：目标、问题与对策[D]．成都：西南财经大学，2000.

[16]陈宗懋．中国茶产业可持续发展战略研究[M]．杭州：浙江大学出版社，2011.

[17]骆耀平．茶树栽培学[M]．北京：中国农业出版社，2008.

[18]杨江帆，管曦．茶叶经济管理学[M]．北京：中国农业出版社，2004.

[19]陈宗懋，孙晓玲，金珊．茶叶科技创新与茶产业可持续发展[J]．茶叶科学，2011，31(5)：463-472.

[20]叶聿程，高志鹏，郭小雷．茶叶副产品价值的再利用与开发[J]．福建茶叶，2015，37(6)：136-137.

[21]段建真．茶业生态经济[J]．茶业通报，2006(3)：126-128.

[22]沈星荣，汪秋红，吴洵，等．充分发挥茶园碳汇功能，促进茶叶低碳生产发展[J]．中国农学通报，2012，28(8)：254-260.

[23]薛建改．低碳经济下中国茶叶可持续发展对策研究[J]．福建茶叶，2017，39(7)：59.

[24]王友海，徐小云，仇方方，等．茶叶绿色生产现状与茶产业可持续发展建议[J]．湖北农业科学，2017，56(19)：3657-3660；3722.

[25]韩文炎，李鑫，颜鹏，等．生态茶园的概念与关键建设技术[J]．中国茶叶，2018，40(1)：10-14.

[26]陈艺林．生态茶园建设技术[J]．热带农业工程，2019，43(3)：138-140.

［27］张天翔，张跃行，伊泽文，等．宁化县生态茶园建设技术要点［J］．福建热作科技，2017，42（3）：51-53．

［28］李进发．安溪县生态茶园规划建设与策略研究［D］．福州：福建农林大学，2008．

［29］林丽，胡晓燕．生态茶园建设与茶树病虫害绿色防控综述［J］．农业灾害研究，2017，7（3）：56-58．

［30］韩婷婷，唐世斌，聂永雄，等．苍梧县国有天洪岭林场六堡茶生态茶园建设探讨［J］．南方农业，2019，13（4）：80-83．

［31］徐华，吕新华．谈生态茶园的构建及栽培管理技术［J］．科学与财富，2017（32）：200．

［32］刘朋虎，王义祥，黄颖，等．山区"三生"耦合茶园模式构建研究［J］．中国生态农业学报（中英文），2019，27（5）：785-792．

［33］李玉胜，秦旭．绿色茶园现代栽培技术［M］．北京：化学工业出版社，2016．

［34］倪伟星．武夷山市生态茶园建设模式及主要技术［J］．林业勘察设计，2018，38（1）：67-69．

［35］毛加梅，唐一春，玉香甩，等．我国生态茶园建设模式研究进展［J］．耕作与栽培，2010（5）：9-10．

［36］贺鼎，刘翔．重庆市生态茶园建设模式探讨［J］．南方农业，2019，13（10）：57-61．

［37］刘芝，唐英，史承勇．遗产价值导向下紫阳古茶园生态旅游开发模式与对策［J］．茶叶通讯，2020，47（2）：339-343．

［38］那海燕，张明辉，张育松．茶叶副产品的综合开发与利用［J］．亚热带农业研究，2010，6（1）：48-51．

［39］许俊道．茶油的保健功能与开发前景［J］．中国果菜，2018，38（10）：41-43．

［40］王伟伟，施莉婷，俞露婷，等．不同茶类加工副产物的化学成分分析［J］．食品工业科技，2018，39（24）：260-265．

［41］谢伟清，何鹏飞．通过茶梗深加工 提高茶叶附加值［J］．农业科技与信息，2016（8）：100．

［42］冯钰淇，洪碧云．铁观音茶梗的"文化创意"设计［J］．工业设计，2019（5）：75-77．

［43］梁名志，浦绍柳，孙荣琴．茶花综合利用初探［J］．中国茶叶，2002（5）：16-17．

［44］高飞．绿茶酒的研制［J］．酿酒科技，2004（2）：105-106．

［45］喻云春，罗显扬，周国兰，等．茶树花泡制保健酒研究初报［J］．农技服务，2009，26（11）：132．

［46］刘菁，陶文沂．酶法制取茶树废弃老叶中的茶风味物质［J］．食品与发酵工业，2007（3）：158-160．

［47］李言，章海燕，胡敏，等．酶法提取茶树修剪叶中的蛋白及其性质研究［J］．食

品工业科技，2011，32（3）：127-130.

[48]梁月荣，赵启泉，陆建良，等．茶树修剪叶和不同氮肥对土壤 pH 和活性铝含量的影响[J]．茶叶，2000（4）：205-208.

[49]郑生宏，柴红玲，李阳．茶树修剪作用与修剪枝的再利用[J]．茶叶科学技术，2012（3）：34-36.

[50]李志威．茶渣的综合利用研究进展[J]．现代农业科技，2020（6）：219-220.

[51]王志岚，李书魁，尹军峰．茶饮料市场现状浅析[J]．江西农业学报，2009，21（5）：197-198.

[52]中国茶叶流通协会．我国茶食品行业发展综述[J]．茶世界，2012（4）：52-55.

[53]吴燕利，魏美妮，章传政．茶食品的发展现状与趋势[J]．现代农业科技，2010（3）：365-366.

[54]文海涛．茶面包加工技术及其机理研究[D]．长沙：湖南农业大学，2005.

[55]李家华，周红杰．茶香瓜子的研制[J]．食品科技，2002（1）：33-34.

[56]孙科祥，计红芳，张令文，等．茶香绿豆糕的研制[J]．食品研究与开发，2009，30（8）：44-47.

[57]刘彦，张冬莲，吕金丽，等．浅谈六盘水市夏秋茶利用现状及对策[J]．贵州茶叶，2018，46（2）：16-19.

[58]罗伟．"鸡茶共生"开创新富路[J]．致富时代，2009（6）：41-42.

[59]杨国育，高峻，武卫，等．茶树与食用菌复合栽培模式研究[J]．西南农业学报，2011，24（6）：2112-2115.